パーフェクト Java【改訂3版】

井上 誠一郎／景井 教天 著
櫻庭 祐一／きしだ なおき 監修

技術評論社

ご注意

ご購入・ご利用の前に必ずお読みください

●本書に記載された内容は、情報の提供のみを目的としています。したがって、本書を用いた運用は、必ずお客様自身の責任と判断によって行ってください。これらの情報の運用の結果について、技術評論社および著者はいかなる責任も負いません。

●本書記載の情報は、2025年1月現在のものを記載していますので、ご利用時には、変更されている場合もあります。ソフトウェアに関する記述は、特に断りのないかぎり、2025年1月現在での最新バージョンをもとにしています。ソフトウェアはバージョンアップされる場合があり、本書での説明とは機能内容や画面図などが異なってしまうこともあり得ます。本書ご購入の前に、必ずバージョン番号をご確認ください。

●本書の内容およびサンプルダウンロードに収録されている内容は、次の環境にて動作確認を行っています。

OS	Windows 11 x64
Java	Java 21

上記以外の環境をお使いの場合、操作方法、画面図、プログラムの動作などが本書内の表記と異なる場合があります。あらかじめご了承ください。

以上の注意事項をご承諾いただいた上で、本書をご利用ください。

●本書のサポート情報は下記のサイトで公開しています。
https://gihyo.jp/book/2025/978-4-297-14680-1/support

はじめに

本書を手に取っていただきありがとうございます。

第1版2009年から約15年、第2版2014年から数えると約10年経ちました。改訂版を出版できるのは読者のおかげです。本当にありがとうございます。

この10年の間にJavaのバージョン番号が8から23まで上がりました。本書を手にした時はさらに番号が上がっているかもしれません。リリース方針の変更もあり、Javaの進化のスピードが上がりました。この進化に合わせ、旧版から章構成を含めて見直しました。ほぼ全面改訂した章もあります。

本書は旧版に引き続きJavaの構文や意味を基本から説明しています。合わせてJavaを題材にしながらプログラミング一般の考え方や技法を解説しています。ただの抽象論で終わらず、実践に生かせる体系的な知識を得られるように工夫したつもりです。

設計の原則から考えた結果、言語機能や技法を使う意味が頭に入ってくるような本を目指しています。筆者の力不足で叶わなかったとしても、ぜひ、個々の技法やパターンが設計にとってどんな意味があるのかを考えて読み進めてもらえればと思います。

本書は最初から通して読んだ後、リファレンスとして使えることも目指しています。目次と索引からキーワードを探して使ってください。なお、メソッド一覧やフィールド一覧を網羅した本ではありません。それらはAPIドキュメントやインターネットで検索してください。

● 構成

本書は4つのPartに分かれています。Part1は概論です。本書執筆時点の最新Java情報をまとめています。Part2はJavaの基本的な言語機能の説明です。Part2までの知識で既存コードの大半の読解が可能だと思います。Part3は発展的な言語機能です。実務で必要になってくる知識です。Part4はJavaの実用例を説明しています。

2025年1月　井上 誠一郎

● 対象読者

- 仕事でJavaを使っているが、不安を抱えたままコードを書き足している人
- Javaの構文は知っているが、現場での開発経験が少ない人
- 他のプログラミング言語を使っているが、Javaをあまり知らない人
- 昔のJavaの知識はあるが、最近のJavaを知らない人

Javaで実務のコードを書くプログラマを主な対象にしています。技巧的なコードではなく、普通に書いて普通に動くコードを目的とします。実務では他の開発者が書いたコードの理解が必須です。既存コードの読解の必要性も念頭に置いた説明にしています。
本書は以下のことは説明していません。他の書籍やインターネットで調べてください。

- Javaのインストール方法や開発ツールの使い方
- Javaプログラムの運用や監視の手段
- Javaコンパイラやバイトコードの詳細などを含むJava自身の内部構造

本書が最初に読むプログラミング本だとすると少し辛いかもしれません。16進数や2進数、CPUやメモリの働き、条件分岐などの知識を前提にしているからです。これらを知らない場合、別の入門書で概要を理解してから本書を読んでください。

Part 1 Javaの背景 17

1章 Javaの概要 18

1-1 Javaの特徴……18
1-2 Javaの歴史……20
　1-2-1 JDKディストリビューション……21
1-3 本書の方針……22

2章 Javaプログラミング初歩 23

2-1 本書のコード表記……23
　2-1-1 JShell……23
　2-1-2 Javaのソースコード……24
2-2 大規模コードの考え方……27
　2-2-1 良いコードとは……27
　2-2-2 コードの可読性……28
　2-2-3 コードの保守性……28

Part 2 Java言語基礎 31

3章 文字列 32

3-1 文字列……32
　3-1-1 文字列とStringオブジェクト……32
　3-1-2 文字列の長さ……35
　3-1-3 書式処理……36
　3-1-4 文字列処理の典型的な問題……37
　3-1-5 文字列リテラル……37
　3-1-6 テキストブロック……39
3-2 書き換え可能文字列……42
　3-2-1 文字列の書き換え処理……42
　3-2-2 StringBuilderオブジェクト……42
3-3 文字列の結合……44
　3-3-1 文字列の結合演算子……44
　3-3-2 文字列結合の効率……45
　3-3-3 joinメソッド……46
3-4 文字列の比較……46
　3-4-1 文字列の同値比較……46
　3-4-2 文字列の大小比較とソート処理……49
3-5 オブジェクトの文字列変換……50
　3-5-1 toStringメソッド……50

4章 変数とオブジェクト 52

4-1 基本型と参照型……52

4-2　オブジェクトと変数……53
4-2-1　オブジェクト(暫定的な理解)……53
4-2-2　変数……53
4-2-3　参照……54
4-2-4　参照型変数……54
4-3　参照型変数……55
4-3-1　参照型変数の分類……55
4-3-2　参照型変数の宣言……55
4-3-3　変数の初期化……56
4-3-4　varを使う指針……56
4-3-5　変数名に使える文字と規約……56
4-3-6　変数の修飾子……57
4-3-7　参照型のfinal変数……58
4-4　オブジェクト生成と代入……60
4-4-1　new式によるオブジェクト生成……60
4-4-2　参照型変数の代入……60
4-4-3　null参照……63
4-4-4　変数を介さないオブジェクトの操作……64
4-5　変数と型……65
4-5-1　変数の型と代入可能オブジェクト……65
4-5-2　参照型変数の型とオブジェクトの型の関係……66
4-6　基本型変数……68
4-6-1　基本型変数とは……68
4-6-2　基本型変数の宣言と初期化……69
4-6-3　基本型変数の代入……69
4-6-4　基本型のfinal変数……70
4-7　変数のデフォルト初期値とスコープ……71
4-7-1　変数の種類……71
4-7-2　デフォルト初期値……71
4-7-3　変数のスコープ……72
4-8　オブジェクトの寿命……74
4-8-1　ガベージコレクション……74
4-8-2　堅牢なソフトウェアのための工夫……75
5章　整数とブーリアン　76
5-1　整数……76
5-1-1　整数型……76
5-1-2　整数の範囲……76
5-1-3　桁あふれ……79
5-1-4　リテラル表記……80
5-1-5　複数の整数型がある理由……82
5-1-6　整数型の使い分けの指針……83
5-2　整数の演算……84
5-2-1　四則演算……84
5-2-2　剰余……85

5-2-3 符号反転 …… 86
5-2-4 インクリメントとデクリメント …… 86
5-2-5 ビット演算 …… 87
5-3 型変換 …… 87
5-3-1 拡大変換と縮小変換 …… 87
5-3-2 キャスト …… 88
5-3-3 型変換と符号維持 …… 89
5-3-4 演算時の型変換(昇格) …… 90
5-3-5 リテラル値の特別な型変換 …… 91
5-4 数値と文字列の相互変換 …… 92
5-4-1 数値から文字列への変換 …… 92
5-4-2 文字列から数値への変換 …… 95
5-5 ブーリアン(真偽値) …… 96
5-5-1 ブーリアン型 …… 96
5-5-2 ブーリアンと条件判定 …… 98
6章 クラス 102
6-1 クラスとオブジェクト …… 102
6-1-1 クラスの概論 …… 102
6-1-2 フィールドの概要 …… 103
6-1-3 メソッドの概要 …… 104
6-1-4 レシーバオブジェクトとthis参照 …… 105
6-1-5 フィールドとメソッドはどこにあるのか …… 106
6-1-6 インスタンス、オブジェクト、型、雛型 …… 106
6-2 既存クラスの使用 …… 108
6-2-1 オブジェクト生成 …… 108
6-2-2 new式 …… 108
6-2-3 オブジェクトのライフサイクル管理 …… 109
6-2-4 ファクトリパターン …… 109
6-2-5 クラス自体を使用 …… 111
6-3 クラス宣言 …… 112
6-3-1 クラス宣言の修飾子 …… 113
6-4 フィールド …… 114
6-4-1 フィールド変数 …… 114
6-4-2 フィールド宣言 …… 114
6-4-3 フィールド変数とフィールドオブジェクト …… 114
6-4-4 同一クラス内のフィールド変数のスコープ …… 116
6-4-5 this参照 …… 116
6-4-6 他のクラスからフィールド変数にアクセス …… 117
6-5 メソッド …… 117
6-5-1 メソッド宣言 …… 118
6-5-2 同一クラス内のメソッドのスコープ …… 119
6-5-3 他のクラスからのメソッド呼び出し …… 119
6-5-4 メソッド呼び出しと引数の動作 …… 120
6-5-5 メソッドの返り値 …… 123

6-5-6 メソッドのシグネチャ 125
6-5-7 メソッドのオーバーロード 125
6-5-8 再帰呼び出し 126
6-6 コンストラクタ 127
6-6-1 コンストラクタ宣言 127
6-6-2 コンストラクタのオーバーロード 130
6-6-3 this呼び出しとsuper呼び出し 130
6-6-4 デフォルトコンストラクタ 131
6-6-5 初期化ブロック 133
6-6-6 オブジェクト初期化処理の順序 134
6-7 staticメンバ 134
6-7-1 クラスメンバ 134
6-7-2 クラスフィールド(staticフィールド) 135
6-7-3 クラスフィールド変数の実体 136
6-7-4 クラスメソッド(staticメソッド) 138
6-7-5 static初期化ブロック 140
6-7-6 クラスメンバの見立て 141
6-7-7 クラスをオブジェクトとして扱う問題点 141
6-7-8 クラスフィールドとクラスメソッドの用途 142
6-8 不変オブジェクト 143
6-8-1 不変クラスの実装方法 143
6-8-2 不変クラスのイディオム 145
6-9 クラスの設計 145
6-9-1 パラメータ化の意識 147
7章 データ 148
7-1 データとオブジェクト 148
7-2 レコードクラス 149
7-2-1 レコードクラス宣言 149
7-2-2 レコードの生成 150
7-2-3 レコードの参照とコンポーネント値の取得 151
7-2-4 レコードクラスの内部実装 151
7-2-5 レコードの不変性 152
7-2-6 可変長コンポーネント列 153
7-2-7 レコードの同値比較 153
7-2-8 レコードクラスへの独自実装の追加 155
7-2-9 レコード生成時の初期化処理 157
7-2-10 その他 159
7-3 定数定義 159
7-3-1 リテラル表記 159
7-3-2 定数定義の使い方 161
7-3-3 定数定義の現実的な指針 162
7-4 enum型 163
7-4-1 enum型の使用例 163
7-4-2 enum型宣言 164

7-4-3 enum定数の同値判定 165
7-4-4 enum定数と文字列の相互変換 166
7-4-5 enum定数の列挙 167
7-4-6 enum型への独自実装の追加 167
7-4-7 enum定数とswitch構文 170
7-5 シール型 171
7-5-1 シール型の利用 171
7-5-2 シール型を使う状態遷移 172

8章 コレクションと配列 175

8-1 モノの集まりを扱う 175
8-1-1 配列とコレクション 175
8-2 コレクションフレームワーク 176
8-2-1 コレクションフレームワークとは 176
8-2-2 コレクションオブジェクトの生成 176
8-3 リスト 179
8-3-1 ArrayList 183
8-3-2 LinkedList 184
8-3-3 リストの実装クラスの利用の指針 185
8-3-4 リストのサーチ 186
8-3-5 リストの同値判定 187
8-3-6 リスト処理の典型的エラー 187
8-4 マップ 188
8-4-1 HashMap 191
8-4-2 LinkedHashMap 194
8-4-3 TreeMap 194
8-4-4 マップの実装クラスの利用の指針 196
8-4-5 マップ関連のインタフェース 196
8-4-6 マップの同値判定 198
8-4-7 マップのその他のトピック 198
8-5 セット 200
8-5-1 セットの具象クラス 200
8-5-2 セットの同値判定 203
8-6 スタック、キュー、デック 203
8-7 変更不可コレクション 203
8-7-1 変更不可と不変 204
8-7-2 コレクションのコピー 205
8-8 コレクションの技法 207
8-8-1 コレクションオブジェクトの初期化記法 207
8-8-2 Collectionsクラス 209
8-8-3 ソート処理 210
8-8-4 同期コレクションと並行コレクション 212
8-8-5 コレクションと歴史的コード 212
8-9 コレクションと繰り返し処理 213
8-9-11 Listの繰り返し処理 213

8-9-2 拡張for構文 214
8-9-3 イテレータ 215
8-10 配列 221
8-10-1 配列とは 221
8-10-2 配列の型 224
8-10-3 要素変数 224
8-10-4 配列の初期化 225
8-10-5 配列のイテレーション 226
8-10-6 配列のソート 226
8-10-7 配列の同値判定 227
8-10-8 多次元配列 228
8-10-9 配列のコピー 230
8-10-10 Arraysクラス 231
8-10-11 配列とコレクションの相互変換 232
9章 メソッド参照とラムダ式 234
9-1 メソッド参照 234
9-1-1 メソッド単体を扱う 234
9-1-2 関数と関数型インタフェース 236
9-1-3 メソッド参照の文法 238
9-2 関数型インタフェース 240
9-2-1 標準関数型インタフェース 240
9-3 ラムダ式 242
9-3-1 ラムダ式とは 242
9-3-2 ラムダ式の文法 242
9-3-3 ラムダ式の詳細 244
9-3-4 ラムダ式自体をreturn文で返す 247
9-4 基本型のための標準関数型インタフェース 251
9-5 関数合成 252
9-5-1 Functionの関数合成 252
9-5-2 Consumerの関数合成 254
9-5-3 Predicateの関数合成 254
9-5-4 引数の多い関数型インタフェース 255
9-6 メソッドへの参照の実践 256
9-6-1 引数に渡す「メソッドへの参照」 256
9-6-2 遅延処理（遅延評価） 257
9-6-3 コレクションのforEachメソッド 258
10章 ストリーム処理 260
10-1 ストリーム処理 260
10-1-1 ストリーム処理の構造 260
10-1-2 ストリーム再利用の禁止 263
10-2 ストリームの生成 265
10-2-1 代表的なデータソースから生成 265
10-2-2 Streamのファクトリメソッドで生成 266
10-2-3 無限ストリーム 267

10-3 ストリームの中間処理 267
10-3-1 Streamインタフェース 267
10-3-2 オーダー処理とソート処理 268
10-3-3 map処理 268
10-3-4 flatMap処理 269
10-3-5 mapMulti処理 271
10-3-6 制約の強さによる使い分け 271
10-4 ストリームの終端処理 272
10-4-1 ストリーム出力列からコレクションや配列を生成 272
10-4-2 単一結果を生成する終端処理 274
10-4-3 reduce処理とcollect処理 275
10-4-4 reduce処理 275
10-4-5 collect処理 279
10-4-6 Collectorインタフェース 281
10-4-7 Collectorsクラス 282
10-4-8 forEach処理 287
10-5 基本型数値ストリーム 287
10-5-1 数値ストリーム 288
10-5-2 数値ストリームの生成 288
10-5-3 数値ストリーム固有の中間処理 291
10-5-4 数値ストリームと非数値ストリームの相互変換 291
10-5-5 数値ストリームの終端処理 292
10-6 並列ストリーム処理 292
10-7 Optional型 294
10-7-1 Optional型とnull 294
10-7-2 Optionalオブジェクトの生成 295
10-7-3 Optionalオブジェクトの使用 295
10-8 ストリーム処理の組み立て方 300
11章 インタフェース 302
11-1 インタフェースとは 302
11-1-1 抽象化 302
11-1-2 クラスとインタフェースの違い 303
11-1-3 インタフェース継承 303
11-1-4 インタフェース型の変数 304
11-1-5 パラメータ変数の型をインタフェース型にする意義 305
11-1-6 メソッドの返り値の型をインタフェース型にする意義 308
11-1-7 コードの依存とインタフェース利用の意義 308
11-2 インタフェース宣言 309
11-2-1 インタフェース宣言の文法 309
11-2-2 インタフェースの修飾子 310
11-2-3 インタフェースの構成要素 311
11-2-4 メソッド宣言 311
11-2-5 インタフェースのフィールド 313
11-2-6 シールインタフェース 314

11-3 インタフェースと実装クラス……315
11-3-1 インタフェース継承の文法……315
11-3-2 レコードクラスとenum型のインタフェース継承……316
11-3-3 メソッドのオーバーライド……316
11-4 関数型インタフェース……319
11-4-1 関数型インタフェースの自作……319
11-4-2 @FunctionalInterfaceアノテーション……320
11-5 多重継承……321
11-5-1 多重継承とは……321
11-5-2 多重継承の動作……321
11-6 インタフェースの設計……325
11-6-1 コールバックパターン……325
11-6-2 関数型インタフェースを使うコールバックパターン……327
11-6-3 多態コードによる条件分岐の書き換え(ストラテジパターン)……329
11-6-4 過剰設計に注意……332
12章 文、式、演算子 333
12-1 Javaの文法と文……333
12-1-1 文とは……333
12-1-2 予約語……333
12-1-3 識別子……334
12-1-4 空白文字と改行文字……335
12-2 文……336
12-2-1 制御文……336
12-2-2 ブロック文……336
12-2-3 宣言文……337
12-2-4 式文……337
12-2-5 空文……338
12-2-6 その他の文……338
12-3 Javaの演算子と式……339
12-3-1 式の直感的理解……339
12-3-2 演算子……339
12-3-3 式の定義……341
12-3-4 式の評価順序……342
12-4 数値の演算……345
12-4-1 算術演算……345
12-4-2 インクリメント演算とデクリメント演算……345
12-4-3 ビット演算……347
12-5 文字列の演算……347
12-6 関係演算と等値演算……348
12-6-1 同一性と同値性……349
12-7 論理演算……350
12-7-1 論理演算の2項演算子……350
12-7-2 否定演算子……352

12-8　その他の演算 352
12-8-1　代入演算 352
12-8-2　条件演算(3項演算子) 353
12-8-3　キャスト演算 353
12-8-4　instanceof演算 354

13章　Javaプログラムの実行と制御構造 360
13-1　Javaプログラムの実行 360
13-1-1　プログラムの開始 360
13-1-2　プログラムの実行順序 361
13-1-3　スタックトレース 362
13-2　java.lang.System クラス 364
13-3　条件分岐 364
13-3-1　if-else文 364
13-3-2　if-else文のイディオム 368
13-3-3　条件演算子(3項演算子) 369
13-4　switch構文 372
13-4-1　値比較switch文 372
13-4-2　値比較switch式 379
13-4-3　型比較switch文 382
13-4-4　型比較switch式 392
13-5　繰り返し 394
13-5-1　while文 394
13-5-2　do-while文 397
13-5-3　for文 398
13-6　ジャンプ 401
13-6-1　ループ処理からの脱出 401
13-6-2　ラベルを使ったジャンプ 403

Part 3　Java言語発展 405

14章　例外処理 406
14-1　エラーと例外 406
14-1-1　エラーとは 406
14-1-2　返り値を使うエラー処理 406
14-1-3　例外によるエラー処理 407
14-1-4　検査例外の具体例 408
14-1-5　実行時例外の具体例 410
14-2　例外の捕捉 411
14-2-1　例外の対応コード 411
14-2-2　try文 412
14-3　try-with-resources文 417
14-3-1　リソースオブジェクトとリソースリーク 417
14-3-2　try-with-resources文の使い方 418

14-4 例外の送出 421
- 14-4-1 例外送出 421
- 14-4-2 throw文 421
- 14-4-3 演算による例外送出 422

14-5 例外クラス 423
- 14-5-1 例外クラスの階層 423
- 14-5-2 検査例外 424
- 14-5-3 実行時例外 425
- 14-5-4 エラー例外 425
- 14-5-5 自作の例外クラス 425

14-6 throws節 426
- 14-6-1 throws節とは 426
- 14-6-2 例外伝播のためのthrows節 427
- 14-6-3 throws節とメソッドのオーバーライド 427
- 14-6-4 ラムダ式と例外 429
- 14-6-5 メソッド参照と例外 431

14-7 契約によるデザイン（assert） 432
- 14-7-1 assert文 432
- 14-7-2 assert文の意義 432

14-8 例外の設計 433
- 14-8-1 例外の指針 433
- 14-8-2 例外の自作（アプリケーション例外） 434
- 14-8-3 例外翻訳 434
- 14-8-4 抑制例外 435
- 14-8-5 イディオム化している実行時例外 436
- 14-8-6 広域脱出を目的とした実行時例外 437

15章 文字と文字列 439

15-1 文字 439
- 15-1-1 文字コード 439
- 15-1-2 文字リテラル 440
- 15-1-3 文字の演算 440
- 15-1-4 文字と数値の相互変換 441
- 15-1-5 文字と文字列の相互変換 442

15-2 文字とバイト 446
- 15-2-1 バイトとは 446
- 15-2-2 バイト列とStringオブジェクトの相互変換 447

16章 数値 449

16-1 浮動小数点数 449
- 16-1-1 浮動小数点数とは 449
- 16-1-2 リテラル表記 450
- 16-1-3 浮動小数点数の演算 451
- 16-1-4 浮動小数点数の内部表現 451
- 16-1-5 浮動小数点数と誤差 453
- 16-1-6 浮動小数点数の同値判定 454

16-1-7 浮動小数点数の特別値 454
16-2 型変換 457
16-2-1 拡大変換と縮小変換 457
16-2-2 数値とboolean値の型変換 458
16-2-3 整数と浮動小数点数の間の型変換 458
16-2-4 数値昇格 459
16-3 数値クラス(数値ラッパークラス) 460
16-3-1 数値オブジェクトの生成 461
16-3-2 ボクシング変換とアンボクシング変換 462
16-3-3 数値オブジェクトの同値性 464
16-3-4 数値オブジェクトの大小比較 466
16-4 ビット演算 466
16-4-1 ビットフラグ 467
16-4-2 ビット長を拡張する変換 469
16-5 BigIntegerとBigDecimal 469
16-5-1 BigInteger 469
16-5-2 BigDecimal 471
16-5-3 BigDecimalの比較 473
16-5-4 BigDecimalの丸め操作 473
16-5-5 BigDecimalの除算 475
17章 クラスの拡張継承 476
17-1 拡張継承 476
17-1-1 拡張継承とインタフェース継承 476
17-1-2 複数クラスにまたがる共通コード 477
17-1-3 拡張継承と委譲 477
17-2 拡張継承の構文 479
17-2-1 拡張継承の直感的理解 479
17-2-2 派生クラス 480
17-2-3 フィールド変数の隠蔽 481
17-2-4 メソッドのオーバーライド 482
17-2-5 拡張継承時のオブジェクト初期化処理の順序 486
17-2-6 Objectクラス 487
17-2-7 拡張継承とインタフェース継承の同時指定 488
17-3 インタフェース自体の拡張継承 489
17-3-1 多重継承 490
17-4 拡張継承の制御 491
17-4-1 抽象クラス 491
17-4-2 抽象メソッド 492
17-4-3 finalクラス 493
17-4-4 シールクラス 493
17-4-5 インタフェースと抽象クラス 494
17-4-6 テンプレートメソッドパターン 496

18章　パッケージ　498

18-1　パッケージの役割……498
18-1-1　名前空間……498
18-1-2　意味的なまとまりの管理……499
18-1-3　アクセス制御……499
18-2　パッケージ名……499
18-2-1　パッケージ名の管理……499
18-2-2　パッケージ名の実際……500
18-3　パッケージ宣言……500
18-3-1　ファイルシステムとパッケージの関係……501
18-3-2　パッケージの階層構造の注意……502
18-4　インポート宣言……502
18-4-1　import文の内部動作……503
18-4-2　オンデマンドインポートと単一型インポート……503
18-4-3　暗黙のインポート……503
18-4-4　インポートと名前の衝突……504
18-4-5　単純名の名前解決……504
18-4-6　典型的なJava ソースコード……505
18-5　staticインポート……505
18-6　package-info.java ファイル……506

19章　ジェネリック型　507

19-1　ジェネリック型……507
19-1-1　ジェネリック型の具体例……507
19-1-2　ジェネリック型の背景……508
19-2　ジェネリック型宣言……509
19-2-1　ジェネリック型宣言の文法……509
19-2-2　型変数……510
19-2-3　境界のある型変数……513
19-2-4　ジェネリックメソッドとジェネリックコンストラクタ……515
19-3　ジェネリック型の使用……516
19-3-1　パラメータ化された型……516
19-3-2　ジェネリックメソッドの呼び出し……517
19-3-3　型引数のワイルドカード……518
19-4　ジェネリック型の設計……520
19-4-1　雛形としてのジェネリック型……520
19-4-2　ジェネリック型と多態性……520
19-4-3　ジェネリック型への道……520

Part 4　Javaの実践　525

20章　スレッド　526

20-1　マルチスレッド……526
20-1-1　並行処理とマルチスレッド……526

20-1-2 スレッド動作の概要 ……527
20-1-3 仮想スレッド ……527
20-1-4 マルチスレッドプログラミングの現実 ……528
20-2 **スレッド生成** ……529
20-2-1 プラットフォームスレッドの生成 ……529
20-2-2 仮想スレッドの生成 ……530
20-2-3 ThreadFactory ……531
20-2-4 スレッドの終了 ……532
20-2-5 スレッドと例外 ……533
20-2-6 スレッドプール ……533
20-3 **仮想スレッドとプラットフォームスレッドの比較** ……537
21章 同時実行制御 540
21-1 **整合性制御** ……540
21-1-1 整合性制御の必要性 ……540
21-1-2 排他制御とsynchronizedコード ……541
21-1-3 synchronizedコード ……542
21-1-4 synchronizedコードの実例と落とし穴 ……544
21-1-5 明示的なロック ……549
21-1-6 アトミック処理 ……550
21-1-7 Javaのメモリモデル ……551
21-1-8 コレクションの排他制御 ……552
21-1-9 デッドロックと検出 ……554
22章 Web技術 557
22-1 **HTTPクライアント処理** ……557
22-1-1 java.net.http.HttpRequestクラス ……558
22-1-2 java.net.http.HttpClientクラス ……559
22-1-3 java.net.http.HttpResponseクラス ……560
22-1-4 HTTP通信の実装例 ……560
22-1-5 ブロッキング呼び出しとノンブロッキング呼び出し ……564
22-1-6 Spring Bootを使ったサーバ処理 ……565
22-2 **データ処理(JSON、XML、CSV、zip)** ……567
22-2-1 Jackson ……567
22-2-2 JAXB(Jakarta XML Binding) ……568
22-2-3 Apache Commons CSV ……570
22-2-4 java.util.zip ……572
23章 FFM API 575
23-1 **FFM API(Foreign Function & Memory API)** ……575
23-2 **外部メモリへのアクセス** ……575
23-3 **外部関数呼び出し** ……578
23-3-1 Javaコードから外部関数の呼び出し ……578
23-3-2 外部関数からのJavaコードの呼び出し ……580

索引 ……584
おわりに ……590

Part 1

Javaの背景

Java プログラムを取り巻く環境について説明します。あわせて本書を読み進める上の注意点を説明します。

1章 Javaの概要

Javaのプログラミング言語としての特徴と歴史を簡単にまとめます。章の最後に本書の方針を説明します。

1-1 Javaの特徴

Javaは1995年の登場以後、長い歴史があります。Javaの特徴を説明します。

- オブジェクト指向プログラミング言語
- 静的型づけ
- 自動メモリ管理
- 機能豊富な標準クラスライブラリ
- マルチプラットフォーム対応

■オブジェクト指向プログラミング言語

Javaはオブジェクト指向を意識して設計されたプログラミング言語です。この設計思想は今でも有効です。Javaの言語仕様の根幹はそのままだからです。

本書を通じてオブジェクト指向の設計技法や実装技法の紹介をします。しかしオブジェクト指向の用語定義はしません。定義に紙幅を使っても良いコードを書く助けにならないからです。本書で紹介する各種技法の総称に使う用語と解釈してください(注1)。

■静的型づけ

Java登場時、変数に型があれば静的型づけ言語、変数に型がなければ動的型づけ言語、が普通の開発者の認識でした。今でも緩い定義としては有効です。Javaを静的型づけ言語と呼ぶ場合はこの定義を使います。

奥歯に物のはさまった書き方になったのは、Java以後に登場した多くのプログラミング言語が「型」に強い制約や言語機能を付与しているからです。

説明なしに「型」という言葉を使いましたが、今の段階では、変数の前に書くint(整数の意味です)やString(文字列)などが型だと考えてください。この先、本書を通じて実例を使い説明します。

(注1)　オブジェクト指向の定義が欲しい人には書籍「Clean Architecture 達人に学ぶソフトウェアの構造と設計」をお勧めしておきます。

変数に型があると、統合開発環境などの開発ツールによるコード自動補完の精度が向上します。これが変数に型を書いて最初に得られる実用上のメリットです。人間がコードを読む時の理解の助けにもなります。

「型が間違っている」コンパイルエラーに遭遇する人もいるかもしれません。このエラーをデメリットと思うかもしれませんが、これも変数に型を書くメリットの1つです。コンパイルエラーは、コンピュータが開発者の間違いを教えてくれるものだからです。

■自動メモリ管理

プログラム実行中、データや処理を扱うためにメモリを使います。短命のプログラムを除き、不要になったメモリ使用領域の定期的な解放処理が必要です。メモリ容量は有限だからです。この解放処理の自動実行をガベージコレクション（GC）と呼びます。

C言語と対比する形でガベージコレクションのありがたさを語る実例はいくらでも挙げられます。しかしこの説明は割愛します。ほとんどの読者のメリットが小さいからです。むしろガベージコレクションの存在を普段気にする必要がないのが最大のメリットです。とは言え、ある程度のGCの知識は必要です。GC起因のパフォーマンス問題や、GCがあってもメモリ不足問題は起こりえるからです。

ガベージコレクションの技術革新は現在進行形です。ガベージコレクションの性能がプログラムの実行性能に直結するからです。メモリ容量が大容量になるほど影響が大きくなるので重要度は昔より増しています。

■機能豊富な標準クラスライブラリ

クラスライブラリ（以後ライブラリ）とはよく使う機能の実装をまとめた配布物です。

ライブラリがなければすべての開発者は常にゼロベースでコードを書く必要があります。多くのプログラミング言語はライブラリを提供してコードの再利用をうながします。

言語と同時配布されるライブラリを標準ライブラリと呼びます。Javaの標準ライブラリは広い範囲を網羅します。多くの場合、これは利点です。自力のライブラリ選定はそれなりに大きな負担だからです(注2)。

Javaプログラミングの学習と標準ライブラリの使い方の習得は不可分です。本書も、Javaの言語仕様の説明と同時並行で標準ライブラリの使い方を説明します。

■マルチプラットフォーム対応

プログラミング言語で書いたソースコードは最終的にコンピュータで実行できる形式になります。ソースコードから実行にいたる工程にコンパイラやインタープリタと呼ぶツールを使います。言語依存や実装依存が大きいので、ここではソースコードから実行形式にする工程の存在の理解

(注2)　標準ライブラリ以外の配布ライブラリをサードパーティライブラリと呼びます。サードパーティライブラリの利点は進化の速さです。標準ライブラリよりサードパーティライブラリのほうが大胆な変化を受け入れやすい事情があります。

があれば十分です。

Javaはコンパイル言語です。従来の多くのコンパイル言語がハードウェア依存の機械語を出力したのに対し、JavaのコンパイラはJVMという仮想マシン向けの機械語を出力します(注3)。JVMはソフトウェアで実装した仮想ハードウェアです。JVMの機械語のコードをバイトコード、対照としてハードウェア依存の機械語コードをネイティブコードと呼びます。

様々なプラットフォーム(OSやプロセッサ)向けにJVM実装が存在します。JVM実装が存在すればJavaで開発したソフトウェアを実行可能です。

ハードウェア上の直接実行と比較すると仮想マシン上の実行速度は落ちます。Javaの登場当初、Javaの実行速度の遅さは顕著でした。その後、プログラム実行中にバイトコードを部分的にネイティブコードに変換するJIT(Just In Time)コンパイル機能などの改善でJavaの実行速度は改善しています。

1-2 Javaの歴史

Java 8以後のJavaの簡単な経緯を**表1.1**にします。Java 8より前の歴史は本書旧版を参照してください。

COLUMN

インターネットを想定した設計

Javaはインターネットを前提として開発された言語です。ただし、Java登場時と現在では少し背景が異なります。Java登場時の言語設計に影響を与えたのはソフトウェア部品の再利用の思想でした。特定のプラットフォームに依存しないコンパクトなコードをネットワーク越しに取得する世界観がありました。

実際の歴史はJava抜きでこの世界観に近づいています。詳細を省きますが、ネットワーク越しに取得するコードはHTMLとJavaScript、コードの実行環境はWebブラウザ、通信プロトコルをHTTPSが担っているのが現実です。

この歴史の中でJava利用はむしろサーバ側のアプリ開発で広がりました。JVMというレイヤがサーバ処理の可観測性、可搬性、隔離性の向上に寄与したからです(※)。

※ JVMのこの利点の優位性はやや低下気味です。コンテナ技術がランタイム(この文脈ではプログラミング言語と考えてください)に依存しない形で同種の機能を提供するためです。

(注3) 仮想マシン(VM)と聞くと反射的にAWSのEC2などを思い出してしまう人へ。それらのVMとJVMは無関係と考えてください。共通性があるとしたら概念の一部のみです。

表1.1 Javaのバージョンと主な特徴

バージョン	特徴（正式機能に限定）
Java 8（LTS）	ラムダ式とストリーム処理、日付時刻ライブラリ（Date & Time API）
Java 9	モジュールシステム、JShell
Java 10	ローカル変数のvar利用
Java 11（LTS）	HTTPクライアントAPI
Java 12	小さな変更点のみ
Java 13	小さな変更点のみ
Java 14	Switch式
Java 15	テキストブロック
Java 16	レコードクラス
Java 17（LTS）	シール型（注4）
Java 18	標準文字コードのUTF-8化
Java 19	小さな変更点のみ
Java 20	小さな変更点のみ
Java 21（LTS）	パターンマッチング、レコードパターン、仮想スレッド
Java 22	FFM API、無名変数と無名パターン
Java 23	小さな変更点のみ

現在のJavaは毎年2回新バージョンをリリースします。これを定期リリースモデルと呼びます。安定リリースを求める開発者のためにLTS（Long Term Support：長期サポート）バージョンが存在します。サポートに関しては有償・無償、サポート企業ごとの特色があります。インターネットで最新情報を入手してください。

1-2-1 JDKディストリビューション

Java開発に必要なツール類をJDKと呼びます。ツールの総称のJDKと区別するため、具体的な配布物をJDKディストリビューションと呼びます。関連用語を**表1.2**にまとめます。

表1.2 JavaとJDKの関連用語

用語	意味
Java SE（Standard Edition）	Java言語、JVM、標準ライブラリの仕様。仕様を満たしたプログラミング言語をJavaと呼ぶ
JDK	Java仕様を満たす実装。複数存在。もっとも著名な実装はOpenJDKというオープンソース実装
JDKディストリビューション	JDKの配布物。複数存在。多くはOpenJDKベース

現在、複数の企業や団体がJDKディストリビューションを配布しています。JDKディストリビューションの多くはオープンソースのOpenJDKをベースにした配布物です。JDKディストリビューションの状況は変化します。インターネットで最新情報を入手してください。

（注4）「シール型（sealed type）」はJavaの言語仕様に存在しない用語です。本書はシールクラス（「**6章 クラス**」）とシールインタフェース（「**11章 インタフェース**」）を合わせた概念として「シール型」の用語を使います。

1-3 本書の方針

本書で使うJDKディストリビューションは下記のとおりです。

- Oracle JDK利用
- 対象バージョンはJava 21

■Oracle JDK

Oracle JDKはOracle NFTC（Oracle No-Fee Terms and Conditions：Oracle無料利用規約）ライセンスで提供されています(注5)。個人の学習目的であれば無償利用可能です。商用利用やインターネット公開サーバでの利用には制限があります。詳細はライセンス条項を確認してください。

■対象バージョン

本書の説明の中で、それぞれの言語機能ごとに「どのバージョンから利用可能」の説明は原則しません。昔からJavaを使っている人にはバージョンごとの説明は便利ですが、言語機能の登場順序と有用度には関係ない立場で本書を書きます。

基本的にJava 21で推奨する書き方を優先して説明します。既存コードで読む機会が多そうなものは古い書き方であっても説明します。しかし紙幅の都合で限界があります。ご了承ください。

現在のJavaはプレビュー機能という形で積極的に新機能を先行搭載しています。本書はプレビュー機能の説明をしません。

■APIドキュメント

Javaの標準クラスライブラリの網羅的な説明は目指していません。標準クラスライブラリの仕様は公式APIドキュメントを参照してください。公式APIドキュメントはインターネットまたはお使いのツールから参照してください。

- Java 21のAPIドキュメント（英語版）
  https://docs.oracle.com/en/java/javase/21/docs/api/index.html

(注5)　https://www.oracle.com/downloads/licenses/no-fee-license.html

2章　Javaプログラミング初歩

Javaプログラミングの基本的な考え方と本書のサンプルコードの読み方を説明します。紙幅の都合で掲載サンプルコードは短いコードになります。短いコード例だけでは得られにくい大規模コードの考え方を紹介します。

2-1　本書のコード表記

2-1-1　JShell

Java Shellツール（JShell）というコマンドラインツールがあります。JShellを使うと短いコードを簡単に試せます。

本書サンプルコードはJShellを積極的に活用します(注1)。JShellを使うコード例を**リスト2.1**のように記載します。

リスト2.1　JShellを使うコード例

```
jshell> var s = "abc"
s ==> "abc"
```

JShell利用に適さないサンプルの場合、通常コードの断片を示します（**リスト2.2**）。2つのコード例の違いはjshell>プロンプトの有無で判断してください。

リスト2.2　JShellを使わないコード例

```
class My {
    void method() {
        System.out.print("メソッド呼び出し");
    }
}
```

■JShellコードの記述

JShellは対話的に使う想定のツールです。通常、入力に対してなんらかの出力メッセージを表示します。たとえばJShellに式のみを書くと次のような出力メッセージになります。==>のあとに計算結果の3が出力されます。

(注1)　JShellコマンドの使い方の説明は割愛します。

```
jshell> 1 + 2
$1 ==> 3
```

本書のJShellを使うサンプルコードは、明示的に宣言した変数の利用もしくは明示的な出力処理を使います(**リスト2.3**)。結果表示を実行順序に依存させないためです。

リスト2.3　本書のJShellコードの記述

```
jshell> int result = 1 + 2
result ==> 3
jshell> System.out.print(1 + 2)
3
```

その他、本書掲載のJShellコードの表記の留意事項は下記のとおりです。

- JShellの出力メッセージを割愛する場合があります。代入や宣言に対する出力メッセージの多くを割愛します
- 省略できる場合、最後の;(セミコロン)文字の入力を省略します
- 個々のJShellのコード例は独立している想定とします。つまり毎回新規にJShellを立ち上げる想定です

2-1-2 Javaのソースコード

Javaコードを書くソースファイルの説明をします。本書のサンプルコードを動かす上では下記の知識で十分です。

- ソースコードの拡張子を.javaにする
- 基本的に1つのソースコードに1つのクラス宣言を記述する
- ソースコードのファイル名(拡張子を除く)とクラス名を一致させる
- //(スラッシュ2文字)以後はコメント。コメントは実行対象ではなく説明のための記述です
- /*(スラッシュ1文字とアスタリスク1文字)と*/の間にはさまれた部分もコメント

クラス名を決めるのは開発者の責任です。先頭を大文字にした英単語を使うのが慣習です。本書のサンプルコードの多くはMainクラスの名前を使っています。ただしMainというクラス名に特別な役割はありません。特別な意味がないことを示すために、名前にMainを使っている程度に考えてください。

■本書のサンプルコードの動かし方

実行可能なサンプルコードを**リスト2.4**のように記述します。この段階では指定クラスのmainメソッドからJavaプログラムの実行が始まる点を理解すれば十分です。

1章 2章 3章 4章 5章 6章 7章 8章 9章 10章 11章 12章 13章 14章 15章 16章 17章 18章 19章 20章 21章 22章 23章

リスト2.4 実行可能なサンプルコードの記述例(注2)

```
public class Main {  // 実行を意図したクラスにはpublic修飾子を書きます
    public static void main(String... args) { // mainメソッドから実行開始
        // printlnの代わりにprintにするとメッセージ出力後に改行しなくなります
        System.out.println("mainメソッド呼び出し");
    }
}
```

コマンドラインからこのコードを実行するには次のようにjavacコマンドとjavaコマンドを使います。

```
$ javac Main.java  //=> Main.classファイルを生成
$ java Main        //=> Main.classファイルをロードして実行
mainメソッド呼び出し
```

次のようにjavaコマンドにソースファイルを指定しても実行可能です。これが可能なのは、指定ファイルのクラスにmainメソッドを書いた場合に限ります。

```
$ java Main.java    //=> Main.javaファイルをコンパイルしてから実行
mainメソッド呼び出し
```

■JShellサンプルコードからの移行

本書のJShellのサンプルコードを実行可能なJavaソースコードに書き写す手段を説明します。

変数への代入やメッセージ出力のコードであれば前節に説明したmainメソッドの中にそのまま書き写してください(**リスト2.5**と**リスト2.6**)。終端のセミコロン文字が必要なので書き足します。

リスト2.5 移行前のJShellコード

```
jshell> int result = 1 + 2
result ==> 3
jshell> System.out.print(result)
3
```

リスト2.6 リスト2.5のJShellサンプルコードをmainメソッド内に書き写した例

```
public class Main {
    public static void main(String... args) {
        int result = 1 + 2;
        System.out.print(result);
    }
}
```

(注2) mainメソッドの引数をString[] argsと書く流儀もあります。本書はString... argsに統一します。

リスト2.7のようにJShellで自作クラスを作るコードを書いたとします。newの後にクラス名と括弧を続けて書くとオブジェクト生成を意味します。この詳細はPart2以後で説明します。

リスト2.7　JShellに自作クラスを作った例

```
jshell> class My {
   ...>     void method() {
   ...>         System.out.print("メソッド呼び出し");
   ...>     }
   ...> }
jshell> var obj = new My()
jshell> obj.method()
メソッド呼び出し
```

終端のセミコロン文字のみ気をつければそのままmainメソッドの中に書き写せます(**リスト2.8**)(注3)。

リスト2.8　リスト2.7のJShellコードを書き写した例

```
public class Main {
    public static void main(String... args) {
        class My {
            void method() {
                System.out.print("メソッド呼び出し");
            }
        }
        var obj = new My();
        obj.method();
    }
}
```

■JShellに記述したメソッド

JShellで**リスト2.9**のように自作メソッドを作った場合、このコードをそのままmainメソッドに書き写せません。

リスト2.9　JShellに自作メソッドを作った例

```
// 自作メソッド(メソッド名はmethod。methodという名前に特別な意味はありません)
jshell> void method() {
   ...>     System.out.print("メソッド呼び出し");
   ...> }
// メソッド呼び出しコード
jshell> method()
メソッド呼び出し
```

(注3)　内部的にはMyクラスがローカルクラス扱いになります。今の時点では詳細を気にする必要はありません

リスト2.9をMain.javaファイルに書き写す場合、まずメソッド宣言をクラス内に書き写します。この時メソッドの先頭にstaticを記載します。そしてメソッドの呼び出しコードをmainメソッド内に書き写すとJShellと同じ動作にできます（**リスト2.10**）。

リスト2.10　リスト2.9のJShellコードを書き写した例

```
public class Main {
    // 自作メソッドをクラス内に書く
    // メソッド宣言の先頭にstaticを記述
    static void method() {
        System.out.print("メソッド呼び出し");
    }

    public static void main(String... args) {
        method(); // メソッド呼び出しコード
    }
}
```

2-2　大規模コードの考え方

2-2-1　良いコードとは

現実に読者が書くコードの多くはサンプルコードのように短くありません。数100行程度のコードなら勢いでコードを書いても動きます(注4)。しかし大規模になるとサンプルコードの延長とは異なる考えが必要です。本パートの最後に視点を広げて良いコードについて書きます。良いコードの定義に完全な答えはありませんがここでは可読性と保守性を取り上げます。

COLUMN

前提知識

本文で説明なしに、変数、メソッド、クラスなどの実例を使っています。読者が他プログラミング言語で類似の言語機能を知っている想定です。読者の馴染みの用語と違うかもしれないので補足します。

メソッドに類する言語機能は他プログラミング言語で別の呼び名だったかもしれません。手続き、関数、サブルーチンと言った用語をよく使います。今の段階では、まとまった処理に名前をつけて結果を返せる程度の理解で十分です。

他プログラミング言語にクラスに類する言語機能はなかったかもしれません。今の段階ではコードを囲むために書く程度の理解でも問題ありません。

(注4)　私見ですが、数100行程度の小規模コードに余計な技法はむしろコードに複雑さをもたらします。技法や工夫をあえて回避したコードのほうが合理的です。

2-2-2 コードの可読性

可読性はコードの読みやすさです。読めないコードや理解できないコードは保守も困難です。この意味では、可読性は良いコードの定義から外せない性質です。

一方で可読性には主観が入りやすい欠点があります。コードの読みやすさは読み手の慣れに強く依存するからです。

誰にとってもほぼ確実に可読性の良いコードが1つあります。コードを上から下に向かって読み進められるコードです。コードの文字の流れと実行時の時間の流れが一致しているコードです。

コード規模が一定サイズを超えるとコード全体の流れと実行時の時間の流れの一致は現実的ではなくなります。しかし局所的にでも上から下に読み下せるコードには価値があります。大規模コードでも少し意識しておくと役立ちます。

2-2-3 コードの保守性

コードの保守性はコードの変更しやすさです。コードを変更するだけであれば誰でもできます。重要なのは目的の変更をした時、目的外の変化を起こさない保証です。目的外の変化は単純にバグです。ソフトウェア開発の技法の大半がこのようなバグの発生の軽減を目的にしています。

■可読性と保守性の両立

最初に、可読性と保守性を両立できる幸運な技法を紹介します。

- **コーディング規約や慣習に従う**
- **良い名前をつける**
- **名前のスコープを小さくする**
- **変数の再代入をしない**

コーディング規約や慣習はコードの書き方のルールや明文化されていない空気感のようなものです。曖昧で技法と呼ぶほど大げさなものではありません。しかし実開発では重要です。読み慣れたコードほど頭への負担が少ないものはないからです。

コードを書く時に名前をつける作業は多くあります。変数、メソッド、クラスなどの命名です。ここに労力を割かない理由はほとんどありません(注5)。難点を1つあげると良い名前の「良い」の定義の難しさです。それでも開発チーム内で用語と概念を一貫させる労力をかける価値はあります。

コードの中で名前が見える範囲をスコープと呼びます。広いスコープの名前はコードのどこからでも見える名前です。変数であればいわゆるグローバル変数と呼ばれるものです。名前のスコープの狭さは可読性と保守性の両方の向上に寄与します。詳細は本書を通じて説明します。

変数の再代入の禁止は、意図せず変数の値が変わるバグを防げます。変数の再代入の禁止は可

(注5) 本書のサンプルコードは意図して変数やメソッドに無意味な名前を使っています。命名に使うコンテキストがないためです。

読性の向上にも寄与します。コードを読む時に考えることを減らせるからです。

■保守性の高いコード

保守性の高いコードは下記の性質を持ちます。

- **変更時に書き換えるコードが少ない、書き換えるべきコードがどこにあるかわかりやすい**
- **書き換えたコードの影響範囲が少ない、あるいはわかりやすい**

1つ目の性質はコード変更の必要性の局所化です。変更の目的1つに対して書き換えるべきコード1箇所が理想です。理想という言葉を使ったのは達成がそれほど簡単ではないからです。

書き換えるコードを減らす基本技法はコードの共通化です。理屈は簡単です。同じコードを1つにまとめて使いまわします。適切なコード共通化は保守性を向上します。しかし誤った共通化はむしろ状況を悪化させます。次の「依存性の複雑さ」につながるからです(注6)。

2つ目の性質は影響範囲の最小化です。変更の影響範囲はコードの依存性で決まります。依存性のもっともわかりやすい例は変数や処理の利用です。たとえば、ある処理Aが処理Bを呼ぶ場合を考えます。処理Bを変更すると処理Aの挙動に影響を与える可能性があります。型の利用も含めてこのような依存を利用の依存と呼ぶことにします。

もう1つの依存に実行順序の依存があります。処理の実行順序やオブジェクトの状態を通じた依存です。これはより深刻です。理論的にはどんなコードの変更であっても、その変更箇所の実行以降に実行されるコードの挙動に影響を与えうるからです。

■保守性向上のための間接層

コードの依存性をゼロにはできません。代わりに影響を隔離する技法を使います。隔離のために追加するコードを間接層と呼びます(注7)。間接層の基本的な考えは、依存の制御です。一例として依存の方向性の制御があります(注8)。具体的には変更の少ない安定したコードを作り出し、安定コードに依存の方向性が向くようにします。

依存制御を簡単な例で説明します。ある処理から複数の処理を呼ぶ、利用の依存がある場合を考えます。呼び出すべき処理の種類が随時増えていく場合、該当コードの変更頻度は高くなります。ここで該当コードの変更を抑制したいとします。どのコードの変更を抑制して、どのコードを可変でよいと考えるかは開発者の判断次第です。

コード変更を抑制する方法の1例がイベント発火コードへの書き換えです。依存処理への直接呼び出しの代わりに、「イベント発生」を模倣したコードに変えます(注9)。そして一連の依存処理

(注6) 保守性と可読性がトレードオフになる場合があるように、コード共通化と影響最小化も時にトレードオフの関係になります。

(注7) 抽象層や中間層などの呼び名もあります。

(注8) 依存の方向性を変えない間接層もあります。ライブラリや具象クラスをラップするコードです。ラップして直接の依存を軽減する意味があります。関連した少し高度な話題として、コードの水準（抽象度）を揃える意味もあります。低水準コード（ファイル処理など）と高水準コード（アプリ固有の処理）を混ぜないようにする考えです。

(注9) イベントを使うコードのイメージがつかない場合「11章　インタフェース」を参照してください。イベントという用語や実装の詳細ではなく、直接呼び出しをなくす構造のほうが本質です。

をイベント発生時に動く処理に書き換えます。こうすると、イベント発生時の処理の追加に対してイベント発生元コードの変更を抑制できます。

■間接層のあるコードの読み方

間接層を適切に作るとコードの保守性を向上できます。しかし下記の理由で可読性は落ちがちです。

- **間接層は開発しているソフトウェア機能とは無関係なコードのため**
- **実行順序とコードの関係が断片化されるため**

間接層のコードが一定量を超えるとすべてのコードを頭から読み下すのは非効率です。代わりに間接層の作る構造の読解に時間を使うほうが有用になります。この読解はコードの処理を追う読解とは少し違う技術です。この時、慣習（イディオム）やパターンの知識が役立ちます。

コードの構造が頭に入ると、読む必要のあるコードと読む必要のないコードを分離できます[注10]。読むべきコード量の減少は可読性の向上につながります。

（注10） コードの書き手と読み手のメンタルモデルの一致が目指す状態です。

Part 2

Java言語基礎

Javaプログラムの基本的な書き方および考え方を説明します。あわせてイディオム、陥りやすい罠、保守性のよい書き方、言語機能の背景も説明します。

3章 文字列

文字列処理は最初に学習する分野として最適です。他の抽象的な概念に比べて結果を確認しやすいからです。一方でJavaの文字列処理には落し穴もあります。注意点も同時に習得してください。

3-1 文字列

3-1-1 文字列とStringオブジェクト

文字列はプログラミングで扱う基本的なデータ型の1つです。文字列は文字の並びとして定義されます。

Javaの文字列はStringオブジェクトで扱います。Stringオブジェクトを使うコード例を示します。細かい文法規則を気にせず、このコードでStringオブジェクトが生成され変数sに代入されると理解してください（**図3.1**）。

```
jshell> var s = "0123456789"
```

図3.1　変数sが文字列オブジェクトを参照する概念図

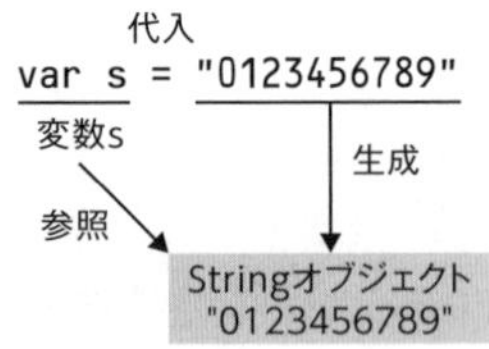

生成したStringオブジェクトに様々な操作を可能です。オブジェクトに対する操作をメソッドと呼びます。ここでは、Stringオブジェクトに対して何か操作したい場合は変数sに続けてドット(.)とメソッド名を書くと覚えてください。よく使うメソッドを**表3.1**にまとめます。

表3.1　Stringオブジェクトのよく使うメソッド

メソッド	意味
charAt	指定した位置（インデックス）の文字を取得
chars	文字ごとのストリーム生成。詳細は「10章　ストリーム処理」で説明
codePoints	コードポイント単位のストリーム生成。
compareTo	指定した文字列と辞書的にどちらが大きいかを比較
contains	指定した文字列を含むか調べる
endsWith	指定した文字列で終了するかを調べる
equals	指定した文字列が同じ内容の文字列かを調べる
formatted	書式を指定して文字列を生成
length	文字列の長さを取得
indexOf	指定した文字または文字列を対象文字列から検索
isEmpty	空文字列かを調べる
lines	行単位のストリーム生成。詳細は「10章　ストリーム処理」で説明
split	文字列を区切って配列に分割（区切り指定は正規表現）
splitWithDelimiters	文字列を区切って配列に分割（区切り指定は正規表現）。区切り文字自体も配列要素になる
startsWith	指定した文字列から始まるかを調べる
strip	前後の空白文字列を除去
substring	部分文字列を取得
transform	任意の変換処理を適用

別の見方をすると、Stringオブジェクトで文字列を扱う場合、Stringオブジェクトの提供メソッド以外の操作は直接できません。提供メソッドだけでできない処理をするには、複数メソッドの組み合わせまたは独自のコードを書く必要があります。

Stringオブジェクトは文字列の内容を変更できません。Stringオブジェクトは読み込み専用文字列だからです。この設計の意味は後述します。当面は、読み込み専用の文字列が欲しい場合はStringオブジェクト、変更可能な文字列が欲しい場合は後述するStringBuilderオブジェクトを使うと覚えてください。

■文字列の文字取得

文字列内の各文字は先頭から数えるインデックス（添字「そえじ」）で参照できます（**リスト3.1**）。インデックスは0から数え始める整数値です。たとえば"abc"という文字列であれば、0番目の文字がa、1番目の文字がb、2番目の文字がcになります。文字列から部分文字列を取り出す時もインデックスで指定します。たとえば"abc"の先頭1番目から2文字分の部分文字列を取り出すと"bc"という文字列になります。

リスト3.1　Stringオブジェクトの文字(注1)

```
// 対象文字列
jshell> var s = "abc"
// 0番目の文字はa
jshell> var ch = s.charAt(0)
```

（注1）　文字列と文字は内部的には扱いが少し異なります。今はあまり気にしなくても問題ありません。

```
ch ==> 'a'
// 1番目の文字はb
jshell> var ch = s.charAt(1)
ch ==> 'b'
// 先頭1番目から2文字分の部分文字列(引数の1と3の意味は本文参照)
jshell> var sub = s.substring(1, 3)
sub ==> "bc"
```

配列を知っている人は、文字列の特徴が配列と似ていると思うでしょう。事実、内部的には文字列は文字の配列です。しかし、Javaは文字列を文字の配列のように見えない工夫をしています。Javaの文字列を扱う時は、文字の配列という意識を捨て、文字列という1つの操作対象(オブジェクト)として考えてください。

■Stringオブジェクトの使用例

Stringオブジェクトを使った例を示します(**リスト3.2**)。文字列の中から"["と"]"の間に囲まれた文字列を取り出す例です。

リスト3.2　Stringオブジェクトの使用例

```
// 文字列の中から"["と"]"の間に囲まれた文字列を取り出す
// 対象の文字列
jshell> var s = "012[abc]345"
// "["の位置を探す
jshell> var begin = s.indexOf("[")
begin ==> 3
// "]"の位置を探す
jshell> var end = s.indexOf("]")
end ==> 7
// "["と"]"の間の部分文字列を取り出す
jshell> var sub = s.substring(begin + 1, end)
sub ==> "abc"
```

●int indexOf(String str)

indexOfメソッドは、引数で指定した文字列を対象文字列内から探して、そのインデックスを返します。先頭で一致すれば0が返り、次の文字列で一致すれば1が返ります。文字列が見つからない場合、-1が返ります。

●String substring(int beginIndex, int endIndex)

substringメソッドは、**図3.2**に示すように対象文字列の部分文字列を持つ別の新しい文字列オブジェクトを返します。

図3.2 substringメソッドの動作 (注2)

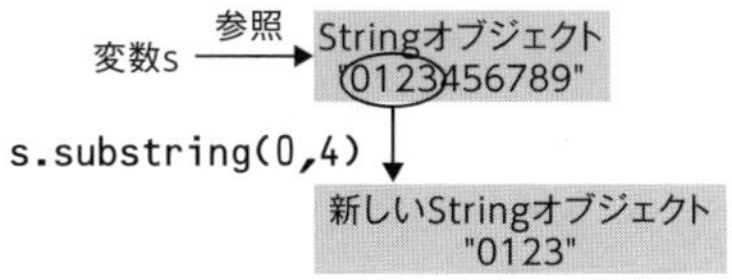

■Stringオブジェクト利用の考え方

メソッドが何をするか（仕様）をわかれば、内部を知らずにリスト3.2のようにコードを書けるのが要点です。

読者はいつか誰かの作ったコードを使うだけではなく、コードを作る側の立場になります。具体的にはメソッドを作る立場になります。作ったメソッドの仕様が明確であれば、メソッド利用者は中身の詳細を頭から追い出せます。これは利点です。ソフトウェア開発は複雑さとの戦いだからです。今後、本書の中で繰り返し出てくる視点です。少し覚えておいてください。

3-1-2 文字列の長さ

文字列の長さはlengthメソッドで得られます。lengthメソッドは文字列の文字数を返します(**リスト3.3**)。日本語の文字も普通に使えます(注3)。

リスト3.3 Stringオブジェクトの文字列長

```
jshell> var s = "0123456789"
jshell> var len = s.length()
len ==> 10
```

COLUMN

メソッドの設計

オブジェクトにどんなメソッドを持たせるかを決めるのは開発者の仕事です。残念ながら正解はありません。

単純なメソッドをそろえたオブジェクトは汎用性を高くできます。単純なメソッドを組み合わせて複雑な処理を構築できるからです。一方、これは組み合わせ側のコードに複雑さが移動した状態とも言えます。

実開発ではこのバランスを取ります。たとえば単機能のオブジェクトを組み合わせた複雑さを、別のオブジェクトに閉じ込めるなどの工夫をします。

(注2) substringには文字列自体をコピーしない工夫があります。先頭と末尾の位置のみ異なるStringオブジェクトを生成します。Stringオブジェクトが不変である性質（本文参照）を利用しています。

(注3) 通常使用の範囲では普通に日本語の文字を使える理解で十分です。

```
jshell> var s = "0123456789あいうえお"
jshell> var len = s.length()
len ==> 15
```


空文字列("")も文字列の一種です。長さは0です。isEmptyメソッドで空文字列判定できます(**リスト3.4**)。

リスト3.4　空文字列のStringオブジェクト

```
jshell> var s = ""
jshell> var len = s.length()
len ==> 0

jshell> var empty = s.isEmpty()
empty ==> true
```

3-1-3　書式処理

formattedメソッドの書式処理を使って様々な文字列を生成できます(**リスト3.5**)。文字列の中の%と後続文字の組み合わせを書式子と呼びます。formattedメソッドの引数に渡した値で書式子の部分を置換すると理解してください。

リスト3.5　Stringオブジェクトの書式処理

```
jshell> var unit = "円"
jshell> var n = 100
jshell> var m = 200

// %dは数値に対する書式子。%sは文字列に対する書式子
jshell> var s = "%d%sと%d%sの合計は%d%sです".formatted(n, unit, m, unit, n + m, unit)
s ==> "100円と200円の合計は300円です"

// テキストブロック(後述)でも利用可能
jshell> var s = """
   ...> %d%sと%d%sの合計は%d%sです""".formatted(n, unit, m, unit, n + m, unit)
s ==> "100円と200円の合計は300円です"
```

書式の詳細はjava.util.FormatterクラスのAPIドキュメントを参照してください。同じ書式処理をString.formatメソッド、System.out.formatメソッド、System.out.printfメソッドなどで使えます(注4)。これらの使い方もAPIドキュメントを参照してください。

(注4)　本書でString.formatメソッドのようにクラス名.メソッド名と表記した場合、クラスメソッドを意味します。本書の記載はこれで統一します。クラスメソッドの詳細は「**6章 クラス**」を参照してください。なおSystem.outはSystemクラスのoutという名前のクラスフィールドです(「**13章 Javaプログラムの実行と制御構造**」参照)。

3-1-4　文字列処理の典型的な問題

文字列処理でしばしば目にする例外がIndexOutOfBoundsExceptionもしくはStringIndexOutOfBoundsExceptionです。例外の詳細は「**14章 例外処理**」で説明します。今の段階では、例外はメソッドの使い方に問題がある旨を伝える仕組みと理解してください。

メソッドの引数に渡すインデックス値が文字列全体の範囲を越えた場合に上記例外が発生します。具体的にはインデックス値に負数または文字列長以上の値を渡した場合です。たとえばリスト3.2は入力文字列次第でこの例外が発生します（**リスト3.6**）。このコードは修正が必須です。indexOfメソッドの返り値が-1かをチェックしてください。

リスト3.6　Stringオブジェクト使用時の例外発生（リスト3.2と同じ処理）

```
jshell> var s = "012[abc"  // "]"を含まない対象文字列
jshell> var begin = s.indexOf("[")
begin ==> 3
jshell> var end = s.indexOf("]")
end ==> -1
jshell> var sub = s.substring(begin + 1, end)
|  Exception java.lang.StringIndexOutOfBoundsException: Range [4, -1) out of bounds for length 7
省略
```

3-1-5　文字列リテラル

ここまで説明なしに"0123456789"のような書き方を使いました。ダブルクォート文字（"）で文字列を囲んだものをコードに記載すると、内部的にStringオブジェクトを生成します（コラム参照）。

ダブルクォート文字で文字の並びを囲んだ表記を文字列リテラルと呼びます。リテラル表記とはソースコード上に書いた値が値のまま評価される仕組みです(注5)。Stringやsは型名や変数名で、実行時に"String"や"s"の文字列としての働きを持たないのに対し、ダブルクォートで囲んだ"0123456789"は、この文字の並びのまま実行時に意味を持ちます。

■文字列のエスケープ処理

特別な文字を使い後続文字に別の意味を持たせる処理を「エスケープ処理」と呼びます。エスケープ処理に使う特別な文字をエスケープ文字と呼び、エスケープ文字を使った表記をエスケープシーケンスと呼びます。

Javaの文字列リテラルで使うエスケープ文字はバックスラッシュ文字（＼。環境によっては円記号の¥）です。たとえば文字列リテラルにダブルクォート（"）文字そのものを含める場合、バッ

（注5）　リテラル表記の詳細は「**7章　データ**」を参照してください。なおJavaの文法を俯瞰すると文字列リテラルを使う暗黙のオブジェクト生成は例外的な存在です。本書を読み進めていくと特殊性に気づくと思います。

クスラッシュ文字を書いてから次に"文字を記載します。例を示します(**リスト3.7**)。

リスト3.7　文字列のエスケープ処理

```
jshell> var s = "0123456789"  // 比較のためのエスケープ処理なし文字列
jshell> System.out.print(s)   // printすると前後にダブルクォート文字なし
0123456789

jshell> var s = "¥"0123456789¥""  // エスケープ処理ありの文字列
jshell> System.out.print(s)       // printすると前後にダブルクォート文字あり
"0123456789"
jshell> System.out.print(s.length())  // 前後のダブルクォート文字を含んだ長さ
12
```

バックスラッシュ文字自体を文字列リテラルに含めたい場合、バックスラッシュ文字を重ねます(**リスト3.8**)。エスケープ文字の詳しい説明は「**15-1-2 文字リテラル**」を参照してください。

リスト3.8　バックスラッシュ文字のエスケープ処理

```
jshell> var s = "¥¥0123456789"
jshell> System.out.print(s)
¥0123456789
```

■文字列と改行

文字列リテラルの中に改行文字を直接記述できません。**リスト3.9**のコードはコンパイルエラーになります。

リスト3.9　下記2行はコンパイルエラー(文字列リテラルの中の改行)

```
var s = "012
345";
```

改行文字を含む文字列を作るにはエスケープシーケンス(¥n)を使います(**リスト3.10**)。

COLUMN

オブジェクトのクラスの調べ方

文字列リテラルがStringクラスのオブジェクトであることは次のコードで確認できます。

```
jshell> System.out.print("0123456789".getClass())
class java.lang.String
```

リスト3.10 改行文字のエスケープ処理

```
jshell> var s = "012¥n345"
s ==> "012¥n345"
jshell> System.out.print(s)
012
345
```

改行文字を含む文字列が欲しいのではなく、コードを見やすくするため長い文字列リテラルを複数行に分けたい場合があります。この場合、**リスト3.11**のように+演算子で文字列を結合できます。+演算子の後続の改行が無視されるからです。+演算子をいくつつなげても実行効率は変わりません。文字列リテラル同士の結合をコンパイル時に行うからです。

リスト3.11 見やすさのために複数行に折り返す文字列リテラル

```
jshell> var s = "012" +
   ...> "345"
s ==> "012345"
```

3-1-6 テキストブロック

改行を含む長い文字列をリテラルとして記述する場合、文字列リテラルの代わりにテキストブロックを使うほうが便利です。テキストブロックはダブルクォート文字3つの後の改行から始まりダブルクォート文字3つで終端する文字列です。テキストブロック内に書いた改行は ¥n になります(**リスト3.12**)。

リスト3.12 テキストブロックの例

```
jshell> var s = """
   ...> abc
   ...> def
   ...> ghi"""
jshell> System.out.print(s)
abc
def
ghi

// 文字列の中身が一致(equalsメソッドは後述)
jshell> var result = s.equals("abc¥ndef¥nghi")
result ==> true
```

テキストブロック終端の"""の前の改行の有無で動作が異なる点に注意してください(**リスト3.13**)。

リスト3.13　テキストブロック終端の"""前の改行は有効

```
jshell> var s = """
   ...> abc
   ...> def
   ...> """
s ==> "abc¥ndef¥n"
```

■テキストブロック内のインデント

テキストブロックは、もっとも浅いインデント(字下げ)の行を基準に先頭の空白文字数が決まります。**リスト3.14**の最初のs1のように書いている限り、インデントを気にする必要はありません。単純にインデントが無視されていると見なせるからです。次のs2のように記述すると、一番インデントの浅い"DEF"の行で全体の先頭位置が決まります。"ABC"行と"GHI"行の先頭には相応の空白文字が入ります。

リスト3.14　テキストブロックのインデント(字下げ)

```
public class Main {
    public static void main(String... args) {
        var s1 = """
                 abc
                 def
                 ghi""";
        System.out.println(s1);

        var s2 = """
                 ABC
            DEF
                 GHI""";
        System.out.println(s2);
    }
}
```

```
実行結果:
abc
def
ghi
     ABC
DEF
     GHI
```

なおタブ文字のインデントはこの動作をしません。タブ文字を使うインデントは推奨しません。

■改行のないテキストブロック

改行を含む意図がなく単にテキストブロックをソースコード上で折り返したいだけの場合があ

1章 2章 3章 4章 5章 6章 7章 8章 9章 10章 11章 12章 13章 14章 15章 16章 17章 18章 19章 20章 21章 22章 23章

ります。この場合、テキストブロック内の行の終端にバックスラッシュ文字を記載します（**リスト3.15**）。

リスト3.15　コードの見やすさのための折り返したテキストブロック

```
public class Main {
    public static void main(String... args) {
        var s = """
                abc¥
                def¥
                ghi""";
        System.out.println(s);
    }
}
```

```
実行結果:
abcdefghi
```

■テキストブロック内のエスケープ処理

テキストブロック内でエスケープシーケンスを使えます。使えるエスケープシーケンスは文字列リテラルと同じです。テキストブロックの場合、改行文字とダブルクォート文字のエスケープ処理は不要です。不要ですが記述しても特に問題はありません。具体例を**リスト3.16**に示します。

リスト3.16　テキストブロック内のエスケープ処理

```
public class Main {
    public static void main(String... args) {
        var s = """
                ab¥nc
                "de¥"f
                ghi""";
        System.out.println(s);
    }
}
```

```
実行結果:
ab
c
"de"f
ghi
```

テキストブロックの終端の空白文字は無視されます。終端に空白文字を足したい場合はエスケープシーケンスの¥sを使ってください（**リスト3.17**）。

リスト3.17　テキストブロック終端の空白文字

```
// 普通に書くと終端の空白文字は無効
jshell> var s = """
   ...> abc   """
s ==> "abc"
jshell> System.out.print(s.length())
3

// 空白文字のエスケープ処理
jshell> var s = """
   ...> abc¥s¥s¥s"""
s ==> "abc   "
jshell> System.out.print(s.length())
6
```

3-2 書き換え可能文字列

3-2-1 文字列の書き換え処理

元の文字列に新たな文字列を追記する処理が必要だとします。Stringオブジェクトを使う場合、+演算子を使うかあるいはconcatメソッドを使って実現できます(**リスト3.18**)。

リスト3.18　Stringオブジェクトの文字列連結

```
jshell> var s1 = "012"
jshell> var s2 = "345"
jshell> var s3 = s1.concat(s2)
s3 ==> "012345"
```

リスト3.18の変数s1、変数s2、変数s3の参照先Stringオブジェクトはすべて別のオブジェクトです。これは意図した動作です。Stringオブジェクトは読み込み専用文字列だからです。この結果、リスト3.18のコードは合計3つのStringオブジェクトを生成します。

Stringオブジェクトの生成数が3つ程度であれば、その処理時間は無視できるほど小さいものです。しかし、場合によっては想定以上に処理時間がかかります。この無駄は変更可能な文字列で回避できます。

3-2-2 StringBuilderオブジェクト

Java標準の変更可能文字列はStringBuilderオブジェクトです。StringBuilderオブジェクトは**リスト3.19**のように生成できます。

リスト3.19 StringBuilderオブジェクトの生成例

```
jshell> var sb = new StringBuilder("0123456789")
sb ==> 0123456789
```

StringBuilderオブジェクトの主要な使用目的は文字列の組み立てです。この使用方法は後ほど文字列の結合として説明します。

ここではStringBuilder文字列の「変更可能」を強調するコード例を示します。**リスト3.20**はStringBuilderオブジェクトの先頭から3番目つまり文字cと文字gの間に新しい文字列"def"を挿入するコードです。文字列リテラル"abcghi"と"def"はそれぞれ別個のStringオブジェクトですが、StringBuilderオブジェクトは1つしか生成していません。

リスト3.20 StringBuilderオブジェクトの使用例

```
jshell> var sb = new StringBuilder("abcghi")
jshell> sb.insert(3, "def")
jshell> sb    // 文字列が挿入された結果
sb ==> abcdefghi
```

■StringオブジェクトとStringBuilderオブジェクト

StringオブジェクトとStringBuilderオブジェクトは、CharSequenceという共通のインタフェースを実装しています。インタフェースの説明は「**11章 インタフェース**」に譲りますが、簡単に言うと2つのオブジェクトに共通するメソッドがあることを示しています。**表3.2**に代表的な共通メソッドを載せます。合わせて、StringBuilderオブジェクト固有のよく使うメソッドを**表3.3**に載せます。

表3.2 CharSequenceの代表的なメソッド

メソッド	意味
charAt	指定した位置（インデックス）の文字を取得
chars	文字ごとのストリーム生成。詳細は「**10章 ストリーム処理**」で説明
length	文字列の長さを取得
subSequence	部分文字列を取得

表3.3 StringBuilder固有のよく使うメソッド

メソッド	意味
append	指定した文字列を末尾に追加
delete	部分文字列を削除
indexOf	指定した文字を文字列から検索
insert	指定した文字列を指定位置に挿入
replace	指定位置の文字列を別の文字列に置換
setCharAt	指定した位置に文字をセット
substring	部分文字列を取得

■StringBuilderオブジェクトの文字列長

Stringオブジェクトと同じく、StringBuilderオブジェクトの文字列の長さをlengthメソッドで取得可能です。

Stringオブジェクトと異なり、StringBuilderはsetLengthメソッドで文字列の長さを変更できます。setLengthメソッドで長さを変更すると、変更した長さまでcharAtメソッドやsetCharAtメソッドでアクセス可能になります。setLengthメソッドで文字列長を伸ばした時、伸びた部分は¥u0000文字(16ビットがすべて0値)で埋まります。

■StringオブジェクトとStringBuilderオブジェクトの相互変換

StringオブジェクトとStringBuilderオブジェクトの相互変換の例を示します(**リスト3.21**)。型をわかりやすくするため変数の型を明示します。変数の型については次章で説明します。

リスト3.21　StringオブジェクトとStringBuilderオブジェクトの相互変換

```
// StringオブジェクトからStringBuilderオブジェクトに変換
jshell> String s = "abc"
jshell> StringBuilder sb = new StringBuilder(s)
sb ==> abc

// StringBuilderオブジェクトからStringオブジェクトに変換
jshell> StringBuilder sb = new StringBuilder("abc")
jshell> String s = sb.toString()
s ==> "abc"
```

3-3　文字列の結合

3-3-1　文字列の結合演算子

文字列をつなげる結合処理は実開発で頻出します。Stringオブジェクトに使える2つの文字列結合演算子が存在します(**表3.4**)。

表3.4　文字列の結合演算子

演算子	意味
+	文字列の結合
+=	文字列の結合と代入

文字列リテラル同士を+演算で結合した場合、コンパイル時に1つのStringオブジェクトを生成します。一方、下記のコードは2つのStringオブジェクトを実行時に結合して新しいStringオブジェクトを生成します。

```
var s = "012";
s += "345";
```

3-3-2　文字列結合の効率

複数回の文字列結合をしたい場合があります。繰り返し処理との組み合わせが典型例です(**リスト3.22**)。for文の詳細は気にせず、+=演算を何度も実行する点をおさえてください。

リスト3.22　非効率になるかもしれない文字列の結合処理

```
String concat(String... array) {
    var result = "";
    for (String s : array) {
        result += s;  // +=演算で文字列結合
    }
    return result;
}
```

リスト3.22は文字列結合処理のたびにStringオブジェクトを生成します。処理回数が多い場合、実行速度が遅くなる危険があります(注6)。実行速度が問題になった場合、**リスト3.23**のように書き換えてください。1つのStringBuilderオブジェクトに対して文字列結合を繰り返せます。

リスト3.23　リスト3.22を効率的に書き直した例(注7)

```
String concat(String... arr) {
    var result = new StringBuilder();
    for (String s : arr) {
        result.append(s);
    }
    return result.toString();
}
```

■一般論とのトレードオフ

Stringオブジェクトのように中身(文字列)を変更できないオブジェクトを不変オブジェクトと呼びます。

ここまでの説明で、Stringオブジェクトを「劣った」オブジェクトだと感じた人がいたらそれは誤解です。意図して「変更できない制約」をつけたオブジェクトだからです。「**6章　クラス**」でも説明しますが、変更できない制約はバグの防止に役立ちます。このため、一般論としてはStringBuilderオブジェクトよりStringオブジェクトの使用を優先してください。

(注6)　昔のJavaは+=演算のたびにStringBuilderオブジェクトを生成する非効率なコードでした。現在は以前より効率的なコードになっています。

(注7)　StringBuilderオブジェクト生成時に最終文字列の文字列長を渡すと、更に高速化可能です。

一方で、不変オブジェクトは予期しづらい非効率なコードになる危険に注意する必要があります(注8)。文字列結合処理を例にすると、処理の繰り返し回数で書き方を変えるより、文字列結合は常にStringBuilderのappendを使う方針を徹底するほうが簡単です。トレードオフを認識した上で、StringとStringBuilderをうまく使い分けてください。

3-3-3 joinメソッド

文字列結合のための専用メソッドと専用クラスがあります。String.joinメソッドとStringJoinerクラスです。対象文字列群と区切り文字列を渡すと、区切り文字列で結合した文字列が返ります。具体例を**リスト3.24**に示します。StringJoinerクラスの使用方法はAPIドキュメントを参照してください。

リスト3.24 String.joinメソッドを使う文字列結合処理

```
jshell> var s = String.join(",", "abc", "def", "ghi")  // 第1引数は区切り文字
s ==> "abc,def,ghi"
```

3-4 文字列の比較

3-4-1 文字列の同値比較

2つの文字列が同じかどうか調べたい場合があります。この比較を文字列の同値比較と呼びます。

Javaの文字列の同値比較には注意する点があります。結論を先に書くとStringオブジェクトの同値比較には常にequalsメソッドを使用してください(注9)。

Javaの典型的なバグの1つが、**リスト3.25**のように==演算で文字列同士を比較するコードです(!=演算による比較も同じくバグです)。後述するように期待どおりに動く場合もあるので厄介です。

リスト3.25 ==演算の評価値が偽になるコード

```
jshell> var s1 = "abc"
jshell> var s2 = new StringBuilder("abc").toString()
// 文字列の中身が一致していても==演算の結果はfalse(偽)
jshell> var result = s1 == s2
result ==> false
```

(注8) 逆に不変オブジェクトのほうが効率的になる場合もあります。同一内容のコピー操作です。不変の保証があれば文字列を共有できるからです。Stringのsubstringメソッドが典型例です。

(注9) 詳細は「**12章 文、式、演算子**」の「同一性と同値性」で説明します。

1章
2章
3章
4章
5章
6章
7章
8章
9章
10章
11章
12章
13章
14章
15章
16章
17章
18章
19章
20章
21章
22章
23章

「==演算子」と「!=演算子」による比較は、比較対象の2つの変数が同一のStringオブジェクトを参照しているか否かを判定します。この内部動作は一貫しています。しかし残念ながら直感と常に一致する動作にはなりません。

リスト3.25の変数s1と変数s2はそれぞれ異なるStringオブジェクトを参照しています。このため、s1とs2の値を==演算で比較すると偽になります。一方、**リスト3.26**の場合、変数s3と変数s4が同一の文字列オブジェクトを参照します。このため==演算による比較が真になります。

リスト3.26　==演算の評価値が真になるコード

```
jshell> var s3 = "abc"
jshell> var s4 = s3
// 同一のStringオブジェクトを参照している変数同士の==演算の結果はtrue(真)
jshell> var result = s3 == s4
result ==> true
```

文字列を比較する場合、通常は文字列の内容の一致で判定したいはずです。これを同値性の比較と言います。文字列の内容の一致を判定するにはequalsメソッドを使います(**リスト3.27**)。

リスト3.27　文字列の同値性の比較

```
jshell> var s1 = "abc"
jshell> var s2 = new StringBuilder("abc").toString()
// 文字列の中身が一致していればtrue(真)
jshell> var result = s1.equals(s2)
result ==> true
// 逆も真
jshell> var result = s2.equals(s1)
result ==> true
```

■文字列リテラルの同値性

文字列リテラルから生成されるStringオブジェクトは、文字列の内容が一致している限り、同一のStringオブジェクトになります。リテラル同士の+演算による結合文字列も、結合後の文字列の内容が一致していれば同じStringオブジェクトになります。このため、**リスト3.28**の3つの変数はすべて同一のStringオブジェクトを参照して、==演算の結果が真になります。

リスト3.28　文字列リテラルを==演算で同値比較

```
jshell> var s1 = "abc"
jshell> var s2 = "abc"
jshell> var s3 = "a" + "b" + "c"
s3 ==> "abc"

// 文字列リテラルに限定すると==演算で内容の一致を判定可能
jshell> var result = s1 == s2
result ==> true
```

```
jshell> var result = s1 == s3
result ==> true
```

しかし文字列リテラルであっても文字列の内容を比較したい場合、常にequalsメソッドの使用を推奨します(注10)。文字列リテラル固有の動作に依存したコードを書いていると、勘違いによる派生バグを生む危険があるからです。たとえば**リスト 3.29** の s1 と s2 が参照する文字列オブジェクトの内容は一致しています。しかし別オブジェクトなので == 演算の結果は偽になります。

リスト3.29　文字列リテラル絡みの同値比較の落とし穴

```
jshell> var s1 = "abc"
jshell> var s2 = "ab"
jshell> s2 += "c"
jshell> s2
s2 ==> "abc"
// 文字列の中身が一致していても==演算の結果はfalse(偽)
jshell> var result = s1 == s2
result ==> false
```

■StringとStringBuilderの同値比較

Stringオブジェクトのequalsメソッドで StringBuilderオブジェクトと比較すると、たとえ同じ内容の文字列であっても偽を返します。StringBuilderオブジェクトと同値の比較をする場合、contentEqualsメソッドを使います(**リスト3.30**)(注11)。

リスト3.30　StringとStringBuilderの同値比較

```
jshell> var s = "abc"
jshell> var sb = new StringBuilder("abc")
// 文字列の中身が一致していてもequalsの結果はfalse(偽)
jshell> var result = s.equals(sb)
result ==> false
// contentEqualsの結果はtrue(真)
jshell> var result = s.contentEquals(sb)
result ==> true
```

■StringBuilder同士の同値比較

StringBuilder同士の内容の同値比較にequalsメソッドを使えません。内容の同値比較をするには、toStringメソッドでStringオブジェクトに変換してからcontentEqualsメソッドを使います。あるいは両方ともtoStringメソッドでStringオブジェクトに変換してequalsメソッドを使います。

次節で紹介するcompareToメソッドの結果のゼロ判定で同値比較する方法も可能です。

(注10) Stringオブジェクトのequalsメソッドは内部で==演算子の比較を最初に行います。このため文字列リテラル同士の比較の実行効率は悪くありません。

(注11) contentEqualsメソッドはStringオブジェクト同士の中身の比較にも使えます。

3-4-2 文字列の大小比較とソート処理

文字列の大小比較を必要とする場面があります。典型的な場面は並び替え（ソート）処理です。複数の文字列がある場合に、順序に従い文字列を並べ替える処理です。

文字列のソートは、内部的な文字コード（文字に割り振った数値）を使う簡易なソートと、国際化などを意識した、より高水準なソートの2種類を使い分ける必要があります。

内部的な文字コードに依存したソートを説明します。Java内部の文字コードはUTF-16（Unicodeの1つ）です。日本語も含めるとおおよそ次の並びになっています。

- **英語アルファベットは辞書順（ABC順）**
- **英語の大文字は小文字よりも前**
- **数字や記号は英文字よりも前（一部の記号は英文字より後）**
- **平仮名はカタカナよりも前**
- **平仮名とカタカナはそれぞれ辞書順（あいうえお順）**
- **濁点および半濁点は、「へ」「ほ」「ぼ」「ぽ」「ま」のような順序**
- **漢字は平仮名やカタカナよりも後**
- **漢字の並び順はコンピュータの都合**

現実的には、この並び順で意味のあるソートを行えるのは英単語のみと考えてください。漢字が混じった場合、事実上、コンピュータの都合によるソートであって、人間のためのソートにはなりません。

■compareToメソッド

文字コードベースの大小比較にはcompareToメソッドを使います。StringオブジェクトとStringBuilderオブジェクトの両方で使えます。compareToメソッドは2つの文字列の大小関係を比較します。2つの文字列は、メソッドを呼ぶ対象Stringオブジェクトと引数で渡すStringオブジェクトで指定します。比較の大小に応じて正の整数、ゼロ、負の整数を返します。**リスト3.31**の例を参考にしてください。

リスト3.31 StringのcompareToメソッドの動作

```
"abc".compareTo("abc")  //=> 0
"abc".compareTo("bcd")  //=> 負
"bcd".compareTo("abc")  //=> 正
"abc".compareTo("ABC")  //=> 正
"ABC".compareTo("abc")  //=> 負
"abc".compareTo("abcd") //=> 負
```

この返り値の意味は一見わかりづらいものです。次のように考えると理解できます。歴史的に、数値のソート処理は2つの数値mとnの大小関係の比較関数の結果を使うように実装されてきました。この大小関係の比較関数は、mからnを引いた数(つまりm - nの結果)を返しました。つまり、mがnより大きい数であれば正の値を返し、mがnより小さい数であれば負の値を返し、mとnが同じ値であればゼロを返します。この過去の内部実装の都合が、そのままStringオブジェクトのcompareToメソッドの返り値に引き継がれています。こうすることで文字列のソート処理を数値のソート処理と等価に扱えるからです。

■CharSequence.compareメソッド

特に使い分けの指針はありませんが、CharSequence.compareメソッドでも文字列比較可能です。compareToメソッドと等価の動作です(**リスト3.32**)。

リスト3.32 CharSequence.compareメソッドの動作

```
CharSequence.compare("abc", "abc") //=> 0
CharSequence.compare("abc", "bcd") //=> 負
CharSequence.compare("bcd", "abc") //=> 正
```

3-5 オブジェクトの文字列変換

3-5-1 toStringメソッド

Objectクラスに下記のtoStringメソッドが定義されています。

```
public String toString()
```

ObjectクラスはJavaのすべてのクラスに共通した基底クラスです。基底クラスの意味は「**17章 クラスの拡張継承**」で説明しますが、ここでは、Javaのすべてのオブジェクトに対してtoStringメソッドを呼べる事実を押さえてください。

toStringメソッドの目的は、任意のオブジェクトから文字列への変換です。文字列にする目的は人間が読んで理解できるようにするためです。主にオブジェクトの内容をコンソール画面やログファイルに書き出す時の変換処理に使います(注12)。

■toStringメソッドの暗黙の呼び出し(String型変換)

明示的なtoStringメソッド呼び出しとは別に、暗黙的にtoStringメソッドが呼ばれる場合があります。すでに実例を紹介済みです。JShellのコンソールでStringBuilderオブジェクトの文字列を画面に表示している時、内部でtoStringメソッドを呼んでいます。

通常コードでtoStringメソッドが暗黙的に呼ばれるのは、Stringオブジェクトと任意オブジェ

(注12) toStringメソッドで書き出した文字列からオブジェクト復元は推奨しません。文字列表現とオブジェクトの相互変換の目的には専用の処理を書くのが普通だからです。オブジェクト復元を意図した文字列化処理をシリアライズと呼びます。

1章
2章
3章
4章
5章
6章
7章
8章
9章
10章
11章
12章
13章
14章
15章
16章
17章
18章
19章
20章
21章
22章
23章

クトを＋演算で文字列結合する場合です。Javaの言語仕様的にはString型変換と呼びます。実例を**リスト3.33**に示します。実利用で詳細を気にする必要はないので説明は割愛します。

リスト3.33　String型変換の例

```
// StringBuilderオブジェクトに対する暗黙のtoStringメソッド呼び出し
jshell> var result = "abc" + (new StringBuilder("def"))
result ==> "abcdef"

// 数値もString型変換されます
jshell> var result = "123" + 456
result ==> "123456"

// nullは"null"という文字列に変換されます(nullについては「4章　変数とオブジェクト」参照)
jshell> var result = "123" + null
result ==> "123null"
```

System.out.printメソッドの実引数も内部で文字列に変換されます(注13)。リスト3.33と同じ動作になるように実装されています。

COLUMN

文字列の大小関係

文字列の大小関係は辞書順と呼ばれます。しかしこの言葉から想像するほど、決まった規則があるわけではありません。たとえば英語で"apple"と"Japan"はどちらが先でしょうか。通常の英語の辞書であれば、英語の大文字小文字を無視して並べます。このため"apple"が"Japan"より先です。しかし、コンピュータの世界では、歴史的に大文字を小文字よりも前に並べる習慣があります(ファイルシステムのソートなどにこの習慣が見られます)。また、数字や記号の入った文字列と英単語の順序も自明ではありません。

日本語の並び順を考えると更に複雑です。「コンピュータ」と「わさび」はどちらが先でしょうか。一般の国語の辞書では平仮名とカタカナを区別せずに50音順に並べるため、「コンピュータ」は「わさび」より前のページにあります。しかしJavaでソートすると逆順になります。コンピュータの世界は伝統的に平仮名をカタカナより前に並べるからです。

(注13)　暗黙のString型変換ではなく内部にtoString呼び出しコードがあります。

4章 変数とオブジェクト

Javaプログラミング理解の基礎の1つがオブジェクトへの参照の理解です。この概念を理解できれば、Javaの多くのコードを読んで理解できるようになります。後続の章と説明が一部被りますが、本章で変数とオブジェクトの大枠をまとめます。参照の概念を確実に理解して次に進んでください。

4-1 基本型と参照型

Javaの変数の型は基本型と参照型の2つに分類できます(注1)。Javaの多くの教科書は基本型から説明するのが通例です。変数を「値を入れる箱」にたとえるのが基本型変数の伝統的な説明手法です。

本章は参照型変数を先に説明します。現場のJavaプログラミングでは参照型の変数を使うほうが主だからです。

参照型変数を説明するには、「値を入れる箱」モデルではなく「名なしのオブジェクトとオブジェクトを名前で呼ぶための変数」というモデルを使います。「値を入れる箱」モデルから出発すると誤った思い込みが作られてしまい、参照型変数の理解の妨げになるからです。

参照型変数を使う例を示します(**リスト4.1**)。前節と異なり変数名の前にvarがありません。この意味は本章を通じて説明します。

リスト4.1　参照型変数のコード例

```
jshell> StringBuilder sb = new StringBuilder()
jshell> sb.append("012")
jshell> sb
sb ==> 012
```

リスト4.1の読解は次のようになります(**図4.1**)。以降でこの読解の裏側を説明していきます。

- 変数sbをStringBuilderクラスの参照型変数として宣言
- new StringBuilder()の式でStringBuilderクラスをインスタンス化したオブジェクトを生成
- 代入演算子(=)により、変数sbが上記オブジェクトへの参照を持つ
- 変数sbにドット文字(.)とメソッド名appendを続けて上記オブジェクトのappendメソッドを呼ぶ

(注1)　英語ではprimitive typeとreference typeです。前者をカタカナ表記してプリミティブ型と書く場合もあります。本書は基本型の表記を使います。

図4.1　参照の読解

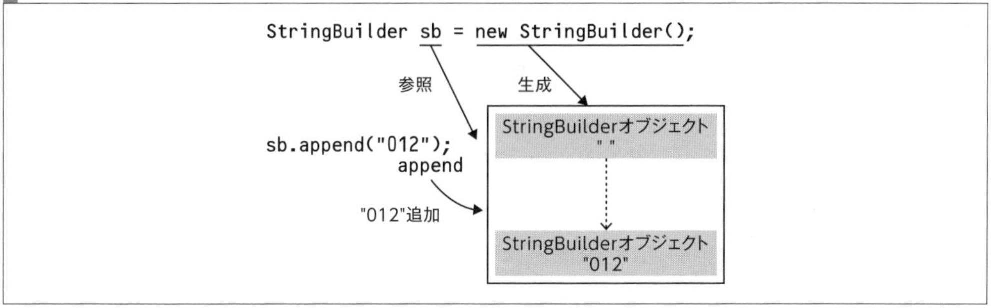

4-2　オブジェクトと変数

4-2-1　オブジェクト（暫定的な理解）

当面、「オブジェクトとはどこかに存在するモノ」と理解して、いったんオブジェクトの詳細を忘れてください(注2)。オブジェクトと呼ばれるモノがある前提から話を始めます。

オブジェクトはそれ自体名前がありません。これは、プログラミング言語の文脈でオブジェクトという用語を使った時の原則です。しかし、オブジェクトを名前で呼べないと不便です。いくつかの例外を除いて、Javaプログラミングではオブジェクトを名前で呼べるようにします。

4-2-2　変数

名なしのオブジェクトを名前で呼べる橋渡しをするのが変数です。変数は変数名という形で、それ自体が名前としての役割を担います。変数とオブジェクトを結びつけて（どう結びつけるかは後述します）、名前を持った変数を通じて名なしのオブジェクトを操作できる、この概念が参照型変数を説明するモデルです。このモデルを**図4.2**に示します。

図4.2　オブジェクトに変数の名前でアクセス

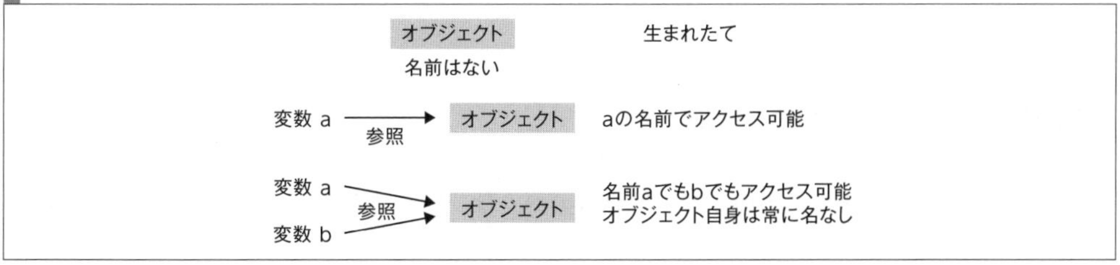

(注2)　説明の曖昧さが気になる人へ。どこかとはプログラム実行中のメモリ上と考えてください。

今後、本書では「オブジェクトの参照」もしくは「オブジェクトへの参照」という用語を使います。「変数がオブジェクトの参照を持つ」や「変数がオブジェクトを参照する」という言い方です。これらは、変数にオブジェクトを結びつけて、変数を使ってオブジェクトを操作できる状況を意味します。

4-2-3 参照

参照とは「オブジェクトを指し示す（値を意識しない抽象的な）何か」と考えてください。

どうしても変数の箱モデルから抜け出せない人は、「変数の箱にオブジェクトの位置情報の値を入れる」と理解してください。C言語などの経験者であれば、この理解がそのままポインタ型変数の説明だと気づくでしょう。Javaの参照型変数をポインタ型変数に読み替えても大きな齟齬は生じません(注3)。

4-2-4 参照型変数

参照型変数の概念についてまとめます。

- **「参照」とはオブジェクトの位置情報を指し示す「何か」です**
- **参照型変数は値として「参照」を持ちます**
- **「参照」は、その直接の値を意識すべきではありません**
- **結果として、参照型変数には「オブジェクトを指し示す役割」だけが残ります**

参照型変数でオブジェクトを参照する関係は、Javaプログラミングのベースとなる概念モデルです。

紛らわしいことに、「オブジェクトの参照」と「オブジェクト」の用語を曖昧なまま使う場合があります。たとえば「メソッドの引数にオブジェクトを渡す」などの言い回しです。正しい説明は「メソッドの引数にオブジェクトの参照を渡す」です。概念上、「オブジェクト」と「オブジェクトの参照」は別物だからです。

しかし、文脈上、問題がなければ「メソッドの引数にオブジェクトを渡す」のように書きます。参照が受け渡し用の媒介に過ぎなければ、「オブジェクトの参照」と「オブジェクト」の用語を混在させても支障がないからです。

■参照型変数の型（暫定的な理解）

参照型変数自体に型があります。これはオブジェクト自身の型とは別に存在します。「型」については後ほど説明します。当面、参照型変数の型とは、参照できるオブジェクトの種類を限定

（注3） ポインタ型変数の場合、値に対する演算ができるの対し、Javaの参照型変数の値に演算はできません。現実的には、C言語もしくはC++言語の経験者以外は、ポインタと参照の違いを気にする必要はありません。

するもの、と理解してください。

4-3 参照型変数

4-3-1 参照型変数の分類

Javaの参照型変数は次の4種類に分類できます。本章の参照型変数の説明はクラス型に限定します。それ以外はそれぞれの章で説明します。

- **クラス（レコードクラス、enum型を含む）**
- **配列型**
- **インタフェース**
- **型変数（ジェネリック型で使用）**

4-3-2 参照型変数の宣言

変数を使うには最初に変数を宣言します。変数宣言は、最初に変数の型を書き、続けて変数名を書きます。具体的には次のように書きます。StringBuilderが変数の型、sbが変数名です。変数名は開発者が自由に考えてつけられる名前です。

```
StringBuilder sb; // 変数sbの宣言
```

上記のコードは「StringBuilder型の変数sbを宣言した」と読みます。変数の型によって、その参照型変数が参照できるオブジェクトの型に制約が生じます。StringBuilder型として宣言した変数は、StringBuilderクラスに関連したオブジェクトしか参照できません（**図4.3**）。

図4.3　変数の型と参照可能オブジェクト

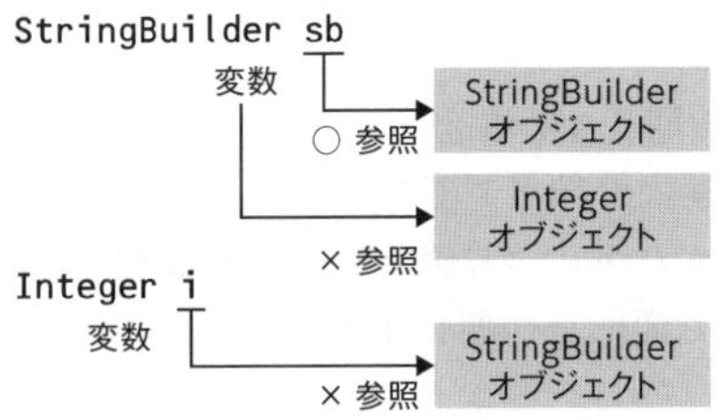

たとえば次のコードはコンパイルエラーになります。変数の型とオブジェクトの型が一致していないからです。

```
// 変数の型(String型)とオブジェクトの型(StringBuilder型)が一致しないのでコンパイルエラー
String s;
s = new StringBuilder();
```


4-3-3　変数の初期化

変数は宣言と同時に初期化できます。

```
// 宣言と同時に初期化する変数の例
StringBuilder sb = new StringBuilder();
```

ローカル変数であれば次のようにvarを使い変数の型の記載を省略できます。記載を省略しているだけで変数の型がなくなるわけではないので注意してください。言語仕様上は型の推論と呼ばれる機能です。


```
var sb = new StringBuilder();
```

次のように宣言と代入を分けた場合、varを使えません。宣言時点で変数の型を決められないからです。

```
// 変数の宣言と初期化を分ける例
StringBuilder sb;
sb = new StringBuilder();
```

初期化していない変数の値はデフォルト値になります。変数のデフォルト値の詳細は後述します。多くの場合、宣言と同時の初期化は良い習慣です。

4-3-4　varを使う指針

本書のサンプルコードは、下記の場合にvarを使う方針にします。

- **文字列リテラルで変数を初期化する場合**
- **newを使うオブジェクト生成式の結果で変数を初期化する場合**
- **ofメソッドまたはvalueOfメソッドの返り値で変数を初期化する場合**
- **toStringメソッドの返り値で変数を初期化する場合**

これらにvarを使う理由は、変数の型が比較的自明だからです。

4-3-5　変数名に使える文字と規約

変数名を決めるのは開発者の責任です。Javaの文法上、変数名は識別子と呼ばれる要素の1つです。変数名に使える文字と規則は識別子に使える文字と規則に準拠します。

不正な変数名のほとんどはコンパイルエラーになります。このため変数名の規則にあまり神経質になる必要はありません。コンパイルエラーを検出してから修正すれば良いからです。たとえば、次のような変数名は不正ですが無理に規則を覚える必要はありません(自然に覚えられます)。

```
// コンパイルエラーになるコード
String a';     // 識別子に許可されていない記号を使っているためエラー
String class; // 予約語と同じ識別子なのでエラー。予約語は「12章　文、式、演算子」を参照
```

文法的にはコンパイルをとおりながら、可読性に問題のある変数名のほうが害が大きいと言えます。明確な意図がない限り**リスト4.2**のような命名は避けてください。

リスト4.2　非推奨のコード

```
class My {
    void method() {
        String My; // クラス名と一致しているがコンパイルできる
        String method; // メソッド名と一致しているがコンパイルできる
        String var; // 変数名varはコンパイルできる
    }
}
```

■命名規約

言語仕様とは別に開発者の間で決める、コードに関する決めごとを「コーディング規約」と呼びます。このような規約は多人数でソフトウェアを開発する時には必須です。記述に一貫性のないコードの可読性は著しく落ちるからです。

JavaにはOracle社が推奨するコーディング規約が存在します。

```
https://www.oracle.com/java/technologies/javase/codeconventions-contents.html
```

Oracle社の推奨コーディング規約はかなり古いものです。Google社のコーディング規約も紹介します。

```
https://google.github.io/styleguide/javaguide.html
```

4-3-6　変数の修飾子

変数の宣言に修飾子を書けます。修飾子は型名の前に記述します。初期化コードも含めると変数宣言の正しい文法規則は次になります。なお、本書で文法規則を説明する場合、[]で省略可能を示します。

```
//  変数の宣言の文法
// [ ]内は省略可能
[修飾子 ...] 型名 変数名 [ = 初期値]

// ローカル変数に限り初期値コードがある場合、varを利用可能
[修飾子 ...] var 変数名 = 初期値
```

変数に使える修飾子は**表4.1**のとおりです。final修飾子以外はフィールド変数にのみ書ける修飾子です。

表4.1　変数の修飾子

修飾子	説明
final	再代入禁止。「4-3-7 参照型の final 変数」参照
static	クラスフィールド変数
public	グローバル可視のフィールド変数
protected	該当クラス、派生クラス、および同一パッケージ内の他クラスからアクセス可能なフィールド変数
private	該当クラスからのみアクセス可能なフィールド変数
transient	クラスのシリアライズ対象外
volatile	「21章 同時実行制御」参照

4-3-7　参照型のfinal変数

final修飾子を指定した変数をfinal変数と呼びます。final変数は、変更不可や書き込み不可や読み込み専用と呼ばれます。しかし、これらの呼び名は誤解を招きやすいものです。final変数の正しい理解は再代入禁止の変数です。参照先オブジェクトの変更禁止ではない点を確認してください。

COLUMN

コーディング規約のあり方

Oracle社やGoogle社推奨のコーディング規約を無理に神聖視する必要はありません。自分達に合うコーディング規約を見つけてください。

コーディング規約は正しさに意味があるのではなくスタイルの統一に意味があります。コードのスタイルが気に入らないとしても、チームに規約があればそのスタイルに従うべきです。規約が気に入らないからと言って独断で規約を破るような人はプログラミングをすべきではありません。プログラミングは自由な行為ですが、そのような勝手を許す自由ではありません。規約が気に入らない場合は、規約を変えるべく話し合ってください。一緒に開発する開発者と話し合い、規約を変える合意をするのは自由です。

リスト4.3の最初のコードはコンパイルエラーになります。しかし後者のコードはエラーにならず普通に動作します。この動作は、変更不可や読み込み専用という表現から感じる動作とは異なります。

リスト4.3 参照型のfinal変数

```
final var sb = new StringBuilder("012");
sb = new StringBuilder("345"); // 再代入でコンパイルエラー

// 特にエラーにはならず、参照先のStringBuilderオブジェクトの文字列を変更できる
final var sb = new StringBuilder("012");
sb.append("345");
```

上記の関係を図示すると**図4.4**のようになります。final修飾子が禁止するのは、変数自体の値の変更であって、変数の参照先オブジェクト自体の変更ではないとわかるはずです。

図4.4 参照型変数のfinal（再代入不可）の動作

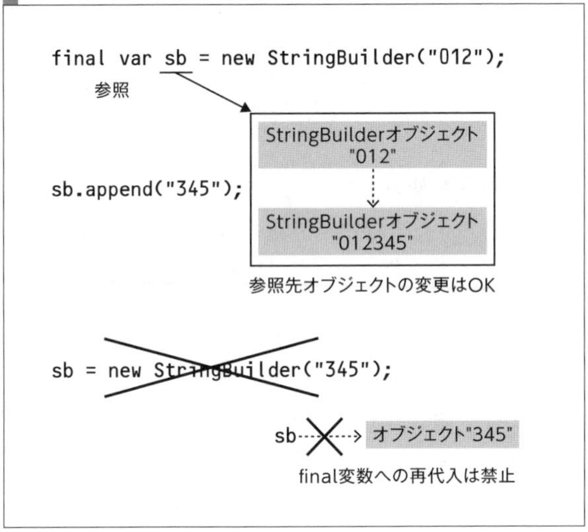

オブジェクト自体の変更を禁止したオブジェクトを不変オブジェクトと呼びます。不変オブジェクトについては「**6章 クラス**」で説明します。

■本書のfinal修飾子の方針

実開発のコードでは、多くの変数を再代入禁止にして問題ありません。必要のない限り、再代入を避けるほうが見通しの良いコードにもなります。

再代入しない変数のすべてにfinal修飾子を書く方針にすると、コード上に大量のfinalを書く

必要があります。本書はそこまで教条的にせず次の方針にします(注4)。

- ローカル変数とパラメータ変数にはfinal修飾子を書きません。final修飾子を明示しなくても、普通は再代入しない前提に立った省略です
- フィールド変数にはデフォルトでfinal修飾子を書きます。final修飾子のないフィールド変数は再代入する意思表示とします

4-4 オブジェクト生成と代入

4-4-1 new式によるオブジェクト生成

Javaプログラミングでは、しばしばオブジェクト生成のコードを書きます。Javaプログラミングの最初の1歩は「オブジェクトを作って使うこと」と言っても過言ではありません。

オブジェクトを生成する方法はいくつかあります。一般的な方法はnewを使う方法です。次のように使います。

```
// オブジェクト生成式の例
new StringBuilder()
new StringBuilder("012")
```

この時、内部的にはコンストラクタと呼ばれる処理を使います。コンストラクタの正確な説明は「**6章 クラス**」でします。ここではnewの後にクラス名を書いて括弧で引数を指定すると覚えてください。引数の並びや数はクラスごとに異なります。クラスごとに引数のパターンがあらかじめ決まっている程度の理解で十分です。

既に説明したように、生成したオブジェクトそれ自身には名前がありません。上記コード例のようにオブジェクトを生成しただけではそのオブジェクトを使う手段がありません。Javaにとってこのようなオブジェクトは存在しないも同然です。現時点では、オブジェクトを使うためには、newで生成したオブジェクトの参照を変数に代入して使うものと理解してください。

4-4-2 参照型変数の代入

代入とは変数に値をセットすることです。参照型変数に関してここまでの説明と整合性を取ると次のように説明できます。

- 参照型変数への代入とは、変数の値にオブジェクトの参照をセットすること

(注4) 再代入しない変数すべてにfinal修飾子を書く方針を否定はしません。

代入は主に次の場合に起こります(注5)。

- **代入演算子（=）を使った代入式**
- **代入演算子（=）を使った初期値のある変数宣言式**
- **メソッドおよびコンストラクタの呼び出しの引数**

■同一オブジェクトへの参照

次のコードの意味はどうなるでしょうか。

```
// 同じオブジェクトを参照する2つの変数の例
var sb = new StringBuilder();
var sb2 = sb;
```

答えを先に明かすと、このコードにより変数sbと変数sb2は同じオブジェクトを参照します。

代入式の=演算子の左と右をそれぞれ左辺と右辺と呼びます。この用語を覚える必要はありませんが、代入時の動作として次の規則を覚えてください。

- **右辺から値を取り出す**
- **左辺の変数の値を右辺から取り出した値に変える（右辺の値はそのまま）**

式の値の取得を評価と呼び、その値を式の評価値と呼びます。上の規則を言い換えると、右辺の式の評価値を左辺の変数に代入する、となります(注6)。

先の例の sb2 = sb に話を戻します。まず右辺の変数sbから値を取り出します。参照型変数の値は「オブジェクトへの参照」です。改めて繰り返しますが、参照先のオブジェクトには名前がなく変数sbから参照しているだけです。オブジェクト自身の名前がsbではないので注意してください。この名なしのオブジェクトへの参照が左辺の参照型変数sb2に代入されます。これにより、変数sb2もこのオブジェクトへの参照を持ちます（**図4.5**）。

図4.5　1つのオブジェクトを2つの変数が参照

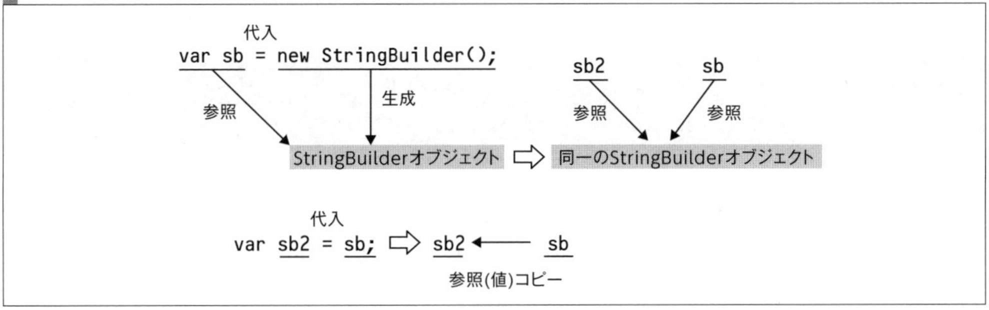

（注5）　他にも例外のcatch節の引数やパターン変数などあります。それぞれ、必要な章で説明します。

（注6）　代入式の評価自体は左辺から行います。詳細は「**12章　文、式、演算子**」を参照してください。

右辺から参照を取り出して左辺の参照型変数に代入する規則は StringBuilder sb = new StringBuilder() の式の読解にも適用可能です。右辺のオブジェクト生成式の評価結果は生成したオブジェクトの参照です。その値を変数sbに代入すると読めるからです。

2つの変数が同じオブジェクトへの参照を持つ意味を考えます。先ほどのコードに続いて次のコードを書くと出力はどうなるでしょうか。

```
// 同じオブジェクトを参照する2つの変数への操作
sb.append("012");
sb2.append("345");
```

appendメソッドは、StringBuilderオブジェクトが内部で保持する文字列に指定文字列を追記する命令です。図4.5の概念モデルが頭にあれば、StringBuilderオブジェクトの文字列が"012345"になり、変数sbから見ても変数sb2から見ても、内部の文字列が"012345"になるとわかります。

```
// 下記のどちらも"012345"を出力する
System.out.print(sb);
System.out.print(sb2);
```

■メソッド呼び出し時の代入

メソッド宣言やコンストラクタ宣言の括弧内に書くパラメータ変数も変数です。メソッド呼び出し時にこれらの変数に代入が起きます。代入動作の原則は同じです。具体例を使って簡単に説明します(**リスト4.4**)。

リスト4.4　メソッドの引数(パラメータ変数)への代入

```
void print(StringBuilder param) {
    System.out.print(param);
}
```

```
// 実行例
jshell> print(new StringBuilder("012"))
012
```

リスト4.4のメソッド呼び出し時に StringBuilder param = new StringBuilder("012") と等価のことが起きます。呼び出されたメソッド内のパラメータ変数paramは、メソッド呼び出し側で生成したStringBuilderオブジェクトを参照します。

ローカル変数を介したメソッド呼び出しでも同様です。**リスト4.5**のメソッド呼び出し時に param = sb 相当の代入が起きます。変数paramと変数sbが同一オブジェクトの参照を持つ動作になります。

リスト4.5 メソッドの引数(パラメータ変数)への代入

```
void printAndUpdate(StringBuilder param) {
    System.out.println(param);
    param.append("345");
}
```

```
// 実行例
jshell> var sb = new StringBuilder("012")
jshell> printAndUpdate(sb)
012

// printAndUpdate内のparam.append呼び出しの結果が見える
jshell> sb
sb ==> 012345
```

4-4-3 null参照

参照の文脈において「何も参照していない」という状態が欲しい場合があります。このためにJavaが用意している特別な値がnullです。次のように参照型変数に代入して使います。なお基本型変数にはnullを代入できません。

```
StringBuilder sb = null; // 変数sbにnullを代入
```

「変数sbがnull(もしくはnull値)を持つ」あるいは「変数sbがnullを参照する」と言います。厳密に言えば、この2つの言い回しでnullの意味は微妙に違います。変数がnullを持つ説明であれば、nullが何も指さない参照の概念を意味します。一方、変数がnullを参照する説明であれば、nullが参照先に何もないことを示す概念になります。目に見える現象に違いはないのでどちらの言い回しでも問題はありません(注7)。

nullは主に次の用途で使用します。

- **未初期化状態を示す**
- **ある種のフラグやエラー状態を示す**
- **オブジェクトへの参照を明示的になくす(「4-8 オブジェクトの寿命」参照)**

変数の種類によっては参照型変数のデフォルト初期値がnullになります(後述)。

null値を持つ参照型変数に対する演算(メソッド呼び出しやフィールドアクセス)はNullPointerException実行時例外を引き起こします。これはJavaプログラミングの典型的なバグです(**リスト4.6**)。

(注7) 原則論で言えば、正しい概念モデルは前者です。

1章 2章 3章 4章 5章 6章 7章 8章 9章 10章 11章 12章 13章 14章 15章 16章 17章 18章 19章 20章 21章 22章 23章

リスト4.6　NullPointerException例外発生

```
StringBuilder sb = null;
sb.append("012");  // NullPointerException例外発生
```

リスト4.6の断片は誰が見てもすぐに間違いに気づきます。しかし、コードが複雑になると変数が予期せずにnullを持つバグが発生します。不必要なnull使用はバグの元です。避けてください。

■nullチェック

NullPointerException例外回避のため、しばしば参照型変数をnullと比較する必要が生じます(**リスト4.7**)。通称、nullチェックと呼びます。

リスト4.7　nullチェックの例

```
void method(String s) {
    if (s != null) {  // 変数sの非nullチェック
        // sがnullだとNullPointerException例外が起きるコード
        System.out.print(s.length());
    }
}
```

java.util.Objectsクラスにnullチェック関連のメソッドがあります(**表4.2**)。既存コードで見る可能性があるので紹介します。これらはクラスメソッドです。Objects.isNull(s)やObjects::isNullの形式で使います。後者の形式はメソッド参照です(「**9章 メソッド参照とラムダ式**」参照)。

表4.2　Objectsクラスのnullチェック関連クラスメソッド

クラスメソッド	説明
boolean isNull (Object obj)	引数がnullの時に真
boolean nonNull (Object obj)	引数がnullでない時に真

Objectsクラスには他にもnullに関連するメソッドがあります(**表4.3**)。必要に応じて使ってください。

表4.3　Objectsクラスのnull関連メソッド

クラスメソッド	説明
boolean equals (Object a, Object b)	引数のどちらかがnullでも使える同値比較
String toString (Object o, String nullDefault)	nullの場合の文字列を指定可能なtoString。第1引数がnullであれば第2引数を返す
T requireNonNull (T obj)	Tは任意の型。引数がnullだと即座にNullPointerException例外発生。コードの読み手にnull禁止を明示するために使う

4-4-4　変数を介さないオブジェクトの操作

ここまで、オブジェクトの参照を持つ変数に対してドット文字に続けてメソッド呼び出しを書いてきました。オブジェクトを使うには必ず参照を変数に代入しなければいけないのでしょうか？
答えは否です。変数への代入は必須ではありません。次のように変数を介せずにオブジェクトを操作可能です。

```
new StringBuilder("012").length()  // オブジェクト生成式の評価値に対して直接メソッド呼び出し
```

前節までの説明でドット文字を書く対象が変数だと思ったかもしれません。実際は変数の持つ値、つまり「参照」がドット文字の対象です。このためオブジェクト生成式にドットをつなげる式を書けます。オブジェクト生成式の評価値は生成オブジェクトの参照だからです。
同じ理屈で文字列リテラル表記に対する次の式も問題なく動きます。

```
"abc".length()  // 文字列リテラルにメソッド呼び出し
```

■メソッドチェーン

変数を介在させずにオブジェクトを直接扱う式は、いわゆるメソッドチェーンと呼ばれる技法でよく使います。メソッドチェーンとは、メソッドの返り値を変数に代入せず、そのままドット文字でメソッド呼び出しをつなげる手法です。具体例を示します(**リスト4.8**)。

リスト4.8　メソッドチェーンの例

```
jshell> var sb = new StringBuilder()
jshell> int len = sb.append("012").append("345").length()
len ==> 6

// 変数sbを使う予定がない場合、上記2行を次のように書いても同じです
jshell> int len = new StringBuilder().append("012").append("345").length()
len ==> 6
```

メソッドチェーンの理解には、メソッドがオブジェクト参照を返す動作の理解が必要です。メソッドの返り値の型をクラスやインタフェースにするコードは普通に存在します。これらのメソッド呼び出し式の評価値はオブジェクト参照です。
StringBuilderクラスのappendメソッドの返り値の型はStringBuilderクラスです。ドット文字の適用対象が参照だと理解すれば、メソッドチェーンの動作を理解できるはずです。

4-5 変数と型

4-5-1 変数の型と代入可能オブジェクト

前節で代入の動作を説明しました。Javaの変数の場合、代入は自由自在にできません。変数の型に応じて代入可能なものが制約を受けるからです。たとえば基本型変数にオブジェクトの参

照は代入できません。逆もしかりで、参照型変数に数値の代入はできません。

基本型変数の説明は後にまわし、参照型変数に説明を限定します。

型とは対象の特徴を決定づけるものです。「型にはめる」という日常用語がありますが、Javaプログラミングにおいても、型を指定された対象は、型によって決められた操作しか許されません。Javaの場合、型を指定する対象は、変数とオブジェクトです。変数とオブジェクトのそれぞれが型を持つのはJavaの特徴の1つです(Javaの専売特許ではありません)。

変数の型の指定方法は既に説明しました。変数宣言時に変数名の前に型名を書きます。コードを読めば変数の型がわかるようになっています(注8)。

では、オブジェクトの型はコードのどこに現れるのでしょうか。オブジェクトの型はコード上に明示的には現れません。型はオブジェクトの雛型であるクラスによって決まるからです。今の時点では、オブジェクトは生成時点でそれぞれが自身の型を持つと理解してください。クラスの詳細は「**6章 クラス**」で説明します。

4-5-2 参照型変数の型とオブジェクトの型の関係

参照型変数の型とオブジェクトの型の関係はどうなっているのでしょうか。基本的な規則を次に示します。

■変数の型とオブジェクトの型の規則①

- **変数とオブジェクトの型が一致していれば、そのオブジェクトの参照を変数に代入できる**

次のコードを比べるとこの規則は明白です。

```
// 変数の型とオブジェクトの型の規則1の例
StringBuilder sb = new StringBuilder(); // OK
String s = new StringBuilder();         // コンパイルエラー
```

■変数の型とオブジェクトの型の規則②

- **変数が参照するオブジェクトに対して行える操作は、変数の型で決まる**

前記の例で言えば、変数sbを使って呼べるメソッドは、StringBuilderという型で決まります。

```
// 変数の型とオブジェクトの型の規則2の例
// StringBuilder sb を仮定
sb.length(); // OK。lengthメソッドは変数sbの型であるStringBuilderクラスにあるメソッドだから
sb.size();   // コンパイルエラー。StringBuilderクラスにsizeメソッドはないから
```

(注8) ローカル変数にvarを使う場合、変数の型は代入オブジェクトの型で決まります。変数の型が少しわかりづらくなります。

ここまでの規則だけであれば、変数の型とオブジェクトの型の2つを区別する意味はありません。行える操作が変数の型で規定されると説明しましたが、オブジェクトの型で規定されると説明しても同じだからです。規則②に意味が出るのは規則③と④の後です。

Javaの型には重要な特徴があります。型が継承の形で階層関係を持つ特徴です。継承の詳細は後ほど詳しく説明しますが、ここでは次の規則を覚えてください。

■変数の型とオブジェクトの型の規則③

- **階層関係のある型Aと型Bがあり、型Aを基底型、型Bを派生型とした場合、A型の変数にB型のオブジェクト参照を代入できる**

■変数の型とオブジェクトの型の規則④

- **派生型Bのオブジェクトは、基底型Aの持つメソッドを持つことを保証している。ただし、その実体（実装）は異なっても良い**

もう少し具体的に説明します。Javaのオブジェクトの型とはオブジェクトにどんなフィールドとメソッドがあるかの決まりと言い換えられます。単純化のため話をメソッドに限定します。

型Aのオブジェクトにメソッドfooがあると仮定します。型Bが型Aの派生型であれば、型Bのオブジェクトは必ずこのメソッドfooを持ちます。Javaの規則によりメソッドの存在が保証されます。ここで重要な点があります。型Bのオブジェクトのメソッドfooの実体と型Aのオブジェクトのメソッドfooの実体が異なってもよい点です。

型Aのオブジェクトと型Bのオブジェクトをそれぞれ生成し、それぞれを_Aと_Bと呼ぶことにします。くどいようですが、オブジェクト自体は名なしです。ここでの呼び名は便宜上の名前であり変数名ではありません。

型Aで宣言した変数aを考えます。規則③を適用すると、変数aにオブジェクト_Aとオブジェクト_Bのどちらの参照でも代入できます。オブジェクト_Bの参照を変数aに代入した場合を考えます。規則②から、変数aに対してa.foo()のようにメソッドを呼べます。規則④から、オブジェクト_Bはメソッドfooを持つ保証があります。このため、このメソッド呼び出しは正常に動作します。

変数aの参照先オブジェクトが_Aの時と_Bの時で、a.foo()で呼ぶメソッドの実体は異なる可能性があります（**図4.6**）。

図4.6　a.foo()の呼び出しが、参照先オブジェクトにより実装が異なる

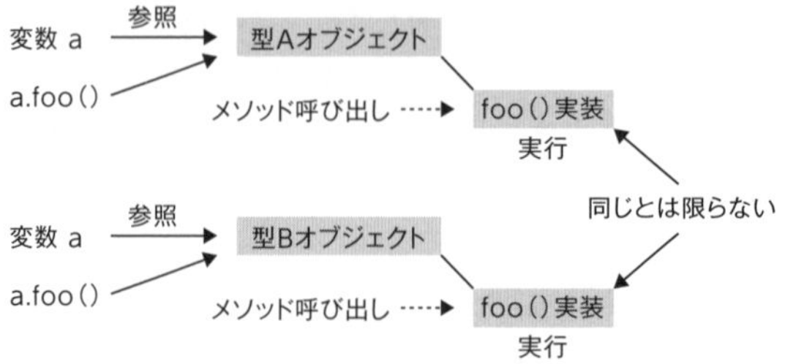

ここに至り、変数の型とオブジェクトの型を区別する意味が明らかになります。変数の型は、その変数が参照するオブジェクトに対してどんな操作をできるかを確定します。一方、オブジェクトの型は、呼ばれた先の実際の動作を確定します。メソッドを呼んだ時に何が起きるかは、オブジェクトの型で決まります。変数の型ではありません。

4-6 基本型変数

4-6-1 基本型変数とは

基本型変数は変数が値そのものを保持します。変数の持つ値は数値です。変数に数値を代入すると数値を名前つきで扱えます。基本型変数の動作は箱モデルを使って理解できます(**図4.7**)。

図4.7　基本型変数の概念モデル

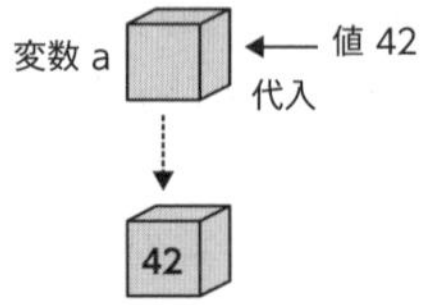

基本型の種類(型)は下記の8つです。開発者が任意に増やすことはできません。Javaの言語仕様が拡張されない限り、種類が増えることもありません。

- boolean
- byte
- char
- short
- int
- long
- float
- double

これらの型の違いは「**5章 整数とブーリアン**」と「**16章 数値**」を参照してください(注9)。

4-6-2　基本型変数の宣言と初期化

基本型変数を宣言する場合も型名を変数の前に書きます。

```
int i; // 変数iの宣言
```

このコードは「int型の変数iを宣言した」と読みます。詳しくは次章で説明しますが、変数iの持つ値はint型整数値に限定されます。それ以外の型の値を持つことはありません(注10)。

基本型変数も、宣言と同時に初期化できます。宣言と同時の初期化が良い習慣なのは参照型変数と同じです。

```
// 宣言と同時に初期化する変数の例
int i = 1;
```

参照型変数同様、宣言と同時に初期化するローカル変数であればvarで型の記載を省略できます。ただし数値の場合、数値の見た目から型が必ずしも自明ではないので注意が必要です。本書は基本型変数にはvarを使わず型を明示します。

4-6-3　基本型変数の代入

基本型変数の代入を説明します。

基本型変数も、代入式の規則は参照型変数と変わりません。右辺の式の評価値を左辺の変数に代入します。基本型変数の場合、代入式の右辺から取り出す値は数値です。この数値を左辺の変数に代入します。右辺に計算式があれば、右辺の評価値は計算結果の値です。

```
// 基本型変数の代入の例
int i = 42;      // i の値は42
int j = i + 1;   // j の値は43
int k = i;       // k の値は42
```

このコードにより変数kは変数iと同じ値(整数値42)を持ちます。ここで、次のように++演算子を変数iに適用して変数iの値に1を加算した場合を考えます。++演算子の意味は次章で説明します。ここでは1の加算の理解だけで十分です。

(注9)　参照型の型が「どんな操作が可能か」の違いを示すものだったのに対し、基本型の型は「メモリ上の表現(ビット表現)をどう解釈するか」を示します。

(注10)　コード上、基本型変数の型と代入値の型が別に見える場合があります。しかし、型変換により、実際に変数iが持つ値はint型整数値だけです。型変換の詳細は「5章　整数とブーリアン」で説明します。

```
// 変数の値に加算
i++;  // 変数iの値が42から43になる
```

この時、変数kの値はどうなるでしょうか。変数kの値が43になると考えるのは誤りです。基本型変数の概念モデルでは、変数が数値そのものを保持します。代入の時、値そのもののコピーが右辺から左辺に移動します。このため、i++の後も、変数kの保持する値は42のままです（**図4.8**とコラム参照）。

図4.8　2つの基本型変数の値と演算

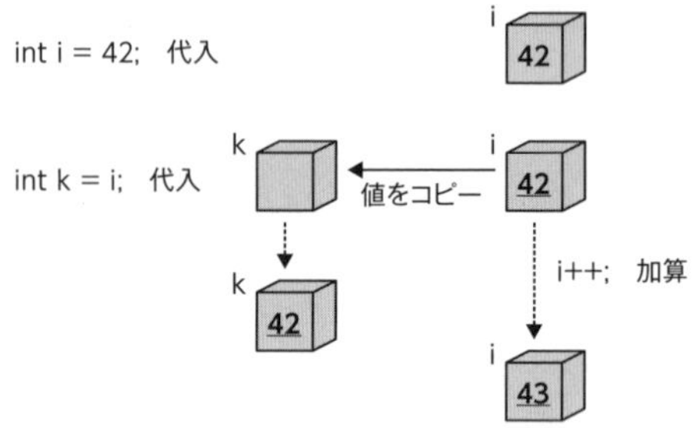

4-6-4　基本型のfinal変数

基本型の変数宣言時に使える修飾子は参照型と同じです。final変数の働きも同じです。再代入の禁止です。

基本型変数の場合、final変数は読み込み専用の定数になります。変数への再代入禁止と値の変更禁止が等価だからです。たとえば次のコードはコンパイルエラーになります。定数の扱いは「**7章 データ**」で改めて説明します。

COLUMN

基本型変数の概念モデル

本文は、基本型変数と参照型変数で概念モデルを変えました。

概念モデルを変えずに整合性を保つ説明も可能です。i++の動作を次のように考えます。変数iの参照先にある値42と1を加算し、加算結果の43を新たに作り、その43の参照を変数iに再代入します。この動作であれば変数kの値が42のまま変わらないのは自明です。つまり、基本型変数も「数値の参照」を持っていると考えたままで概念モデルは破綻しません。

ただ内部的には基本型変数は「数値そのもの」を値として持っています。「数値の参照」は非効率だからです。概念モデルはさておき、この事実は変えられません。

```
final double PI = 3.14;
PI = 3.14159;  // 再代入はコンパイルエラー
```

4-7 変数のデフォルト初期値とスコープ

4-7-1 変数の種類

コードのどこで宣言して使うかに応じて変数を次のように分類できます。

- ローカル変数
- パラメータ変数(メソッドの仮引数、コンストラクタの仮引数、ラムダ式の仮引数、catch節の仮引数)
- インスタンスフィールド変数
- クラスフィールド変数
- パターン変数
- 配列構成要素(配列の要素変数)

本書でまだ説明していない用語が多数あります。不明な用語は読み飛ばしても問題ありません。

ローカル変数はメソッド内およびコンストラクタ内で宣言される変数です。メソッドやコンストラクタが終わると消滅します。特に言及がない限り、本章の説明は、ローカル変数を前提にした説明と考えてもらってかまいません。

パラメータ変数はメソッドなどが引数として受け取る変数です。これもメソッドが終わると消滅する変数です。

インスタンスフィールド変数とクラスフィールド変数はクラスの構成要素です。それぞれ、インスタンス(オブジェクト)およびクラスとともに存在する変数です。

パターン変数と配列構成要素はそれぞれ「**12-8-4 instanceof 演算**」と「**8-10 配列**」で説明します。

4-7-2 デフォルト初期値

変数の種類に応じたデフォルト初期値が存在します。

ローカル変数にはデフォルト初期値がありません。初期化しない変数の値は不定です。未初期化変数を(右辺値として)使うとコンパイルエラーになります。

パラメータ変数にはデフォルト初期値という概念がありません。メソッドやコンストラクタの呼び出し側が必ず値(実引数)を提供するからです。パターン引数にもデフォルト初期値の概念はありません。パターンマッチングの結果で値が決まるからです。

フィールド変数と配列構成要素は、型に応じて**表4.4**のデフォルト初期値を持ちます。デフォルト初期値に依存するコードには賛否両論あります。明示的な初期化が望ましいと考える見解と、仕様で明確なのでデフォルト初期値を問題ないと考える見解です。本書は、デフォルト初期値に依存するコードに問題はない立場に立ちます。

表4.4　デフォルト初期値

型	デフォルト初期値
参照型	null
boolean	false
char	'¥u0000'
byte, short, int, long	0
float, double	+0.0

4-7-3　変数のスコープ

変数のスコープとは変数を使えるコード範囲のことです。変数の種類によってスコープの規則は異なります。

■ローカル変数のスコープ

ローカル変数のスコープの基本規則は、変数を宣言した行からメソッドもしくはコンストラクタが終わるまでです。

単純な例でスコープを説明します。**リスト4.9**は最初の行がコンパイルエラーになります。変数iを宣言する前に変数iを使っているからです。これは実行順の問題として考えがちですが、スコープの問題です。この違いは、後述するフィールド変数のスコープと比較するとわかります。

リスト4.9　ローカル変数のスコープ

```
void method(String... args) {
    System.out.println(i); // コンパイルエラー(変数iのスコープ外だから)
    int i = 0;
    System.out.println(i); // OK(変数iのスコープ内だから)
}
```

いくつか特別規則が存在します。特別規則の1つがブロックスコープです。他にもfor文、try文、switch文などに特別なスコープがあります。これらはそれぞれ該当の章で説明します。

■ブロックスコープ

ブロックスコープは中括弧{}で囲ったブロックの中に閉じたスコープです(**リスト4.10**)。ブロックの中で宣言した変数は、宣言した行からブロックが終わるまでスコープを持ちます。

リスト4.10　ローカル変数のブロックスコープ例

```
void method() {
    {                               // ブロック開始
        int i = 0;
        System.out.println(i);  // OK(変数iのスコープ内だから)
    }                               // ブロック終了
    System.out.println(i);      // コンパイルエラー(変数iのスコープ外だから)
}
```

リスト4.11のようにブロックの外に別の変数iを宣言できます。変数iのスコープはブロック内に閉じているからです。

リスト4.11　ローカル変数のブロックスコープ例

```
void method() {
    {
        int i = 0;
        System.out.println(i);  // OK(変数iのスコープ内だから)
    }
    int i = 1;                  // OK(上記ブロック内の変数iのスコープ外だから)
    System.out.println(i);      // OK(新しい変数iのスコープ内だから)
}
```

■シャドーイング

リスト4.12はコンパイルエラーになります。先頭で宣言した変数iはブロックの中でも有効なスコープを持ちます。ブロック内で新規に宣言した変数は先頭の変数iのスコープと重なります。このようなスコープの重複をシャドーイング(shadowing)と呼びます。Javaはシャドーイングを禁止しています。シャドーイングはバグの元だからです。

リスト4.12　シャドーイングの例

```
void method() {
    int i = 1;
    {
        int i = 0; // コンパイルエラー(シャドーイングだから)
    }
}
```

■パラメータ変数のスコープ

パラメータ変数のスコープはメソッドおよびコンストラクタの中です。スコープの視点で見るとパラメータ変数はメソッドやコンストラクタの先頭で宣言したローカル変数と等価です。

ローカル変数とパラメータ変数の間にもシャドーイングの関係があります。**リスト4.13**のコードはコンパイルエラーになります。

リスト4.13　シャドーイングの例

```
void method(int i) {
    int i = 0; // コンパイルエラー(シャドーイングだから)
}
```

■フィールド変数のスコープ

フィールド変数のスコープはクラス内です(フィールド変数については「**6章　クラス**」で説明します)。クラス内のメソッドやコンストラクタの中で使えます。ローカル変数と異なり、宣言した行の位置は無関係です(**リスト4.14**)。

リスト4.14　フィールド変数のスコープ

```
class My {
   void method() {
       System.out.println(i); // OK(変数iのスコープ内だから)
   }
   int i = 0;                 // フィールド変数の宣言と初期化
}
```

リスト4.14を見て、methodメソッド内でローカル変数iを宣言すると何が起きるか興味があるかもしれません。リスト4.15の場合、フィールド変数よりローカル変数を優先します。フィールド変数を明示的に使うにはthis.iと書きます。この詳細は「**6章 クラス**」で説明します。

リスト4.15　同名のローカル変数とフィールド変数

```
class Main {
   void method() {
       int i = 1;             // ローカル変数
       System.out.println(i); // ローカル変数iを優先
   }
   int i = 0;                 // フィールド変数
}
```

4-8 オブジェクトの寿命

4-8-1 ガベージコレクション

ガベージコレクションの仕組みにより、どの変数からも参照されなくなったオブジェクトは回収対象になります。オブジェクトのライフサイクル管理の観点では、オブジェクトが消滅したと見なせます(注11)。

変数からオブジェクトへの参照がはずれる条件は次のとおりです。

- ローカル変数およびパラメータ変数のスコープがはずれた時、つまりメソッドを抜けたタイミングやブロックを抜けたタイミングで、それらの変数からの参照がはずれる
- オブジェクトが消滅した時、そのオブジェクトのインスタンスフィールド変数からの参照がはずれる
- クラスが消滅した時（通常のプログラミングでは起きません）、そのクラスのクラスフィールド変数からの参照がはずれる
- 変数に別のオブジェクト参照もしくはnullを再代入した時、以前の参照がはずれる
- 「変数を介さないオブジェクトの操作」で説明したようなオブジェクトの使い方の場合、式の評価が終わった後、参照がはずれる

オブジェクトが破棄される条件は、プログラム中で生きている変数からの参照数が0になった場合です。生きている変数とは、実行中のメソッドのローカル変数およびパラメータ変数、そして生きているオブジェクトのフィールド変数です。生きているオブジェクトとは、生きている変数から参照されているオブジェクトのことです。

条件が循環して難しく感じるかもしれません。大抵の場合は、直感的に「使っていないオブジェクトは自動的に消滅する」と考えれば十分です。

4-8-2　堅牢なソフトウェアのための工夫

変数の使い方とオブジェクトのライフサイクル管理に関して、堅牢なソフトウェアのための工夫を列挙します。

- 変数は宣言と同時に初期化する
- 変数を別の目的に使いまわさない（再代入を避ける）
- nullの使用範囲を限定する
- 変数のスコープを小さくする
- オブジェクトの寿命を意識する
- 不変オブジェクトを活用する（「6章　クラス」参照）

(注11)　回収対象のオブジェクトがいつ破棄されるかは、ガベージコレクションの内部動作に依存します。通常、回収対象オブジェクトのその後を気にする必要はありません。

5章 整数とブーリアン

数値の中で使用機会が多くかつ比較的簡単に扱える整数とブーリアンの説明をします。整数型とブーリアン型はJavaの基本型の1つです。整数型の変数、整数の演算、リテラル表記などを説明します。

5-1 整数

5-1-1 整数型

整数値を使う例を示します（**リスト5.1**）。使うだけであれば代入と演算（後述）の知識があれば十分です。

リスト5.1 整数値を使う例

```
// 基本型変数nに整数10を代入
jshell> int n = 10
n ==> 10

// 変数nの値に2を掛けた値を変数mに代入
jshell> int m = n * 2
m ==> 20
```

5-1-2 整数の範囲

数学の世界の整数は無限に大きな正の値も無限に小さな負の値も含みます。一方、プログラミングの世界の整数の範囲は有限です。現実的な妥協で、Javaは整数を扱うために**表5.1**に示す5種類の整数を提供します。この5つの分類を型と呼びます。

表5.1 整数型と取りうる値の範囲

整数型	値の範囲
byte	-128以上 127以下
char	0以上 65535以下
short	-32768以上 32767以下
int	-2147483648以上 2147483647以下
long	-9223372036854775808以上 9223372036854775807以下

取りうる値の範囲が大きい型ほど「広い型」、範囲が小さい型ほど「狭い型」と呼びます。この上限と下限の数値の意味を説明します。

■ビットとは

10進数で考えると表5.1の値の範囲は謎の数字です。2進数で考えると謎が解けます。謎の解読の前にビットの説明をします(注1)。

現代のほとんどのコンピュータのハードウェア動作の基本は、電圧や磁気などによる2つの状態の信号処理です。ソフトウェアの世界は、2値を元にした処理を0と1の数値列で扱います。0と1を並べた数値列をビット列、ビット列の長さをビット長と呼びます。たとえばビット長8のビット列は、0もしくは1の数値を8つ並べた数値列です。

Javaの世界で整数として見える数値は、コンピュータの内部では0と1が並んだビット列です。このような内部表現をJava開発者が意識する必要はあまりありません。Javaというプログラミング言語が、ビット列というハードウェア寄りの内部表現を隠蔽して整数型として抽象化しているためです。しかし内部表現をまったく知らないと思いがけないバグを生みます。Java開発者は、ある程度、ビットについて知っておく必要があります。

■ビット長と値の範囲

5つの整数型とビット長の対応を**表5.2**に示します。

表5.2　整数型とビット長の関係

整数型	ビット長
byte	8
char	16
short	16
int	32
long	64

ビット長と表現可能な値の関係を説明します。Javaの整数型の最小のビット長はbyte型の8ですが、紙幅の都合で4ビット長で説明します。ビット長が4の場合の符号なし整数と符号あり整数の対応表を載せます(**表5.3**と**表5.4**)。

(注1)　ビット(bit)はbinary digitの略から作られた用語です。

表5.3　整数型とビット長の関係

● **符号なし整数**

ビット表現	10進数
0000	0
0001	1
0010	2
0011	3
0100	4
0101	5
0110	6
0111	7
1000	8
1001	9
1010	10
1011	11
1100	12
1101	13
1110	14
1111	15

表5.4　整数型とビット長の関係

● **符号あり整数**

ビット表現	10進数
0000	0
0001	1
0010	2
0011	3
0100	4
0101	5
0110	6
0111	7
1000	-8
1001	-7
1010	-6
1011	-5
1100	-4
1101	-3
1110	-2
1111	-1

符号なし整数の対応表は一般的な2進数と10進数の対応表と等価です。Javaの整数型のうち符号なしの型はchar型のみです。16ビット長のchar型の数値の範囲が0以上65535以下なのは、16桁の2進数の最大値の10進数表記が65535であることに対応しています。

符号あり整数は少し複雑です。負の数に2の補数(2's complement)と呼ばれる内部表現を使います(注2)。2の補数の理解には**図5.1**のような円をイメージしてください。

図5.1　2の補数の説明図 (4bit)

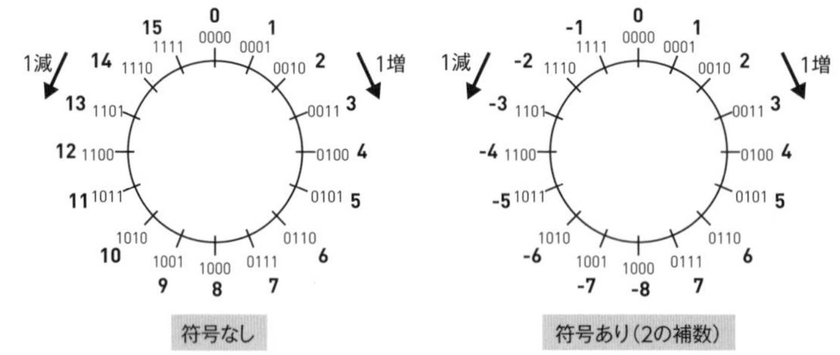

2の補数を使う符号あり整数で知っておくべき知識を次にまとめます。

(注2)　2の補数とは別に、1の補数(1s' complement)と呼ばれる符号の表現形式もあります。現在のハードウェアアーキテクチャでは2の補数による符号表現が一般的です。

- すべてのビットが0の時、値が0
- 最上位ビットが1の時、負の値
- すべてのビットが 1 の時、-1。これに 1 を足すと0 になるのを確認してください
- 最上位ビットが1で、他のビットが0の時、負数かつ最大の絶対値

直感的に言えば、Nビット長の符号あり整数の最大値はN-1桁の2進数の最大値です。たとえば8ビット長のbyte型であれば7桁の2進数の最大値つまり1111111と1が7つ並ぶ数値です。10進数にすると127です。最小値はN-1桁の2進数の最大値に1を加えて符号反転した数です。8ビット長のbyte型であれば10進数で-128になります。

5-1-3　桁あふれ

図5.1の各値に1ずつ加算する場合を考えます。加算結果は時計まわりの次の値になります。たとえば0に1を足すと1、1に1を足すと2、などです。

時計まわりに値を見ていくと、符号あり、符号なしの両円とも不連続点が1ヶ所あります。符号なしの場合、15から0に変化する0時の方向が不連続点です。4ビット符号なし整数の15に1を足した結果が0になることを意味します。符号ありの場合の不連続点は、7から-8に変化する6時の方向です。4ビット符号あり整数の7に1を足した結果が-8になることを意味します。

符号なし符号ありに関わらず、これらの現象を桁あふれと呼びます。減算（反時計まわり）でも不連続点の事情は同じです。Javaの実際のコードで桁あふれの例を示します（**リスト5.2**）。

リスト5.2　桁あふれの例（最大値に1を加算すると負数になる）

```
jshell> int n = Integer.MAX_VALUE  // Integerクラスは「16章　数値」参照
n ==> 2147483647

jshell> int m = n + 1
m ==> -2147483648
```

範囲を超えた数値の代入はエラーになります。**リスト5.3**の2147483648Lの最後のLの意味は後ほど「リテラル表記」で説明します。

リスト5.3　範囲を超えた数値（コンパイルエラー）

```
jshell> int n = 2147483648
|  Error:
|  integer number too large

jshell> int n = 2147483648L
|  Error:
|  incompatible types: possible lossy conversion from long to int
```

桁あふれが起きると期待する答えを得られません。単に答えを間違うだけではなく、昨今では、セキュリティホールになる場合もあります。たとえば、ユーザの適当な入力値と内部乱数を掛け合わせて数値を得る次のような計算をしたとします。

```
乱数(0から正の最大数) * ユーザに入力させる正の整数 % 1024
```

%の意味は剰余です。上記の場合、1024で割った余りの数を返します。1024の剰余なので、結果が0から1023の間の数になると思うはずです。しかし、符号あり整数の場合、結果は-1023から1023の間の数になります。0から1023の間になると仮定して配列などのインデックスに使うと実行時例外が発生します。

■桁あふれの回避

使う型を広くして桁あふれを防げる場合があります。たとえばint型で桁あふれが起きる時、long型にして防げる場合があります。

しかし、桁あふれを起こしそうな境界値を扱いながらバグのないコードを書くのは職人芸の世界です。桁あふれが問題になりそうであれば、適切な数値ライブラリの利用を勧めます。

5-1-4 リテラル表記

整数のリテラル表記とはコード上に書いた整数値がそのままの意味を持つ仕組みのことです。リテラル表記で記載した値をリテラル値と呼びます。

整数のリテラル値の型には次の規則があります。

- L(大文字のエル)またはl(小文字のエル)で終わる整数リテラルの型はlong型。それ以外の整数リテラルの型はint型
- int型リテラル値をbyte型、char型、short型の変数に代入する場合、値の大きさが代入先型の範囲内であれば値の型が代入先の変数と同じ型になる(後述する型変換)

_(アンダースコア文字)を途中に書いて長い整数リテラルを読みやすくできます(**リスト5.4**)。

リスト5.4 整数リテラルのアンダースコア文字

```
jshell> int n = 2_147_483_647
n ==> 2147483647
```

値が型の範囲を越えるリテラル値はエラーになります。代入先の変数の型とは無関係にエラーになります。**リスト5.5**はJShellの例です。実コードではコンパイルエラーになります。

リスト5.5　int型リテラル値の型の範囲を超える値 (コンパイルエラー)

```
jshell> long n = 2_147_483_648
|  Error:
|  integer number too large
```

接尾辞Lをつけてlong型のリテラル値にするとエラーを回避できます (**リスト5.6**)。小文字のl (エル) は数値の1と紛らわしいので大文字のLを使うのが通例です。

リスト5.6　long型のリテラル値

```
jshell> long n = 2_147_483_648L
n ==> 2147483648
```

long型で表現できる値の範囲を越えるリテラル値は、接尾辞Lをつけてもコンパイルエラーになります。

■リテラル値の代入

整数リテラル値をbyte型、char型、short型の変数に代入できます (**リスト5.7**)。内部的には型変換 (後述) をしています。

リスト5.7　リテラル値の代入 (内部的にはint型からの型変換)

```
jshell> byte n = 123
n ==> 123
jshell> short n = 123
n ==> 123
jshell> char n = 123
n ==> '{'
```

JShellはchar型の変数だけ異なる表記で出力します。これはchar型に固有な文字リテラルです。文字リテラルは「**15章　文字と文字列**」で説明します。

変数の型をvarにした場合、代入した値で変数の型が決まります (**リスト5.8**)。

リスト5.8　変数の型をvarで記載

```
jshell> var n = 123
jshell> var m = 123L

// JShellの/varコマンドで変数の型を確認可能
jshell> /var n
|    int n = 123
jshell> /var m
|    long m = 123
```

1章 2章 3章 4章 5章 6章 7章 8章 9章 10章 11章 12章 13章 14章 15章 16章 17章 18章 19章 20章 21章 22章 23章

「**4-3-4　varを使う指針**」に従い、本書は数値型の変数に型を明示します。

■リテラル値の基数

普通に書いた数値のリテラル値は10進数表記として扱われます。

2進数と8進数と16進数の整数リテラル表記があります。2進数は0b101のように先頭を0b(または0B)から始めます。8進数は070のように先頭を0から始めます。16進数は0x1fのように先頭を0x(または0X)で始めます。これらの2や8や16のことを基数(radixもしくはbase)と呼びます。

有効な整数リテラルの例を**リスト5.9**、コンパイルエラーになる例を**リスト5.10**に示します。

リスト5.9　有効な整数リテラルの例(値はすべて等値)

```
int n;
n = 255;            // 10進数
n = 0xff;           // 16進数
n = -0xff;          // 16進数の負数
n = 0xFF;           // aからfまでの文字は大文字でも良い(小文字のほうが一般的)
n = 0Xff;           // 0xの代わりに0Xでも良い(0xのほうが一般的)
n = 0377;           // 8進数
n = -0377;          // 8進数の負数
n = 0b11111111;     // 2進数
n = 0B11111111;     // 0bの代わりに0Bでも良い(0bのほうが一般的)
n = 0b1111_1111;    // _(アンダースコア文字)は2進数で特に有効
```

リスト5.10　コンパイルエラーになる整数リテラルの例

```
int n;
n = 0b102;          // 2進数リテラルで0もしくは1以外は不可
n = 08;             // 8進数リテラルで、8もしくは9は不可
n = 0b1111_1111_;   // 最後のアンダースコア文字は不可
n = 0b_1111_1111;   // 最初のアンダースコア文字は不可
```

どんな基数で整数のリテラル値を書こうと、値が等値であれば実行時にそれらの区別はありません。リスト5.9のソースコードに書いたリテラル値は、実行時には同じ値の数値です。リテラル値の基数指定は読み手である人間のためです。

5-1-5　複数の整数型がある理由

表5.1に示した整数型には2つの分類基準があります。1つは表現できる値の範囲の違いです。もう1つは、負の値を含むかどうかの違いです。複数の整数型がある理由は次のとおりです。

■効率性

効率性に関してlong型を例に説明します。long型は他の4つの型の範囲をすべて含む範囲の値を表現できます。整数が必要な場面で必ずlong型を使えば、コードの動作としての問題はないはずです。しかし、内部的にlong型はint型の2倍のメモリ領域を使います。またlong型数値の演算速度はint型より遅くなる可能性があります。

現実のプログラミングでは、ある変数の取りうる値の上限と下限があらかじめわかることが多々あります。たとえば人の年令を考えてみます。上限を明確に決定できないとしてもlong型が不要なのは明らかです。

long型の範囲の値が不要な場合、int型を使うのが普通です。int型のほうが一般に処理効率およびメモリ効率が良いからです。ただし後述しますが、この判断には微妙な問題があります。

■互換性

異なる整数型を使う理由として互換性があります。古いプログラムがメモリ容量やファイル容量を節約するため、あるいはなんらかの規格を守るために、狭い整数型のサイズで数値をファイルに保存したり、ネットワークにデータを流したりする場合があります。

理屈上は狭い整数型の整数値を広い整数型で読むのは可能です。しかし、こうすると思わぬ不具合をもたらす危険があります。

たとえば、読むだけではなく、ファイルやネットワークにデータを送出する必要が生じたとします。広い整数型を使うプログラムは、誤って本来あるべき範囲を越えた値を書き込む危険があります。これが外部プログラムの動作に障害をもたらすかもしれません。

歴史的な事情で決まった範囲の整数を扱う必要があるときも同様です。たとえば、多くのシステムはユーザを管理するためにユーザIDとして整数値を割り振ります。システムによってはユーザIDの値をint型の範囲に限定しています。この場合、long型を使うプログラムで許可された範囲かどうかを毎回チェックするのは面倒です。システムに合わせた型を初めから使うほうがコードが簡単になります。

■文字の扱い

char型のcharはcharacter（文字）の略称です。名前から推測できるように文字に関係した型です。UTF-16に合わせた16ビット長の整数値で、負の値を取りません。文字に対して他の整数型を使い、いちいちUTF-16の範囲チェックをするのは面倒です。

5-1-6　整数型の使い分けの指針

メモリ使用量の効率を考えると狭い整数型のほうが有利です。しかし計算速度を考えると判断はそれほど単純ではありません。厳密ではありませんが、整数型の使い分けの指針を示します。

■byte、char型

byte型とchar型はそれぞれバイトおよび文字としての意味に限定して使ってください。バイトと文字の詳細は「**15章　文字と文字列**」を参照してください。

理屈上は、byte型とchar型を単なる小さい整数値型として使えます。しかし使用を推奨しません。特別な意図があると読み手を混乱させる可能性があるからです。

ほとんどのハードウェアで、byte型やchar型を使ってもメモリ使用量の効率性はint型の場合と変わりません。場合によっては、実行効率がint型より悪い可能性すらあります。少なくとも良くなる可能性はほとんどありません。

■short、int、long型

short、int、longの3つの型の使い分けは悩ましい問題です。最初の指針は「どれでもいいならint型を使う」です。多くの既存APIが整数にint型を想定しているためです。またマルチスレッド動作を考慮した時の安全性も高まります(注3)。long型を使うのは、int型の範囲が足りない場合に限定することを勧めます。

short型を使う場面はあまりありません。唯一の場面は16ビット長に意味のある場合での利用です。たとえば、TCP/IPの世界のポート番号は16ビット長の整数で表現します。int型を使っても問題ありませんが、16ビット長を明示するためにshort型を使うのに意味があります。

16ビットCPU時代からプログラミングしている人は、short型を使ってメモリを節約したいと考えるかもしれません。残念ながら、今では意味がないどころか害のほうが大きいのが実情です。byteやchar同様、int型より性能低下につながる可能性すらあります。

5-2 整数の演算

5-2-1 四則演算

整数に対する算術演算子として最初に四則演算を説明します(**表5.5**)。

表5.5　算術演算の四則演算の二項演算子

演算子	意味
+	和
-	差
*	積
/	商

整数四則演算の留意点として次のような点があります。

(注3)　int型変数の読み書きのアトミック性をJavaの言語仕様が保証しています。詳細は「**21章 同時実行制御**」を参照してください。

- 大きな正の整数の和の桁あふれ
- 小さな負（絶対値の大きな負数）の整数の差の桁あふれ
- 絶対値の大きな整数同士の積の桁あふれ
- 除算（商）は余りを切り捨てた結果になる点
- 数値0（ゼロ）による除算が実行時例外ArithmeticExceptionを発生する点

留意点の具体例を示します（**リスト5.11**、**リスト5.12**）。

リスト5.11　桁あふれの例（すべて不正な結果）

```
jshell> int n = 2147483647
jshell> System.out.print(n * 2)
-2

jshell> int n = -2147483648
jshell> System.out.print(n - 1)
2147483647

jshell> System.out.print(n * -1)
-2147483648

jshell> System.out.print(n / -1)
-2147483648
```

リスト5.12　除算の切り捨ての例

```
jshell> System.out.print(10 / 3)
3

jshell> System.out.print(-10 / 3)
-3
```

数値0（ゼロ）による除算はArithmeticException実行時例外になります。例外の捕捉は可能ですが推奨しません。除算の前に非ゼロかどうかの条件判定をしてください。

5-2-2 剰余

剰余演算子「%」で除算の余りを得られます。たとえば５％２の結果は、5割る2の余りである1になります。剰余演算子を使うと難しく見える問題を簡単に解ける時があります。

たとえば、与えられた整数が偶数か奇数かを判定する課題があったとします。剰余演算子を知っていれば、次のように1つの式で書けます。

```
// 整数nが偶数かどうかを判定する条件式
if (n % 2 == 0) {  // 偶数の時に真
```

剰余演算子は見た目より応用範囲の広い演算子です。たとえば、乱数に対して10の剰余が3より小さい条件式を使って30%の発生確率を実現できます。同様の発想で、与えられた集合をN分割(Nは整数)したい時にNの剰余を使うなど、現場のプログラミングで活用場面の多い演算子です。

数値0(ゼロ)による剰余演算はArithmeticException実行時例外を発生します。ゼロになる可能性のある場合、事前に非ゼロかどうかの条件判定をしてください。

5-2-3 符号反転

単項演算子「-」で符号の反転をできます。対称のために単項演算子+もあります。ほとんど直感的な動作をしますが、符号の境界値(図5.1の4ビットでの-8に相当する数)だけが奇妙な結果を返します(**リスト5.13**)。内部的な意味は2の補数の意味を考えると理解できるはずです。

リスト5.13　符号反転の演算

```
// 正常な符号反転
jshell> int n = 10
jshell> System.out.print(-n)
-10

// 異常な符号反転
jshell> int n = -2147483648
jshell> System.out.print(-n)
-2147483648
```

5-2-4 インクリメントとデクリメント

++は数値に1を加算する意味(インクリメント)で、--は1を減算する意味(デクリメント)です(**リスト5.14**)。詳細は「**12章 文、式、演算子**」を参照してください。

リスト5.14　インクリメント演算の例

```
jshell> int n = 0

// nは1になる。n = n + 1 や n += 1 と同じ効果
jshell> n++  // ++n の記述も可能
jshell> n
n ==> 1
```

評価値と評価回数の違いを無視すると、基本的には++演算子と--演算子は加算演算子や減算演算子を使った式の省略記法です。このため加算や減算と同じ桁あふれの問題があります。

5-2-5 ビット演算

ビット演算については「**16章 数値**」を参照してください。

5-3 型変換

5-3-1 拡大変換と縮小変換

型変換の厳密な説明は少し複雑です。詳細な説明は「**16章 数値**」に譲ります。ここでは整数に限定して概略を説明します(注4)。

本章の冒頭で「型」を「種類の違い」と説明しました。Javaは型の違いを厳密に区別するので、原則として、ある値を違う型の変数に代入しようとするとコンパイルエラーになります(**リスト5.15**)。

リスト5.15 コンパイルエラーになる型変換の例

```
// int i を仮定
String s = i;  // 整数値を文字列型変数に代入するとコンパイルエラー
String s = 0;  // 整数リテラル値を文字列型変数に代入するとコンパイルエラー

// String s を仮定
int i = s;      // 文字列オブジェクト(の参照)を整数型変数に代入するとコンパイルエラー
int i = "abc"; // 文字列リテラル値を整数型変数に代入するとコンパイルエラー
```

しかし整数型の代入には緩い規則が許されています。次のように狭い型の値(int型)を広い型の変数(long型)に代入できます。

```
// 有効な代入(拡大変換)
long ll = i; // int i を仮定
```

intからlongのような、より大きな値を受け入れ可能な変数への代入は、直感的に理解しやすいでしょう。このように狭い型の値を広い範囲を扱う型の変数に代入する時に起きる値の変換を拡大変換と呼びます。

逆に広い型の値を狭い型の変数に代入するのはコンパイルエラーになります。この代入時に起きる値の変化を縮小変換と呼びます。

(注4) 本章は代入で型変換を説明します。メソッドやコンストラクタ呼び出し時の引数についても同様の型変換が発生します。

```
// コンパイルエラーになる代入(縮小変換)
short si = i; // int i を仮定
```

5-3-2 キャスト

縮小変換がエラーになるのは当然と思うかもしれません。なぜなら、広い型の値は代入先の狭い型に収まらない可能性があるからです。しかし値の範囲が収まっていれば代入が成功してもいいはずです。このため、次のように括弧付きで型を明示すると代入可能になります。これを「キャスト(cast)」と呼びます。

int型変数iの値をキャストにより強制的にshort型に型変換する例を示します。

```
// キャストによりコンパイルがとおるコード(縮小変換)
short si = (short)i; // int i = 0 を仮定
```

この代入に問題はありません。数値0はshort型の取りうる範囲の値だからです。ではshort型の範囲に収まらない値(たとえば65536)をshort型に縮小変換すると何が起きるでしょうか。答えはあふれたビットの切り捨てです(**リスト5.16**と**図5.2**)。内部のビットの並びを知っていると理解できますが、知らないと謎の結果になります。

リスト5.16　キャストで不正な値になる例

```
jshell> short si = (short)65536
si ==> 0
jshell> short si = (short)65537
si ==> 1
```

図5.2　キャストによる縮小変換であふれたビットの切り捨て

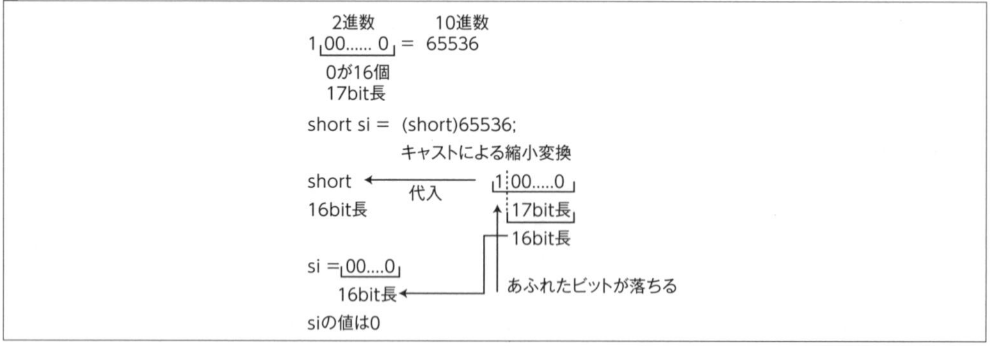

リスト5.17はキャストにより符号が反転します。この挙動を理解するには、32768を2進数表記で考える必要があります。32768を2進数表記にすると、16ビット長で先頭ビットが1になります。このためshort型への型変換で負数になります。原理的には桁あふれと似ています。通常

このような値の変化はバグです。

リスト5.17 キャストで整数の符号が反転する例

```
jshell> int i = 32768
i ==> 32768

jshell> short si = (short)i
si ==> -32768
```

■コンパイルエラーになるキャスト

キャストによる型変換のうちエラーになる変換が存在します。たとえば**リスト5.18**のキャストはコンパイルエラーになります。

リスト5.18 コンパイルエラーになるキャスト

```
// 数値からString型(などの参照型全般)へのキャストはコンパイルエラー
// int i = 0 を仮定
String s = (String)i;

// 数値からboolean型(後述)へのキャストはコンパイルエラー
// int i = 0 を仮定
boolean b = (boolean)i;
```

キャストは基本的には避けてください。予期しづらいバグを引き起こすからです。とは言え必要悪な場合もあります。やむなく使う場合は注意して扱ってください。なお、キャストが有意に多い場合、型の選択を根本的に誤っている可能性があります。

5-3-3 型変換と符号維持

前節で縮小変換時に符号が反転する例を見ました。しかし、符号の境界的な例外動作を除けば、拡大変換でも縮小変換でも符号の維持が原則です(**リスト5.19**)(注5)。

リスト5.19 拡大変換でも縮小変換でも符号維持が原則

```
// shortからintへの拡大変換
jshell> short si = -1
jshell> int i = si
i ==> -1

// intからshortへの縮小変換
jshell> int i = -1
jshell> short si = (short)i
```

(注5) 型変換の内部動作は単なるビット幅の拡張縮小とは異なります。符号維持の原則があるからです。

```
si ==> -1
```

■char型との型変換

char以外の4つの整数型(byte、short、int、long)の場合、値の範囲に包含関係の序列があります。一方、char型とbyte型およびchar型とshort型との間には明確な包含関係の序列がありません。このため、これらの間の型変換には常にキャストが必要です(**リスト5.20**)。

リスト5.20　char型とbyte型およびchar型とshort型との間の型変換(キャストが必要)

```
byte b = 0;
char c = (char)b;

char c = 0;
byte b = (byte)c;

short si = 0;
char c = (char)si;

char c = 0;
short si = (short)c;
```

負数を符号なしのchar型に型変換した結果は、内部のビット表現を知らないと理解できない結果になります(**リスト5.21**)。ほとんどの場合、型変換で符号反転するコードは想定外の結果であり、バグのはずです。

リスト5.21　負数をchar型へ型変換して符号反転する例

```
byte b = -128;
char c = (char)b; //=> 65408
```

5-3-4　演算時の型変換(昇格)

昇格と呼ばれる型変換があります。昇格の厳密な説明は「**16章 数値**」に譲り、ここでは整数に限定して説明します。

昇格とは、算術演算時に自動で拡大変換して演算する仕組みです。たとえばint型整数とlong型整数を加算する時、int型整数の型を自動的にlong型に拡大変換してから加算します。

少しわかりづらいのがbyte型、char型、short型同士の演算です。byte型、char型、short型の値をint型に拡大変換してから演算します。演算相手がint型でなくてもint型に拡大変換します。たとえば**リスト5.22**の加算コードの右辺は、加算の前に2つのshort型の値をint型に拡大変換します。このため加算結果の値がint型になります。結果をshort型変数へ代入するコードが縮小変換となりコンパイルエラーになります。演算結果がshort型の範囲におさまっているにも関わらずです。コンパイルエラーを回避するにはキャストが必要です。

リスト5.22　昇格の結果、最後の行でコンパイルエラー

```
short s1 = 1;
short s2 = 2;
short sum = s1 + s2; // 代入の右辺がint型。コンパイルエラーを取り除くには、short型へのキャストが必要
```

同様の理由で**リスト5.23**もコンパイルエラーになります。

リスト5.23　昇格の結果、最後の行でコンパイルエラー

```
char c = 0;
char c2 = c + 1; // 代入の右辺がint型。char型へのキャストが必要
```

昇格は不便に見えますが良い点もあります。昇格で**リスト5.24**は正しい結果を得られます。もし昇格がなく、char型やbyte型のまま演算したとすると、桁あふれで正しい答えを得られません。

リスト5.24　昇格により正しい値を得られる例

```
char c = 65535;
int i = c + 1; //=> 65536

byte b = 127;
int i = b + 1; //=> 128
```

5-3-5　リテラル値の特別な型変換

整数のリテラル値はint型もしくはlong型のみです。int型リテラル値を他の整数型の変数に代入する時、値の範囲が代入先の型の範囲におさまっていれば、縮小変換にも関わらずキャストなしで代入可能です(**リスト5.25**)。

リスト5.25　下記3行は正しく代入可能

```
byte b = 127;
short si = 32767;
char c = 65535;
```

値が代入先の型の扱える範囲を越える場合はコンパイルエラーになります(**リスト5.26**)。

リスト5.26　下記3行はコンパイルエラー

```
byte b = 128;
short si = 32768;
char c = 65536;
```

キャストすると代入できます。しかし代入結果はあふれたビットが切り捨てられた値です(**リスト5.27**)。特別な用途でない限り意味のある値ではありません。

リスト5.27　コンパイルエラーを回避したコード。どれも推奨しないコード

```
byte b = (byte)128;
short si = (short)32768;
char c = (char)65536;
```

long型リテラル値の代入はたとえ代入先の型が扱える範囲に収まっていてもコンパイルエラーになります（**リスト5.28**）。

リスト5.28　下記4行はすべてコンパイルエラー。エラー回避にはキャストが必要

```
byte b = 127L;
short si = 127L;
char c = 127L;
int i = 127L;
```

メソッドの引数としてリテラル値を渡す場合、メソッドのパラメータ変数の型の扱える範囲におさまる値でもコンパイルエラーになります（**リスト5.29**）。コンパイルエラーの回避にはキャストが必要です。

リスト5.29　int型リテラル値を、char型のメソッドの実引数に渡す

```
void method(char c) { // 引数はchar型
    省略
}

// コンパイルエラーになる呼び出しコード
method(1);

// コンパイルエラーを回避した呼び出しコード
method((char)1);
```

5-4　数値と文字列の相互変換

5-4-1　数値から文字列への変換

実開発で数値と文字列の相互変換が必要になる機会があります。数値から文字列への変換とは、たとえば255という数値から"255"という文字列を得る処理のことです。

数値から文字列への変換にはString.valueOfメソッドを使います（**表5.6**と**リスト5.30**）。byte型とshort型は自動的にint型へ型変換されます。boolean型は"true"または"false"の文字列に変換されます。

リスト5.30 数値から文字列への変換例

```
jshell> var s = String.valueOf(255)
s ==> "255"
```

表5.6 数値型から文字列への変換（10進数表記）

数値型	変換メソッド
boolean	String.valueOf(boolean b)
byte	String.valueOf(int i)
char	String.valueOf(char c)
short	String.valueOf(int i)
int	String.valueOf(int i)
long	String.valueOf(long l)
float	String.valueOf(float f)
double	String.valueOf(double d)

■Integer.toStringメソッド

引数の型がintのString.valueOfメソッドの実装は**リスト5.31**のようになっています。

リスト5.31 引数がint型のvalueOfメソッドの実装（String.javaから引用）

```
public static String valueOf(int i) {
    return Integer.toString(i);
}
```

この実装から、String.valueOfメソッドよりInteger.toStringメソッドを直接呼ぶほうが少し効率的だとわかります。ただし些細な差です。普通は気にする必要はありません。好きなほうを使ってください。

■10進数以外の表記の文字列への変換

前節の"255"の文字列は10進数表記です。255の数値から"ff"のような16進数表記や"11111111"のような2進数表記の文字列が欲しい場合があります。整数型の数値の場合、Integer.toStringメソッドを使います。メソッドの第2引数に基数を指定します（**リスト5.32**）。意図した変換をできる基数は2以上36以下の整数です。それ以外を指定すると基数10（10進数）扱いになります。

リスト5.32 10進数以外の表記の文字列への変換

```
// 数値255を基数16（16進数）で文字列に変換
// 表5.7のInteger.toHexStringメソッドも使用可能
jshell> var s = Integer.toString(255, 16)
s ==> "ff"

// 数値255を基数2（2進数）で文字列に変換
// 表5.7のInteger.toBinaryStringメソッドも使用可能
jshell> var s = Integer.toString(255, 2)
```

```
s ==> "11111111"

// 基数10 (10進数) の文字列変換も可能
jshell> var s = Integer.toString(255, 10)
s ==> "255"

// 数値35を基数36 (36進数) で文字列に変換
jshell> var s = Integer.toString(35, 36)
s ==> "z"

// 範囲外の基数を指定すると、基数10 (10進数) で文字列に変換
jshell> var s = Integer.toString(35, 37)
s ==> "35"

// 負数も文字列変換可能
jshell> var s = Integer.toString(-255, 16)
s ==> "-ff"
```

■formatted メソッド

「**3-1-3 書式処理**」で説明したformattedメソッドでも変換可能です。より細かな書式指定も可能です。たとえば数値255を0x始まりの基数16かつ8桁の文字列に変換する例を**リスト5.33**に示します。

リスト5.33 書式処理を使う数値から文字列への変換例

```
jshell> var s = "0x%08x".formatted(255)
s ==> "0x000000ff"
```

■数値の内部表現への変換

数値-1の内部ビット表現はすべてのビットが立ったビット列です。このビット列に準拠した文字列を得るには**表5.7**のメソッドを使います(**リスト5.34**)。

表5.7 整数から内部表現の文字列への変換

変換メソッド	説明
Integer.toBinaryString (int i)	int型整数の内部ビット表現を2進数文字列へ変換
Integer.toHexString (int i)	int型整数の内部ビット表現を16進数文字列へ変換
Integer.toOctalString (int i)	int型整数の内部ビット表現を8進数文字列へ変換
Long.toBinaryString (long i)	long型整数の内部ビット表現を2進数文字列へ変換
Long.toHexString (long i)	long型整数の内部ビット表現を16進数文字列へ変換
Long.toOctalString (long i)	long型整数の内部ビット表現を8進数文字列へ変換
Float.toHexString (float f)	float型実数の内部ビット表現を16進数文字列へ変換
Double.toHexString (double d)	double型実数の内部ビット表現を16進数文字列へ変換

リスト5.34 整数から内部表現の文字列への変換

```
jshell> var s = Integer.toHexString(-1)
s ==> "ffffffff"

jshell> var s = Integer.toBinaryString(-1)
s ==> "11111111111111111111111111111111"
```

5-4-2 文字列から数値への変換

文字列から数値への変換とは、たとえば"255"の文字列から255という数値を得る処理のことです(**表5.8**)。この変換処理はしばしばユーザからの入力文字列を内部的な数値に変換するために必要とします。

表5.8 文字列から数値型への変換(引数にradixがある場合、基数を指定可能)

変換先の数値型	変換メソッド(※1)
boolean	Boolean.parseBoolean (String s)
byte	Byte.parseByte (String s, int radix)
char	str.charAt (0)
short	Short.parseShort (String s, int radix)
int	Integer.parseInt (String s, int radix)
long	Long.parseLong (String s, int radix)
float	Float.parseFloat (String s)
double	Double.parseDouble (String s)

※1 BooleanやByteなどは数値クラスとして「**16章 数値**」で説明します。

これは単純に見えて注意を要します。なぜなら、利用者からの入力値は悪意もしくは偶然により、不正な値になりえるからです。インターネットの世界の多くのセキュリティホールは、ユーザの入力した文字列を内部値に変換する時の甘さから生じています。

文字列"255"から整数値255に変換する例を示します(**リスト5.35**)。変数の型が自明ではないので変数の型を明示します。parseIntに渡す第2引数で基数を指定できます。基数に指定できる数値は2以上36以下の整数です。たとえば16を渡すと第1引数の数値を16進数と解釈して整数に変換します。

リスト5.35 文字列から数値への変換例

```
jshell> int i = Integer.parseInt("255")  // 基数を省略(10進数表記と見なして変換)
i ==> 255
jshell> int i = Integer.parseInt("ff", 16) // 基数16(16進数表記と見なして変換)
i ==> 255
jshell> int i = Integer.parseInt("z", 36) // 基数36(36進数表記と見なして変換)
i ==> 35
jshell> int i = Integer.parseInt("z", 37) // 範囲外の基数指定はNumberFormatException例外発生
|  Exception java.lang.NumberFormatException: radix 37 greater than Character.MAX_RADIX
```

Boolean.parseBooleanの動作は内部実装を引用します（**リスト5.36**）。文字列が"true"（大文字小文字無視）の場合に限りtrueに変換されます。

リスト5.36　Boolean.parseBooleanの実装（Boolean.javaから引用）

```
public static boolean parseBoolean(String s) {
    return "true".equalsIgnoreCase(s);
}
```

Integer.valueOf("255")のようにvalueOfメソッドでも文字列から数値への変換を行えます。僅かですが、parseIntメソッドなどのparse系メソッドのほうが高効率です。

■NumberFormatException実行時例外

変換結果が型の範囲を超える場合、NumberFormatException例外が発生します（**リスト5.37**）。

リスト5.37　NumberFormatException例外発生の例

```
jshell> byte b = Byte.parseByte("128")
|  Exception java.lang.NumberFormatException: Value out of range. Value:"128" Radix:10
```

また文字列"ff"を10進数表記と見なして変換しようとするとNumberFormatException例外が発生します。他の場合も含めてNumberFormatException例外が起きる例を示します（**リスト5.38**）。

リスト5.38　下記行はすべてNumberFormatException例外発生

```
Integer.parseInt("ff")
Integer.parseInt("0.1")
Integer.parseInt("0xf", 16)
Integer.parseInt(null)
```

通常、このような実行時例外は入力の事前チェックで発生を回避すべきです。しかしNumberFormatException例外に関しては例外です。parse系メソッドにチェックをゆだねてNumberFormatException例外の捕捉コードを書くほうが簡易です(注6)。例外の捕捉コードの説明は「**14章 例外処理**」に譲ります。

5-5　ブーリアン（真偽値）

5-5-1　ブーリアン型

ブーリアンとは1つの型です。ブール値型や真偽値型とも呼びます。次のように型名に

(注6)　仮に事前チェックコードを書いても実質的にparse系メソッドの再実装になるからです。

booleanと記述します。

```
boolean flag = true;
```

ブーリアン型の取りうる値は真(true)か偽(false)の2値だけです。それ以外の値は取りません。以後、この2値をブーリアン値と呼びます。

上記代入の右辺のtrueは「リテラル値」です。trueの扱いは、コードに直接数値を書く場合と等価な存在と考えてください。つまり、上記コードのtrueの位置づけは、int i = 0 のコードの数値 0 の位置づけと同じです。数値リテラルと異なりブーリアンのリテラル値はtrueとfalseの2種類のみです。

現実的には、ブーリアン型変数にリテラル値のtrueもしくはfalseを直接代入する機会はそれほど多くありません。変数にブーリアン値を持たせておく利点があまりないからです。たとえばブーリアン値を返すメソッド(**リスト5.39**)を見てください(注7)。コードの詳細の理解は不要です。ブーリアン型変数とブーリアン値の記載のみ注目してください。

リスト5.39　ブーリアン型変数を使う冗長なコード例

```
// 文字列haystack内に文字列needleが含まれていれば真を返す
boolean contains(String haystack, String needle) {
    boolean found; // ブーリアン型変数
    if (haystack.indexOf(needle) >= 0) { // if文は「13章 Javaプログラムの実行と制御構造」参照
        found = true;
    } else {
        found = false;
    }
    return found;
}
```

コードの詳細はともかく、リスト5.39はブーリアン型変数そのものをなくすほうがすっきりします(**リスト5.40**)。

リスト5.40　リスト5.39の冗長さを少し減らしたコード。しかしまだ冗長

```
boolean contains(String haystack, String needle) {
    if (haystack.indexOf(needle) >= 0) {
        return true;
    } else {
        return false;
    }
}
```

無駄なローカル変数がなくなりました。しかしコメントにあるようにまだ冗長です。**リスト5.41**

(注7)　リスト5.39は未初期化のローカル変数がコード上に現れる点もよくありません。未初期化のローカル変数はコードの読み手の負担を増やすからです。

のように書けるからです。

リスト5.41　リスト5.39の冗長さを完全に排した書き方（メソッドにする意味があるかは状況による）

```
boolean contains(String haystack, String needle) {
    return haystack.indexOf(needle) >= 0;
}
```

最初7行あったコードが1行になりました。最初のコード例のfound変数のようなブーリアン値を持つ変数をフラグ変数と呼ぶことがあります。フラグ変数は一概に悪いとは言えませんが、多用はコードの問題を示す場合が多いようです。フラグ変数を使う条件分岐がだらだらと続くコードは、可読性も保守性も悪くなりがちです。フラグ変数が多い場合、メソッドが長すぎないか疑ってください。

5-5-2　ブーリアンと条件判定

実開発のコードでブーリアンが現れるのは、式の演算結果として現れる場合がほとんどです。もしくは前述のようにメソッドの返り値の型として現れます。それらを使用する側のコードは、条件分岐や繰り返し文などの「制御文」で使います。

たとえば、前節のcontainsメソッドを呼び出す側がif文を使う場合、次のように使います。

```
// containsメソッドを呼ぶ例
if (contains("foo bar", "bar")) {
    System.out.println("contains");
}
```

if文の条件式にはブーリアン型の式を書きます。より正確に言えば、ブーリアン型の式しか書けません。次のように真偽値のリテラル値と比較するコードでも動きますが冗長です。

```
// 同じ意味だが冗長。避けたほうが良いコード
if (contains("foo bar", "bar") == true) {
    System.out.println("contains");
}
```

偽（false）の判定をしたい場合、!演算子を使います。trueと!=で比較をしたり、falseと==比較をするコードは冗長です（**リスト5.42**）。

リスト5.42　偽の判定コード

```
if (!contains("foo bar", "bar")) {
    System.out.println("not contains");
}
```

```
// 同じ意味だが冗長。避けたほうが良いコード①
if (contains("foo bar", "bar") != true) {
    System.out.println("not contains");
}

// 同じ意味だが冗長。避けたほうが良いコード②
if (contains("foo bar", "bar") == false) {
    System.out.println("not contains");
}
```


■ブーリアン型の可読性

ブーリアン型は真と偽の2値しか取らないため簡単に見えます。しかし、ブーリアン型にまつわるバグは想像以上に多いのが現実です。原因の1つは式のわかりづらさです。たとえば、**リスト5.43**の2つのコードが等価だと瞬時に見抜くには慣れが必要です。

リスト5.43　読み手に負担をしいる条件判定（2つのパターンは同じ条件判定）

```
// 偽の判定コード（パターン1）
if ("foo bar".indexOf("bar") < 0) {
    System.out.println("not contains");
}

// 偽の判定コード（パターン2）
if (!("foo bar".indexOf("bar") >= 0)) {
    System.out.println("not contains");
}
```

更に、ブーリアン型でバグを生みやすい要因が論理演算子です。いわゆるANDとORの論理式です。Javaの演算子と合わせて表5.9にまとめます。

表5.9　論理演算子の演算結果

● 論理演算子「AND(&&)」の演算結果

入力1	入力2	出力
true	true	true
true	false	false
false	true	false
false	false	false

● 論理演算子「OR(||)」の演算結果

入力1	入力2	出力
true	true	true
true	false	true
false	true	true
false	false	false

ANDとORは**図5.3**のようなベン図を使うと直感的に理解できます。

図5.3　ANDとORのベン図

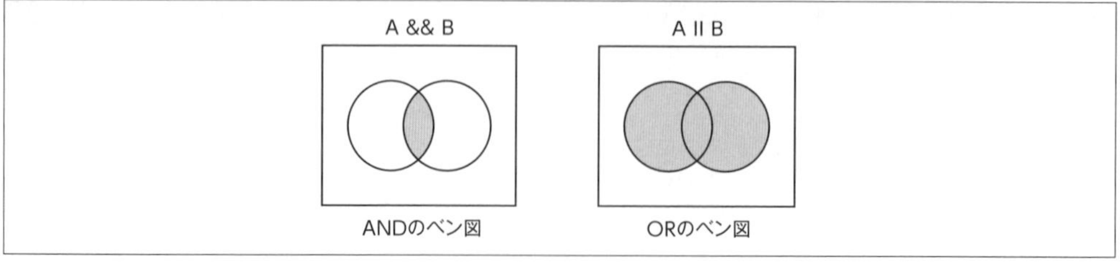

■論理演算の書き換え

論理演算のある次の条件式を考えてみます。

```
// 論理演算式のある例
// char c を仮定
if (!Character.isDigit(c) && !Character.isLetter(c)) {
    System.out.println("any symbol?");
}
```

否定の入った式は間違いやすいものです。このような時に役に立つのが、ド・モルガンの法則です（**図5.4**）。

図5.4　ド・モルガンの法則のベン図

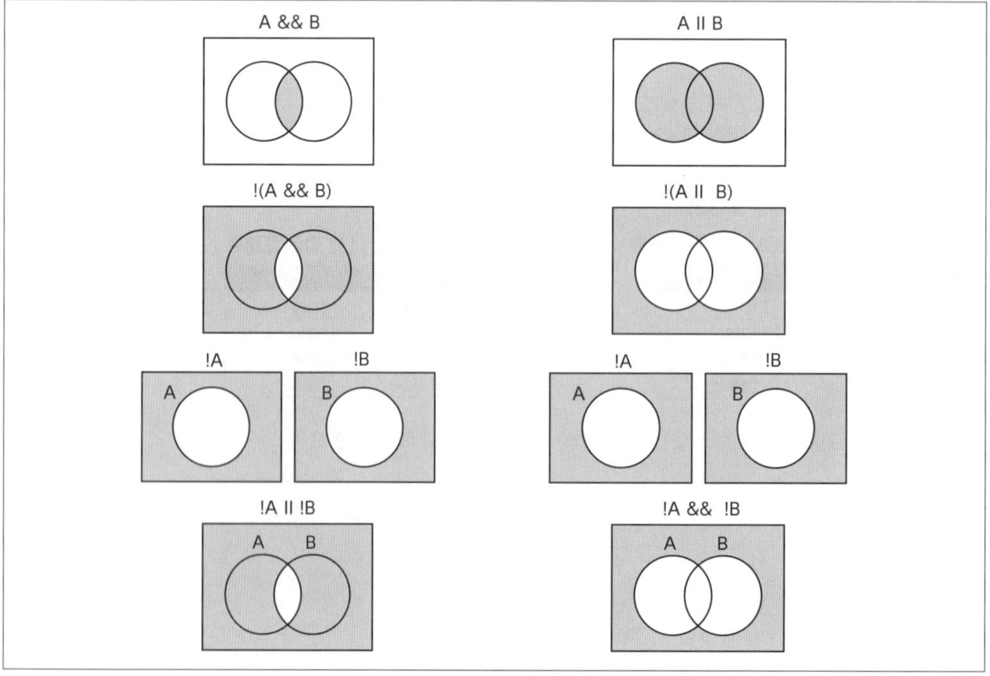

ド・モルガンの法則を使うと、上記の条件式を次の等価なコードに書き換えられます。

```
// ド・モルガンの法則を使って書き換え
if (!(Character.isDigit(c) || Character.isLetter(c))) {
    System.out.println("any symbol?");
}
```

残念ながら元のコードよりそれほど簡単になっていません。否定演算式が残っているからです。次のようにelse節を活用すると否定演算子をなくせます。

```
// 否定演算子をなくす書き換え
// 下記コードの読み方
//     cが数字(digit)または英字(letter)なら何もしない。それ以外なら出力
if (Character.isDigit(c) || Character.isLetter(c)) {
    ; // through
} else {
    System.out.println("any symbol?");
}
```

この例は単純すぎてありがたみが薄いかもしれません。しかしこのような技法で否定演算子をなくせることを知っていると役に立ちます。

6章 クラス

Javaプログラミングの第一歩は標準ライブラリのクラスの利用です。次の一歩がクラスの自作です。オブジェクトの雛型、責務の分類、詳細を隠蔽する抽象化、これらの役割を通じクラスを説明します。最後にクラス設計の指針を紹介します。

6-1 クラスとオブジェクト

6-1-1 クラスの概論

Javaのオブジェクトはクラスを雛形として生成します(注1)。StringBuilderクラスを例に使います。StringBuilderクラスを雛型として、いくつでも（メモリ容量が許す限り）メモリ上に実体を生成できます。実体化したモノをStringBuilderオブジェクトと呼びます。

個々のStringBuilderオブジェクトは相互に独立した実体です。個々がそれぞれ異なった文字列を持ちます。あるオブジェクトの文字列を書き換えても他のオブジェクトの文字列には影響しません。

すべてのStringBuilderオブジェクトは次の性質を持ちます。

- **文字列を保持できる性質**
- **文字列に対して共通の操作（StringBuilderクラスが定義するメソッド）を実行可能な性質**

保持文字列のようなものを「オブジェクトの状態」と呼びます。同じ操作ができる性質を「オブジェクトの振る舞いが同じ」と呼びます。これらの用語を使うと、同じクラスから生成したオブジェクト群は、状態の持ち方と振る舞いを共通して持つ一方、状態の内容自体は個々に独立している、と表現できます。

■フィールドとメソッド

状態の持ち方と振る舞いの共通性を決めるのがクラスです。それぞれフィールドとメソッドという形で定義します。両者の概要を説明します。

(注1)　「雛型と実体」の関係は「鋳型と鋳物」のような関係と考えてください。つまり、1つの鋳型を元に、同じ鋳物をいくつも作るイメージです。

6-1-2 フィールドの概要

オブジェクトがどんな状態を持つかを規定するのがフィールドの役割です。

具体例として**リスト6.1**を考えます。書籍を入れる買い物かごを模したShoppingCartクラスです。customerNameとbooksの2つがフィールドです。ListやArrayListはまだ説明していませんが、書籍名の集まりを管理するものと理解してください。

リスト6.1 買い物かごクラス(ShoppingCartクラス)

```
// 書籍を管理する買い物かごクラス
class ShoppingCart {
    String customerName = ""; // 買い物かごの所有者(初期値は空文字列)
    List<String> books = new ArrayList<>(); // 買い物かごに入れた書籍名を模倣
}
```

フィールド自体は変数です。ShoppingCartクラスの2つのフィールドはどちらも参照型変数です。基本型のフィールド変数も扱えますが本サンプルでは使いません。

ShoppingCartクラスを実体化すると2つのフィールドを持つオブジェクトができます。実体化したものをShoppingCartオブジェクトと呼ぶことにします。実体化はいくつでも独立に行え、各オブジェクトのフィールドには、独立した値をセットできます。

オブジェクトを参照する変数名の後にドット文字とフィールド名customerNameをつなげて記述すると、フィールドにアクセスできます(**リスト6.2**)。

リスト6.2 ShoppingCartクラスのオブジェクトの使用(リスト6.1を使用)

```
jshell> var cart1 = new ShoppingCart()
jshell> cart1.customerName = "suzuki"

jshell> var cart2 = new ShoppingCart()
jshell> cart2.customerName = "tanaka"

// 2つのShoppingCartオブジェクトはそれぞれ独立して存在
jshell> System.out.print("cart1:%s, cart2:%s".formatted(cart1.customerName, cart2.customerName))
cart1:suzuki, cart2:tanaka
```

クラスと実体化したオブジェクトの関係、およびフィールドの役割を図示すると**図6.1**のようになります。

図6.1　クラスと実体化したオブジェクトの関係

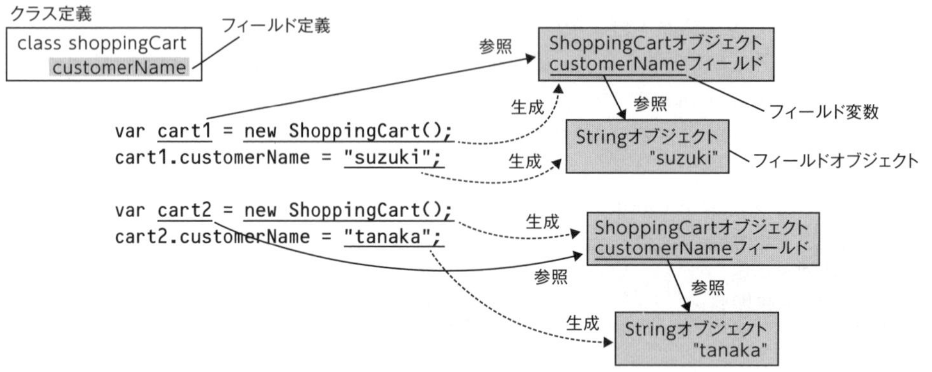

説明のためにフィールドに直接アクセスしました。オブジェクトのフィールドを外部から直接アクセスするのであれば次章で説明するレコードの利用も検討してください。

6-1-3　メソッドの概要

メソッドの概要を説明します。メソッドにはなんらかの処理を書きます。オブジェクトを使う側から見ると、オブジェクトに処理を依頼したり、オブジェクトの状態を知るためにメソッドを使えます。

ShoppingCartクラスにaddBookメソッドとshowBooksメソッドを追加した例を示します（**リスト6.3**）。

リスト6.3　ShoppingCartクラスのメソッド定義例

```
class ShoppingCart {
    String customerName = "";
    List<String> books = new ArrayList<>();

    void addBook(String book) {
        this.books.add(book); // this.は省略可能（本文参照）
    }
    void showBooks() {
        System.out.print(this.books); // this.は省略可能
    }
}
```

thisという記述が突然現れました。コード中のthisをthis参照と呼びます（後述）。

オブジェクトを参照する変数名の後にドット文字とメソッド名さらに括弧をつなげて記述する

と、メソッドを呼び出せます(**リスト6.4**)。メソッド呼び出しの対象オブジェクトをレシーバオブジェクトと呼びます。レシーバオブジェクトはthis参照と合わせて次に説明します。

リスト6.4 ShoppingCartオブジェクトのメソッド呼び出し(リスト6.3を使用)

```
jshell> var cart = new ShoppingCart()
jshell> var book = "Peopleware"

// メソッド呼び出し
jshell> cart.addBook(book)
jshell> cart.showBooks()
[Peopleware]
```

6-1-4 レシーバオブジェクトとthis参照

同じクラスから実体化した別々のオブジェクトは、メソッド呼び出しに対して異なる反応をできます。**リスト6.5**のcart1.showBooks()とcart2.showBooks()は異なる出力をします。

リスト6.5 異なるオブジェクトが同じメソッドで異なる結果(リスト6.3を使用)

```
jshell> var cart1 = new ShoppingCart()
jshell> var cart2 = new ShoppingCart()

jshell> cart1.addBook("Peopleware")
jshell> cart2.addBook("Showstopper!")

jshell> cart1.showBooks()
[Peopleware]

jshell> cart2.showBooks()
[Showstopper!]
```

このカラクリはthis参照にあります。this参照は常にレシーバオブジェクトの参照を持つ特殊な変数です。cart1.showBooks()呼び出し時とcart2.showBooks()呼び出し時は、同じメソッドで同じコードを実行してもレシーバオブジェクトが異なります。このため異なる結果を返します(**図6.2**)。

図6.2 this参照とレシーバオブジェクト

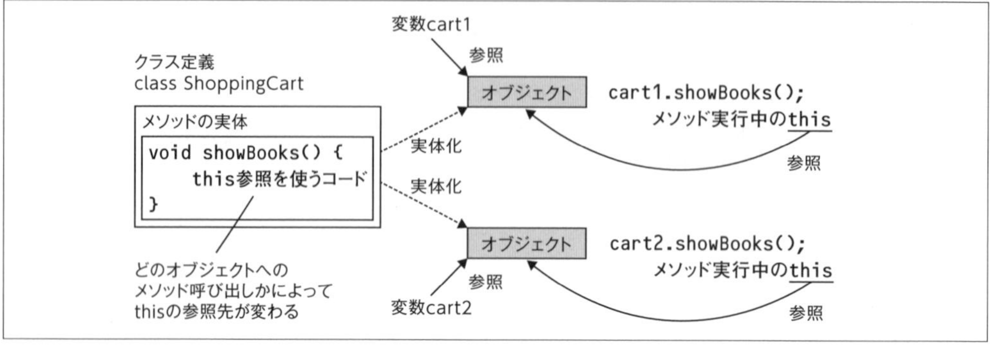

なおメソッドの中のthis参照とそれに続くドット文字の記述は省略可能です。this参照の記述を省略しても図6.2の説明は有効です。本書はわかりやすさを優先して、this参照を省略しない方針とします(注2)。

6-1-5 フィールドとメソッドはどこにあるのか

ここまで読んで、フィールドとメソッドは結局、クラスにあるのかそれともオブジェクトにあるのか混乱する人がいるかもしれません。なお、この節のフィールドとメソッドはインスタンスフィールドとインスタンスメソッドに限定します。これらの用語の意味は後述します。

フィールドとメソッドがどちらにあるかの疑問に戻ります。概念的には、フィールドとメソッドの雛形がクラスにあり、フィールドとメソッドの実体がオブジェクトにある、が回答になります。しかし、概念的にはともかく、現実にはオブジェクト生成のたびにメソッドをコピーしません。非効率だからです。

現実を反映した説明は、メソッドの実体がクラスにあり、各オブジェクトがメソッドへの矢印を持つ構造です。オブジェクトのメソッドを呼ぶと、各オブジェクトはクラスに存在するメソッドを実行します。ただしこれをクラスのメソッドを呼ぶとは考えないでください。各オブジェクトにあるべきメソッドの実体がたまたまクラスにあるだけです。メソッド自体は固有の状態を持たないので、フィールドのようにオブジェクトごとに実体をコピーする必要がないだけです。

6-1-6 インスタンス、オブジェクト、型、雛型

いくつか多義的な用語があります。インスタンス、オブジェクト、型、雛型の4つの用語です。改めて他の用語との関係を含めて意味を整理します。本書の後半で説明する用語も出てくるので本節を読み飛ばしても問題ありません。

(注2) 本書の旧版はthis参照を省略する方針でした。改版にともない宗旨替えしました。

■インスタンス

インスタンスという用語は日本語で言えば実体です。オブジェクトに比べると定義の合意を得やすい用語です。かなり具体的になりますが、プログラム実行中のメモリ上に存在するものをインスタンスと呼びます。何かを実体化した時にインスタンス作成という表現をします。

■オブジェクト

オブジェクトは概念に幅がある用語です。Javaを離れてプログラミング言語一般に視野を広げると、オブジェクトとはプログラムの中から操作可能な対象を指し示す用語として使われます。しかし正確にはこれ以上定義しようがないのが実情です。本書でも一般的な定義はしません。本書に限定した定義を次に説明します。

■Javaのオブジェクト

Javaに限ればオブジェクトの意味は限定できます。参照を得られる対象がオブジェクトです。

構文の説明にはこの定義で十分です。しかし使う上では意味が広すぎて役に立ちません。このため本書はクラスのインスタンスかつコード上で操作対象になる構成物をオブジェクトと呼びます(注3)。

■オブジェクトの表記

Aクラスを実体化したインスタンスを「Aオブジェクト」と表記します。たとえば、StringオブジェクトやStringBuilderオブジェクトなどです。

説明は後述しますがインタフェースという言語機能があります。インタフェース型の変数からオブジェクトを参照します。この時、Bインタフェース型の変数から参照するオブジェクトを「Bオブジェクト」と表記します。たとえばListオブジェクトやMapオブジェクトなどです。

参照する変数の違いで同一オブジェクトの呼び名が変わります。「**4章 変数とオブジェクト**」の繰り返しになりますがオブジェクト自体は名なしです。このため呼び名はコンテキストに依存します。

■型と雛型

多くのプログラミング言語で新しい実体を得る方法は、型定義を元に実体化するか、あるいは既に存在する実体を元に複製して構築するかのいずれかです。型は通常、言語仕様が用意している型または開発者が独自に定義する型のいずれかです。Javaであれば前者は基本型、後者はクラスなどです。

Javaを離れてプログラミング言語一般に視野を広げると、ある一群のインスタンス（実体）が共通の演算規則や振る舞いを持つ時に、それらの共通性を型と呼びます。

(注3)　やや感覚的な使い分けになりますが、実体を意識している場合はインスタンス、対象への操作を意識している場合はオブジェクトの用語を使います。区別は曖昧なので2つの用語を同義で使っても通常は問題ありません。なお言語仕様上は非クラスである配列型のインスタンスもオブジェクトです。本書は配列を別の枠組みで説明します（「**8章 コレクションと配列**」）。

Javaの場合、オブジェクトと変数がそれぞれ型を持ちます。Javaの型を具体的に列挙すると、クラス、インタフェース（アノテーション型含む）、基本型、配列型、ジェネリック型で使う型変数です。

雛型とは、何かを実体化する時にその鋳型になる役割です。Javaには、雛型としての役割を担う言語機能として、クラスとジェネリック型の2つがあります。

雛型の役割を担うと、そのまま型を定義する役割を担う傾向にあります。ただし、あくまで型と雛型は独立した概念として理解してください。現実的には、雛型としての型定義が先にあり、雛型を元に実体化したインスタンス群が共通の型を持つのが普通です。しかし直接の実体化を許可しない型定義もあるからです。Javaで言えばインタフェースや抽象クラスが該当します。

6-2 既存クラスの使用

既存クラスを使う方法を説明します。新しいクラスを自分で作る方法は後ほど説明します。

クラスを使うには、クラスからオブジェクトを生成して使う方法とクラスそのものを使う方法の2つあります。前者から説明します。

6-2-1 オブジェクト生成

オブジェクトの生成手段は**表6.1**のとおりです。後述するファクトリメソッドなどでオブジェクト生成の詳細を隠蔽する場合も多くあります。内部では表6.1のどれかでオブジェクトを生成しています。

表6.1 オブジェクトの生成手段

手段	説明
new式による明示的な生成	基本的な生成手段
Stringリテラル表記および結合演算式による暗黙の生成	文字列固有の手段
オートボクシングによる暗黙の生成	数値クラス固有の手段（「**16章 数値**」参照）
リフレクションによる生成	特別なオブジェクト生成手段
Objectクラスのcloneメソッドによる複製	本書では説明を割愛
配列のリテラル表記による暗黙の生成	配列固有の手段（「**8章 コレクションと配列**」参照）

6-2-2 new式

オブジェクトを生成する基本的な手段はnew式です。newの後にクラス名を続けて、その後に括弧の中に0個以上の引数を並べます。new式の結果（評価値と呼びます）はオブジェクトの参照です。

```
// new式の文法
new クラス名(コンストラクタの実引数)
```

括弧に引数を並べる記法は後述するメソッド呼び出しと同じです。しかしnew式はメソッド呼び出しではありません。引数を渡す部分に同じ構文を使用しているだけです。

new式を使うには、そのクラスのコンストラクタの引数の並びを知る必要があります。new式で渡す引数の並びをコンストラクタの引数の並びに合わせる必要があるからです。コンストラクタの詳細は後で改めて説明します。ここではコンストラクタの宣言と対応するnew式の具体例を挙げておきます(**リスト6.6**)。

リスト6.6　コンストラクタの使用例

```
// コンストラクタの宣言例(HashMap.javaから引用)
public HashMap(int initialCapacity, float loadFactor)

// 上記を使うnew式の例
var map = new HashMap(32, 0.75f);
```

6-2-3　オブジェクトのライフサイクル管理

new式の記法を見る限りオブジェクトの生成は簡単に見えます。しかし、プログラムの規模が大きくなると、オブジェクトの生成から消滅までの管理が複雑化します。この管理をライフサイクル管理と呼びます。

オブジェクトのライフサイクルを適切に管理する技法を列挙します。

- **変数のスコープに注意して、寿命が不必要に長いオブジェクトを減らす**
- **オブジェクトの寿命を意識して、寿命の短いオブジェクトと寿命の長いオブジェクトを分離する**
- **オブジェクトのライフサイクル管理をフレームワークなどの層に隠蔽する**

変数のスコープとオブジェクトの寿命の関係は「**4-8 オブジェクトの寿命**」を参考にしてください。変数のスコープとオブジェクトの寿命は独立した概念ですが、変数のスコープ管理でオブジェクトのライフサイクルを管理できる場合があります。

6-2-4　ファクトリパターン

オブジェクト生成を1つの役割と見なしてその機能を分離するのがファクトリパターンの基本的な考え方です。ファクトリパターンには多くの派生技法があります。もっとも簡易な方法はnew式をメソッドに隠蔽する手法です。このようなメソッドをファクトリメソッドと呼びます。

ファクトリメソッドの例を示します(**リスト6.7**)。ファクトリメソッドはクラスメソッドにします。クラスメソッドにする意味は後ほど説明します。

リスト6.7　ファクトリメソッドを持つクラスの例

```
class My {
    // コンストラクタを直接呼べないようにprivateにする
    private My() {}

    // ファクトリメソッド
    // staticはクラスメソッドの意味（後述）
    static My getInstance() {
        // 下記2行は return new My() の1行でも書けます
        My my = new My();
        return my;
    }
}

// ファクトリメソッドの呼び出し例
jshell> var my  = My.getInstance()
```

ファクトリメソッドを提供する場合、コンストラクタのアクセス制御をprivateにするのが定石です。ファクトリメソッド以外の経路のオブジェクト生成を禁止したほうが良いからです。

■ファクトリパターンの利点

ファクトリメソッドには次の利点があります。

- **コンストラクタと異なり自由にメソッド名をつけられる。生成のために意味のある名前をつけられる**
- **ファクトリメソッドは、必ずしも新規のオブジェクトを生成して返す実装にしなくてよい**
- **リスト6.7では使っていませんが、ファクトリメソッドの返り値の型を抽象型にできる**

2番目の利点を補足します。オブジェクト生成にコストがかかる場合、生成済みオブジェクトをプーリング（キャッシュ）して、ファクトリメソッドがプール内のオブジェクトを返す技法があります。この技法をオブジェクトプーリングと呼びます。

別の応用例にシングルトンパターンとして知られる技法があります。これはオブジェクトの数を1つに制限する技法です。ファクトリメソッドが常に同じオブジェクトを返すことで実現できます。

3番目の利点の例を紹介します。**リスト6.8**のList.ofメソッドはインタフェース型を返すファクトリメソッドです。オブジェクト生成の詳細を隠蔽しているだけではなくクラス自体の詳細も隠蔽します。実装パターンとして広く使われているので既存コードで見る機会も多いはずです。

リスト6.8　List.ofメソッドの使用例

```
// ofメソッドの返り値オブジェクトのクラスは見えない
var list = List.of("abc", "def", "ghi");

// 変数の型を指定する場合、インタフェース型にする
```

```
List<String> list = List.of("abc", "def", "ghi");
```

6-2-5 クラス自体を使用

クラスによっては、オブジェクトを生成せずにクラスそのものを直接使います。クラスそのもののフィールドやメソッドをそれぞれクラスフィールドとクラスメソッドと呼びます。

クラス名の後にドットをつなげてクラスフィールドもしくはクラスメソッドを書きます(**リスト6.9**)。詳しくは後述しますが、クラス宣言の中でstatic修飾子のついたフィールドとメソッドをこのように使います。

リスト6.9 クラス自体を使用

```
// クラスフィールドの参照
jshell> System.out.print(Integer.MIN_VALUE)
-2147483648

// クラスメソッドの呼び出し
jshell> System.out.print(Integer.toHexString(32))
20
```

通常のフィールドやメソッド(インスタンスフィールドやインスタンスメソッドと呼びます)をクラス名に続けて書くとコンパイルエラーになります。

オブジェクト使用とクラス使用の違いに少し混乱するかもしれません。難しく考えずInteger.toHexStringをドット文字も含めて長い名前のメソッド名と考えてください。オブジェクト使用とクラス自体の使用の使い分けの指針は後ほど「**6-7-7 クラスをオブジェクトとして扱う問題点**」で説明します。

COLUMN

ユーティリティクラス

Mathクラスのような、ある目的のために便利に使える補助処理を集めたクラスをユーティリティクラスと呼びます。ユーティリティクラスの多くは本文で説明した「クラス自体の使用に限定したクラス」になる傾向があります。小さな処理の集合になりやすく、また処理に状態を必要としないことが多いからです。

ユーティリティクラスには次の利点があります。

- **クラスの利用者が必要なメソッドを探す時に、クラス名で絞りこめる可能性がある**
- **メソッド呼び出しの箇所を見た時、意味がわかりやすい**

たとえば、Math.sin()という呼び出しを見ると、sinが三角関数のサインだと類推しやすくなります。

■クラス自体の使用に限定したクラス

Integerクラスはオブジェクトを生成できると同時に、前述のようにクラスを直接使えるクラスです。多くのクラスはこのタイプですが、一部のクラスはオブジェクト生成を禁止して、クラスの直接使用のみを想定します。このようなクラスの例がMathクラスです。Mathクラスから特徴的なコードを引用します(**リスト6.10**)。

リスト6.10　Math.javaから引用

```
public final class Math {  // ①
    private Math() {}      // ②
    public static final double E = 2.7182818284590452354;  // ③
    (省略)
}
```

- finalクラスにして無用な継承を禁止する ①
- コンストラクタをprivateにして、オブジェクト生成を禁止する ②
- すべてのメソッドとフィールドにstatic修飾子をつけてクラスフィールド、クラスメソッドにする ③

本書でまだ説明していない用語をいくつか使っているので、それぞれの詳細を理解した後、もう1度見直してください。

6-3 クラス宣言

既存クラスの利用ではなく自作クラスを作る説明をします。新しいクラスを定義するには予約語classを使いクラス宣言をします。クラス名は開発者が決めます(注4)。

```
// 継承を考えないクラス宣言の文法
[修飾子] class クラス名 {
    [メンバ宣言]
        [フィールド宣言]
        [メソッド宣言]
        [ネストしたクラス宣言およびネストしたインタフェース宣言]
    [コンストラクタ宣言]
    [初期化ブロック]
    [static初期化ブロック]
}
```

(注4)　クラス名に使える文字は「**12-1-3 識別子**」を参照してください。

1章
2章
3章
4章
5章
6章
7章
8章
9章
10章
11章
12章
13章
14章
15章
16章
17章
18章
19章
20章
21章
22章
23章

本章は継承(インタフェース継承と拡張継承)の説明を省きます。後ほど章を改めて説明します。文法の記述が散らばると探しづらいので継承を含めた構文も記載します。

```
// 継承を含めたクラス宣言の文法
[修飾子] class クラス名 [extends 基底クラス名] [implements 基底インタフェース名(カンマ区
切りで複数指定可能)] [permits 継承先の型名(カンマ区切りで複数指定可能)] {
    [クラスの本体(上記と同様)]
}
```

■トップレベルのクラス

本章の説明はトップレベルで宣言するクラスに限定します(**リスト6.11**)。

リスト6.11　クラスをトップレベルで宣言して別のクラスから使用する例

```
public class My { // My.javaファイル内で宣言
    public void method() {
        System.out.println("メソッド呼び出し");
    }
}

public class Other {  // Other.javaファイルから使用
    void callMethod(My my) {
        my.method();
    }
}
```

6-3-1　クラス宣言の修飾子

クラス宣言に使える修飾子を**表6.2**に示します。修飾子によりクラスに様々な性質を指定できます。修飾子は複数同時に指定可能です。ただしfinalとabstractを同時に指定するとコンパイルエラーになるなど、組み合わせは自由ではありません。

表6.2　クラス宣言に使える修飾子(トップレベルのクラス宣言に使える修飾子)

修飾子	意味
public	グローバル可視。書かないとパッケージ可視
final	拡張継承を禁止。書かないと継承可能(「**17章 クラスの拡張継承**」参照)
abstract	直接インスタンス化できない抽象クラス。抽象クラスの反意語は具象クラス
sealed	拡張継承先を限定するシールクラス。non-sealedと合わせて「**17章 クラスの拡張継承**」参照
non-sealed	シールクラスを拡張継承したクラスに指定。拡張継承の継続ありを指定
strictfp	元々は厳密な浮動小数点演算の指定。現在は効果なし。本書は説明を割愛
アノテーション	開発者が独自に定義できる修飾子

6-4 フィールド

6-4-1 フィールド変数

フィールド変数はクラス内で宣言する変数です。クラス内のすべてのメソッドからアクセス可能な変数になります。Javaの言語仕様の中では比較的スコープの広い変数です。フィールド変数の用途は別オブジェクトへの参照やデータの保持です。

static修飾子の有無でフィールド変数の動作が異なります。staticのついたクラスフィールドは節を改めて説明します。本書で単にフィールドと書いた場合は、staticのつかないインスタンスフィールドを意味します。

6-4-2 フィールド宣言

フィールド宣言の構文は次のとおりです。

```
[修飾子] 型名 フィールド変数名 [= 初期化子];
```

具体例を**リスト6.12**に示します。フィールド名はカンマで区切って複数並べられます。本書はこの記述を推奨しません。1行に1つのフィールド宣言の記載で統一します。

リスト6.12 フィールド宣言の例

```
class My {
    int i;                    // もっとも簡潔なフィールド変数の宣言
    int j = 0;                // 宣言と同時に初期化可能
    private final String s; // 特別な理由がなければ private final の修飾子が定石
    String s1, s2;            // String s1; String s2; と同義。本書はこの記述を使いません
}
```

6-4-3 フィールド変数とフィールドオブジェクト

フィールド宣言は変数の宣言です。この変数をフィールド変数と呼びます。フィールド変数が参照型の場合、参照先のオブジェクトの生成および代入は別途必要です。この事情はローカル変数と同じです。

フィールド変数と参照先オブジェクトを区別するため、フィールド変数が参照するオブジェクトをフィールドオブジェクトと呼びます（**図6.3**）。

図6.3　フィールド変数とフィールドオブジェクト

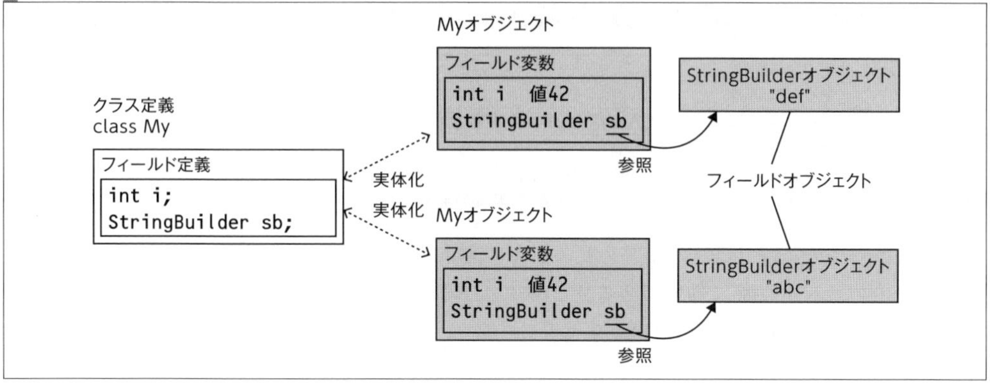

フィールド変数とフィールドオブジェクトを毎回書き分けると冗長です。文脈で自明な場合、フィールド変数とフィールドオブジェクトの両方を示す意図でフィールドと書きます。なおフィールド値と書いた場合はフィールド変数の値を意味します。基本型変数であれば数値で、参照型変数であれば参照です。

冒頭のShoppingCartクラスの説明で、フィールドの実体がオブジェクトごとに別々に存在する説明をしました。正確に言い直すと、オブジェクトごとに実体が別々なのはフィールド変数です。フィールドオブジェクトはフィールド変数から参照されるだけの存在なので、独立しているとは限りません。たとえばShoppingCartオブジェクトが2つあり、それぞれのcustomerNameフィールド変数が同一のStringオブジェクトを参照することは理論上ありえます。

■フィールド変数の初期化

フィールド宣言と同時にフィールド変数を初期化可能です。明示的な初期化をしない場合、デフォルト初期値になります。デフォルト初期値の具体値は「**4-7 変数のデフォルト初期値とスコープ**」を参照してください。

フィールド変数の初期化コードは、オブジェクト生成のタイミングで実行されます。

ローカル変数同様、宣言と同時の初期化は良い習慣です。ただしフィールド変数の場合、必ずしも宣言と同時の初期化が自然ではない場合もあります。たとえばオブジェクト生成時に外部から渡す値を使う初期化のほうが自然な場合があります。この場合、後述するコンストラクタでフィールド変数を初期化するのが定石です。

■フィールド宣言の修飾子

フィールド宣言に記述できる修飾子は**表6.3**のとおりです。いくつかの組み合わせを除いて複数の修飾子を同時に指定可能です。

表6.3　フィールド宣言の修飾子

修飾子	意味
public	アクセス制御
protected	アクセス制御
private	アクセス制御
final	フィールド変数への再代入を禁止（「**4章 変数とオブジェクト**」参照）
static	クラスフィールド（後述）
transient	シリアライズの対象外。本書は説明を割愛
volatile	スレッド間で変数の値を同期（「**21章 同時実行制御**」参照）

publicとprotectedとprivateはアクセス制御に関係する修飾子です。他のクラスからフィールド変数にアクセスする時に効いてきます。アクセス制御の修飾子3つは同時に指定できません。またfinalとvolatileは同時に指定できません。

6-4-4　同一クラス内のフィールド変数のスコープ

コード上で変数名を使える範囲を「変数のスコープ」と呼びます。フィールド変数を宣言した行位置に依らず、同一クラスのすべてのコンストラクタとメソッド内からフィールド変数を使えます。

宣言行以後であれば別のフィールド変数宣言の初期化子や初期化ブロックでフィールド変数を使えます。ただし実行順序に依存するコードは避けるほうが無難です（「**6-6-6　オブジェクト初期化処理の順序**」参照）。

6-4-5　this参照

this参照は明示的な宣言なしに使える特別な参照型変数です(注5)。

「**6-1-4 レシーバオブジェクトと this 参照**」で説明したように、メソッド内のthis参照は、メソッド呼び出し対象のオブジェクト（レシーバオブジェクト）を参照します。

コンストラクタ、初期化ブロック、フィールド宣言の初期化はオブジェクト生成時に呼ばれる処理です。これらのコードの中でもthis参照を使えます。このthis参照は生成中のオブジェクトを参照します。生成中オブジェクトをレシーバオブジェクトと等価と見なして問題ありません。

■同名の変数

クラスのコード内での変数名の検索は、フィールド変数よりローカル変数とパラメータ変数を優先します。このため同名のフィールド変数の名前が隠蔽されます。隠蔽されたフィールド変数を使うにはフィールド変数の前にthis.を明示する必要があります（**リスト6.13**）。

(注5)　メソッドの仮引数に明示的なthis記述も可能です。レシーバパラメータと呼びます。this参照にアノテーションを付与したい場合に使えます。本書はレシーバパラメータの説明を省略します。

リスト6.13 this参照を使う明示的なフィールド変数アクセス(同一クラス内)

```
class My {
    private final String variable1 = "フィールド値1";
    private final String variable2 = "フィールド値2";

    void method(String variable1) {
        String variable2 = "bar";
        System.out.print(variable1);      // パラメータ変数
        System.out.print(variable2);      // ローカル変数
        System.out.print(this.variable1); // フィールド変数
        System.out.print(this.variable2); // フィールド変数
    }
}
```

6-4-6 他のクラスからフィールド変数にアクセス

アクセス制御が許せば、クラス外のコードからフィールドにアクセスできます(**リスト6.14**)。オブジェクト参照を持つ変数に続けてドット文字とフィールド変数名を記述します。

リスト6.14 クラス外からフィールドアクセス

```
class My {
    final String field = "フィールド値"; // privateにするとOtherクラスはコンパイルエラーになります
}

class Other {
    void method(My my) {
        System.out.println(my.field);
    }
}

// MyクラスとOtherクラスの使用例
jshell> var my = new My()
jshell> var other = new Other()
jshell> other.method(my)
フィールド値
```

フィールドの多くはアクセス制御をprivateにして他のクラスからアクセスさせません。そのほうが複雑さの隠蔽というオブジェクトの利用目的に合致するからです。

6-5 メソッド

メソッドには処理内容を記述します。メソッドの中身を作成するのはクラスを作る開発者の責任です。フィールド同様、static修飾子の有無で動作が異なります。staticのついたクラスメソッドは後で節を改めて説明します。本書で単にメソッドと書いた場合は、staticのつかないインスタンスメソッドを意味します。

6-5-1 メソッド宣言

メソッド宣言の構文を示します。

```
// メソッド本体がある場合の文法
[修飾子] 返り値型 メソッド名([引数型 引数名, ...]) [throws節] {
    メソッド本体
}

// メソッド本体がない場合の文法(abstractメソッドまたはnativeメソッド)
[修飾子] 返り値型 メソッド名([引数型 引数名, ...]) [throws節];
```

具体例は本書の中でいくつも出てくるので省略します。

返り値型には型名を書きます。もしくは返り値が存在しないことを示すvoidを記述します。throws節については「**14章 例外処理**」を参照してください。

■メソッド宣言の修飾子

メソッド宣言に記述できる修飾子は**表6.4**のとおりです。

表6.4 メソッド宣言の修飾子

修飾子	意味
public	アクセス制御
protected	アクセス制御
private	アクセス制御
abstract	抽象メソッド(「**17章 クラスの拡張継承**」参照)
final	オーバーライド不可(「**17章 クラスの拡張継承**」参照)
static	クラスメソッド(後述)
synchronized	同期のためのロック獲得(「**21章 同時実行制御(整合性制御)**」参照)
native	ネイティブメソッド。本書は説明を割愛
strictfp	元々は厳密な浮動小数点演算の指定。現在は効果なし(本書は説明を割愛)

publicとprotectedとprivateはアクセス制御に関係する修飾子です。この3つは同時に指定できません。abstract修飾は、static、final、synchronized、nativeと同時に指定できません。それ以外の組み合わせは同時に指定可能です。

6-5-2 同一クラス内のメソッドのスコープ

メソッドは同じクラス内のどこからでも呼び出せます。メソッド宣言より前の行でも呼び出し可能です。メソッド名のスコープはクラス内のコード全域だからです。

フィールドアクセス同様、クラス内でthis参照を使ったメソッド呼び出しも可能です(**リスト6.15**)。this参照の有無による動作の違いはありません。可読性の観点で記述するか決めてください。

リスト6.15 this参照を使ったメソッド呼び出し例(同一クラス内)

```
class My {
    void callMethod() {
        String s = this.method();
        System.out.println(s);
    }
    private String method() {
        return "メソッドの返り値";
    }
}

// Myクラスの使用例
jshell> var my = new My()
jshell> my.callMethod()
メソッドの返り値
```

6-5-3 他のクラスからのメソッド呼び出し

アクセス制御が許せば、クラス外のコードからメソッドを呼び出せます(**リスト6.16**)。オブジェクト参照を持つ変数に続けてドット文字とメソッド名と引数列を記述します。

リスト6.16 クラス外からメソッドの呼び出し

```
class My {
    String method() { // privateにするとOtherクラスがコンパイルエラーになります
        return "メソッドの返り値";
    }
}

class Other {
    void callMyMethod(My my) {
        String s = my.method();
        System.out.println(s);
    }
}
```

```
// MyクラスとOtherクラスの使用例
jshell> var my = new My()
jshell> var other = new Other()
jshell> other.callMyMethod(my)
メソッドの返り値
```

6-5-4　メソッド呼び出しと引数の動作

メソッド呼び出しと引数の関係を説明します。**リスト6.17**のクラスで説明します。

リスト6.17　メソッドと引数

```
class Adder {
    private int score = 0;  // 値を変えるので非finalにします

    // メソッド定義
    void addScore(int delta) {  // deltaは仮引数
        this.score += delta; // thisは省略可能
        System.out.print("score is %d".formatted(this.score)); // thisは省略可能
    }
}

// Adderクラスの使用例
jshell> var adder = new Adder()
jshell> adder.addScore(1000) // 1000は実引数
score is 1000
```

メソッド宣言のカッコ内に書く変数を「仮引数(かりひきすう)」と呼びます。呼び出し側でメ

C O L U M N

引数の用語

仮引数と実引数はそれぞれ formal parameter と actual argument の訳語です。

構文の説明、たとえば変数のスコープを説明する場合、パラメータ変数(parameter variable)の用語をよく使うので本書もこれにならっています。パラメータ変数と仮引数は、等価と考えて問題ありません。

メソッド呼び出し時の動作を説明する場合、仮引数と実引数の対比がわかりやすいので本章はこれらの用語を使います。しかし毎回「実引数」と書くのはやや冗長です。文脈から自明な場合は「引数」と記述します。

本章以外はパラメータ変数と引数の用語を優先して使います。仮引数と実引数はあまり現場で使わない用語だからです。用語の対称性は悪くなりますが現実でよく使う用語を優先した判断です。

ソッドに渡す値を「実引数(じつひきすう)」と呼びます。リスト6.17の場合、deltaが仮引数で1000が実引数です。

■実引数

メソッドを呼び出すと最初に実引数を式として評価します(注6)。リスト6.17の場合、実引数はリテラル値の1000なので評価した値も1000です。

別の例として、**リスト6.18**のように実引数に式を書いた場合を考えます。この場合、i + j の評価値の300が実引数になります。どんな場合であれ、メソッド呼び出し前にすべての実引数を評価します。

リスト6.18　メソッドと引数(リスト6.17を使用)

```
jshell> var adder = new Adder()

jshell> int i = 100
jshell> int j = 200
jshell> adder.addScore(i + j)
score is 300
```

■仮引数

呼ばれたメソッド側の仮引数に実引数の評価値が代入されます(注7)。リスト6.17で説明すると、仮引数deltaに1000が代入されてからメソッドの本体を実行します。

代入は「**4章 変数とオブジェクト**」で説明しましたが改めて説明します。引数の型が基本型の場合、実引数の値が仮引数にコピーされます。引数の型が参照型であっても、実引数の値が仮変数にコピーされる原理は同じです。ただしコピーする値は参照です。このため仮引数と実引数は同じオブジェクトを参照します。これは、仮引数を通して実引数の参照先オブジェクトを操作可能なことを意味します。

なお、変数の視点で見ると仮引数にどんなことをしようと実引数には一切の影響がありません。変数にできることは再代入ぐらいなので、前言は「仮引数に何かを再代入しても実引数に影響しない」と言い換え可能です。この動作は基本型変数でも参照型変数でも違いはありません(注8)。

■ローカル変数とパラメータ変数

メソッド内で宣言した変数をローカル変数と呼びます。ローカル変数とパラメータ変数(仮引数)はメソッドが呼ばれた時にのみ変数として存在します。

メソッドを抜けるとローカル変数とパラメータ変数は消滅します。なお、他の変数同様、変数

(注6)　式と評価については「**12章 文、式、演算子**」を参照してください。
(注7)　専門的には「値渡し(call by value)」と言います。
(注8)　メソッド側の仮引数への再代入で実引数に影響を与える勘違いは典型的な誤解です。

の存在と(変数が参照型だとして)参照先のオブジェクトの存在は無関係であることは強調しておきます。

ローカル変数とパラメータ変数がメソッド呼び出しごとに常に新規に存在し、メソッドを抜けた時に消滅する動作を特に意識するのは、マルチスレッド動作と再帰呼び出しの時です(コラム参照)。

■可変長引数

メソッドの引数の数を自由にできる文法があります。メソッド宣言でパラメータ変数の型に...(ドット文字3つ)を書きます。これを可変長引数と呼びます。任意の数の実引数で可変長引数メソッドを呼べます(**リスト6.19**)。

リスト6.19　可変長引数メソッド

```
class My {
    // 可変長引数のメソッドの宣言例
    void method(String... messages) {
        for (String s : messages) {
            System.out.println(s);
        }
    }
}

// 呼び出し例
jshell> var my = new My()
jshell> my.method()  // 実引数なしの呼び出しも可能
jshell> my.method("abc", "def")  // 実引数の数は任意
abc
def
jshell> my.method(new String[]{ "abc", "def"}) // 実引数に配列を渡せる(本文参照)
abc
def
```

COLUMN

マルチスレッド動作と再帰呼び出し

マルチスレッドでは同じメソッドが同時に並行して呼ばれることがあります。ローカル変数とパラメータ変数はそれぞれのスレッドのメソッド呼び出しごとに独立して存在します。

再帰呼び出し(後述)ではメソッド内から同じメソッドを呼びます(※)。この場合も、ローカル変数とパラメータ変数は、メソッド呼び出しごとに独立して存在します。

本文の繰り返しになりますが、独立して存在するのは変数です。参照先オブジェクトではないので注意してください。

※　メソッドAがメソッドAを呼ぶパターンだけではなく、メソッドAがメソッドBを呼び、メソッドBがメソッドAを呼ぶパターンも含みます。

可変長引数は最後の1つの仮引数にだけ使えます(**リスト6.20**)。

リスト6.20 可変長引数は最後の1つの仮引数のみ使用可能

```
void method(int i, String... messages)                 // OK
void method(int i, String... messages, String... m2)  // コンパイルエラー
void method(String... messages, int i)                 // コンパイルエラー
```

■可変長引数のからくり

可変長引数は内部的に配列として引数が渡ります。可変長引数のメソッドの実引数に配列を渡せ、メソッド側で仮引数に対して配列操作が可能です(注9)。たとえば、リスト6.19のmethod内でmessages.lengthを使えます。

配列型の引数の場合、実引数に配列以外を渡せません(**リスト 6.21**)。この意味で、配列型引数より可変長引数のほうが柔軟性の高い仕組みと言えます。

リスト6.21 リスト 6.19とほぼ等価なコード

```
class My {
    void method(String[] messages) {
        for (String s : messages) {
            System.out.println(s);
        }
    }
}

// 呼び出し例
jshell> var my = new My()
// リスト6.19の実引数なしの呼び出しは、空配列と等価
jshell> my.method(new String[]{})
jshell> my.method(new String[]{ "abc", "def"})
abc
def
// 下記はコンパイルエラー
jshell> my.method("abc", "def") // 配列型引数に渡せるのは配列のみ
|  Error:
```

6-5-5 メソッドの返り値

メソッドは返り値を持てます。メソッド本体の中でreturn文を使うと値を返せます。return文で値を返すとそこでメソッドの実行を終了します。

リスト6.17のaddScoreメソッドを加算結果を返す仕様に変えると、**リスト6.22**のようになります。変更点は、メソッド名の前に記載した返り値の型intと、メソッド内のreturn文の2つです。

(注9) 配列は「**8章 コレクションと配列**」で説明します。

リスト6.22　return文の例

```
int addScore(int delta) {
    this.score += delta;
    return this.score;
}
```

return文はメソッドのどこに書いても、またいくつ書いてもかまいません。ただしreturn文の後に実行されうる文を書くとコンパイルエラーになります。決して実行されない文だからです。

返り値型をvoidにしたメソッドに返り値のあるreturn文を書くとコンパイルエラーになります。返り値型voidは「返り値なし」の意味だからです。返り値なしのreturn文を書くかまたはreturn文なしのメソッドにしてください。

メソッド宣言の返り値の型と実際のreturn文で返す値の型が異なる場合、コンパイルエラーになります。厳密には、return文で返す値が返り値の型の変数に代入可能かどうかが問題となります。返り値の型を抽象型にして、実際の返り値を具象クラスのオブジェクト参照にするメソッドは普通に存在します。

■メソッドの返り値の使用

呼び出し側でメソッドの返り値を使う例を示します(**リスト6.23**)。なおメソッドの返り値を無視するのは自由です。

リスト6.23　メソッドの返り値を使う例

```
class Adder {
    private int score = 0;

    int addScore(int delta) {
        this.score += delta;
        // 複数のreturn文
        if (this.score > 1000) {
            return this.score;
        } else {
            return 0;
        }
        // ここに文を書くとコンパイルエラー (上記どちらかのreturn文が必ず使われるため)
    }
}

// Adderクラスの使用例
jshell> var adder = new Adder()
jshell> int result = adder.addScore(100)
result ==> 0
jshell> int result = adder.addScore(1000)
result ==> 1100
```

参照型変数をreturn文に書くと返り値はオブジェクトの参照になります(**リスト6.24**)。

リスト6.24 返り値の型が参照型のメソッドの例

```
StringBuilder getStringBuilder() {
    var sb = new StringBuilder("abc");
    sb.append("def");
    return sb;
}
```

■メソッド実行の終わり方

メソッド実行は次の3種類のいずれか1つで終わります。

- return文で抜ける
- 返り値の型がvoidで、メソッドの最後の文まで実行して抜ける
- 例外を投げる(「**14章 例外処理**」参照)

6-5-6 メソッドのシグネチャ

クラスの中でメソッドを一意に区別する最小情報をシグネチャと呼びます。メソッドのシグネチャは次の2つで確定します。

- メソッド名
- 仮引数の型の並び

仮引数の変数名はシグネチャに含まれません。返り値の型もシグネチャに含まれません。このため仮引数名あるいは返り値の型だけが異なる同名のメソッドの宣言はコンパイルエラーになります(**リスト6.25**)。

リスト6.25 同一シグネチャのメソッド(コンパイルエラー)

```
class My {
    void method(String s1) { /* 本体省略 */ }
    void method(String s2) { /* 本体省略 */ }
}
```

6-5-7 メソッドのオーバーロード

シグネチャが異なればクラス内に同名のメソッドを宣言できます。具体的には仮引数の型の並びが異なる同名のメソッドです。同名のメソッドをメソッドのオーバーロードと呼びます(**リスト6.26**)。

リスト6.26　メソッドのオーバーロード

```
class My {
    void method(String s) {
        System.out.print("String parameter is %s".formatted(s));
    }
    void method(StringBuilder sb) {
        System.out.print("StringBuilder parameter is %s".formatted(sb));
    }
}

// オーバーロードしたメソッドの呼び出し側
jshell> var my = new My()
jshell> my.method("abc")
String parameter is abc
jshell> my.method(new StringBuilder("def"))
StringBuilder parameter is def
```

6-5-8　再帰呼び出し

メソッドが自分自身のメソッドを呼ぶことを再帰呼び出しや再帰処理と言います。再帰呼び出しでリストの全要素を出力する例を示します(**リスト6.27**)。

リスト6.27　再帰呼び出しの例

```
class MyRecursive {
    void dump(Iterator<String> itr) {
        if (itr != null && itr.hasNext()) {
            String s = itr.next();
            System.out.println(s);
            dump(itr); // 再帰呼び出し
        }
    }
    void method() {
        var list = List.of("abc", "def", "ghi");
        dump(list.iterator());
    }
}

// MyRecursiveクラスの使用例
jshell> var myRecursive = new MyRecursive()
jshell> myRecursive.method()
abc
def
ghi
```

リスト6.27と等価なコードをループ処理でも書けます。再帰処理とループ処理はどちらも繰り返し処理だからです。ループで書ける処理は必ず再帰処理で書けます。逆も真です(注10)。一部のアルゴリズムは再帰処理で書くとコードを簡潔にできます。

■再帰処理の理解

リスト6.27のような再帰処理は次のように解釈できます。入力値を列と見なして、先頭の要素と残りの要素に分けて考えます。再帰処理は先頭要素があるかをチェックします。先頭要素がなければ何もしません。先頭要素があれば処理をします。処理後、先頭要素を除いた残りの要素列を実引数として自分自身のメソッドを呼びます。

再帰処理には停止するための条件判定(停止条件)が必要です。常に自分自身のメソッドを呼び続けると終わらなくなるからです。入力値を列と見なすモデルでは、先頭要素がなくなった場合が停止条件です。有限列である限り、いつか要素はなくなります。

停止しない再帰呼び出しは致命的なバグです。無限の再帰呼び出しをするとStackOverflowError実行時例外が起きます。このバグは修正必須です。

6-6 コンストラクタ

6-6-1 コンストラクタ宣言

コンストラクタはオブジェクト生成時に呼ばれる処理です。コンストラクタ宣言の構文を示します。

```
[アクセス制御の修飾子] コンストラクタ名([引数型 引数名, ...]) [throws節] {
    コンストラクタ本体
}
```

コンストラクタ名はクラス名と一致します。メソッドのように開発者が自由に名前をつけられません。修飾子に書けるのはpublic、protected、privateの3つです。これらの同時指定はできません。throws節については「**14章 例外処理**」を参照してください。

コンストラクタの具体例を示します(**リスト6.28**)。コンストラクタはオブジェクト生成時、具体的にはnew My() の評価時に呼ばれます。

(注10) 実行効率が同一になる保証はありません。

1章 2章 3章 4章 5章 6章 7章 8章 9章 10章 11章 12章 13章 14章 15章 16章 17章 18章 19章 20章 21章 22章 23章

リスト6.28　コンストラクタの例

```
class My {
    My() {
        System.out.println("コンストラクタが呼ばれた");
    }
}

// 使用例
jshell> var my = new My()
コンストラクタが呼ばれた
```

コンストラクタはクラス名と同名のメソッドのようにも見えます。パラメータ変数およびコンストラクタ内でのローカル変数の動作もメソッドと同じです。しかし、言語仕様上、コンストラクタはメソッドではありません。似た文法規則を流用している扱いです。

コンストラクタは返り値を持ちません。コンストラクタ内にreturn文を書くとコンパイルエラーになります。ただ直感的にはコンストラクタの最後に生成オブジェクトの参照を返すreturn文相当の処理があり、それがnew式の評価値と見なしても理解の妨げにはなりません(注11)。

コンストラクタの典型的な使用は引数を使ったフィールド変数の初期化です。この時、パラメータ変数とフィールド変数を同型同名にするのが定石です。パラメータ変数はフィールド変数を隠蔽するので、フィールド変数はthis参照を通じてアクセスします。ShoppingCartクラスで例を示します(**リスト6.29**)。

リスト6.29　コンストラクタの定石例

```
class ShoppingCart {
    // finalにしておくとコンストラクタでの初期化以降、フィールド値の書き換えがないことを明示可能
    private final String customerName;
    private final List<String> books;

    // コンストラクタ
    // 同型同名のパラメータ変数でフィールド変数を初期化
    ShoppingCart(String customerName, List<String> books) {
        this.customerName = customerName;
        this.books = books;
    }
}

// 使用例
// new式に渡した実引数がコンストラクタのパラメータ変数に代入される
jshell> var cart = new ShoppingCart("suzuki", List.of("Peopleware"))
```

(注11)　文法的には、newを使った式の評価値がオブジェクトの参照です。コンストラクタ呼び出しの返り値が参照というわけではありません。

■finalフィールド変数

コンストラクタ内に代入がありかつコンストラクタ以外で代入しないフィールド変数にfinal修飾子を指定可能です。なお後述する初期化ブロックでも同じ話が成り立ちます。ここでは説明をコンストラクタに限定します。

本書はfinal修飾子をつけたフィールド変数をfinalフィールド変数と呼びます。次のようなfinalフィールド変数はコンパイルエラーになります。実質的な再代入になってしまうからです。

- **フィールド変数を宣言と同時に初期化かつコンストラクタ内でも初期化**
- **フィールド変数にメソッド内で再代入**

次もコンパイルエラーになります。

- **宣言と同時に初期化しないfinalフィールド変数をコンストラクタ内でも初期化しない**

これらのコンパイルエラーにより潜在バグを検出できると考えてください。本書のサンプルコードの一部は説明のためにフィールド変数の再代入をしています。しかし多くの場合、フィールド変数の再代入は不要です。final修飾子の指定で再代入しない意図を明確にするほうが良いコードになります(注12)。

■コンストラクタの意義

コンストラクタという仕組みがなくても、初期化メソッドを自作すればオブジェクトの初期化は可能です。独自の初期化メソッドでも動作に支障はありません。しかし、オブジェクトの初期化処理はコンストラクタにまとめるのを推奨します。理由の1つは、コンストラクタで同じスタイルの初期化処理を強制できる点です。

比較のために初期化メソッドがあるクラスを考えてみます。そのメソッドが初期化メソッドである旨は、メソッド名で示唆するかコメントでの伝達になります。そのメソッドを初期化目的に呼ぶかは、クラスを利用する開発者次第です。クラス開発者がコントロールできない世界です。初期化メソッドに呼び出し順序がある場合は更に状況が悪くなります。そのような暗黙の決まりはいつか必ず忘れるからです。

もう1つ、コンストラクタでオブジェクトの完全性を意識できる利点を挙げておきます。独自の初期化メソッドを実装した場合、生成直後のオブジェクトは不完全な状態です。不完全な状態を持つオブジェクトはバグの元です。理想的なオブジェクトは生成時に完全な状態で生まれたほうが望ましいからです。コンストラクタでオブジェクトを完全な状態に初期化できるように意識してください(注13)。

最後に、コンストラクタがないとフィールド変数をfinalフィールド変数にできなくなる欠点があります。初期化メソッド内の処理が実質的な再代入コードになるからです。

(注12) 初期化したフィールド値を別のスレッドが確実に読めるように保証する意味もあります（「**21章 同時実行制御**」参照）。たとえ別のスレッドから参照されないオブジェクトであっても、finalにして失うものはありません。

(注13) フィールド変数の遅延初期化が有効な場合も存在します。この場合、フィールド変数をfinalにできません。

■コンストラクタの単純化

コンストラクタ内のコードからフィールドの読み出しやメソッド呼び出しが可能です。理論上はコンストラクタの中に複雑なコードを書けます。しかし、そういうコンストラクタは推奨しません。オブジェクト初期化処理の順序に起因する微妙なバグを生みやすいからです。

6-6-2 コンストラクタのオーバーロード

メソッドと同じようにコンストラクタもオーバーロード可能です。仮引数の並びが異なる同名のコンストラクタは標準クラスにも多くあります。具体例は省略します。

6-6-3 this呼び出しとsuper呼び出し

コンストラクタのオーバーロードの応用例の1つが、コンストラクタに渡す実引数のデフォルト値指定です。このようなデフォルト値指定をデフォルト引数と呼びます。new式を使う時に大量の実引数列を渡す面倒さの回避に使う技法です。

ShoppingCartクラスでデフォルト引数を模した例を示します(**リスト6.30**)。引数1つのコンストラクタを使うと、オブジェクト生成時にbooksフィールドの初期値を用意する必要がなくなります。

リスト6.30 デフォルト引数を模したコンストラクタ(this呼び出し未使用)

```
class ShoppingCart {
    private final String customerName;
    private final List<String> books;

    // フィールド変数booksのデフォルト引数を模倣
    ShoppingCart(String customerName) {
        this.customerName = customerName;
        this.books = new ArrayList<>();
    }
    ShoppingCart(String customerName, List<String> books) {
        this.customerName = customerName;
        this.books = books;
    }
}
```

リスト6.30はフィールド変数が2つしかありませんが、もっとたくさんのフィールド変数がある場合を想像してみてください。フィールド変数への代入コードが増加します。このような代入コードの削減に使えるのがコンストラクタから他のコンストラクタを呼ぶthis呼び出しです。this呼び出しでコンストラクタの共通処理をまとめた例を**リスト6.31**に示します。

リスト6.31 this呼び出しでコンストラクタの共通化

```
class ShoppingCart {
    private final String customerName;
    private final List<String> books;

    ShoppingCart(String customerName) {
        // this呼び出しで引数2つのコンストラクタ呼び出し
        this(customerName, new ArrayList<>());
    }
    ShoppingCart(String customerName, List<String> books) {
        this.customerName = customerName;
        this.books = books;
    }
}
```

同様の仕組みにsuper呼び出しがあります。クラスを拡張継承した時に、継承したクラスから継承元のコンストラクタを呼ぶ仕組みです。super呼び出しで継承元クラスのコンストラクタを呼び出します。

this呼び出しもsuper呼び出しも、コンストラクタ本体の最初の文でなければいけません(注14)。またコンストラクタ内で1度の呼び出ししかできません。super呼び出しは「**17章 クラスの拡張継承**」でもう1度説明します。

6-6-4 デフォルトコンストラクタ

コンストラクタ宣言を1つも書かないクラスには、暗黙のコンストラクタが1つ自動生成されます。このコンストラクタをデフォルトコンストラクタと呼びます。存在しないように見えて存在するので微妙に厄介な存在です。

デフォルトコンストラクタの仕様は下記のとおりです。

- 引数なし
- コンストラクタの中身は(暗黙のsuper呼び出し以外は)空
- クラス自身のアクセス制御引き継ぎ

■デフォルトコンストラクタの消滅

1つでもコンストラクタを書き足すとデフォルトコンストラクタは消滅します。このため、コンストラクタがなかったクラスにコンストラクタを追加した途端、エラーを引き起こす場合があります(**リスト6.32**と**リスト6.33**)。

(注14) super呼び出しの前に文を書けるようにする仕様変更提案が存在します。このため将来変わる可能性があります。

リスト6.32　デフォルトコンストラクタが消滅してエラーになる例：変更前（エラーなし）

```
class ShoppingCart {
    private String customerName = "";
}

// 使用例
// 実引数なしでnew式を使うと内部的にはデフォルトコンストラクタでオブジェクトを生成
jshell> var cart = new ShoppingCart()
```

リスト6.33　デフォルトコンストラクタが消滅してエラーになる例：変更後（エラーあり）

```
// ShoppingCartクラスに引数ありコンストラクタを追加（デフォルトコンストラクタが消滅）
class ShoppingCart {
    private String customerName = "";

    // 引数ありコンストラクタ
    ShoppingCart(String customerName) {
        this.customerName = customerName;
    }
}

// 使用例
// 修正前は動いていた実引数なしnew式がコンパイルエラーもしくは実行時エラーになる
jshell> var cart = new ShoppingCart()
|  Error:
```

拡張継承のあるクラスでも同じような問題があります。**リスト6.34**のMyクラスには見えないデフォルトコンストラクタがあり、かつデフォルトコンストラクタが引数なしでsuper呼び出しをしています。拡張継承の構文の詳細は気にせず、こういう問題がある点のみ留意してください。

リスト6.34　デフォルトコンストラクタが消滅してエラーになる例（拡張継承版）

```
// 変更前（エラーなし）
jshell> class Base {}  // デフォルトコンストラクタあり
jshell> class My extends Base {}  // デフォルトコンストラクタあり
jshell> var my = new My()

// Baseクラスに引数ありコンストラクタを追加（デフォルトコンストラクタが消滅）
jshell> class Base {
   ...>     Base(String s) {}
   ...> }

// 変更前は動いていたコードがコンパイルエラーもしくは実行時エラーになる
jshell> class My extends Base {}
|  Error:
```

```
// 明示的にコンストラクタを書き足してもエラーのまま(暗黙の引数なしsuper呼び出しがあるため)
jshell> class My extends Base {
   ...>     My() {}
   ...> }
|  Error:

// 明示的に引数ありのsuper呼び出しを追記してエラーを修正
jshell> class My extends Base {
   ...>     My() {
   ...>         super("abc");
   ...>     }
   ...> }
```

このような些細なことに気を払う手間を考えると、デフォルトコンストラクタを一切使わない、つまりたとえ本体が空でも常に引数なしコンストラクタを書く方針が現実解です。

6-6-5 初期化ブロック

オブジェクトの初期化を行うための仕組みに初期化ブロックがあります。クラスの中に初期化ブロックを書くと、オブジェクトの初期化時に実行します(**リスト6.35**)。初期化ブロックはいくつでも書けます。複数の初期化ブロックがある場合、コードに書いた順に実行されます。

リスト6.35 初期化ブロックの例

```
class My {
    // 初期化ブロック内のみに唯一の初期化があるフィールド変数はfinal指定が可能
    private final int i;

    // 初期化ブロック
   {
       this.i = 100;  // thisは省略可能
       System.out.println(this.i); // 通常のJavaコードを記述可能
   }
}
```

初期化ブロックの役割はコンストラクタとほぼ同じです。初期化ブロックの用途は主に次の2つです。

- すべてのコンストラクタの共通処理を記述
- 匿名クラスの初期化のため(匿名クラスにはコンストラクタがないため)

6-6-6 オブジェクト初期化処理の順序

オブジェクト初期化時に走る処理には、フィールド変数宣言時の初期化、コンストラクタ、初期化ブロックの3つあります。これらは次の順序で実行します(注15)。

① フィールド変数にデフォルト値代入
② フィールド変数宣言時の初期化および初期化ブロックをコードで上から書かれた順に実行
③ コンストラクタ呼び出し

具体例を**リスト6.36**に示します。

リスト6.36 オブジェクト初期化時の処理順序

```
// オブジェクト初期化時は、下記の数字の順に実行します
class My {
    private final int i = 1;
    {
        System.out.println("2");
    }
    private final int j = 3;

    My() {
        System.out.println("6");
    }
    private final int k = 4;
    {
        System.out.println("5");
    }
}
```

6-7 staticメンバ

6-7-1 クラスメンバ

static修飾子のついたフィールド変数、メソッド、初期化ブロックはクラスに属する構成要素です。

static修飾子のついたフィールド変数やメソッドをクラスメンバと呼びます。対比としてstaticのつかないフィールド変数やメソッドをインスタンスメンバと呼びます。本章の最初にオブジェクトそれぞれがインスタンスメンバのコピーを持つと説明しました(現実にはメソッドの実体をコピーしませんが概念的にはコピーすると見なしても問題ありません)。それとの対比を

(注15) クラスを拡張継承した場合の初期化順序は「17章 クラスの拡張継承」を参照してください。

すると、クラスメンバは実体がクラスにのみ存在します。オブジェクトから存在は見えますがオブジェクトそれぞれはコピーを持ちません。

クラスメンバの用途の説明は後回しにして、まずは記述方法を説明します。

6-7-2　クラスフィールド(staticフィールド)

クラスフィールドのフィールド宣言の構文は、static修飾子を除きインスタンスフィールドの宣言と同じです。アクセス制御用の修飾子などの働きも同じです。宣言と同時の初期化も可能です。通常、クラスフィールドのほとんどは宣言と同時に初期化します。

クラスフィールドの記述例を**リスト6.37**に示します。直感的にはクラス内のコード全域でクラスフィールドを使用可能と考えて問題ありません。

クラスフィールド名を大文字にする流儀はありませんが、インスタンスフィールドと区別しやすいように大文字の変数名にしています。大文字の変数名は一般に定数を意図した時に使う慣習があります。

リスト6.37　クラスフィールド宣言と使用(同一クラス内での使用例)

```
class My {
    // クラスフィールド変数Sを宣言および初期化
    // privateから別のアクセス制御に変更しても成り立ちます
    private static final String S = "staticフィールド値";

    // インスタンスフィールド変数の初期化子でSを使用可能
    // (別の)クラスフィールド変数の初期化子、コンストラクタ、初期化ブロックでも使用可能
    private final String s = S;

    // インスタンスメソッド内でSを使用可能
    // クラスメソッド内でもSを使用可能
    void method() {
        System.out.println(S);
    }
}
```

■同一クラス内のクラスフィールド変数のスコープ

インスタンスメンバ(メソッドの本体、フィールド変数の初期化子)、初期化ブロック、コンストラクタ、クラスメソッドを除くと、クラスフィールド変数のスコープは宣言行以降です。

■他のクラスからクラスフィールド変数にアクセス

アクセス制御が許せば、クラス外からクラスフィールドにアクセスできます。**リスト6.38**の2つの方法が存在します。

リスト6.38　クラス外からクラスフィールドにアクセス

```
class My {
    // 下記をprivateにするとクラス外からアクセスできない
    static final String S = "abcdef";
}

class Other {
    void method() {
        // クラス名と.(ドット)でクラスフィールドアクセス可能
        System.out.println(My.S);

        // オブジェクト参照と.(ドット)でクラスフィールドアクセス可能(非推奨)
        var my = new My();
        System.out.print(my.S);
    }
}

// MyクラスとOtherクラスの使用例
jshell> var other = new Other()
jshell> other.method()
abcdef
abcdef
```

リスト6.38の前者のようにクラス名を使ってクラスフィールドにアクセスする方法を推奨します。後者のようにオブジェクト参照を通じたクラスフィールドへのアクセスも可能ですが、インスタンスフィールドのアクセスと区別がつきづらく混乱の元だからです。

■同名の変数

インスタンスフィールド変数とクラスフィールド変数は同じ名前空間に属します。つまり同じクラスの中では同名のフィールド変数を宣言できません。同名のフィールド変数があるとコンパイルエラーになります。

同名のローカル変数やパラメータ変数はクラスフィールド変数を隠蔽します。この場合、My.Sのようにクラス名にドット文字を続けてクラスフィールド変数にアクセスすると隠蔽を回避可能です。

6-7-3　クラスフィールド変数の実体

クラスからオブジェクトをいくら生成しようと、クラスフィールド変数の実体は1つしかありません。オブジェクトごとに存在するインスタンスフィールド変数との違いを示します(**リスト6.39**と**図6.5**)。

リスト6.39　クラスフィールドとインスタンスフィールドの違い

```
class My {
    static String SC = "ABC"; // クラスフィールド
    String si = "abc"; // インスタンスフィールド
}

// 使用例
jshell> var my1 = new My()
jshell> var my2 = new My()

// インスタンスフィールド
jshell> System.out.print(my1.si)
abc

// オブジェクトmy1(変数my1の参照先オブジェクト)のインスタンスフィールド変数に再代入
jshell> my1.si = "def"
jshell> System.out.print(my1.si)
def

// オブジェクトmy2(変数my2の参照先オブジェクト)のインスタンスフィールド変数には影響なし
jshell> System.out.print(my2.si)
abc

// クラスフィールド変数に再代入
jshell> My.SC = "DEF"

// クラスフィールド変数の実体は1つなので、どこからアクセスしても再代入した値が見える
jshell> System.out.print(My.SC)
DEF
jshell> System.out.print(my1.SC)
DEF
jshell> System.out.print(my2.SC)
DEF
```

図6.5　クラスフィールドとインスタンスフィールド(リスト6.39の図解)

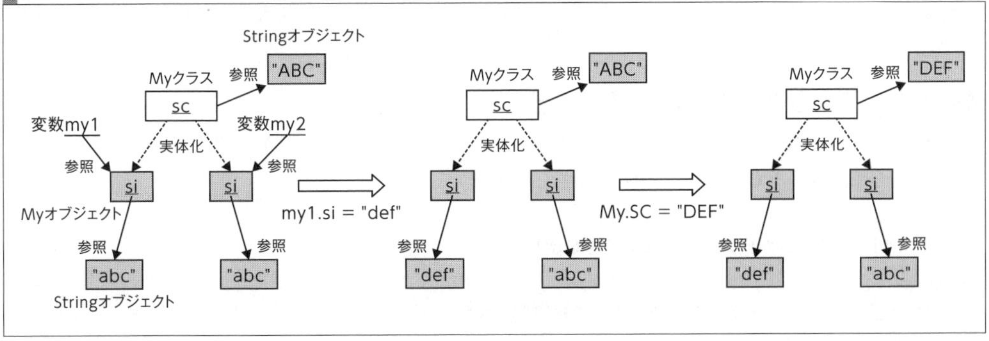

変数の動作の違いを説明するためにリスト6.39はフィールド変数に再代入しています。インスタンスフィールド変数もクラスフィールド変数も再代入は多くの場合にバグの元です。なるべく回避してください。

6-7-4 クラスメソッド（staticメソッド）

static修飾子のついたメソッドをクラスメソッドと呼びます。static修飾子以外、構文はインスタンスメソッドと同じです。引数、ローカル変数、返り値の動作もインスタンスメソッドと同じです。オーバーロードも可能です。

クラスメソッドは同一クラス内でリスト6.40のように呼び出せます。直感的にはクラス内のコード全域でクラスメソッドを使えると考えて問題ありません。

インスタンスメソッドと区別しやすいように**リスト6.40**のクラスメソッド名をすべて大文字にしています。すべて大文字のメソッド名はあまり書かないので注意してください。

リスト6.40　クラスメソッドの呼び出し例（同一クラス内での使用例）

```
class My {
    // クラスメソッド宣言（クラス内で書く順序は無関係）
    // privateから別のアクセス制御に変更しても成り立ちます
    private static String METHOD() {
        return "staticメソッドの返り値";
    }

    // インスタンスフィールド変数の初期化子で呼び出し可能
    // クラスフィールド変数の初期化子、コンストラクタ、初期化ブロックでも使用可能
    private final String s = METHOD();

    // インスタンスメソッド内で呼び出し可能
    // （別の）クラスメソッド内でも呼び出し可能
    void callMethod() {
        System.out.println(METHOD());
    }
}
```

■他のクラスからクラスメソッドの呼び出し

アクセス制御が許せば、クラス外からクラスメソッドを呼び出せます。クラスフィールドへのアクセス同様、**リスト6.41**の2つの方法が存在します。

リスト6.41　クラス外からクラスメソッドの呼び出し

```
class My {
    // 下記をprivateにするとクラス外からアクセスできない
    static String METHOD() {
        return "abcdef";
```

```
    }
}

class Other {
    void callMyMethod() {
        // クラス名と.(ドット)でクラスメソッド呼び出し
        String s1 = My.METHOD();
        System.out.println(s1);

        // オブジェクト参照と.(ドット)でクラスメソッド呼び出し(非推奨)
        var my = new My();
        String s2 = My.METHOD();
        System.out.print(s2);
    }
}


// MyクラスとOtherクラスの使用例
jshell> var other = new Other()
jshell> other.callMyMethod()
abcdef
abcdef
```

クラスフィールド同様、クラスメソッドもオブジェクト参照を通じた呼び出しは推奨しません。これにはメソッド特有の理由もあります。クラスメソッドに多態性が機能しない点です。多態性については「**11章 インタフェース**」で説明します。

■クラスメソッドとインスタンスメンバ

クラスメソッドはクラスに属するもので、オブジェクトに属するものではありません。このため、クラスメソッド内からインスタンスフィールド使用およびインスタンスメソッド呼び出しはできません。クラスメソッド内でthis参照も使えません。this参照の使用でコンパイルエラーになる例を示します(**リスト6.42**)。

リスト6.42　クラスメソッドからインスタンスメンバ使用はコンパイルエラー

```
class My {
    // インスタンスフィールド
    private final String s = "abc";

    // インスタンスメソッド
    void method() {}

    static void METHOD() {
        System.out.print(this.s); // コンパイルエラー。thisの有無は無関係
        this.method();  // コンパイルエラー。thisの有無は無関係
```

```
    }
}
```

この説明を字句だけで理解していると**リスト6.43**に混乱する可能性があります。クラスメソッドが引数で受け取ったオブジェクトを使うコードです。これは問題ありません。クラスメソッドができないことを正しく言い換えると、インスタンスメンバの使用ではなくレシーバオブジェクトの使用です。

リスト6.43　引数で受け取るオブジェクトのインスタンスメンバにアクセスするクラスメソッド

```
class My {
    private final String s = "abc";

    // クラスメソッド
    static void METHOD(My my) {
        System.out.print(my.s);
    }
}

// 使用例
jshell> My.METHOD(new My())
abc
```

6-7-5　static初期化ブロック

オブジェクト用の初期化ブロックと似た仕組みとして、クラス用にstatic初期化ブロックが存在します。クラス自身の初期化時に実行します。オブジェクト初期化時ではない点に注意してください。

static初期化ブロックは複数書けます。複数のstatic初期化ブロックはコードに書いた順に実行します。クラス初期化時の実行順序の規則は下記になります。

- クラスフィールド変数にデフォルト値代入
- クラスフィールド変数宣言時の初期化およびstatic初期化ブロックをコードで上から書いた順に実行

static初期化ブロックを使う具体例を**リスト6.44**に示します。

リスト6.44　クラス初期化時の処理順序

```
// クラス初期化時は、下記の数字の順に実行します
class My {
    static final int I = 1;
    static {
        System.out.println("2");
```

```
    }
    static final int J = 3;
}
```

static初期化ブロック内にインスタンスメンバやthis参照を記述するとコンパイルエラーになります。

6-7-6　クラスメンバの見立て

インスタンスメンバとクラスメンバの違いに混乱する人のための1つの見立てを紹介します。クラスメンバはクラス内に記述したコードですが、概念上はクラス宣言の外側に記載されたコードと考える見方です(**リスト6.45**)。そしてクラスメンバはクラス名とドット文字を含む名前と考えます。この見方をすると、リスト6.45のクラスフィールド変数FIELDとクラスメソッドMETHODはそれぞれMy.FIELDとMy.METHODという名前で見立てられます。コード上、一貫してこの名前で使う限り、インスタンスメンバと混同することはありません。

リスト6.45　クラスメンバの感覚的な疑似コード(疑似コード自体はコンパイルエラーになります)

```
// 元のコード
class My {
    static final String FIELD; // クラスフィールド
    static void METHOD() { 省略 }  // クラスメソッド
    private final String field;  // インスタンスフィールド
    void method() { 省略 } // インスタンスメソッド
}

// 上記コードの疑似コード
String My.FIELD; // クラスフィールドのイメージ
void My.METHOE() { 省略 } // クラスメソッドのイメージ

class My {
    private final String field;  // インスタンスフィールド
    void method() { 省略 } // インスタンスメソッド
}
```

6-7-7　クラスをオブジェクトとして扱う問題点

実開発ではオブジェクトを1つしか生成しないクラスが思った以上に多数存在します。理論上、クラスメンバを使うとクラス自身を単一のオブジェクトのように扱えます。このため、クラスをオブジェクトのように使えそうに見えます。

クラス自身をオブジェクトのように扱うコード例とオブジェクトを生成して使うコード例を対比してみます(**リスト6.46**、**リスト6.47**)。

リスト6.46　クラス自身をオブジェクトのように扱うコード

```
public class ApplicationContext {
    static final int version = 1;
    static final String appName = "sample";
    static void start() { 省略 }

    public static void main(String... args) {
        System.out.println("application version is " + ApplicationContext.version);
        ApplicationContext.start();
    }
}
```

リスト6.47　オブジェクトを生成するコード（リスト6.46とほぼ同等の結果）

```
public class ApplicationContext {
    final int version = 1;
    final String appName = "sample";
    void start() { 省略 }

    public static void main(String... args) {
        ApplicationContext app = new ApplicationContext();
        System.out.println("application version is " + app.version);
        app.start();
    }
}
```

リスト6.46を見るとクラスをオブジェクトのように扱っても何も問題がないように見えます。わざわざnew式でオブジェクト生成をしなくて良いのでリスト6.47より簡潔です。

しかし、本当の意味でクラスはオブジェクトのようには扱えません。本質的な差は参照を得られるかどうかの違いです。オブジェクトは参照を得られるので、別オブジェクトのフィールド変数から参照したり、メソッドの引数に渡したり、コレクションの要素にしたりできます。参照を得られないクラスはこれらの利点を活用できません(注16)。

6-7-8　クラスフィールドとクラスメソッドの用途

クラスフィールドやクラスメソッドは主に次の用途に使います。

- **ユーティリティクラスのメソッド**
- **クラスの役割（型定義と雛型）に関連する状態や操作**

1つ目の意味は「ユーティリティクラス」のコラムを参照してください。

2つ目の「クラスの役割」の例の1つはファクトリメソッドです。たとえばファクトリメソッド

(注16)　リフレクションを使えばクラスの参照に相当するClassオブジェクトの参照を得られます。しかし使い方は煩雑です。

でオブジェクトの生成数を数えるクラスを考えてみます(**リスト6.48**)。これらのフィールドやメソッドはクラスメンバで書くのが自然です。オブジェクト生成というクラスの役割に関連する状態や操作だからです。

リスト6.48　オブジェクト生成数を数えるクラス

```
class My {
    private My() {}
    static int instanceNum;    // オブジェクト生成数
    static My getInstance() { // オブジェクトを生成して返すファクトリメソッド
        My.instanceNum++;
        return new My();
    }
}
```

6-8 不変オブジェクト

「**3章 文字列**」でStringオブジェクトを「変更できない制約」のあるオブジェクトと説明しました。このようなオブジェクトを不変オブジェクト(イミュータブルオブジェクト)と呼びます。対照として変更可能なオブジェクトを可変オブジェクト(ミュータブルオブジェクト)と呼びます。

不変オブジェクトの活用は堅牢なプログラミングのために有効な技法です。プログラミングのバグの多くが、可変オブジェクトの意図しない変更で起きるからです。

6-8-1 不変クラスの実装方法

不変オブジェクトのためのクラスの実装方法を説明します。このようなクラスを不変クラスや不変型と呼びます。不変クラスにするには外部からオブジェクトの状態を変更できないようにする必要があります。このため、最低限、次が必要です。

- **フィールド変数をprivateにする**
- **フィールド値の変更メソッドを提供しない**(注17)

フィールド変数をprivateにすると外部からフィールドにアクセスできなくなります。アクセス禁止が変更禁止の十分条件ではなく必要条件である点をおさえてください。次に説明するように、変数の可変性と参照先オブジェクトの可変性は異なる概念だからです。

必須ではありませんが、不変クラスのために有効な指針を次に示します。

(注17)　オブジェクトの状態を問い合わせるメソッドをアクセサメソッド(accessor)、状態を変更するメソッドをミューテータメソッド(mutator)と呼びます。この用語を使うと、不変クラスはアクセサメソッドのみを持ちます。

- フィールド変数をコンストラクタで初期化して、以後、値の再代入をしない
- フィールド変数をfinalにする。再代入の禁止を徹底するため
- finalクラスにする。拡張継承したクラスが不変性を破ることを防ぐため（「17章　クラスの拡張継承」参照）

■不変性を守る指針

一見不変クラスのようで不変性が破れる例を示します。**リスト6.49**はここまでの指針を守っています。しかし不変クラスではありません。

リスト6.49　不変クラスになっていない例

```
final class My {
    private final StringBuilder sb;
    public My(StringBuilder sb) {
        this.sb = sb; // 参照型のフィールド変数に外部から与えられたオブジェクトの参照をそのまま代入
    }
    public StringBuilder getBuffer() {
        return sb;    // 参照型のフィールド変数の値を外部にそのまま返す
    }
}
```

リスト6.49は2つのパターンで不変性を破れます（**リスト6.50**）。

リスト6.50　リスト6.49の不変性を破る例（2例）

```
// コンストラクタに渡したオブジェクトを呼び出し側で変更する例
StringBuilder sb = new StringBuilder("012");
var my = new My(sb);
sb.append("345");      // myオブジェクトのフィールド変数の参照オブジェクトを変更

// フィールド変数の参照オブジェクトを外部から取得して変更する例
void method(My my) {
    StringBuilder sb = my.getBuffer();
    sb.append("345"); // myオブジェクトのフィールド変数の参照オブジェクトを変更
}
```

これらはStringBuilderオブジェクトが可変なために起きています(注18)。フィールドオブジェクトが可変の場合、オブジェクトの不変性の保証は容易ではありません。防ぐには次の2つの指針を守る必要があります。

（注18）現実にはStringBuilder起因で不変性が破れる事故はあまり起きません。文字列であれば無意識にStringクラスを使うことが多いからです。Stringクラスは不変クラスなので、外部と参照をやりとりしても不変性は破られません。

- 引数で受け取る可変オブジェクトをフィールド変数で参照する場合、コピーしたオブジェクトを参照する。このようなコピーを防衛的コピーと呼びます
- 不変ではない内部フィールドを返す場合は、不変型（StringBuilderではなくStringなど）に変換して返すか、もしくは防衛的コピーをして返す

この指針の徹底は難しいので、不変クラスのフィールドオブジェクトを不変にする設計を優先して考えてください。

6-8-2 不変クラスのイディオム

標準の日付時刻ライブラリ（Date & Time API）は不変クラスの規約を徹底しています。**表6.5**のような命名のメソッド名で一貫しています。自分で不変クラスを設計する時、このようなパターンを踏襲するとコードの一貫性を保てます。参考にしてください。

表6.5 日付時刻ライブラリのメソッドの命名規約

メソッド名	種別	説明
of	クラスメソッド	引数の値を使うファクトリメソッド
from	クラスメソッド	引数のオブジェクトを使うファクトリメソッド
parse	クラスメソッド	引数文字列を使うファクトリメソッド
format	インスタンスメソッド	書式化込みの文字列化
get	インスタンスメソッド	オブジェクトの一部のフィールドの取得
with	インスタンスメソッド	一部フィールドのみを変更した新しいオブジェクトを生成
to	インスタンスメソッド	コンバートして新しいオブジェクトを生成
at	インスタンスメソッド	2つのオブジェクトを合成して新しいオブジェクトを生成

6-9 クラスの設計

章の最後にクラス設計の指針を示します。クラス設計に絶対の正解は存在しません。1つの参考として読んでください。

- 同じコードを繰り返さない。共通部をまとめる
- 変更しやすいコードと変更しにくいコードを分ける
- クラス間の依存を減らす。依存関係を単純化する
- 呼びやすいコードにする。外部から呼ばれることを意識する

これらの指針を満たすように役割を分割して、役割にクラスを割り当てます。しかし指針だけで適切なクラス設計は困難です。

標準ライブラリをはじめ、世の中のオープンソースには、ライブラリやフレームワークなど汎用的なコードが多いのが実状です。汎用的なライブラリのクラス設計は大事な教材になりますが、現実に多くの開発者が作るであろうアプリケーションと異なる点も多々あります。ライブラリやフ

レームワークのような汎用コードの設計指針は書籍も多いので、ここでは、アプリケーションのクラス設計を具体的に紹介してみます。あわせて開発現場でよく使う専門用語の略語を紹介します。

- データを運ぶクラス(DTO)
- 外部システムとやりとりするクラス(ファイル、データベース(DAO)、ネットワーク、ユーザ(UI))
- 内部ロジックの実装クラス
- 内部ロジッククラスの呼び出しをまとめるサービスクラスやAPIクラス
- 内部ロジックを下支えする間接層クラス
- オブジェクトのライフサイクル管理を担うクラス
- 下請け処理を担うヘルパークラス
- ユーティリティクラス

データを運ぶ役割のクラスをしばしばDTO(Data Transfer Object)クラスと呼びます。データを運ぶ役割を分離すると処理を単純化できる場合が多いからです。DTOクラスの多くは、レコードクラス(次章)を使うとコードをより簡潔にできます。

オブジェクト指向本によくある「クラスはデータと処理を一体化したもの」という標題に惑わされて、データを運ぶ役割に無理に処理を書く必要はありません。データと処理の一体化は必須ではないからです。データ処理の複雑さを隠蔽したい場合に限り一体化を検討してください。複雑さの隠蔽がオブジェクトの本質です。

経験的に、外部システムとの境界の役割の分離は有効です。特にデータ入出力の役割を担うクラスをDAO(Data Access Object)クラスと呼びます。プログラム視点では利用者(ユーザ)も外部です。利用者との接点、ユーザインタフェースやビュー処理の役割分離も定石の1つです。

内部ロジックはアプリケーション固有のため具体例を示せません。適切な役割分割を模索するしかありません。分割に正解はなく恣意的に過ぎない点を認識してください。初期的には、複雑な部分を選り分けていく感覚を信じていくことになります。外部境界の分割もこの感覚があってこそです。中長期的には、肥大化するクラスや頻繁に改修されるクラスの気付きが分割の指針になります。ソフトウェアの中に拡張性を作り込む候補になるからです。クラス間の依存制御のためにイベント発火などの間接層を検討してください。

内部ロジックの整理にレイヤ(階層)を意識するのは有効です。上に向かってくくりだした役割は他システムから呼ばれる境界の役割になります。サービス層やAPI層などと呼びます。デザインパターンの世界でファサードパターンと呼ぶこともあります。適切なAPI層は、呼び出し側と呼び出される側の依存を単純化できます。

肥大化したクラスの一部分を切り出して別クラスに処理を横流しするのも有効です。コードの巨大さはそれだけで複雑さの要因だからです。処理の横流しを委譲処理(デレゲート)と呼びます。実装都合でクラスを分割した場合、切り出した処理の良い命名が困難な場合があります。このような場合、下請け処理を意味するヘルパークラスの命名は便利です。

共通処理をくくりだしてユーティリティクラスにするのも有効です。ある意味グローバル関数的に使える処理が便利な場面は多々あります。隠蔽だけが能ではありません。ユーティリティクラスを作る場合、既存のライブラリを使えないか検討してください。実証済みコードの再利用は堅牢なコードの第一歩です。

6-9-1 パラメータ化の意識

クラスの設計に王道はありません。悩んで何も書けないぐらいであれば、まず書いてみましょう。分割は忘れてください。分割を気にして手が動かないぐらいであればまず書いてください。

勢いで書いたコードは様々な前提条件に依存したコードになっているはずです。暗黙の前提条件が多いほど、そのコードは他のコードから使うのが大変になります。

暗黙の前提条件を内部で抱え込まず、外部から与えるように書き直せないかを考えます。これは広義のパラメータ化です。パラメータ化はプログラミングのいろいろなレベルで現れます。メソッドレベルでは引数の形で外部から値を与えます。クラスレベルでは、コンストラクタの引数などで外部から値を与えて、その値をフィールドに持たせます。前提条件が減り、外部から値を受け取って動作できるコードになっていればいるほど、そのクラスの再利用性は高まります。基本的な発想は数学の代数に似ています。未知の何かをxと置いて式を組み立てることと、クラス内のコードを外部から与える未知の何かを使うコードにすることは似ています。

外部から与えるモノの抽象度が上がるほど発想が難しくなります。与えるモノは値だけではなく、処理だったり型だったりします。しかし基本的発想は同じです。

7章 データ

Javaでデータを扱う方法を説明します。最初にレコードクラスの使い方を説明します。レコードクラスは構文サポートも充実した適用範囲の広い言語機能です。その後、定数定義とenum型とシール型の使い方を説明します。

7-1 データとオブジェクト

データとオブジェクトの概念を整理します。どちらも必ずしも明確な定義がある用語ではありません。ここでの整理は、本章で説明するレコードクラスなどのための説明になります。

オブジェクトとはデータと処理を一体化したものと説明する場合があります。本書は少し異なる立場を取ります。オブジェクトとは処理の複雑さの隠蔽に使うものと定義します。処理の内部でデータを使うかもしれませんが、隠蔽されているのでその存在は問いません。

データという用語の定義は困難です。本書はソフトウェアが意味を持たせた値をデータと定義します。たとえば2024を解釈なしに取り上げればそれ自体はただの数値です。年号と考えるとそれはデータです。実開発ではもっと複合的なデータも扱います。たとえばユーザの氏名、生年月日、性別などを一緒に扱います。

データは処理と並びソフトウェアの基本的な構成要素です。データを扱わないソフトウェアは事実上存在しないでしょう。データ構造を定義する構文を持たないプログラミング言語は稀です。対比するとオブジェクトは副次的な存在とも言えます（コラム参照）。

COLUMN

オブジェクトという決めごと

本文でオブジェクトを処理の複雑さの隠蔽に使うと説明しました。これ自体は1つの決めごとです。複雑さの隠蔽の手段はオブジェクトだけではないからです。

Javaの場合、もっとも扱いやすい手段としてオブジェクトが存在します。コードのトップレベルに変数や処理を宣言できない制約のためです。

制約そのものは悪いものではありません。自由すぎると正しいコードをめぐる議論で時間を奪われます。本書はJavaの制約を受け入れ、オブジェクトで複雑さを隠蔽する決めごとで各種の実装技法を説明します。

7-2 レコードクラス

レコードクラスはデータを扱うための言語機能です。細かな文法を説明する前に具体例を紹介します。**リスト7.1**のように宣言したレコードクラスをBookレコードクラス、実体化したレコードをBookレコードと記載します。以後のサンプルコードでBookレコードクラスを使います。

リスト7.1　レコードクラスの使用例

```
// Bookレコードクラスの宣言
jshell> record Book(String title, String author, int publishedYear) {}

// Bookレコードの生成
jshell> var book = new Book("Peopleware", "Tom Demarco", 1999)

// Bookレコードの使用
jshell> System.out.print(book.title())
Peopleware
jshell> System.out.print(book.author())
Tom Demarco
jshell> System.out.print(book.publishedYear())
1999
jshell> System.out.print(book.toString())    // toString呼び出しは省略可能(注1)
Book[title=Peopleware, author=Tom Demarco, publishedYear=1999]
```

7-2-1　レコードクラス宣言

開発者は独自のレコードクラスを定義できます。予約語recordを使い下記の構文でレコードクラス宣言をします。最後の{}が少し奇妙に見えるかもしれません。理由は後でわかるので必要なものだと割り切ってください。

```
// レコードクラス宣言の文法(簡易版)
[修飾子] record レコードクラス名([コンポーネント型名 コンポーネント名, ...]) {}
```

レコードクラス名とコンポーネント名は開発者が決めます(注2)。

コンポーネントはレコードの要素です。リスト7.1のBookレコードであればtitleやauthorがコンポーネントです。レコードクラスを「コンポーネント名で識別されるデータを複数持つ複合

(注1)　toStringを省略すると暗黙の文字列変換をします（「**3-5 オブジェクトの文字列変換**」参照）。
(注2)　toStringなどコンポーネントに使えない名前が一部存在します。使うとコンパイルエラーになります。

データ型」と説明可能です。

各コンポーネントには型の指定が必要です。コンポーネント型名にはクラス名、インタフェース名、レコードクラス名、enum型名、基本型などの型を記述します。型名とコンポーネント名の並びの部分だけ取り出すと変数宣言に類似した構文です。

■トップレベルのレコードクラス

本章の説明はトップレベルで宣言するレコードクラスに限定します（**リスト7.2**）。

リスト7.2　レコードクラスをトップレベルで宣言して別のクラスから使用する例

```
public record Book(String title, String author, int publishedYear) {} // Book.javaファイル内で宣言

public class My {  // My.javaファイルから使用
    void method(Book book) {
        System.out.println(book.title());
    }
}
```

■レコードクラス宣言の修飾子

レコードクラス宣言に使える修飾子を**表7.1**に示します。修飾子によりレコードクラスに様々な性質を指定できます。

表7.1　レコードクラス宣言に使える修飾子（トップレベルのレコードクラス宣言に使える修飾子）

修飾子	意味
public	グローバル可視。書かないとパッケージ可視
final	意味的には拡張継承を禁止。レコードクラスは常に拡張継承禁止。通常は記述を省略
アノテーション	開発者が独自に定義できる修飾子

7-2-2　レコードの生成

レコードクラスを実体化してレコードを生成できます。個々のレコードはそれぞれ独立して存在します。レコードを生成するにはnew式を使います。

```
// new式の文法
new レコードクラス名(コンポーネントの実引数)
```

new式の括弧にコンポーネントの実引数を並べます。たとえばBookレコードのtitleコンポーネントなどに使う具体的な文字列を記載します。並べるコンポーネントの実引数を正しい順序かつ正しい型で記述する必要があります。Bookレコード生成がコンパイルエラーになる例を**リス**

ト7.3に示します。

リスト7.3 レコード生成時の実引数の型違いでコンパイルエラーになる例

```
var book = new Book("Peopleware", "Tom Demarco");   // 実引数不足
var book = new Book("Peopleware", "Tom Demarco", "1999");  // 実引数の型違い
var book = new Book("Peopleware", 1999, "Tom Demarco");    // 実引数の順序違い
var book = new Book("Peopleware", "Tom Demarco", 1999, 1999); // 実引数過剰
```

7-2-3 レコードの参照とコンポーネント値の取得

new式の結果は生成したレコードへの参照です。レコードの参照を参照型変数に代入できます。オブジェクトの参照と同じように考えてください。リスト7.3は変数の型をvarにしました。変数の型をBookにしても問題ありません。

レコードの参照に続けてドット文字、コンポーネント名、括弧の順で記載するとコンポーネント値を取り出せます。たとえばbook.title()でtitleコンポーネント値を取得できます。形式はオブジェクトのメソッド呼び出しと同じです。内部的にもメソッド呼び出しだからです(後述)。しかし形式は気にせずコンポーネント値の取り出し動作のみ着目してください。

レコードを使うだけであれば、レコードクラス宣言、レコード生成、コンポーネント値の取得の3つの構文の理解で十分です。

■レコードとオブジェクトの用語

本章の冒頭でデータとオブジェクトを区別しました。本章は引き続きレコードとオブジェクトの用語を使い分けます。ただしJavaの言語仕様的にはレコードクラスはクラスの一種です。このためレコードクラスを実体化したレコードはオブジェクトと完全に同じように扱えます。参照を通じたメソッド呼び出しの構文も等価です。

後続の章でオブジェクト参照の説明が出てきた時はレコード参照でも成立する点を覚えておいてください。冗長になるためそのたびに「オブジェクトまたはレコード」とは記載しません。

7-2-4 レコードクラスの内部実装

内部を知らなくてもレコードクラスを使えます。しかし本節でレコードクラスの内部実装を少し紹介します。下手に隠すよりも内部のイメージをつかむほうが今後の話を理解しやすいからです。

Bookレコードクラスを宣言すると内部的に**リスト7.4**のようなクラスが宣言されると考えてください。

リスト7.4　レコードクラス宣言に対応するクラス宣言の疑似コード(注3)

```
final class Book {
  // コンポーネントフィールド
  private final String title;
  private final String author;
  private final int publishedYear;

  // コンストラクタ
  Book(String title, String author, int publishedYear) {
      this.title = title;
      this.author = author;
      this.publishedYear = publishedYear;
  }

  // アクセサメソッド
  public String title() { return this.title; }
  public String author() { return this.author; }
  public int publishedYear() { return this.publishedYear; }

  public final String toString() { /* 本体は省略 */ }
  public final int hashCode() { /* 本体は省略 */ }
  public final boolean equals(Object anObject) { /* 本体は省略 */ }
}
```

リスト7.4の要点のみ読解します。コンポーネントとは下記概念に対する名前です。

- private finalな同名のフィールド変数に値を保持。言語仕様上、コンポーネントフィールドと呼びます
- publicな同名のメソッドで値を取り出し。言語仕様上、アクセサメソッドと呼びます

本章に限りコンポーネントフィールドとアクセサメソッドの用語を使います。しかしレコードを使う立場から見るとこの2つは隠蔽された存在です。レコードを使う側のコードから見えるのはコンポーネントのみだからです。本章以外では用語をコンポーネントに統一します。

7-2-5　レコードの不変性

レコードのコンポーネントへの再代入はできません。new式でレコードを生成する時に初期値を指定するのみです。レコード生成後のコンポーネント値は読み込み専用になります。

「**6-8 不変オブジェクト**」の繰り返しになりますが、再代入不可と変更不可(不変性)は等価ではありません。すべてのコンポーネントの型を不変型にすればレコード自体を不変にできます。

(注3)　内部的にはjava.lang.Recordクラスを拡張継承します。Recordクラスは開発者が直接使用しないクラスです。存在を知っていてもいいですが気にする必要はありません。

具体的には、コンポーネントの型を基本型にする、もしくは参照型のコンポーネントであれば参照先オブジェクトを不変オブジェクトにします。

レコードを不変にするほうが望ましいので通常は不変にしてください。本章は「レコードは不変」を前提にします。

7-2-6 可変長コンポーネント列

レコードクラス宣言で型名とコンポーネント名を並べて記載する部分をコンポーネント列と呼びます。コンポーネント列の最後を可変長にできます。可変長コンポーネント列は型名の後ろに...(ドット文字3つ)を書きます。可変長コンポーネント列の具体例を示します(**リスト7.5**)。

リスト7.5 レコードの可変長コンポーネント列

```
jshell> record BookComments(String title, String... comments) {}
jshell> var book = new BookComments("Peopleware", "Excellent", "Great")

// 内部的に可変長コンポーネント列のコンポーネント値は配列
jshell> System.out.print(book.comments().getClass().isArray())
true

jshell> System.out.print(book.comments()[0])
Excellent
jshell> System.out.print(book.comments()[1])
Great

// 配列型コンポーネントの同値比較は偽(本文参照)
jshell> var book2 = new BookComments("Peopleware", "Excellent", "Great")
jshell> boolean result = book.equals(book2)
result ==> false
```

可変長コンポーネント列は内部的に配列型のコンポーネントになります。配列型のコンポーネントには次に説明する同値比較の注意点があります。

7-2-7 レコードの同値比較

レコードは、レコード同士の比較に関連したhashCodeとequalsの2つのメソッドを持ちます。hashCodeは主に「**8章 コレクションと配列**」で説明するHashMapのキーにレコードを使う場合に関係します。考え方の骨子は同じなのでequalsに話を限定します。

equalsは比較する2つのレコードが同値の場合に真を返すメソッドです。すべてのコンポーネントが同値の場合に限り真を返します。

コンポーネントが参照型であればequalsメソッドで同値性を判定、基本型であれば==演算で同値判定します。偽になる場合も含めて実例を示します(**リスト7.6**)。

リスト7.6　レコードの同値比較の例

```
jshell> var book1 = new Book("abc", "ABC", 2000)
jshell> var book2 = new Book("abc", "ABC", 2000)
jshell> var book3 = new Book("abc", "ABC", 2001)

// book1レコードとbook2レコードは同値
jshell> boolean result = book1.equals(book2)
result ==> true

// 同値のレコードであれば順序を変えても同値
jshell> boolean result = book2.equals(book1)
result ==> true

// book1レコードとbook3レコードは同値ではない
jshell> boolean result = book1.equals(book3)
result ==> false
```

同値比較の考え方は「**3-4 文字列の比較**」と同じです。==と!=がレコードの参照先の一致の判定である点も同じです。つまり==と!=をレコード比較に使っても内容の一致比較にはなりません。リスト7.6の変数book1の参照先レコードと変数book2の参照先レコードの==比較の結果は偽です（**リスト7.7**）。2つのレコードは別実体だからです。レコードの中身の同値性を比較する場合、常にequalsメソッドを使ってください。

リスト7.7　レコードの等値比較（リスト7.6の続き）

```
// ==演算は参照先レコードの内容比較ではなく、同一のレコードの実体かを比較
jshell> boolean result = book1 == book2
result ==> false
```

■レコードの同値比較の指針

同値でないコンポーネントが1つでもあるとレコード自体のequalsメソッドの結果が偽になります。これはStringBuilder型のコンポーネントを使うと簡単に実証できます（**リスト7.8**）。「**3章 文字列**」に書いたようにStringBuilderオブジェクトのequalsメソッドは文字列の一致を判定しないからです。

リスト7.8　レコードのequalsメソッドが偽になる例

```
jshell> record MyRecord(StringBuilder sb) {}

jshell> var record1 = new MyRecord(new StringBuilder("abc"))
jshell> var record2 = new MyRecord(new StringBuilder("abc"))

jshell> boolean result = record1.equals(record2)
result ==> false
```

1章 2章 3章 4章 5章 6章 7章 8章 9章 10章 11章 12章 13章 14章 15章 16章 17章 18章 19章 20章 21章 22章 23章

StringBuilder型コンポーネントを適切に同値判定するようにequalsメソッドを書き換えれば動作はします(注4)。後述するようにレコードクラスに独自実装の追加を可能だからです。しかしequalsメソッドの独自書き換えは推奨しません。equalsメソッドを注意深く独自実装するのは大変だからです。実開発の指針は「期待どおりにequalsとhashCodeメソッドが動く型のみレコードクラスのコンポーネントに使う」です。この指針を守ればequalsメソッドとhashCodeメソッドの独自実装を不要にできます。

残念ながらequalsとhashCodeメソッドが期待どおりに動くかを判定する確実な手段は存在しません。知識として知っておくかJShellなどで検証する必要があります。たとえばコレクションオブジェクトは要素の同値判定が期待どおりに動けば、コレクションオブジェクト自身の同値判定も期待どおりに動きます。このためList<String>やMap<String, String>をコンポーネントの型に指定しても安全です。

一方、配列型の同値判定は期待どおりに動作しません(「**8章 コレクションと配列**」参照)。コンポーネントの型に配列を使わないほうが無難です。ただリスト7.5のように可変長コンポーネント列は配列型になります。使わざるを得ない場合、レコードの同値判定が動かない前提で使ってください。「何かのキーとして使わない」などを守った上であれば使用そのものは可能です。

7-2-8 レコードクラスへの独自実装の追加

「**7-2-1 レコードクラス宣言**」で説明した書式は簡易版です。簡易版ではない構文を示します。

```
// レコードクラス宣言の文法
[修飾子] record レコードクラス名(コンポーネント型名 コンポーネント名, ...) [implements インタフェース名(カンマ区切りで複数指定可能)] {
    [メンバ宣言]
        [staticフィールド宣言]
        [メソッド宣言]
        [ネストしたクラス宣言およびネストしたインタフェース宣言]
    [コンストラクタ宣言]
    [static初期化ブロック]
}
```

簡易版のrecord型宣言は{}で終端しました。正式な構文は{}の中にレコードクラス宣言の本体を記述可能です。

本体に記述できる構成要素はクラス宣言の本体とほぼ同じです。一部レコードクラス宣言の本

(注4) StringBuilderオブジェクトの同値判定方法は「**3章 文字列**」を参照してください。

体に記述できない要素があります。次の構成要素です。

- **インスタンスフィールド宣言**
- **初期化ブロック**
- **抽象メソッド**

この規則を覚える必要はありません。コンパイルエラーになるだけだからです。

理屈上はいくらでもレコードクラスを複雑にできます。クラスと同程度の表現力を持つからです。しかし本書は複雑化を推奨しません。レコードクラスにデータ表現以上の役割を持たせないほうが良いからです。

■独自実装の例

レコードクラスに独自実装を追加する例を紹介します。誕生日の日付を持ったレコードから年齢を取り出すメソッドを追加した例です（**リスト7.9**）。追加したメソッドはレコードの参照にドット文字とメソッド名と括弧をつなげて呼び出せます。リスト7.9のuser.age()が実例です。

リスト7.9　レコードクラスにメソッドを追加

```
import java.time.*
record User(String name, LocalDate birthDate) {
    int age() {
        LocalDate today = LocalDate.now();
        return Period.between(this.birthDate, today).getYears();
    }
}

// 使用例
jshell> var user = new User("rms", LocalDate.of(1953, 3, 16))
jshell> int age = user.age()
age ==> 71
```

同様の処理をクラスメソッドでも実装できます。クラスメソッドはレコードクラス名の後にドット文字とメソッド名と括弧をつなげて呼び出せます。**リスト7.10**のUser.calcAge(user)が実例です。レコードを使う汎用処理をクラスメソッドとして記述するのは有用です。

リスト7.10　レコードクラスにクラスメソッドを追加

```
record User(String name, LocalDate birthDate) {
    static int calcAge(User user) {
        LocalDate today = LocalDate.now();
        return Period.between(user.birthDate, today).getYears();
    }
}

// 使用例
```

```
jshell> var user = new User("rms", LocalDate.of(1953, 3, 16))
jshell> int age = User.calcAge(user)
age ==> 71
```

7-2-9 レコード生成時の初期化処理

コンストラクタはレコード生成時に自動で走る初期処理です。new式でレコードを生成する時に呼ばれる処理と考えてかまいません。

レコードクラスを宣言するとコード上は見えないコンストラクタを自動生成します。このコンストラクタは全コンポーネントを引数に持ち、new式に渡した実引数でコンポーネントを初期化します。この暗黙的なコンストラクタを標準コンストラクタ（カノニカルコンストラクタ）と呼びます(注5)。

標準コンストラクタを上書きして独自の初期化処理を書けます。一例としてコンポーネントの実引数の検証処理をするコードを示します（**リスト7.11**）。広く利用されうるレコードクラスの場合、コンポーネント値の検証処理をしておくほうが安全です。

リスト7.11　レコードクラスの標準コンストラクタを上書き

```
record Book(String title, String author, int publishedYear) {
    // すべてのコンポーネントを引数に受け取るコンストラクタ（=標準コンストラクタの上書き）
    Book(String title, String author, int publishedYear) {
        Objects.requireNonNull(title);
        Objects.requireNonNull(author);
        if (publishedYear < 0) {
            throw new IllegalArgumentException("Invalid publishedYear: %d".formatted(publishedYear));
        }
        this.title = title;
        this.author = author;
        this.publishedYear = publishedYear;
    }
}
```

標準コンストラクタを独自に書く場合、リスト7.11のthis.title = titleのようにコンポーネントフィールドへの代入式が必要です。すべてのコンポーネントにこの代入式が必要です。代入式を書き忘れるとコンパイルエラーになります。

■引数を限定したコンストラクタ

コンポーネント数の多いレコードクラスの標準コンストラクタのコードは、必然的に長くなります。すべてのコンポーネントを引数に取りかつコンポーネントフィールドへの代入式が必要だ

(注5)　クラスのデフォルトコンストラクタ（コード上見えない、引数のないコンストラクタ）とは別物です。

からです。

引数を限定したコンストラクタを独自実装可能です。このコンストラクタは先頭行にthis呼び出しが必要です。this呼び出しは標準コンストラクタ呼び出しを意味します。この呼び出しの工夫でコンポーネントのデフォルト値を使うコードを書けます。たとえば**リスト7.12**であればtitleコンポーネントだけでレコード生成可能です。残りのコンポーネント値はコンストラクタ内で指定した値になります。

リスト7.12　引数を限定したコンストラクタ

```
record Book(String title, String author, int publishedYear) {
    Book(String title) {
        // this呼び出しで標準コンストラクタ呼び出し
        // authorとpublishedYearの2つのコンポーネントにデフォルト値を使用
        this(title, "unknown", 2000);
        // this呼び出しの後にもコード記述は可能。通常、書く必要はない
    }
}

// 使用例
// titleコンポーネントだけでレコード生成可能
jshell> var book = new Book("Java Book")
book ==> Book[title=Java Book, author=unknown, publishedYear=2000]

// 従来どおり、すべてのコンポーネントを渡すレコード生成も可能
jshell> var book = new Book("Peopleware", "Tom Demarco", 1999)
book ==> Book[title=Peopleware, author=Tom Demarco, publishedYear=1999]
```

■コンパクトコンストラクタ

コンパクトコンストラクタは、引数記述とコンポーネントフィールドへの代入式を省略できるコンストラクタです。リスト7.11と等価なコードをコンパクトコンストラクタで書き直した例を示します(**リスト7.13**)。

リスト7.13　コンパクトコンストラクタ(リスト7.11の書き換え)

```
record Book(String title, String author, int publishedYear) {
    // コンパクトコンストラクタ
    Book {
        Objects.requireNonNull(title);
        Objects.requireNonNull(author);
        if (publishedYear < 0) {
            throw new IllegalArgumentException("Invalid publishedYear: %d".formatted(publishedYear));
        }
    }
}
```

コンパクトコンストラクタ内にthis.title = titleのようなコンポーネントフィールドへの代入式は書けません。代入式を書くとコンパイルエラーになります。

クラスの書き方からの類推で、コンパクトコンストラクタ内のtitleをthis.を省略したフィールドアクセスと思うかもしれません。実際はこのtitleはパラメータ引数です。コンパクトコンストラクタの引数記述を省略しているだけだからです。コンパクトコンストラクタ実行後、このパラメータ引数を使って this.title = title 相当の代入処理を暗黙的に実行します。

7-2-10　その他

■toStringメソッド

toStringメソッドを使う実例をリスト7.1で紹介しました。すべてのコンポーネントのデータを文字列にして連結します。細かな仕様を覚える必要はありません。JShellなどで簡単に確認可能だからです。文字列表現を気に入らない場合、toStringメソッドを独自に上書きしてください。

■レコードクラスとインタフェース継承

レコードクラスはインタフェースを継承可能です。実例を後ほどシール型と合わせて説明します。なおレコードクラスに拡張継承の機能はありません。

■レコードパターン

instanceof演算および型比較switch構文にレコードパターンという言語機能が存在します。詳細は「**12章 文、式、演算子**」と「**13章 Javaプログラムの実行と制御構造**」を参照してください。

7-3　定数定義

7-3-1　リテラル表記

リテラル(literal)表記とは、コード上に書いた値が実行時にその値のまま意味を持つ仕組みです。リテラル表記で記載した値をリテラル値と呼びます。いくつかの章で個別に説明してきましたがここで改めてまとめます。

コードに書いた値が実行時に値のままの意味を持つのは当り前に感じるかもしれません。しかし、たとえば次のコードを見てください。

```
String foo = "bar";
int val0 = 0;
```

Stringというコード上の単語は、実行時にはStringクラスを意味するのであり、単語(文字の並び)としてのStringの意味は持ちません。同様に、fooという単語も、実行時は変数fooとして割り当てられた領域を示すだけであり、単語としてfooに意味は持ちません。これは、コード上の変数fooすべてをfoo2に書き換えても実行時の動作が変わらないことからわかります。一方、barという単語は実行時にはbarという文字の並びとしての意味を持ちます。

数値のリテラル表記はよりわかりやすいでしょう。val0の0は変数名の一部としての0であり、数値としての0の意味はありません。数値としての演算可能な性質を失った単なるコード上の記号にすぎません。一方、右辺のリテラル表記の0は、数値としての意味を持ちます。

Javaのリテラル表記を**表7.2**にまとめます。それぞれのリテラル表記の値は型を持ちます。

表7.2 Javaのリテラル表記

名称	型	具体例	補足
ブーリアン値リテラル※1	boolean	trueとfalse	ブーリアン値リテラルはtrueとfalseのみ
文字リテラル※5	char	'a'	
文字列リテラル※2	Stringクラス	"abc"	
テキストブロック※2	Stringクラス	"""(改行)abc"""	
整数リテラル※1	int や long	123 や 123L	lもしくはLを末尾につけるとlong型。直接short型やbyte型に変数に代入する時はshort型やbyte型。それ以外はint型
浮動小数点数リテラル※3	double や float	1.23 や 1.23d や 1.23f	fもしくはFを末尾につけるとfloat型。それ以外はdouble型
クラスリテラル	Classクラス	String.class	
参照リテラル※4	Objectクラス	null	参照リテラルはnullのみ

※1 「**5章 整数とブーリアン**」参照
※2 「**3章 文字列**」参照
※3 「**16章 数値**」参照
※4 「**4章 変数とオブジェクト**」参照
※5 「**15章 文字と文字列**」参照

■リテラル値と定数

リテラル値をコードの中に書き連ねると可読性が悪くなります。特に数値リテラルの多くは、書いた当人以外には謎の数値になりがちです。このようなソースコード中の謎の値をマジックナンバーと呼びます。マジックナンバーは適切な変数に代入して判別しやすくしてください。文字列リテラルの場合も変数使用はタイプミスへの防衛になります(注6)。

値の変わらない変数を定数(constant number)と呼びます。定数は通常リテラル値で初期化して、以後、再代入をしません。定数の利点は可読性だけではありません。定数を使うと変更に強いコードにできます。なんらかの理由で値を変えたい場合、定数を使えばコードの変更を1カ所で済ませられます。コード中に散らばったリテラル値の記述を変更する場合と比較してください。

変数名をすべて大文字にして定数の意図を明確化する慣習があります。緩い流儀ですがコードを見ただけで定数と判断できる利点があります。以後、この慣習に従います。

(注6) 文字列リテラル値の中のタイプミスはコンパイルエラーになりません。一方、変数名のタイプミスはコンパイルエラーになります。

7-3-2 定数定義の使い方

定数定義の実例を示します。スコープの小さい順から紹介します。

メソッド内で定数定義をする場合、変数宣言にfinal修飾子をつけて宣言時に初期化します(**リスト7.14**)。基本型変数の場合、final修飾子による再代入不可の性質が値の不変性と等価になるからです。

リスト7.14 メソッド内の定数の例

```
public static void main(String... args) {
    final int DEFAULT_VALUE = 16; // 定数
    System.out.println(DEFAULT_VALUE);
}
```

参照型変数の場合は事情が異なります。変数の再代入不可の性質と、参照先オブジェクトの変更不可の性質は別の話だからです。現実的には、定数定義に使いたい参照型変数の多くは文字列です。Stringオブジェクト自体が不変オブジェクトなので、final修飾子で再代入不可にすると定数扱いにできます。

■クラス内の定数定義

クラス内の定数定義はstatic finalを書いたクラスフィールドを使います(**リスト7.15**)。static修飾子がなくても動作しますが、staticでクラスフィールドにするのが定石です。オブジェクトごとに定数のコピーを持つのは無駄だからです。

リスト7.15 クラス内の定数(クラス内でのみ使用)の例

```
class My {
    private static final int DEFAULT_VALUE = 16; // 定数
    void method() {
        System.out.println(My.DEFAULT_VALUE);  // My.は省略可能。本書は書く方針で一貫します
    }
}
```

■インタフェースを使う定数定義

Java5でstaticインポートが導入される以前、定数インタフェースを使う技法がありました。定数インタフェースの詳細は「**11章 インタフェース**」で説明しますが、既存コードで見る機会があるのでコード例を紹介します(**リスト7.16**)。

リスト7.16 定数インタフェース

```
interface Constants {
    static final int DEFAULT_VALUE = 16; // 定数
```

```
}

// 定数の使用側
class My implements Constants {
    void method() {
        System.out.println(DEFAULT_VALUE);
    }
}
```

単に記述の容易性のためだけであれば、staticインポートを推奨します（「**18章 パッケージ**」参照）。

7-3-3　定数定義の現実的な指針

机上の論理で言うと、定数は適切なクラスやインタフェース内で定義するのが正しい指針です。定数ごとに適切な使用範囲を制御できるからです。しかし、実開発では定数定義を1ヶ所に集めて定義するほうが便利な場合があります。定数定義がコードのあちこちに散らばっていると探しにくいからです。このため、定数定義のみを目的としたConstantsなどのクラスを広いスコープで作るのがそれなりに現実解です。定数であれば多少広いスコープでも許容できるからです。

定数定義専門クラスは次のように作ることを勧めます。

- コンストラクタをprivateにして、インスタンス化させる意志のないことを示す
- クラスにfinal修飾子をつけて、継承させる意志のないことを示す
- 定数はクラスフィールドかつfinalにする
- 定数取り込みの動作に注意する（コラム参照）

COLUMN

定数の取り込み動作

別ソースファイルのクラスのメンバ（フィールドやメソッド）を使うコードを書いたとします。通常、使われる側のコードを書き換えて再コンパイルした時、使う側の再コンパイルは必須ではありません。つまり使われる側のみ新しいクラスファイルにすれば、使う側のクラスファイルはそのままでも問題ありません。なおメンバの名前が変わったりメソッドのシグネチャが変わるなどバイナリとしての互換性が変わると実行時例外が起きます。

例外的に一部の定数定義はコンパイル時に使う側のクラスファイルに値自体を取り込みます。具体的にはstatic finalな数値もしくはString型のフィールド値です。これらの定数値が変わった場合、使う側の再コンパイルが必要です。

1章
2章
3章
4章
5章
6章
7章
8章
9章
10章
11章
12章
13章
14章
15章
16章
17章
18章
19章
20章
21章
22章
23章

7-4 enum型

列挙型（enumerated type）は関連の強い定数を定義できる言語機能です。

最初にenum型を使わない例を見てください（**リスト7.17**）。

リスト7.17　enum型を使わない定数定義

```
static final int MAN = 0;
static final int WOMAN = 1;
static final int OTHER = 2;

// 使用例
int gender = MAN; // 意図した使用

// どこかで誰かが書くかもしれないコード
// 使用目的から外れた使い方だがコンパイルできてしまう
gender = -1;
```

リスト7.17の変数genderの型はintです。定数定義した3値のいずれかの値を持つ変数を意図して宣言しています。しかし将来誰かが変数genderに3値以外の値を代入してもコンパイルでは発見できません。

7-4-1 enum型の使用例

リスト7.17をenum型で書き換えた例を示します（**リスト7.18**）。構文の詳細は後ほど説明します。リスト7.18のように宣言したGenderをenum型、enum型宣言内に記述したMAN、WOMAN、OTHERをenum定数と呼びます。

リスト7.18　enum型を使う定数定義

```
// enum型宣言
enum Gender {
    MAN,
    WOMAN,
    OTHER,
}

// 使用例
// Gender型の変数にGender.MANを代入可能
jshell> Gender gender = Gender.MAN
gender ==> MAN

// Gender型の変数に数値を代入しようとするとコンパイルエラー
```

```
jshell> Gender gender = -1
|  Error:
|  incompatible types: int cannot be converted to Gender

// Gender型の変数に文字列を代入しようとするとコンパイルエラー
jshell> Gender gender = "MAN"
|  Error:
|  incompatible types: java.lang.String cannot be converted to Gender
```


■enum型の変数

enum型の変数はenum定数の参照を持ちます。参照の考え方はオブジェクトやレコードと同じです。Gender型変数にGender型のenum定数以外を代入するコードはコンパイルエラーになります。

7-4-2 enum型宣言

enum型宣言の文法を下記に示します。

```
// enum型宣言の文法(定数定義のみの簡易版)
[修飾子] enum enum型名 [implements インタフェース名(カンマ区切りで複数指定可能)] {
    enum定数, enum定数 [そのまま終端、もしくは,または;で終端]
}

// enum型宣言の文法
[修飾子] enum enum型名 [implements インタフェース名(カンマ区切りで複数指定可能)] {
    enum定数, enum定数;  // 後続の記述がある場合、セミコロン終了が必須
    [メンバ宣言]
        [フィールド宣言]
        [メソッド宣言]
        [ネストしたクラス宣言およびネストしたインタフェース宣言]
    [コンストラクタ宣言]
    [初期化ブロック]
    [static初期化ブロック]
}
```

enum型名は開発者が決めます。classやrecordの代わりにenumを使う以外、基本的な文法はクラス宣言やレコードクラス宣言とほぼ同じです。enum型をトップレベルで宣言する例を示します(**リスト7.19**)。

リスト7.19　enum型をトップレベルで宣言して別のクラスから使用する例

```
public enum Gender { // Gender.javaファイル内で宣言
    MAN,
    WOMAN,
    OTHER,
}

public class My {  // My.javaファイルから使用
    void method(Gender gender) {
        if (gender == Gender.MAN) {
            System.out.println("he is the man");
        }
    }
}
```

enum型宣言に固有の構文がenum定数の列挙です。enum型宣言の本体の先頭にenum定数を列挙します。enum定数をカンマ文字で区切って並べます。enum定数の列挙は、後続の記述がある場合に限りセミコロン文字で終端する必要があります。後続の記述がなければ終端文字なしあるいはカンマ文字またはセミコロン文字で終端できます。enum定数の文法は下記のとおりです。詳細はこの後説明します。

```
// enum定数の文法
enum定数 [(enum定数のコンストラクタに渡す引数)] [{ enum定数固有の実装コード }]
```

■enum型の内部実装

enum型宣言で定義した型はjava.lang.Enumクラスの派生型になります。つまりenum型は内部的にはクラスです。しかし、通常のクラスと異なり、new式でオブジェクトを生成できません。その代わり、enum型宣言内に列挙したenum定数に対応するオブジェクトが自動的に生成されます。リスト7.18で言えば、enum型宣言内のMAN、WOMAN、OTHERの行に対応するenum型オブジェクト3つを自動生成します。

本書はenum型オブジェクトではなくenum定数と表記します。しかし内部的にはオブジェクトであり参照型です。レコードクラス同様、後続の章でオブジェクトの参照の説明が出てきた場合はenum定数の参照でも成立します。

7-4-3　enum定数の同値判定

Gender.MANなどのenum定数は単一の実体を保証されています。このため ==演算子で常に同値判定可能です。他の参照型のように同値判定のためのequalsメソッドを使う必要はありません。なおequalsメソッドでも同値判定可能です。equalsメソッドの内部で == 演算するので効率の問題もありません。コードの一貫性のためenum定数にequalsを使う方針でも問題ありません。

7-4-4 enum定数と文字列の相互変換

区別だけを目的としたenum定数であれば、enum定数の値を気にする必要はありません。しかし実開発ではenum定数の値を使いたい場面があります。たとえばenum定数の値をデータベースやファイルに書き込んだりする場合です。この場合、enum定数の名前と同名の文字列を使うのが1案です。たとえばGender.MANの定数であれば"MAN"の文字列です。

enum定数から文字列に変換するにはnameメソッドを使います。逆にGender.valueOfメソッドの引数にこの文字列を渡すとenum定数を取得できます。つまりこの文字列とenum定数は相互変換可能です。なおenum定数に存在しない文字列をGender.valueOfメソッドの引数に渡すとIllegalArgumentException実行時例外が発生します。enum定数と文字列の相互変換の具体例を**リスト7.20**に示します。

リスト7.20 enum定数と文字列の相互変換

```
jshell> enum Gender {
   ...>     MAN, WOMAN, OTHER,
   ...> }

jshell> Gender gender = Gender.MAN

// nameメソッドでenum定数から文字列"MAN"を取得
jshell> String s = gender.name()
s ==> "MAN"

// Gender.valueOfで文字列"MAN"からenum定数を取得
jshell> Gender man = Gender.valueOf("MAN")
man ==> MAN

// 変数manの参照先はenum定数
jshell> boolean result = man == gender
result ==> true
```

相互に変換できますがenum型とString型はあくまで別物です（**リスト7.21**）。同値比較は真になりません。この点は注意してください。

リスト7.21 enum定数とStringの比較

```
// 相互変換ができるだけでenum定数と文字列は別物です
jshell> boolean result = man == "MAN"
|  Error:
|  incomparable types: Gender and java.lang.String

jshell> boolean result = man.equals("MAN")
result ==> false
```

■toStringメソッド

nameメソッドと似た働きをするメソッドとしてtoStringメソッドがあります。enum定数に対してtoStringメソッドを呼ぶと文字列を返します。toStringメソッドのデフォルト動作はnameメソッドと同じ文字列の返却です。しかしnameメソッドはオーバーライド禁止で常に結果が変わらない保証があるのに対し、toStringは内部実装を変更可能です。toStringメソッドはデバッグ用と考え、相互変換可能な文字列への変換にはnameメソッドを使ってください。

7-4-5 enum定数の列挙

valuesメソッドでenum定数を列挙できます（**リスト7.22**）。

リスト7.22 enum定数の列挙

```
jshell> for (Gender gender : Gender.values()) {
   ...>     System.out.println(gender.name());
   ...> }
MAN
WOMAN
OTHER
```

valuesメソッドはenum定数の記述順序を保証します。リスト7.22では必ずコードに書いたMAN、WOMAN、OTHERの順序で出力します。しかしenum定数の記載順序に依存するコードは推奨しません。コードの些細な変更に弱くなるからです。

7-4-6 enum型への独自実装の追加

enum型に任意のコンストラクタ、フィールド、メソッドを追加できます。内部的にはクラスの一種だからです。コンストラクタを実装した場合、enum定数の宣言時に引数を渡せます。

「**7-4-4 enum定数と文字列の相互変換**」の説明の中で、enum定数を文字列に変換してデータベースやファイルに書き込む例を紹介しました。しかしこの実装は意外に危険です。enum定数の名前はコードの都合で変わる可能性があるからです。たとえばGenderのenum定数の名前はMALEとFEMALEであるべきと考えた開発者が定数の名前を変えた瞬間、過去に書き込んだデータベースやファイルの値と互換性を失います。このような危険があるので、データベースやファイルなどの外部に書き込む値と定数名を明確に区別したほうが安全です。

enum型に独自実装を追加して表示用の文字列とデータベース保存用の値を持たせたenum型宣言の例を示します（**リスト7.23**）。細かい規則はともかく直感的には、独自のコンストラクタを宣言しそのコンストラクタに合わせたenum定数の宣言にします。リスト7.23の場合、独自コンストラクタが2つの引数を受け取るようにしています。表示用文字列とデータベース保存用数値の2つです。コンストラクタで受けた引数をフィールドに保持します。このフィールドをどう

1章 2章 3章 4章 5章 6章 7章 8章 9章 10章 11章 12章 13章 14章 15章 16章 17章 18章 19章 20章 21章 22章 23章

使うかは開発者の実装次第です。リスト7.23の場合、データベース保存用数値取得のためにtoDatabaseValueメソッドを追加しています。メソッドやフィールドの記述方法は「**6章 クラス**」を参照してください。

リスト7.23　表示用の文字列とデータベース保存用の値を持つenum型宣言

```
enum Gender {
    // コンストラクタを使うenum定数
    MAN("Man", 0),
    WOMAN("Woman", 1),
    OTHER("Other", 2); // 後続がある場合はセミコロン文字で終端する

    // 任意のフィールド変数を追加可能。アクセス制御修飾子は通常のクラスのフィールドと同じ意味
    private final String nameForDisplay; // 表示用文字列
    private final int valueForDb; // データベース保存用数値

    // コンストラクタ(暗黙的にprivate)
    Gender(String nameForDisplay, int valueForDb) {
        this.nameForDisplay = nameForDisplay;
        this.valueForDb = valueForDb;
    }
    // 必要に応じてtoStringメソッドをオーバーライドするのはenum型の定石
    public String toString() {
        return this.nameForDisplay;
    }
    // 任意のメソッドを追加可能
    public int toDatabaseValue() {
        return this.valueForDb;
    }

    // サンプルコード以外ではあまりしませんがmainメソッドも普通に持てます
    public static void main(String... args) {
        System.out.println(MAN); //=> "Man" 暗黙のtoStringメソッド呼び出し
        System.out.println(MAN.name()); //=> "MAN" 常にenum定数と同名の文字列
        System.out.println(MAN.toDatabaseValue()); //=> "0" toDatabaseValueの結果は数値の0
    }
}
```

理屈上はいくらでも複雑なenum型を実装可能です。クラスと同程度の表現力を持つからです。しかしenum型はあくまで特定の範囲の値だけを持つ定数データ表現の役割に限定するほうが言語設計の趣旨に忠実です。

言うまでもありませんがリスト7.23のvalueForDbと書いた値(数値の0、1、2)を変更してしまうと先ほど言及した互換性問題が発生します。これらの数値を書き換えないように注意するのは開発者の責任です。

■enum定数ごとの個別実装

enum定数ごとに個別の実装を持てます。enum定数に続けて中括弧の中に個別実装を書きます。典型的な実装パターンを**リスト7.24**に示します。

リスト7.24 個別実装を持つenum定数の実装パターン

```
enum Gender {
    MAN("Man") {
        @Override // 個別実装をオーバーライドして実装
        void method() {
            System.out.println("otoko");
        }
    },
    WOMAN("Woman") {
        @Override
        void method() {
            System.out.println("onna");
        }
    },
    OTHER("Other") {
        @Override
        void method() {
            System.out.println("fumei");
        }
    };

    // 個別実装したいメソッドを抽象メソッドで用意する(注7)
    abstract void method();

    // コンストラクタの引数をvalueフィールドに受けてtoStringで返すのはenum型の定石
    private final String value;
    Gender(String value) {
        this.value = value;
    }
    @Override
    public String toString() {
        return this.value;
    }
}

// 使用例
jshell> Gender man = Gender.MAN
jshell> man.method()
otoko
```

(注7) インタフェースをimplementsするenum型にして、インタフェースのメソッドを@Overrideする手法も別解として可能です。

1章 2章 3章 4章 5章 6章 7章 8章 9章 10章 11章 12章 13章 14章 15章 16章 17章 18章 19章 20章 21章 22章 23章

7-4-7　enum定数とswitch構文

enum定数と値比較switch構文を使うと、if文よりも可読性と安全性に勝る条件分岐コードを書けます(注8)。

値比較switch構文の選択式にenum型変数を書くと、switchの定数式にenum定数をそのまま書けます。定数式にenum定数以外を書くとコンパイルエラーになります。単なる定数定義より変更に強く可読性の良いコードにできます(**リスト7.25**と**リスト7.26**)。

リスト7.25　enum定数とswitch構文の可読性と安全性を生かしたコード

```
enum DayOfWeek {
    SUNDAY,
    MONDAY,
    TUESDAY,
    WEDNESDAY,
    THURSDAY,
    FRIDAY,
    SATURDAY,
};

// switch文(case null記述とdefault非記述で網羅性を担保(本文参照))
void method(DayOfWeek dow) {
    switch (dow) {
        case SUNDAY, SATURDAY -> {
            System.out.println("day off");
        }
        case MONDAY, TUESDAY, WEDNESDAY, THURSDAY, FRIDAY -> {
            System.out.println("workday");
        }
        case null -> {
            System.out.println("null");
        }
    }
}

// (対照)等価なif-else文
void method(DayOfWeek dow) {
    if (dow == DayOfWeek.SUNDAY || dow == DayOfWeek.SATURDAY) {
        System.out.println("day off");
    } else if (dow == DayOfWeek.MONDAY || dow == DayOfWeek.TUESDAY || dow == DayOfWeek.WEDNESDAY
|| dow == DayOfWeek.THURSDAY || dow == DayOfWeek.FRIDAY) {
        System.out.println("workday");
    } else {
        assert(false);// not reached
    }
```

(注8)　「値比較switch構文」は「型比較switch構文」と対比した本書の独自用語です(「**13章 Javaプログラムの実行と制御構造**」参照)。

```
}
```

リスト7.26 リスト7.25をswitch式で書いた例

```
// switch式(case nullなしでも網羅性担保。case nullを記述しても良い)
void method(DayOfWeek dow) {
    System.out.println(switch(dow) {
        case SUNDAY, SATURDAY -> "day off";
        case MONDAY, TUESDAY, WEDNESDAY, THURSDAY, FRIDAY -> "workday";
    });
}
```

switch構文はswitch式またはcase nullのあるswitch文を使ってください。どちらもdefaultの記述を省略します。こうするとswitch構文が網羅的になり、caseの書き忘れをコンパイル時に検出できます。網羅的なswtich構文の場合、すべてのenum定数をcaseで列挙しないとコンパイルエラーになるからです。switch構文の網羅性の詳細は「**13章 Javaプログラムの実行と制御構造**」を参照してください。

7-5 シール型

7-5-1 シール型の利用

シール型は継承時の派生型を限定できる言語機能です。本書は構文や継承の話を後回しにしてシール型とレコードクラスの応用例を先に説明します。構文は「**17章 クラスの拡張継承**」で説明します。

応用例として申請の承認処理を考えます。利用者の申請後、承認もしくは拒否の結果になる承認処理にします。この承認処理を状態の変化(遷移)として見立てます。この見立てを伝統的に状態遷移と呼びます(注9)。状態遷移の状態の定義、ある状態から別状態への遷移の仕方などを開発者が決めます。たとえば申請の拒否後、差し戻しのような状態も作れます。

今回は状態遷移の説明が主目的ではないので、申請中、承認、拒否の3状態に決めます。かつ状態の遷移パターンは2種類です。申請後、承認もしくは拒否のいずれかの状態になり、それで終わりとします。

■enum型を使う状態遷移

状態遷移の要点は、事前に決めた状態のうち常にいずれか1つの状態になる保証です。この保証はenum定数を使うと表現可能です。enum型の変数の参照先がenum定数のいずれか1つになる保証と合致するからです。なおnullに関しては論点から外します。

(注9) 状態遷移という抽象化により、承認処理以外にもシール型を応用可能であることを想像してください。

状態に応じて扱うデータが異なる場合を考えてみます。たとえば承認時に承認者と承認日時、拒否時に拒否理由と拒否日時の管理を想定してみます。もっと複雑なデータ管理を想定できますが、ここでは話を単純化してこれがすべてとします。

enum定数をコンポーネントに持ち上記データを持つレコードクラスの例を**リスト7.27**に示します。承認日時と拒否日時はupdateTimeコンポーネントで共通化しました。approverコンポーネントは承認者、rejectReasonコンポーネントは拒否理由をそれぞれ文字列で持たせています。

リスト7.27　状態遷移を扱うenum型

```
import java.time.LocalDateTime;

// 事前定義した3状態
enum Status { SUBMITTED, APPROVED, REJECTED }

// enum定数をコンポーネントに持つレコードクラス
// approver：承認者
// updateTime：承認日時または拒否日時
// rejectReason：拒否理由
record Application(Status status, String approver, LocalDateTime updateTime, String rejectReason) {}
```

リスト7.27には微妙な問題があります。状態次第でレコードに無意味なコンポーネントが存在する問題です。承認状態になった時に意味があるコンポーネントはapproverとupdateTimeのみです。rejectReasonは不要なコンポーネントです。

この例の場合、承認時にrejectReasonを使わないことは自明に見えて、大きな問題と感じないかもしれません。しかしrejectの英単語の意味を知らない開発者がいたと仮定すると意外に根の深い問題です。ソフトウェアの扱う領域の専門用語の場合、単語がいつも自明とは限りません。

実開発でこのような状況になった場合、無効値を定義せざるをえません。String型のコンポーネントであれば空文字列やnullがよく使う無効値です。無効値はしばしばバグの温床になります。

7-5-2　シール型を使う状態遷移

シール型を使うと、個々の状態に名前をつけてデータ管理できます。変数の視点で見ると、シール型変数の参照先が事前定義した状態のいずれか1つに保証できます。なお状態遷移はシール型の利用の一例です。シール型の骨子は「事前定義した型のいずれか1つの保証」です。抽象的な説明ではわかりづらいので具体例を示します(**リスト7.28**)。

リスト7.28　状態遷移を扱うシール型とレコードクラス

```
// シール型ApplicationStatusの宣言
sealed interface ApplicationStatus permits Submitted, Approved, Rejected {}

// シール型を継承するレコードクラス(事前定義した3つの状態に対応するレコードクラス)
```

```
record Submitted() implements ApplicationStatus {}
record Approved(String approver, LocalDateTime updateTime) implements ApplicationStatus {}
record Rejected(String rejectReason, LocalDateTime updateTime) implements ApplicationStatus {}
```

本書を読み返した時、戸惑う可能性があるので省略しない記法でリスト7.28を書きました。permits節の省略と入れ子で宣言したレコードクラスのイディオムコードに書き換えます（リスト7.29）(注10)。

入れ子に宣言したレコードクラスはApplicationStatus.SubmittedやApplicationStatus.Approvedのような名前になります。ここでは詳細に立ち入らずそういう形式になる点のみ理解すれば十分です。

リスト7.29　状態遷移を扱うシール型とレコードクラス（リスト7.28の書き換え。よく見る形式）

```
sealed interface ApplicationStatus {
    record Submitted() implements ApplicationStatus {}
    record Approved(String approver, LocalDateTime updateTime) implements ApplicationStatus {}
    record Rejected(String rejectReason, LocalDateTime updateTime) implements ApplicationStatus {}
}
```

構文の詳細を無視してリスト7.29の要点のみ記述します。

- ApplicationStatusというシール型を宣言。この型を変数の型やメソッドの返り値の型に利用
- ApplicationStatus型の変数の参照先はSubmitted、Approved、Rejectedの3レコードのいずれか1つに保証可能（nullは論点から外します）

Submitted、Approved、Rejectedの3つのレコードクラスは互いに独立しています。ApplicationStatus型の変数から参照できる共通性はありますが、レコードクラス同士の間に依存はありません。この結果、個々の状態に応じたデータのみをコンポーネントに持てます。コンポーネントの無効値の考慮は不要です。

シール型を使って状態遷移を模倣したコード例を示します（**リスト7.30**）。processメソッドの第2引数に応じて承認と拒否を切り替えています。第1引数は遷移前の状態です。リスト7.30では使っていませんが普通の状態遷移コードでは遷移前の状態に応じて次の状態が決まります。

リスト7.30　状態遷移の模倣

```
ApplicationStatus process(ApplicationStatus currentStatus, boolean condition) {
    if (condition) { // 承認状態への遷移を模倣
        // 承認処理の関連コードがここにあると仮定

        // 承認者取得の模倣コード
        // getApproverメソッドの中身は省略。下記使用例では"suzuki"を返したと仮定
```

（注10）　permitsの省略と入れ子宣言は無関係です。入れ子にしなくてもpermitsを省略可能です。permitsの省略の詳細は「**17章 クラスの拡張継承**」を参照してください。

```
        String approver = getApprover();
        return new ApplicationStatus.Approved(approver, LocalDateTime.now());
    } else {          // 拒否状態への遷移を模倣
        // 拒否処理の関連コードがここにあると仮定
        String reason = getReason(); // 拒否理由を取得する模倣(メソッドの中身は省略)
        return new ApplicationStatus.Rejected(reason, LocalDateTime.now());
    }
}

// 使用例
// 初期状態(申請中)を模倣
jshell> ApplicationStatus firstStatus = new ApplicationStatus.Submitted()

// 第2引数にtrueを渡して承認状態への状態遷移を模倣
jshell> ApplicationStatus nextStatus = process(firstStatus, true)
nextStatus ==> Approved[approver=suzuki, updateTime=2024-05-09T08:40:19.232505706]
```

■シール型の考え方

processメソッドが返却している型(レコードクラス)と返り値の型(ApplicationStatus)の不一致が気になる人は「**4章　変数とオブジェクト**」を読み返してください。参照先オブジェクトの型と代入先変数の型が必ずしも一致しなくても良い点を思い出してください。代入の場合と理屈は同じです。ただしシール型に固有の論点があるので先回りして補足します。

今後本書を通じて継承を説明します。「**11章 インタフェース**」の説明を少し先取りすると、変数の視点に立った時、基底型の変数は広い範囲の型のオブジェクトを参照できる力を得ます。この理屈はシール型も同じです。ApplicationStatus型の変数は3つのレコードクラスを参照できる力があります。ApplicationStatus型を継承するレコードクラスの種類を増やせば、変数から参照できる型の種類を増やせます。ここまでシール型に特有の話ではありません。

シール型の固有性は事前にその種類の範囲(リスト7.29であれば3つ)を決める点です。事前に決めた範囲でいずれか1つの保証がシール型の本質です(注11)。まだ比較対象がないのでわかりづらいかもしれませんが「**11章 インタフェース**」を読んだ後に違いを再確認してください。

■シール型の網羅性チェック

事前に範囲が決まるのでシール型の参照先に応じた条件分岐時に網羅性チェックが可能です。具体的には、型判定switch構文を使います(「**13章 Javaプログラムの実行と制御構造**」参照)。コンパイル時に状態の列挙漏れを検出できます。状態の列挙漏れはバグのもとなので網羅性チェックはシール型の利点の1つです。

(注11)　いずれか1つの保証はenum型にも成立する説明です。シール型を使うと事前定義した名前(型名)ごとに任意のデータやオブジェクトを管理できます。これがenum型との形式上の違いです。

8章 コレクションと配列

定型的なコードを書くだけのレベルからステップアップするには、モノの集まりを意識して、モノの集まりに対する操作を理解する必要があります。コレクションと配列はモノの集まりを扱うデータ構造です。コレクションを使って自在にデータ構造を設計できることは、プログラミングの学習の分岐点の1つです。

8-1 モノの集まりを扱う

ほとんどのプログラムは複数のモノの集まりを扱います。「**7章 データ**」でデータの用語定義をしました。用語自体に複数の概念が入っているのでやや厳密さに欠けますが、本章はデータの集まりを説明します。モノの集まりに対する処理をきれいに書けるとプログラミングの見通しが良くなります。

用語を1つ紹介します。集まりを構成するモノを「要素」と呼びます。数値の集まりであれば個々の要素はなんらかの数値です。Javaのコードの多くで、要素はオブジェクトです。そしてモノの集まり自身もオブジェクトとして扱います。この意味は本章を通じて説明します。

8-1-1 配列とコレクション

配列とコレクションはどちらも要素の集まりを表現します。

配列はJavaの言語仕様で規定された機能です。Javaの最初のバージョンから存在します。一方、コレクションはJavaのバージョン1.2で導入された機能名です。概念はともかく用語としてはJava固有です。

本書は配列より先にコレクションを説明します。実開発ではコレクションを使う頻度のほうが高いからです。

最初は配列のほうが使いやすく見えるかもしれません。他プログラミング言語で配列を使った経験があれば特にそうかもしれません。このためコレクションを使ったほうが良い場面で配列を使いがちです。これは、保守性や拡張性を落とす可能性があります。逆に、配列を使ったほうが良い場面でコレクションを使っても、あまり大きな痛手はありません(注1)。

注意点を1つ記載します。配列を使っている既存コードを、考えなしにコレクションに書き換えるのは待ってください。慎重に書けば、理論上は配列を使うコードのほうがコレクションより

(注1)　配列の直接の置き換え対象はArrayList(本文参照)です。

省メモリかつ高速になります。省メモリ性と高速性を意図したコードであれば、配列を使うコードの維持が適切です。

8-2 コレクションフレームワーク

8-2-1 コレクションフレームワークとは

コレクションは要素の集まりを操作するオブジェクトです。

世の中には、要素の集まりを扱うための手法や概念が数多く存在します。手法や概念はデータ構造やアルゴリズムとして表現されます。コレクションフレームワークは、それらの共通操作をインタフェースとしてまとめ、個別のデータ構造やアルゴリズムを実装したクラスを提供します。コレクションフレームワークを使う開発者は、決められた操作（インタフェース）に従ったメソッド呼び出しをすればデータ構造やアルゴリズムの詳細を気にせずに利用できます。

コレクションフレームワークのインタフェース型と具象クラスをまとめます（**表8.1**）。コレクションフレームワークの適用範囲の広さを知れば、たったこれだけの理解で良いことに感謝するはずです。

表8.1　コレクションフレームワークのインタフェースと具象クラス

インタフェース	ハッシュテーブル	配列	ツリー	リンクリスト	ハッシュテーブル+リンクリスト
List	—	ArrayList	—	LinkedList	—
Set	HashSet	—	TreeSet	—	LinkedHashSet
Map	HashMap	—	TreeMap	—	LinkedHashMap
Deque	—	ArrayDeque	—	LinkedList	—

8-2-2 コレクションオブジェクトの生成

コレクション型のオブジェクト（以後、コレクションオブジェクト）を生成するコードの形式は次のようになります。

```
var 変数 = new コレクションのインタフェースを実装した具象クラス<要素の型>([コンストラクタの引数]);
または
コレクションのインタフェース型<要素の型> 変数 = new コレクションのインタフェースを実装した具象クラス
<>([コンストラクタの引数]);
```

コレクションオブジェクトを生成するコードの実例を示します（**リスト8.1**）。同一の意味で複数の書き方があります。実コードで見る可能性のある記述を列挙します。

リスト8.1　ArrayListオブジェクトの生成例（すべて同一の意味。本書は前者2つの記述方法を推奨）

```
// 変数の型を省略（以後のサンプルコードはこの形式を使用）
var list = new ArrayList<String>();

// 変数の型がインタフェース型。new式の<>内を省略
List<String> list = new ArrayList<>();

// 変数の型がインタフェース型。new式の<>内を省略しない
List<String> list = new ArrayList<String>();

// 変数の型がクラス型。new式の<>内を省略
ArrayList<String> list = new ArrayList<>();

// 変数の型がクラス型。new式の<>内を省略しない
ArrayList<String> list = new ArrayList<String>();
```

変数の型に使っているList<String> は、Stringオブジェクトを要素とするリスト型を意味します。Listはインタフェース名です。<String>を含めてList<String>が1つの型名と考えてください。このコードの意味を正しく理解するには、インタフェースとジェネリック型を理解する必要があります。両方とも本書では後ほど説明する概念です。今は形式的な規則として理解してください。いずれ背景の知識を得られれば自然と書けるようになります。

オブジェクトの生成式は new ArrayList<String>() または new ArrayList<>() です。ArrayListはクラス名です。代入先の変数の型次第で、ArrayList<String> を ArrayList<> と省略可能です。ArrayList<String> は文字列オブジェクトを要素とするArrayListクラスです。ArrayList<String> の形式で1つのクラス名を意味する点のみ理解すれば十分です。

ArrayListは要素が順番に並んでいるモノを想像してください。**図8.1**に正しい概念図と誤った概念図をあわせて示します。

図8.1　ArrayList<String>の概念図

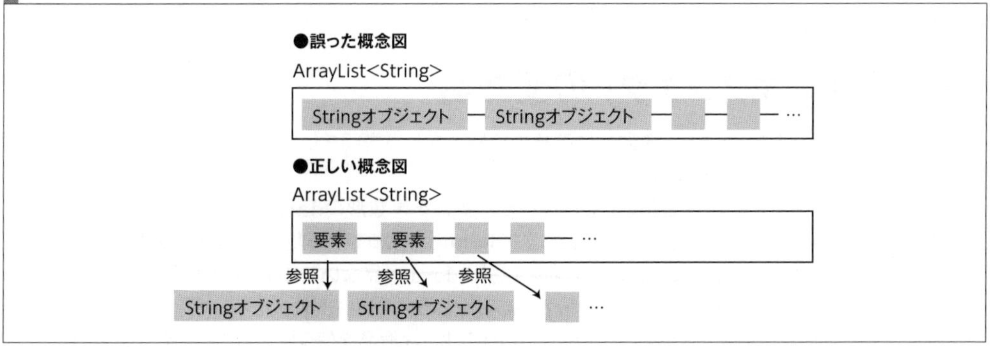

■コレクションの具体例

コレクションを使った典型的なコードを**リスト8.2**に示します。

リスト8.2　コレクションを使うコード例

```
jshell> var list = new ArrayList<String>()
jshell> list.add("one")
jshell> list.add("two")
jshell> list.add("three")
jshell> list
list ==> [one, two, three]
```

■コレクションの要素の型

具体例で見たように<>の間に要素の型を記述します。要素の型には任意の参照型を指定できます。任意のクラス名、レコードクラス名、enum型名、インタフェース名の記述が可能と考えてください。

コレクション型や配列型も参照型の1つです。**リスト8.3**のように要素の型として指定できます。

リスト8.3　コレクション型や配列型を要素の型として指定可能

```
// 要素が配列
var list = new ArrayList<int[]>();

// 要素がコレクションオブジェクト
var list = new ArrayList<ArrayList<String>>();
```

要素の型に基本型は指定できません。要素を数値にしたい場合は数値クラスを使います（**リスト8.4**）。

COLUMN

コレクションオブジェクトの変数名

本文でコレクションオブジェクトの変数名に英語の複数形を使う説明をしました。実開発で厳密に適用しづらい場合があるので追記します。

よく遭遇するのがdataです。英語に忠実になると、要素を単数形のdatum、コレクションを複数形のdataにすべきです。しかし要素の変数名にすでにdataを使っている場合、後から変更するのは現実的ではありません。コレクション側の変数名を強引にdatas（見ないことはありません）にする手もありますが、dataListのようにデータ構造で命名した変数名をよく使います。

似たような状況で、要素がリスト型の時にlistOfListのような命名を使う場合もあります。命名の一貫性をやや失いますが、英語としての正確性より、コードの読み手に意図を伝えるほうが重要です。

リスト8.4　数値要素のコレクション

```
// 要素の型に基本型は指定できない（コンパイルエラー）
jshell> var list = new ArrayList<int>()
|  Error:

// 要素の型に数値クラス（「16章　数値」参照）を指定可能
jshell> var list = new ArrayList<Integer>()
jshell> list.add(123)
```

■コレクションの変数名

コレクションオブジェクトを参照する変数名は、英語の複数形にするのが通例です。要素オブジェクトを参照する変数名を単数形にして区別します。たとえばコレクションの変数名をbooks、要素の変数名をbookにします。varで変数の型を省略した場合は特に有用です。この技法は配列でも同様です。

本書のサンプルコードの多くは要素に意味を持たせていないためこの技法に従っていません。代わりにコレクション型を示すlistやmapなどの変数名を使います。

8-3 リスト

リストの抽象的な意味は、順序どおりにモノが並んだデータ構造です。

List（java.util.List）インタフェースがリストに対する操作を規定します。開発者は、Listインタフェースに従う具象クラスのオブジェクトを、Listインタフェースが決めた操作をできるオブジェクトとして扱います。

リストの要素にアクセスするには、インデックスで順番を指定するのが基本です。インデックスは、要素に振られる先頭からの順序を示す数値で0から開始します。配列を知っている人はリストと配列が似ていることに気づくでしょう。概念的には配列はリストの一種だからです。

Listインタフェースの代表的なメソッドを**表8.2**、**図8.2**に示します。

表8.2　Listインタフェースの代表的なメソッド一覧

メソッド名	意味
add	要素の追加。追加位置のインデックスを指定。インデックス指定なしの場合は末尾に追加
addAll	要素をまとめて追加
addFirst	要素の先頭への追加
addLast	要素の末尾への追加
clear	要素数ゼロに初期化（全要素削除と等価。削除より高速）
contains	要素の存在チェック（equalsメソッドで同値判定）
get	要素の取得。取得位置のインデックスを指定
getFirst	先頭の要素の取得
getLast	末尾の要素の取得
indexOf	要素の検索（equalsメソッドで同値判定）
lastIndexOf	要素の検索（後方から）
remove	要素の削除。削除位置のインデックスを指定
removeFirst	先頭要素の削除
removeLast	末尾要素の削除
removeIf	条件に一致する要素を削除
reversed	全順序を反転したリストを返す
set	要素の置換。置換位置のインデックスを指定
size	要素数の取得
subList	部分リストの取得（要素コピーはせずに要素を共有した部分リストを返す）

図8.2　リストのadd、get、indexOf、remove、setの動作

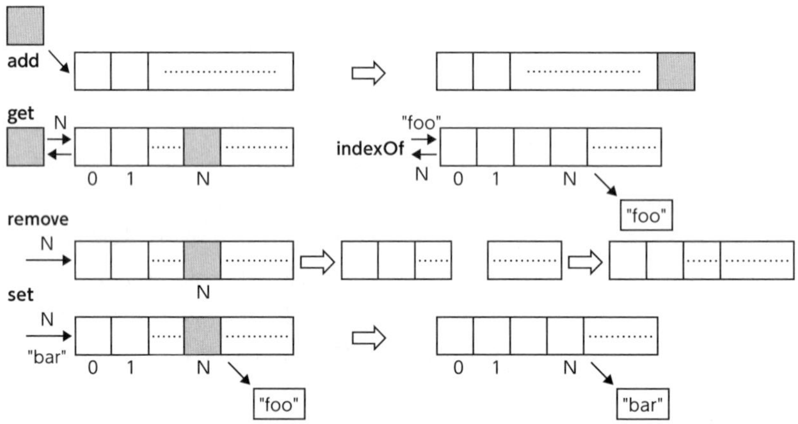

Listでよく使うメソッドの定義を紹介します。

```
boolean add(E e)
void add(int index, E element)
E remove(int index)
boolean remove(Object o)
E set(int index, E element)
E get(int index)
int indexOf(Object o)
```

Eを要素の型と理解して読んでください(詳細は「**19章　ジェネリック型**」参照)。リストの変更操作は、リストへの要素の追加、置換、削除の3つです。リストの読み込み操作は、インデックスでアクセスするget、要素を検索するcontainsやindexOfなどがあります。より複雑な操作はこれらを組み合わせて実現します。

Listを使う例を**リスト8.5**に示します。インデックス値が不正値の場合の動作は後述の「**8-3-6 リスト処理の典型的エラー**」を参照してください。

リスト8.5　Listオブジェクトの使用例

```
jshell> var list = new ArrayList<String>()

// 要素のみのaddはリストの末尾に追加
// 返り値は常に真。チェック不要
jshell> boolean result = list.add("abc")
result ==> true

jshell> boolean result = list.add("xyz")
jshell> list
list ==> [abc, xyz]

// インデックス値を指定したaddは要素の挿入
// インデックス1を指定すると0番目と1番目の間に新要素を挿入
// 返り値はない
jshell> list.add(1, "def")
jshell> list
list ==> [abc, def, xyz]

// setで指定したインデックス値の要素を置換
// 返り値は置換された要素
jshell> String oldVal = list.set(1, "DEF")
oldVal ==> "def"

jshell> list
list ==> [abc, DEF, xyz]
```

```
// インデックス値の要素を取得
jshell> String result = list.get(1)
result ==> "DEF"

// 要素の検索。返り値はインデックス値
jshell> int result = list.indexOf("xyz")
result ==> 2

// インデックス値を指定した削除
// 返り値は削除された要素
jshell> String oldVal = list.remove(0)
oldVal ==> "abc"
jshell> list
list ==> [DEF, xyz]

// 要素を指定した削除。削除に成功すると真を返し失敗すると偽を返す
jshell> boolean result = list.remove("abc")
result ==> false
```

Listインタフェースは順序を持った集まりという抽象概念を提供します。それを内部的にどう実装するかは規定しません。どう実装するかはListインタフェースを実装する具象クラスに委ねられます。

■リストの具象クラス

Listインタフェースを実装する主なクラスは次の2つです(注2)。

- ArrayList
- LinkedList

COLUMN

変数の型をインタフェース型にする意図

リスト8.1の一部は変数listの型をArrayListではなくListにしています。背景の考えは「**11章 インタフェース**」で説明します。少し先回りして意図を説明します。

変数の型をインタフェース型にすると、参照先のオブジェクト（これ自体は具象クラスのインスタンス）にインタフェースの決めた操作を期待する意図を示したことになります。この意図の表明が効果を発揮するのは、パラメータ変数やフィールド変数の型、あるいはメソッドの返り値の型などです。

(注2)　「Listインタフェースを実装」の意味は、クラスがListインタフェースが規定するメソッドをすべて持つという意味です。詳細は「**11章 インタフェース**」を参照してください。

ArrayListは内部で配列を使う実装です(Arrayは英語で配列のことです)。LinkedListはリンクでノードをつなぐデータ構造です(注3)。内部構造のイメージを**図8.3**に示します。

図8.3 ArrayListとLinkedListのデータ構造

● ArrayList

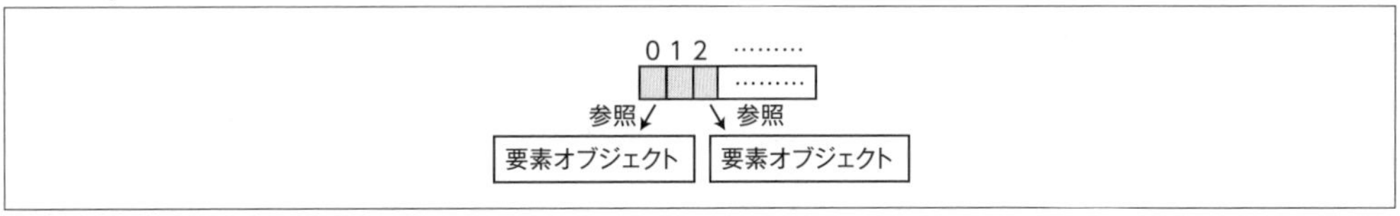

● LinkedList

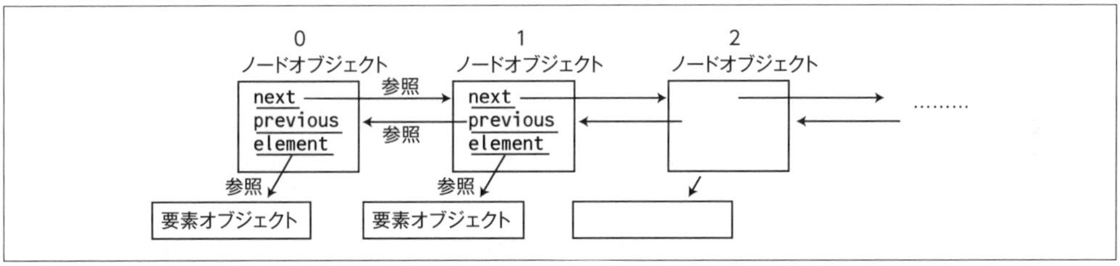

8-3-1 ArrayList

ArrayListには次の特徴があります。括弧内はListインタフェースの該当メソッドです。

- **ArrayListの良い点**
  - ・インデックスを指定して要素を読み出す速度が速い[get]
  - ・インデックスを指定して要素を書き換える速度が速い[set]
  - ・上記から導かれる特徴で、先頭から順にすべての要素を走査する処理が速い

- **ArrayListの悪い点**
  - ・要素の挿入が遅いことがある。先頭に近い位置への挿入は遅い。末尾に近い位置への挿入は速い時もあるが、遅い時もある[add]
  - ・要素の削除が遅いことがある。先頭に近い位置の削除ほど遅く、末尾に近い位置の削除ほど速い。最末尾の削除は高速[remove]
  - ・条件に合致した要素の検索速度はあまり速くない(工夫により速くできる)[contains,indexOf,lastIndexOf]

インデックスを指定してArrayListの各要素を読み出しまたは書き換えをする処理は、理論上どの要素へのアクセスも一定速度で動作します。ArrayListを有効活用できる処理です。

(注3) 各要素が前後の要素を指し示す矢印をリンクと呼びます。前と後ろの2つへのリンクを持つデータ構造を双方向リンクリスト、後ろへのリンクだけを持つデータ構造を片方向リンクリストと呼びます。LinkedListは双方向リンクリストのデータ構造で実装されています。

要素の挿入と削除は**図8.4**のように動作します。ArrayListが不得手とする処理です。挿入や削除をした位置から後ろのすべての要素の移動が必要だからです。要素数が多いArrayListほど重い処理になります。一方、2つの要素の交換は、挿入に似た操作ですが重くありません。交換する2つの要素以外の移動が必要ないからです。

図8.4　ArrayListの要素の挿入と削除

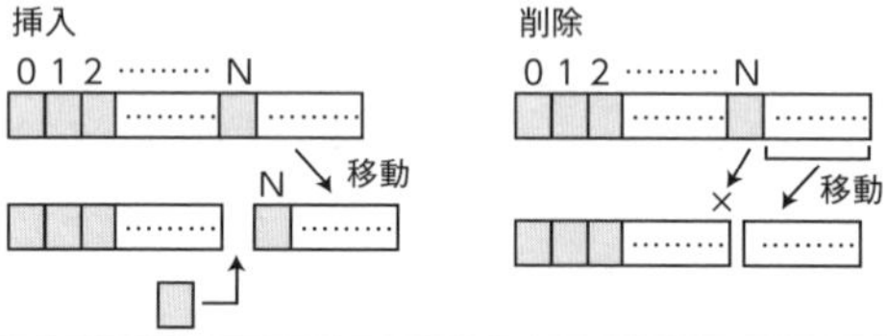

移動対象の要素数が減るため、末尾に近い位置の挿入や削除は比較的速く動作します。しかし末尾に近い挿入にも関わらず遅くなる場合があります。これはコンピュータのメモリ管理、特に連続メモリ領域の扱いに関係します。

ArrayListのデータ構造は連続メモリ領域を使います。連続メモリ領域の使用領域を増やしていった時、それ以上サイズを容易に広げられない場合があります。この時、新しい連続メモリ領域を確保して、元領域から全要素をコピーする動作になります。ArrayListの挿入でこのような全要素コピーが発生すると通常よりも動作が遅くなります。

あらかじめ要素数の上限がわかっている場合、new式で初期サイズを指定する工夫が可能です。必要な連続メモリ領域を確保できるので全要素コピーを回避できます。

8-3-2　LinkedList

LinkedListには次の特徴があります。

- **LinkedListの良い点**
  - **要素の挿入が速い。先頭または末尾への挿入は常に速い**[add]
  - **要素の削除が速い。先頭または末尾の削除は常に速い**[remove]

- **LinkedListの悪い点**
  - **インデックスを指定して要素を読み出す速度はあまり速くない**[get]
  - **インデックスを指定して要素を書き換える速度はあまり速くない**[set]
  - **条件に合致した要素の検索速度はあまり速くない**[contains,indexOf,lastIndexOf]

インデックスを指定してLinkedListの各要素にアクセスする処理は**図8.5**のように動作します。n番目の要素にアクセスするには、n個のリンクをたどる処理が必要です。要素数が多いとリンクをたどる回数が増えるため効率が落ちます。

図8.5 LinkedListの要素にインデックスでアクセス

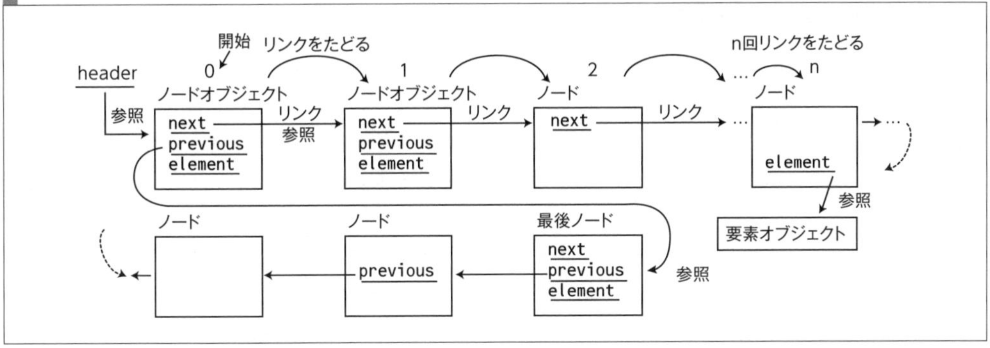

LinkedListの現在の実装は、nがリスト全体の真ん中より前か後ろかに応じて、先頭と末尾のどちらからリンクをたどるかを切り替えます。このため、1番アクセスが遅くなるのはリストの真ん中あたりにある要素です。

ArrayListは要素の挿入や削除のたびに後続のすべての要素の移動が必要でした。一方、LinkedListはリンクのつけかえだけで終わります。リンクのつけかえは軽い処理なので、LinkedListの要素の挿入や削除は効率的に動作します。

LinkedListの場合、要素ごとに個別にメモリを割り当てるので、ArrayListのような連続メモリ領域を必要としません。このためArrayListの挿入にあったような連続メモリ領域の再確保は発生しません。一方、コンピュータのメモリ管理の視点で見ると要素ごとのメモリ割り当てはそれほど効率的ではありません。通常、同じ要素数であればLinkedListのメモリ使用量はArrayListより多くなります。

LinkedListの挿入や削除は効率的ですが、それらの処理の前に対象位置を探す処理が必要な場合があります。この処理は必ずしも効率的ではありません。LinkedListの挿入および削除処理の速さは事実ですが、この処理の重さを忘れないでください。なお先頭または末尾の挿入や削除の場合、対象位置を探す必要がないので常に効率的に動作します。

8-3-3 リストの実装クラスの利用の指針

ArrayListとLinkedListの良い点と悪い点から、次のような方針を得られます。

- **要素の読み込みが中心（要素すべてを走査する処理や検索）の場合、ArrayListのほうが効率的**
- **要素の挿入や削除の頻度が高い場合、特に先頭や末尾に特化した挿入と削除の場合、LinkedListのほうが効率的**
- **要素の上書き処理が多い場合、ArrayListのほうが効率的**

方針を単純に覚えるのではなく内部動作の理解を優先してください。

8-3-4 リストのサーチ

リスト内から条件に合致する要素を探す処理(いわゆる検索)がしばしば必要になります。indexOfメソッドは引数に渡した値と同値の要素を探します。同値判定はeqaulsメソッドです。同値の要素が見つかるとindexOfメソッドはインデックス値を返します。見つからない場合、-1を返します。通常、indexOfメソッドの返り値を後続の処理で使うので-1の判定チェックは必須です。

indexOfと似たメソッドとしてcontainsメソッドがあります。containsメソッドは引数に渡した値と同値の要素が見つかるとtrue、見つからないとfalseを返します。

リスト内から任意の条件で要素を探す場合、ループ文やストリーム処理で先頭から1つずつ順に条件に一致する要素を探すコードになります。このような処理をリニアサーチ(線形探索)と呼びます。ループ文の詳細は本章または「**13章 Javaプログラムの実行と制御構造**」、ストリーム処理の詳細は「**10章 ストリーム処理**」を参照してください。

リニアサーチを使うと、リストの末尾近くで見つかるほど検索に時間がかかります。見つからないことを知るには常にすべての要素を走査する必要があるので、見つからない場合も検索時間がかかります。平均的にリストの要素数に比例した時間がかかります。

■ソート済みのリストのサーチ

モノの集まりを規則的に並べる処理をソートと呼びます。ソート済みのリストであれば、リニアサーチより効率的に要素を探せます。代表的な探索手法がバイナリサーチ(2分探索)と呼ばれるアルゴリズムです。バイナリサーチは**図8.6**のように動作します。

図8.6 バイナリサーチの動作

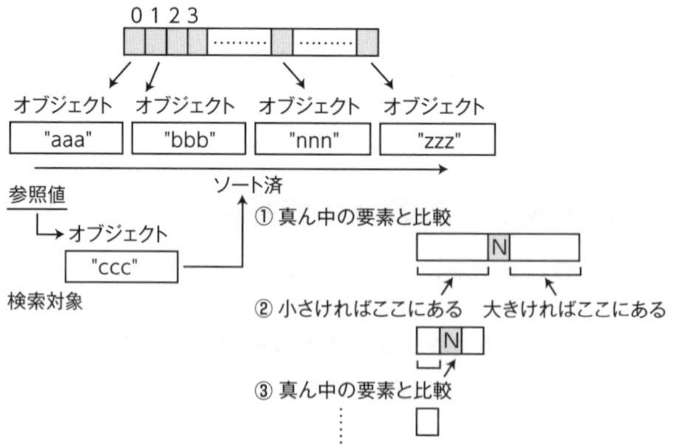

バイナリサーチはJavaの標準クラスで提供されています。java.util.CollectionsクラスのbinarySearchクラスメソッドです。

8-3-5　リストの同値判定

2つのListオブジェクトをequalsメソッドで同値比較したとします。2つのListオブジェクトの先頭からすべての要素が同値な場合に限り、Listのequalsメソッドの結果が真になります（**リスト8.6**）。

リスト8.6　Listオブジェクトの同値判定

```
// 要素による同値判定なのでリストの具象クラスは問わない
jshell> var list1 = new ArrayList<String>()
jshell> var list2 = new LinkedList<String>()

// 先頭からすべての要素が同値の場合に限り、Listオブジェクトは同値
jshell> list1.add("abc")
jshell> list1.add("xyz")

jshell> list2.add("abc")
jshell> list2.add("xyz")

jshell> boolean result = list1.equals(list2)
result ==> true
```

8-3-6　リスト処理の典型的エラー

リスト処理で発生する典型的エラーは下記の4つです。

- 範囲を超えたインデックス値の使用
- 対象要素が存在しない場合
- 変更不可リストに対する変更処理
- 並行処理に関連するエラー

COLUMN

バイナリサーチの効率

「バイナリサーチがリニアサーチより速い」は一般論として事実ですが、その意味を理解せずに言葉だけを覚えないでください。

要素数が少ない場合、数学的にリニアサーチとバイナリサーチの速度差はほとんどありません。リニアサーチのほうが処理が単純な分、速い可能性があります。

またバイナリサーチに必要な事前のソート処理は軽い処理ではありません。要素の追加や削除が頻繁に起きて、そのたびごとにソートをすると、効率の悪いコードになります。

内部の動作を理解して、状況に合った適切なプログラミングをしてください。

後者2つは関連する節で説明します(注4)。

範囲を超えたインデックス値をメソッド(get、set、removeなど)の引数に渡すとIndexOutOfBoundsException実行時例外が発生します(**リスト8.7**)。この例外回避のためにインデックス値の範囲内チェックが必要です。具体的にはゼロ以上かつlist.size()未満のチェックになります(注5)。

リスト8.7　IndexOutOfBoundsException例外発生の例

```
jshell> var list = new ArrayList<String>()
jshell> list.get(0)
|  Exception java.lang.IndexOutOfBoundsException: Index 0 out of bounds for length 0
```

getFirst、getLast、removeFirst、removeLastメソッドは対象要素がない場合、NoSuchElementException実行時例外を発生します(**リスト8.8**)。IndexOutOfBoundsException例外ではないので注意してください。

リスト8.8　NoSuchElementException例外発生の例

```
jshell> var list = new ArrayList<String>()
jshell> list.getFirst()
|  Exception java.util.NoSuchElementException
```

8-4 マップ

マップの抽象的な意味はキーと値の対応(ペア)の集まりを管理するデータ構造です(注6)。キーと値のペアがマップの要素です。

マップのキーと値には、それぞれ任意の参照型オブジェクトを使えます。マップの概念を**図8.7**にします。

図8.7　マップの概念図

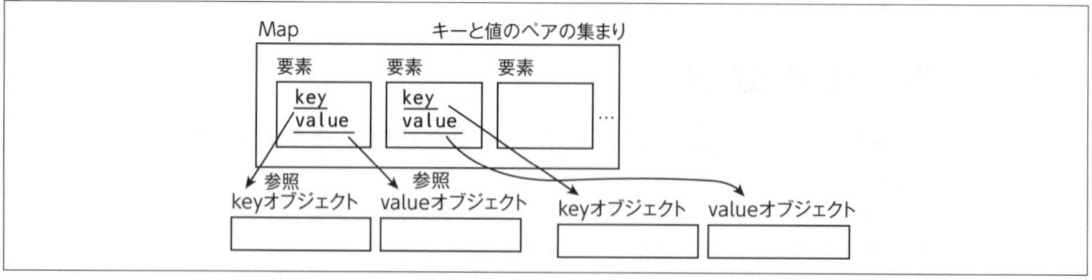

(注4)　変更不可リストについては本章、並行処理については「21章 同時実行制御」を参照してください。
(注5)　空リストのlist.size()の結果はゼロです。空リストはisEmptyメソッドで判定できます。
(注6)　キーを使って値を検索できる動作から、マップを連想配列、連想リスト、辞書と呼ぶプログラミング言語もあります。

Map (java.util.Map) インタフェースがマップに対する操作を規定します。開発者は、Mapインタフェースを実装した具象クラスのオブジェクトを、Mapインタフェースが決めた操作をできるオブジェクトとして扱います。

表8.3にMapインタフェースの代表的なメソッドを一覧します。

表8.3 Mapインタフェースの代表的なメソッド一覧

メソッド名	意味
clear	要素数ゼロに初期化(全要素削除と等価。全要素削除削除より高速)
containsKey	指定したキーの存在チェック
containsValue	指定した値の存在チェック
compute	指定したキーの既存要素を使って新要素を追加
computeIfAbsent	指定したキーがなければ要素を追加(「**9章 メソッド参照とラムダ式**」参照)
computeIfPresent	指定したキーがあれば要素を追加
entrySet	Map.Entryセットを返す(「**マップのイテレータと拡張for構文**」参照)
forEach	要素ごとに指定処理を実行
get	指定したキーで値を検索
getOrDefault	指定したキーで値を検索。値がない場合、 指定したデフォルト値を返す
keySet	キーの集合を取得
merge	指定したキーの既存要素を使って新要素を追加
put	要素を追加
putAll	要素をまとめて追加
putIfAbsent	指定したキーがなければ要素を追加
remove	要素を削除
replace	指定したキーの値を置換
replaceAll	指摘した変換処理で全要素を置換
size	要素数の取得
values	値の集合を取得

Mapでよく使うメソッドの定義を紹介します(注7)。

```
V get(Object key)
V getOrDefault(Object key, V defaultValue)
V put(K key, V value)
V putIfAbsent(K key, V value)
V computeIfAbsent(K key, Function<K, V> mappingFunction)
V remove(Object key)
```

Kはキーの型、Vは値の型と理解して読んでください。これらのメソッドの動作を図解すると**図8.8**のようになります。

(注7) getメソッドのキーの型はObject、putメソッドのキーの型はKです。この非対称性は任意の型のオブジェクトをget時のキーに指定できるための細工です(getで使うキーはequalsで比較可能でさえあればput時のキーと別の型でも良い)。

図8.8　マップのget、put、removeの動作

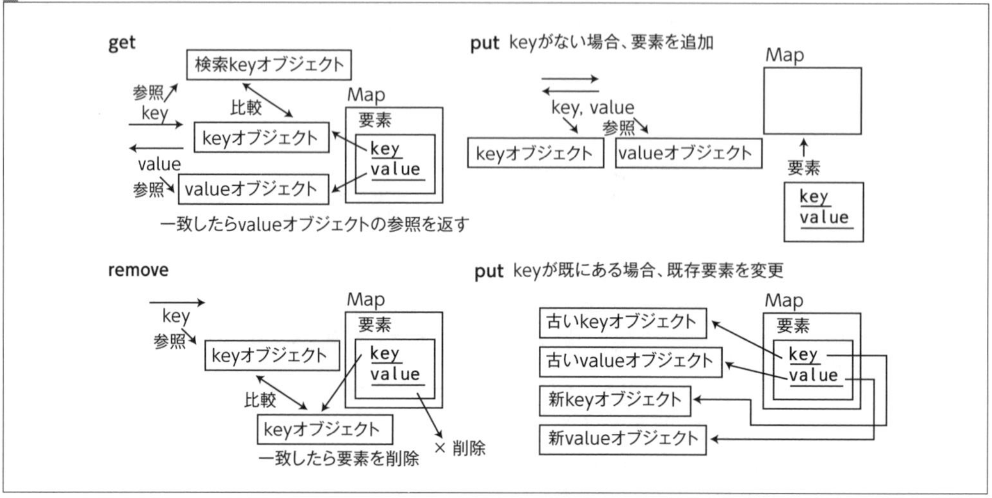

MapインタフェースはMap<String, String>のように2つの型を<>の中に指定します。前者がキーの型、後者が値の型です。Listインタフェース同様、<>の中に指定できる型は参照型のみです。具体例を**リスト8.9**に示します。<>の中が長い場合、varを使うコードの可読性が高いか微妙な部分もありますが、「**4章 変数とオブジェクト**」で決めた方針に従い以後のコード例ではvarを使います。

リスト8.9　Mapオブジェクトの生成例

```
// 変数の型を省略(以後のサンプルコードはこの形式を使用)
// キーの型がString、値の型がStringのHashMapオブジェクト生成
var map = new HashMap<String, String>();

// 変数の型をインタフェース型。new式の<>内を省略
Map<String, String> map = new HashMap<>();

// 変数の型を省略
// キーの型がInteger、値の型がList<String>のTreeMapオブジェクト生成
var map = new TreeMap<Integer, List<String>>();

// 変数の型をインタフェース型。new式の<>内を省略
Map<Integer, List<String>> map = new TreeMap<>();
```

Listインタフェース同様、Mapインタフェースも、キーと値のペアの集まりという抽象概念を提供するのみです。内部的にどう実装するかは規定しません。どう実装するかはMapインタフェースを実装する具象クラスに委ねられます。

■マップの具象クラス

Mapインタフェースを実装する主なクラスは次の3つです。

- HashMap
- LinkedHashMap
- TreeMap

8-4-1 HashMap

HashMapを使ったコード例を示します(**リスト8.10**)。

リスト8.10 HashMapの使用例

```
// HashMapオブジェクトの生成
jshell> var map = new HashMap<String, String>()

// (別解)トータルの要素数を概算可能な場合、引数に要素数を渡せる次のファクトリメソッドが効率的
jshell> Map<String, String> map = HashMap.newHashMap(100)

// putで要素(キーと値)を追加
// 返り値は追加で置き換えられた古い要素。古い要素がない場合はnull
jshell> String oldVal = map.put("k1", "v1")
oldVal ==> null
jshell> String oldVal = map.put("k1", "V1")
oldVal ==> "v1"
jshell> String oldVal = map.put("k2", "V2")
oldVal ==> null

// キーを指定して値を取得
jshell> String val = map.get("k1")
val ==> "V1"

// キーに対応する要素が存在しない場合、nullが返る
jshell> String val = map.get("k3")
val ==> null

// getOrDefaultを使うと要素が存在しない場合に値を返せる
jshell> String val = map.getOrDefault("k3", "V3")
val ==> "V3"

// キーを指定して要素を削除。返り値は削除された要素の値
jshell> String oldVal = map.remove("k2")
oldVal ==> "V2"
jshell> map
map ==> {k1=V1}

// putIfAbsentでキーに対応する要素がない場合に要素を追加
```

1章 2章 3章 4章 5章 6章 7章 8章 9章 10章 11章 12章 13章 14章 15章 16章 17章 18章 19章 20章 21章 22章 23章

```
// 要素を追加した場合の返り値はnull
jshell> String oldVal = map.putIfAbsent("k2", "V2")
oldVal ==> null
jshell> map
map ==> {k1=V1, k2=V2}

// キーに対応する要素がすでに存在する場合、putIfAbsentは要素を追加しない
// 返り値は現在の要素の値
jshell> String oldVal = map.putIfAbsent("k2", "VV2")
oldVal ==> "V2"
jshell> map
map ==> {k1=V1, k2=V2}
```

■HashMapの内部動作

HashMapは内部に配列を確保します。この配列をハッシュ表と呼びます。ハッシュ表の初期サイズはHashMapのコンストラクタで指定できます。指定しない場合はデフォルト値のサイズで配列を作ります。

キーと値のペアをHashMapに追加(put)する時の内部動作は次のようになります。HashMapはキーで受け取ったオブジェクトのhashCodeメソッドを呼びます。hashCodeメソッドの内部的な意味はハッシュ関数です(コラム参照)。hashCodeはオブジェクトの状態から整数値を生成します。この整数値をハッシュ表のインデックス値に変換します。この変換は整数の上位ビットを切り捨てハッシュ表のサイズの範囲におさまるようにするだけです。そしてこのインデックス値の位置にキーと値のペアを格納します。

任意のキー(検索キー)で値を取り出す動作(get)の内部動作は次のようになります。hashCodeメソッドで検索キーから整数値を取得後、この整数値をハッシュ表のインデックス値に変換します。ここまでの処理はput時と同じです。このインデックス値を使いハッシュ表から要素を取り出します。この要素のキーと検索キーのequals同値比較が真であればgetメソッドは検索結果として要素を返します。検索結果が見つからない場合、getメソッドはnullを返します。

上記の格納処理と取り出し処理は十分に高速です。かつ検索速度が要素数に依存しません。これがリストのサーチとの大きな違いです。しかし後ほど説明する衝突が発生すると検索速度が劣化します。

■HashMapのキー

すべてのオブジェクトにhashCodeメソッドを呼び出し可能です(注8)。ただしhashCodeメソッドのデフォルト実装はオブジェクトの同一性に基づいて整数値を返します。多くの場合、これは期待する動作になりません。同値のキーを同じキーと見なしたい場合が多いからです。

マップのキーによく使うのはStringオブジェクトや数値オブジェクトや日時オブジェクトです。これらのクラスのhashCodeメソッドは、オブジェクトの同値性に基づいて整数値を返す実

(注8)　すべてのクラスの基底クラスであるObjectクラスに実装があります。

装になっています。つまりequalsメソッドが真になる2つのオブジェクトが、必ず同じ整数値を返す実装です。これらのオブジェクトをHashMapのキーに使っている限り、HashMapの内部動作を気にする必要はありません。同じ文字列、同じ数値、同じ日付や時刻が同値のキーとして動作するからです。

これら以外のオブジェクトをHashMapのキーに使う場合、hashCodeメソッドの動作を確認してください。同値のキーであって欲しいオブジェクトが、同じ整数値を返すかの確認です。この動作であれば、そのオブジェクトをHashMapのキーに使えます。

■HashMapの性能

ハッシュ表のサイズは有限です。このため異なるキーの要素がハッシュ表の同一位置への格納になる場合があります。この状況を衝突(コンフリクト)と呼びます。良いハッシュ関数ほど衝突の確率が低い(出力値の偏りが少ない)のですが、衝突可能性をゼロにはできません。

衝突が起きるとHashMapのput処理はハッシュ表の同一位置に複数の要素をリンクリスト構造でつなげて格納します(注9)。get時にハッシュ表の位置に複数要素がある場合、このリンクリストをたどってキーのequals同値比較で要素を探します。この追加の検索処理がある分、性能が劣化します。

衝突による速度劣化を防ぐため、HashMapは必要に応じて自動的にハッシュ表のサイズを拡張します。しかしハッシュ表の拡張は軽い処理ではありません。なぜなら、すべての既存要素の再配置が必要になるからです。可能であれば、無駄な拡張処理を防ぐために最初に適切なハッシュ表のサイズを指定してください。

COLUMN

ハッシュ関数

HashMapの内部動作の理解にはハッシュ関数の理解が必要です。ハッシュ関数は、入力値を短い出力値に変換する関数です。一般に入力値の取りうる範囲のほうが出力値の範囲より広いので、何種類かの値は同一値に変換されます。なお同じ入力に対しては常に同じ出力を返します。これはハッシュ関数固有の性質ではなく「関数」一般の性質です。

ハッシュ関数のわかりやすい例はStringクラスのhashCodeメソッドです。Stringオブジェクトの文字列から整数値に変換します。Stringオブジェクトは理論上、任意長かつ任意内容の文字列を保持できるので、変換の結果、入力がより狭い範囲の出力に絞られる動作を想像できると思います(※)。

※ 出力値から入力値を予測しづらい性質の関数を一方向関数と呼びます。ハッシュ関数と一方向関数は独立した概念ですが、一方向関数の多くはハッシュ関数として使えます。一方向関数は暗号などの分野で重要な役割を担います。

(注9) リンクリストの長さが増えた場合、リンクリスト構造の代わりにツリー構造に切り替える処理があります。詳細は割愛します。

1章 2章 3章 4章 5章 6章 7章 8章 9章 10章 11章 12章 13章 14章 15章 16章 17章 18章 19章 20章 21章 22章 23章

8-4-2 LinkedHashMap

HashMapのすべての要素(キーと値のペア)を列挙すると、ハッシュ表に対する列挙処理になります。上記で説明した内部動作からわかるように、この順序はハッシュ関数に依存しています。利用者から見ると何の規則性もない順序です。

マップでありながら意味のある順序の要素列挙をしたい場合、LinkedHashMapまたはTreeMapを使います。

■LinkedHashMapの内部動作

LinkedHashMapはHashMapを拡張継承したクラスです。LinkedHashMapは、ハッシュ表に加えてリンクリストを内部に保持します。

LinkedHashMapに要素を追加すると、内部でハッシュ表とリンクリストの両方に要素を追加します。ハッシュ表の追加処理はHashMapと同じ処理です。リンクリストに対する要素の追加は、単なる末尾への追加なので高速に動作します。要素の取得処理は、HashMapと同じ処理でハッシュ表から要素を検索します。一方、要素の列挙処理はリンクリストの列挙処理になります。このため、要素を追加した順序で列挙できます。

LinkedHashMapには次のコンストラクタがあります。

```
LinkedHashMap(int initialCapacity, float loadFactor, boolean accessOrder)
```

第3引数のaccessOrderにtrueを指定すると、列挙順序を要素のアクセス順にできます。アクセスはgetもしくはputしたタイミングを意味します。アクセス時にハッシュ表から要素を探した後、リンクリスト内の該当要素をリンクリストの末尾に移動します。このため要素の追加や検索の処理速度は少し遅くなります。

このモードを使うとアクセスのあった順で要素を並べたり、逆順にしてアクセスのない順で要素を列挙できたりします。なおアクセスがなければ追加した順序です。

8-4-3 TreeMap

LinkedHashMapで得られる順序は、追加した順序もしくはアクセスした順序の2種類です。特定のソート基準、たとえば数値の大小順や文字列の辞書順などの順序が欲しい場合があります。この用途に使えるマップがTreeMapです。

TreeMapの要素のキーは比較可能でなければいけません。比較可能とは一定の規則で順序づけて並べられる性質です。たとえば数値は大小関係という一定の規則で順序をつけて並べられます。比較の規則は1つとは限りません。たとえば文字列は辞書順での比較も可能ですが、長さでの比較も可能です。細かな点は後ほど「キーの条件」で改めて説明します。

■TreeMapの内部構造

TreeMapは**図8.9**のようなデータ構造（ツリー構造）です。現実の木（tree）と異なり、多くの場合、ルート（根）を上に描き、下の方向に向けて枝が伸びるように描きます。ツリー構造の要素を走査する時、ルート（最初の要素）から開始して1つずつ下に降りていく動作をします。

図8.9 TreeMapの実装イメージ

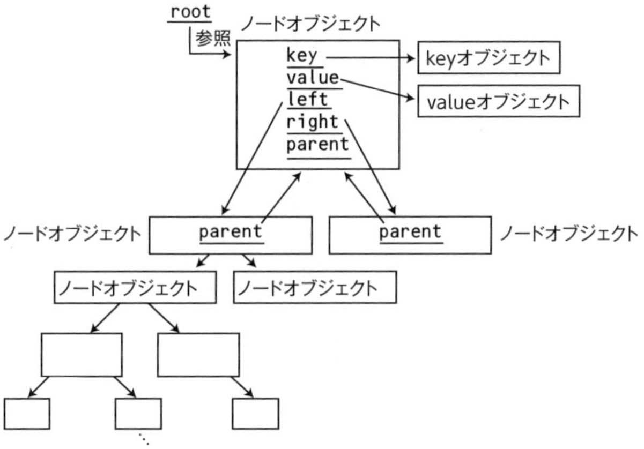

アルゴリズムの世界のツリー構造には様々な変種があります。JavaのTreeMapが現在採用しているアルゴリズムは赤黒木（red-black tree）と呼ばれるツリー構造です。赤黒木は2分探索木（binary search tree）の一種です。

2分探索木は子ノードの数が必ず2つのツリー構造です。左の子ノードが親ノードより小さいキーの要素、右の子ノードが親ノードより大きいキーの要素になるように要素を並べます。ここでの大きい小さいは、先ほど説明した比較可能という性質から決定する関係性です。2分探索木に要素を追加する時、**図8.10**のように動作します。要素を追加する場所を探すために、ルートから下に向かって、要素のキーの比較をしていきます。

図8.10 2分探索木に要素を追加

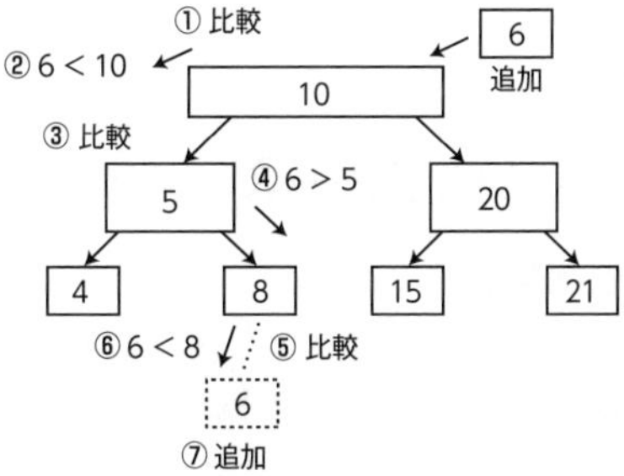

■TreeMapの性能

マップの典型的な利用目的の1つは検索です(キーから値を取り出す動作)。ツリーの検索処理の速さは2分探索木の高さ(深さ)に反比例します。2分探索木の高さが高いほど、検索のために比較する要素の平均的な数が増え、処理が遅くなります。理想的に動作した場合、ツリーの検索処理の速さは、リストの節で説明したバイナリサーチとアルゴリズム的に同じ速度になります。この速度は、HashMapの検索ほど速くはありませんが、実用上、十分な速度です。

理想的に動作した場合と断ったのには理由があります。**図8.11**のような2分探索木の場合、要素の検索速度はリニアサーチと同じで非効率になります。

図8.11　バランスしていない2分探索木

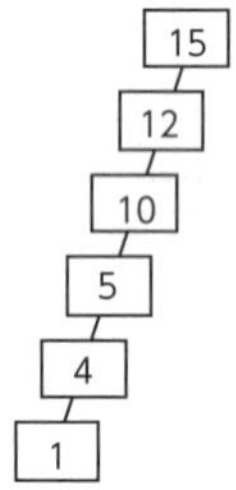

詳細の説明は省略しますが、TreeMapのツリーは左右の高さがなるべく同じになるように工夫されています。このようなツリーをバランスしたツリーと呼びます。ツリーがバランスしていると、ツリーの高さは要素の数に比して十分に低くなります。ツリーの高さが低ければ要素の検索処理は速くなります。こうしてTreeMapは追加も検索も速いデータ構造になっています。

8-4-4　マップの実装クラスの利用の指針

マップで紹介した3つの具象クラスの利用の指針をまとめます。要素の順序に依存した処理が不要な場合、HashMapが適しています。追加した順序やアクセス順の性質が欲しい場合、LinkedHashMapが適しています。任意の比較規則に従った順序が欲しい場合、TreeMapが適しています。

8-4-5　マップ関連のインタフェース

■SequencedMapとSortedMap

LinkedHashMapとTreeMapはキーの順序の概念を持ちます。これに対応するインタフェースがSequencedMapです(**表8.4**)。TreeMapは順序の概念に加えてソート済みの概念も持ちます。これに対応するインタフェースがSortedMapです(**表8.5**)。

表8.4 SequencedMapインタフェースの代表的なメソッド一覧

メソッド名	説明
reversed	順序を反転したSequencedMapに変換
firstEntry	先頭の要素を取得
lastEntry	末尾の要素を取得
pollFirstEntry	先頭要素を取り除いて取得
pollLastEntry	末尾要素を取り除いて取得
putFirst	先頭に要素を追加
putLast	末尾に要素を追加
sequencedKeySet	キーの集合を取得
sequencedValues	値の集合を取得
sequencedEntrySet	Map.Entryセットを返す（**「マップのイテレータと拡張for構文」**参照）

表8.5 SortedMapインタフェースの代表的なメソッド一覧

メソッド名	説明
subMap	引数で先頭キーと末尾キーを指定。その間の要素を持つSortedMapを返す
firstKey	先頭のキーを取得
lastKey	末尾のキーを取得

■NavigableMap

キーが順序を持つ概念を活用したインタフェースがNavigableMapです。TreeMapクラスはNavigableMapインタフェースを実装します。通常のマップはキーの完全一致でしか検索できませんが、NavigableMapの場合はキーの近さで検索できます。NavigableMapインタフェースの代表的なメソッドを**表8.6**に示します。

表8.6 NavigableMapインタフェースの代表的なメソッド一覧

メソッド名	意味
ceilingEntry	指定したキーと一致もしくは、より大きく一番近いキーのエントリを返す
ceilingKey	指定したキーと一致もしくは、より大きく一番近いキーを返す
higherEntry	指定したキーより大きく一番近いキーのエントリを返す
higherKey	指定したキーより大きく一番近いキーを返す
floorEntry	指定したキーと一致もしくは、より小さく一番近いキーのエントリを返す
floorKey	指定したキーと一致もしくは、より小さく一番近いキーを返す
lowerEntry	指定したキーより小さく一番近いキーのエントリを返す
lowerKey	指定したキーより小さく一番近いキーを返す
headMap	指定したキーより小さいエントリのサブマップを返す
tailMap	指定したキーより大きいエントリのサブマップを返す

ceilingEntryメソッドを使ったあいまい検索の例を**リスト8.11**に示します。説明は割愛しますが、後述するセットにも同様の役割のNavigableSetインタフェースが存在します。

リスト8.11 NavigableMapを使うあいまい検索

```
jshell> NavigableMap<String, String> map = new TreeMap<>()
jshell> map.put("ichi", "one")
jshell> map.put("ni", "two")
jshell> map.put("san", "three")
```

```
// "ic"に近いキーを検索
jshell> Map.Entry<String, String> entry = map.ceilingEntry("ic")
entry ==> ichi=one
```

8-4-6　マップの同値判定

2つのMapオブジェクトをequalsメソッドで同値比較したとします。2つのMapオブジェクトが同値のキーを持ち、かつすべてのキーに対して同値の値がある場合に限り、Mapのequalsメソッドの結果が真になります(**リスト8.12**)。

リスト8.12　Mapオブジェクトの同値判定

```
// 要素による同値判定なのでマップの具象クラスは問わない
jshell> var map1 = new HashMap<String, String>()
jshell> var map2 = new TreeMap<String, String>()

// 同値のキーを持ちかつすべてのキーに対する値が同値の場合に限り、Mapオブジェクトは同値
jshell> map1.put("k1", "v1")
jshell> map1.put("k2", "v2")

jshell> map2.put("k1", "v1")
jshell> map2.put("k2", "v2")

jshell> boolean result = map1.equals(map2)
result ==> true
```

8-4-7　マップのその他のトピック

■キーの条件

文法上、Mapのキーの型に任意の参照型を指定できます。しかし現実的にはキーに使うオブジェクトに条件があります。条件を満たさないと想定した動作にならないからです。

HashMapとLinkedHashMapの場合、キーにequalsメソッドとhashCodeメソッドの適切な実装が必要です。この文脈の「適切な実装」はキーの同値の定義で決まります。2つのキーの中身が同値の場合にequalsメソッドが真になるように実装し、hashCodeメソッドの結果が同一になるように実装します。

TreeMapの場合、TreeMap生成時にComparatorオブジェクトを渡さない場合、キーがComparableインタフェースを実装してcompareToメソッドで比較可能にする必要があります。TreeMap生成時に比較用のComparatorオブジェクトを渡す場合、Comparatorでキーを比較できるようにします

実開発では、Stringオブジェクト、数値オブジェクト、日時オブジェクト(java.timeパッケージのオブジェクト)のようにマップのキーに使える想定で設計および実装されている型をキーに

使うのが安全です。

■nullの利用

Mapのキーと値にnullを指定可能です。しかし基本的にはどちらも使わないほうが無難です。意図してキーをnullにする使用はほとんどないはずですが、意図せず使ってしまう可能性はあるので注意してください。

値のnull指定は実質的にバグに近い動作になります。値のnullと要素が存在しない場合の区別がつかなくなります(**リスト8.13**)。要素が存在しない場合のgetメソッドの返り値がnullだからです。

値がnullでも要素は存在するのでcontainsKeyメソッドはtrueを返し、sizeメソッドも要素をカウントします。全体的に一貫性のない動作になります。もし値nullを削除相当に使っている場合、removeメソッドで要素を削除するようにしてください(注10)。

リスト8.13　Mapの値のnull指定(非推奨)

```
jshell> var map = new HashMap<String, String>()

// nullの値の要素を追加
jshell> map.put("key1", null)

// getすると要素の値がnullとして返る
jshell> String result = map.get("key1")
result ==> null

// 存在しない要素の値もnull。値nullと区別がつかない
jshell> String result = map.get("no-exist-key")
result ==> null

// containsKeyメソッドは真
jshell> boolean result = map.containsKey("key1")
result ==> true

// マップのサイズは1
jshell> int result = map.size()
result ==> 1
```

■WeakHashMap

実開発でマップを簡易なインメモリキャッシュとして使う場合があります。インメモリキャッシュは入力に対して出力が一意に決まり、かつ出力取得処理が重い場合に有効です。

最初の出力取得処理後、入力をキー、出力を値としてMapにputします。次回の処理呼び出し時は、最初に入力をキーとしてMapのgetメソッドを呼びます。getが値を返せばキャッシュヒットを意味します。getがnullを返せばキャッシュにないので出力取得処理の必要性を意味します。

(注10)　remove(key)とput(key, null)は別動作です。removeは要素を削除しますが、put(key, null)は値nullの要素が残ります。

寿命の短いプログラムや入力の取りうる値の範囲に制限がある場合を例外として、上記の使い方をするといつかメモリ使用量が限界を超えます。メモリ使用量が限界を超えるとOutOfMemoryError実行時例外が起きて実行スレッドが停止します。回避するにはMapの要素数を一定サイズ以下に抑制する必要があります。

WeakHashMapを使うと自動で要素数を一定サイズに抑制できます。WeakHashMapの使い方はHashMapと同じです。Mapインタフェースを継承しているからです。

自動で要素がWeakHashMapから削除された場合、次回のそのキーに対するgetメソッドはnullを返します。要素が存在しない場合と同じ挙動です。このため特別な対応コードは不要です。

8-5 セット

セットは数学の「集合」の概念をプログラミングに持ち込んだものです。セットの抽象的な意味は重複のない要素の集まりです。この意味はリストと比較すると際立ちます。リストは順序で並んだ集まりで、重複した要素を持てます。セットの場合、順序は無関係で要素に重複はありません。

リストとの比較も合わせてセットの概念を図示します(**図8.12**)。

図8.12　セットの概念図

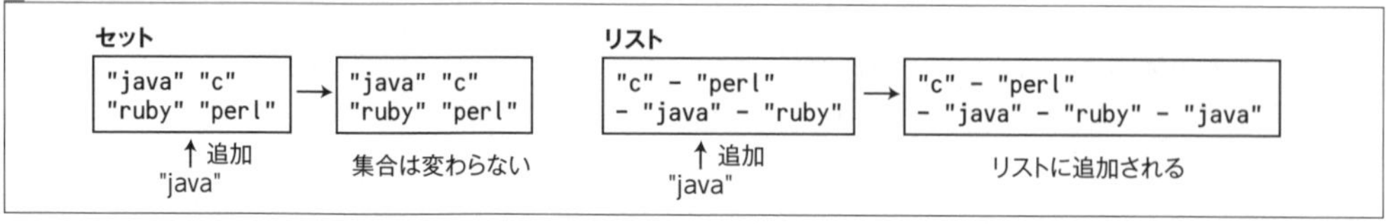

Set (java.util.Set) インタフェースが、セットに対する操作を規定します。開発者は、Setインタフェースを実装した具象クラスのオブジェクトを、Setインタフェースが決めた操作をできるオブジェクトとして扱います。

8-5-1 セットの具象クラス

Setインタフェースを実装する主なクラスは次の3つです。

- HashSet
- LinkedHashSet
- TreeSet

見て気づくと思いますが、Mapの具象クラスと似ています。

マップとセットは、その抽象的な意味は異なります。しかしマップのキーに注目してみると実は似ています。マップのキーは重複を許さないため、セットの抽象的な意味に合致するからです。このため、Javaは多くの実装で、Mapの実装クラスをそのままSetの実装クラスで利用しています。具象クラスの名前が似ているのは偶然ではなく内部実装が同じだからです。

HashSet、LinkedHashSet、TreeSetのそれぞれの性質は、類似名のマップと同じです。利用の指針も同じです。

セット自体の概念に要素が順序どおりに並ぶ必要性は含まれていません。しかし順序どおりに並ぶのを禁じてはいません。このためLinkedHashSetとTreeSetは、要素が順序を持つ性質を持っています。

Setインタフェースの代表的なメソッドを**表8.7**にまとめます。

表8.7　Setインタフェースの代表的なメソッド一覧

メソッド名	意味
add	要素の追加
addAll	要素をまとめて追加
clear	要素数ゼロに初期化（全要素削除と等価。削除より高速）
contains	要素の存在チェック
remove	要素を削除
removeIf	条件に一致する要素を削除
retainAll	指定した要素以外を削除
size	要素数の取得

Setでよく使うメソッドを紹介します。要素を追加するadd、要素を削除するremove、要素の存在確認のcontainsです。それぞれ次のような定義のメソッドです。

```
boolean add(E e)
boolean remove(Object o)
boolean contains(Object o)
```

Eは要素の型と理解してください。

Listインタフェース同様、Setインタフェースでも<>の中に要素の型を指定します。Setを使う例を**リスト8.14**に示します。

リスト8.14　Setオブジェクトの使用例

```
jshell> var set = new HashSet<String>()

// セットへの要素の追加。成功するとtrueを返す
jshell> boolean result = set.add("abc")
result ==> true
jshell> boolean result = set.add("xyz")
result ==> true

// すでに存在する要素の追加はfalseを返す
```

```
// 例外は発生しないのでロジック次第では返り値を無視して構わない
jshell> boolean result = set.add("abc")
result ==> false

// 要素の存在チェック: 存在すれば真、存在しなければ偽
jshell> boolean result = set.contains("abc")
result ==> true

// 要素の削除に成功するとtrueを返す
jshell> boolean result = set.remove("abc")
result ==> true

// 削除済みなど、存在しない要素の削除はfalseを返す
// 例外は発生しないのでロジック次第では返り値を無視して構わない
jshell> boolean result = set.remove("abc")
result ==> false
```


COLUMN

EnumSetとEnumMap

特定のEnum型のenum定数のみを要素とするセットにEnumSetクラスを使えます。ビット演算で最適化した実装で効率的に動作します。EnumSetを使い、あるenum定数が含まれているかを判別するコード例を紹介します。Setを適切に使うと条件分岐を簡易化できます。

```
public class Main {
    // DayOfWeekの定義はリスト7.25を参照してください
    private static final EnumSet<DayOfWeek> holidays = EnumSet.of(DayOfWeek.SUNDAY,
DayOfWeek.SATURDAY);

    public static void main(String... args) {
        executeByDay(DayOfWeek.FRIDAY);
    }

    public static void executeByDay(DayOfWeek dow) {
        if (holidays.contains(dow)) { // 条件分岐を簡易化できる
            System.out.println("day off");
        } else {
            System.out.println("workday");
        }
    }
}
```

EnumMapはキーをenum定数に限定できるMapインタフェースの実装です。EnumMap<DayOfWeek, String>のように宣言して使います。使用例は割愛します。

8-5-2　セットの同値判定

2つのSetオブジェクトをequalsメソッドで同値比較したとします。2つのSetオブジェクトのすべての要素が同値の場合に限り、Setのequalsメソッドの結果が真になります。コード例は省略します。

8-6　スタック、キュー、デック

スタック、キュー、デックと呼ばれるデータ構造があります（**図8.13**）。

図8.13　スタック、キュー、デック

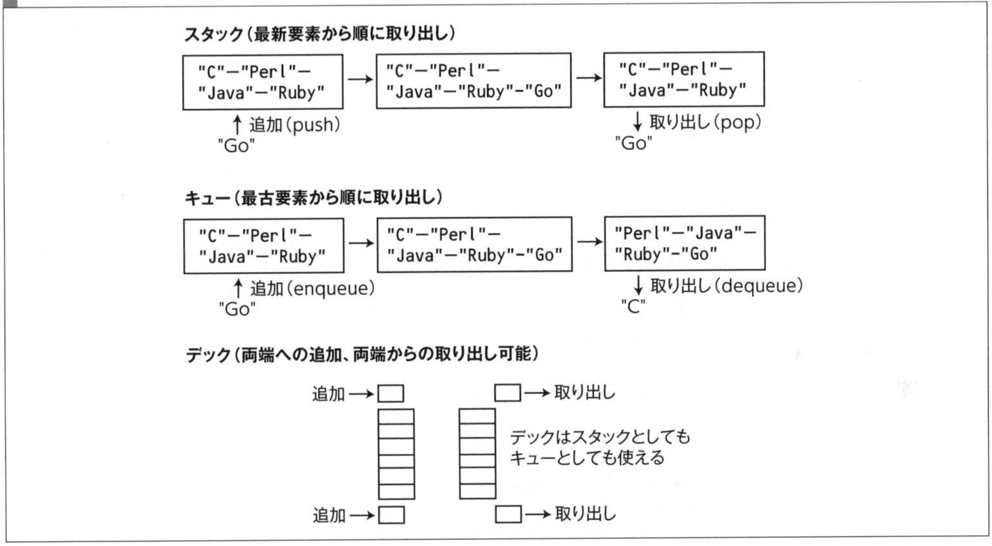

キュー構造用にQueueインタフェース、デック構造用にDequeインタフェースが存在します。スタック構造用にStackクラスが存在します。Stackクラスは古いクラスなので非推奨です。

スタック構造とキュー構造は実質的にデック構造で代用可能です。結果としてDequeインタフェースの実装クラスであるArrayDequeクラスで3種類のデータ構造に対応できます。

8-7　変更不可コレクション

コレクションの中身が知らないうちに変更（破壊）されるバグはしばしば発生します。

引数で渡ってくるオブジェクトの状態をメソッド内で書き換えるのは良い習慣ではありませ

ん。このようなメソッドを破壊的なメソッドや副作用のあるメソッドと呼びます。

破壊的なメソッドの引数にコレクションオブジェクトを渡すと、意図せず要素が追加されたり削除されたりする危険があります。メソッドの中身を読めば何が起きるかわかりますが、メソッドを使うたびにメソッドの中身を気にするのは大変です。メソッドに渡したコレクションが実行時に変更されない保証をできると便利です。このために使えるのが変更不可コレクションです。

Collections.unmodifiableListメソッドで変更可能コレクションを変更不可コレクションに変換できます(**リスト8.15**)。変更不可コレクションオブジェクトに対して要素の追加、削除、置換をしようとするとUnsupportedOperationException実行時例外が起きます。こうして、意図しない変更に気づけないままプログラムが不正に動き続ける事故を防止できます。なおCollections.unmodifiableListメソッドは要素コピーをしないので、パフォーマンスの問題はありません。

リスト8.15　変更不可コレクションへの変更

```
// 変更可能コレクション
jshell> var list = new ArrayList<String>()
jshell> list.add("abc")
jshell> list.add("def")

// 変更不可コレクションに変更
// 変数の型はvarで省略可能です。ここでは明示します
jshell> List<String> ulist = Collections.unmodifiableList(list)

// 変更不可コレクションに対する変更は
// UnsupportedOperationException実行時例外発生
jshell> ulist.add("xyz")
|  Exception java.lang.UnsupportedOperationException

// 別解
// List.copyOfメソッドでも変更不可コレクションに変換可能
jshell> List<String> ulist = List.copyOf(list)
```

MapとSetにはそれぞれCollections.unmodifiableSetメソッドとCollections.unmodifiableMapメソッドがあります。

8-7-1　変更不可と不変

コレクションオブジェクトを変更不可にしても、要素が可変オブジェクトの場合、要素自体の変更を禁止できません。たとえばList<StringBuilder>を変更不可にしても、禁止できるのは要素の追加や削除や置換で、要素のStringBuilderは依然として可変です。

この違いがあるので本書は次の2つの用語を使い分けます。

- **変更不可コレクション**（unmodifiable）
- **不変コレクション**（immutable）

変更不可コレクションは要素の追加、削除、置換を禁じたコレクションです。不変コレクションは、変更不可コレクションかつ要素も変更不可です。

可変オブジェクト要素のコレクションを不変コレクションにするには、要素の直接アクセスを禁じるしかありません。この禁止の徹底は簡単ではありません。通常、要素を不変にするほうがコードが単純になります。

なお配列は変更不可にできません。必然的に不変にもできません。Collections.unmodifiableList(Arrays.asList(array))で変更不可Listオブジェクトに変換するのが回避策です。

8-7-2 コレクションのコピー

「**6-8 不変オブジェクト**」で防衛的コピーを紹介しました。変更不可や不変にする代わりにコピーしたオブジェクトを使う技法です。

要素すべてをコピーした新しいコレクションオブジェクトを作るにはいくつか手段があります。**リスト8.16**のように新規コレクションオブジェクトのnew式の引数にコピー元オブジェクトを渡すのが簡易です。

リスト8.16 コレクションオブジェクトのコピー

```
// コピー元のListオブジェクト
jshell> var list = new ArrayList<String>()
jshell> list.add("abc")
jshell> list.add("def")

// コピー先のListオブジェクト
jshell> var list2 = new ArrayList<>(list)

// コピー先のListオブジェクトへの追加要素
jshell> list2.set(0, "ABC")
jshell> list2
list2 ==> [ABC, def]

// コピー元のListオブジェクトから変更は見えない
jshell> list
list ==> [abc, def]
```

■シャローコピーとディープコピー

リスト8.16のコピー先コレクションオブジェクトはコピー元と同じ要素を参照しています。要素が変更可能オブジェクトの場合、コピー元の要素の変更がコピー先に伝播します（**リスト8.17**）。コレクションの要素の値（参照）だけがコピーされ、参照先オブジェクトをコピーしていないからです。このようなコピー動作をシャローコピー(shallow copy)と呼びます。

リスト8.17　通常のコレクションオブジェクトのコピーはシャローコピー

```
// コピー元のListオブジェクト
jshell> var list = new ArrayList<StringBuilder>()
jshell> list.add(new StringBuilder("abc"))
jshell> list.add(new StringBuilder("def"))

// コピー先のListオブジェクト
jshell> var list2 = new ArrayList<>(list)

// コピー先のListオブジェクトの要素自体を変更
jshell> list2.get(0).append("XYZ")

// コピー元のListオブジェクトから変更が見える
jshell> list
list ==> [abcXYZ, def]
```

すべての要素の参照先オブジェクト自体をコピーする動作をディープコピー(deep copy)と呼びます。簡易な手段はないので開発者の個別実装が必要です。StringBuilder要素であれば**リスト8.18**が一例です。コードの詳細は「**10章 ストリーム処理**」の読後に確認してください。

リスト8.18　ディープコピーの例

```
// コピー元のListオブジェクト
jshell> var list = new ArrayList<StringBuilder>()
jshell> list.add(new StringBuilder("abc"))
jshell> list.add(new StringBuilder("def"))

// コピー先のListオブジェクトをストリーム処理で生成
jshell> var list2 = list.stream().map(sb -> new StringBuilder(sb)).toList()

// コピー先のListオブジェクトの要素自体を変更
jshell> list2.get(0).append("XYZ")

// コピー元のListオブジェクトから変更は見えない
jshell> list
list ==> [abc, def]
```

実開発でディープコピーを徹底するのは困難です。要素を不変にするか、副作用のあるメソッドをなくすほうが容易です。

■コピーと変更管理

コレクションをコピーすれば、コピー先オブジェクトへの変更はコピー元オブジェクトに影響しません。しかしコピーしたので大丈夫と安易に言えないのが現実の開発の難しさです。たとえば別の開発者（昔の自分を含む）がコピー元の変更を意図して書いたメソッドがどこかに存在している可能性があります。その存在を忘れていると、良かれと思って実施したコピーがバグになる可能性があります。

コレクションの変更管理の指針を示します。

- 変更を一切しない静的データ表現としてコレクションを使う場合、不変コレクションにします。この場合、コレクションのコピーは不要です。メソッドの引数などに渡しても安全です
- 寿命が長い変更可能コレクションオブジェクトは、可能な限り、変更処理を隠蔽するオブジェクトを作り、コレクション変更をそのオブジェクト内のコードに限定します。コレクションオブジェクトを参照するフィールド変数を1つに限定（通常はprivate finalなフィールド変数）できると理想です。

8-8 コレクションの技法

8-8-1 コレクションオブジェクトの初期化記法

■Listの初期化

コレクションオブジェクトを生成と同時に初期化できる記法がいくつかあるので紹介します。

Listオブジェクトの初期化はList.ofメソッドを使うのがもっとも簡易で便利です（**リスト8.19**）。

リスト8.19 List.ofメソッドを使う初期化

```
// 型がわかりやすいように変数の型を明示します
jshell> List<String> list = List.of("abc", "def", "ghi")

// リテラル以外の要素指定も可能です
jshell> var s = "abc"
jshell> var list = List.of(s, s, s)
list ==> [abc, abc, abc]
```

List.ofメソッドで生成したListオブジェクトは変更不可オブジェクトです。要素の追加、削除、置換はできません（**リスト8.20**）。

リスト8.20 List.ofメソッドは変更不可Listオブジェクトを生成

```
// 要素追加は実行時例外発生（削除と置換も同様）
jshell> var list = List.of("abc", "def", "ghi")
jshell> list.add("xyz")
|  Exception java.lang.UnsupportedOperationException
```

よく使う別の初期化手段がArrays.asListメソッドです。Arrays.asListメソッドが返すListオブジェクトも要素の追加や削除はできません。しかし要素の置換は可能です。この性質により、

後述するインプレースのソート処理が可能です。

リスト8.21　Arrays.asListメソッドを使う初期化

```
jshell> List<String> list = Arrays.asList("abc", "def", "ghi")

// 要素追加は実行時例外発生(削除も同様)
jshell> list.add("xyz")
|  Exception java.lang.UnsupportedOperationException

// 要素置換は可能(インプレースのソート処理(本文参照)可能)
jshell> list.set(0, "xyz")
jshell> list
list ==> [xyz, def, ghi]
```

変更可能Listオブジェクトを生成と同時に初期化したい場合、**リスト8.22**のようなコードを使えます。作成後に要素追加コードを書き連ねるより、少しだけ簡潔なコードにできます。

リスト8.22　変更可能Listオブジェクトの初期化

```
// もっとも記述が簡潔(内部的には要素をコピー)
var list = new ArrayList<>(List.of("abc", "def", "ghi"));

// 匿名クラス
// 今はこの構文で初期化できる理解のみで十分です
var list = new ArrayList<String>() {
            {
                add("abc");
                add("def");
                add("ghi");
            }
    };
```

■MapとSetの初期化

Mapオブジェクトの初期化、Setオブジェクトの初期化はそれぞれMap.ofとSet.ofメソッドを使うのが便利です(**リスト8.23**)。Map.ofメソッドは渡せる引数の数に上限があります。上限を超える場合はMap.ofEntriesメソッドを使ってください。リスト8.23のコレクションオブジェクトはすべて変更不可オブジェクトです。要素の追加や削除はできません。

リスト8.23　MapオブジェクトとSetオブジェクトの初期化(3パターン)

```
// 変更不可Mapオブジェクト
jshell> Map<String, String> map = Map.of("k1", "v1", "k2", "v2")
map ==> {k1=v1, k2=v2}

// 変更不可Mapオブジェクト
```

```
jshell> Map<String, String> map = Map.ofEntries(Map.entry("k1", "v1"), Map.entry("k2", "v2"))
map ==> {k1=v1, k2=v2}

// 変更不可Setオブジェクト
jshell> Set<String> set = Set.of("elem1", "elem2")
set ==> [elem2, elem1]
```

変更可能オブジェクトを生成と同時に初期化したい場合、**リスト8.24**と**リスト8.25**のようなコードを使えます。

リスト8.24　変更可能Mapオブジェクトの初期化

```
// もっとも記述が簡潔（内部的には要素をコピー）
var map = new HashMap<>(Map.of("k1", "v1", "k2", "v2"));

// 匿名クラスを活用
var map = new HashMap<String, String>() {
        {
            put("k1", "v1");
            put("k2", "v2");
        }
    };
```

リスト8.25　変更可能Setオブジェクトの初期化

```
// もっとも記述が簡潔（内部的には要素をコピー）
var set = new HashSet<>(Set.of("elem1", "elem2"));

// 匿名クラスを活用
var set = new HashSet<String>() {
        {
            add("elem1");
            add("elem2");
        }
    };
```

■ストリーム処理を使うコレクションオブジェクトの初期化

ストリーム処理を使ってコレクションオブジェクトを生成できます。生成と同時の初期化コードと同等の処理を記述可能です。詳細は「**10章　ストリーム処理**」を参照してください。

8-8-2　Collectionsクラス

Collectionsクラスはコレクションにまつわる様々なユーティリティメソッドを提供していま

す(注11)。代表的なユーティリティメソッドを**表8.8**に示します。

表8.8 Collectionsクラスのユーティリティメソッド(型変数の表記を簡略化しています。以後、本章全体で簡略化します)

クラスメソッド	説明
<T extends Comparable> void sort(List<T> list)	ソート(インプレース)。比較基準は要素オブジェクトのcompareToメソッド
void sort(List<T> list, Comparator<T> c)	ソート(インプレース)。比較基準は引数のComparatorオブジェクト
int binarySearch(List<Comparable<T>> list, T key)	バイナリサーチ。「ソート済みのリストのサーチ」参照
void copy(List<T> dest, List<T> src)	srcからdestに要素のコピー(シャローコピー)
void reverse(List<?> list)	リストの要素の順序を反転(インプレース)
T min(Collection<T> coll, Comparator<T> comp)	最小の要素を検索。比較基準は引数のComparatorオブジェクト
T max(Collection<T> coll, Comparator<T> comp))	最大の要素を検索。比較基準は引数のComparatorオブジェクト
boolean replaceAll(List<T> list, T oldVal, T newVal)	リストの要素の置換
List<T> unmodifiableList(List<T> list)	変更不可Listオブジェクトへの変換
Set<T> unmodifiableSet(Set<T> s)	変更不可Setオブジェクトへの変換
Map<K,V> unmodifiableMap(Map<K, V> m)	変更不可Mapオブジェクトへの変換
List<T> synchronizedList(List<T> list)	同期Listコレクションへの変換
Set<T> synchronizedSet(Set<T> s)	同期Setコレクションへの変換
Map<K,V> synchronizedMap(Map<K, V> m)	同期Mapコレクションへの変換
Enumeration<T> enumeration(final Collection<T> c)	コレクションオブジェクトからEnumerationオブジェクトへの変換(「コレクションと歴史的コード」参照)
ArrayList<T> list(Enumeration<T> e)	Enumerationオブジェクトからコレクションオブジェクトへの変換(「コレクションと歴史的コード」参照)

8-8-3 ソート処理

Listをソートするには主に次の3つの手段があります。

- ストリーム処理のソート
- Listインタフェースのsortメソッド
- Collections.sortメソッド

ソートの自由度の高さからストリーム処理の使用を推奨します。ストリーム処理のソートは「**10章 ストリーム処理**」で説明します。本章は後者2つを説明します。

Listインタフェースのsortメソッドと Collections.sortメソッドの定義を示します(**リスト8.26**)。

リスト8.26 sortメソッドの定義

```
// Listインタフェースのsortメソッド
void sort(Comparator<E> c)

// Collections.sortメソッド
```

(注11) 歴史的事情のためストリーム処理と機能の重複があります。

```
void sort(List<T> list, Comparator<T> c)
<T extends Comparable> void sort(List<T> list)
```

リスト8.26のEとTは型変数です。使う文字が違いますが意味は同じです。両方ともListの要素の型を示しています。詳細は「**19章 ジェネリック型**」で説明するので今は気にしなくて結構です。

リスト8.26のすべてのソート処理は対象Listオブジェクト自体を変更します。要素同士を交換しながらソートする動作だからです。このようなソート動作をインプレースのソートと呼びます。変更不可ListオブジェクトをインプレースソートするとUnsupportedOperationException実行時例外が発生します。

元のListオブジェクトを変更せずに新しいソート済みのListオブジェクトを欲しい場合は、Listオブジェクトを複製してからソートするか、ストリーム処理でソートします。

■ソートの比較基準

「**3-4-2 文字列の大小比較とソート処理**」で文字列比較とソート処理を説明しました。

リスト8.26のすべてのソート処理は比較基準を切り替えられる設計になっています。比較基準とは、たとえば文字列であれば辞書順比較や長さ比較などです。比較基準の切り替えにより、辞書順に並べる時も長さ順に並べる時も同じsortメソッドで実施できます。比較基準切り替えの実装イメージは「**9章 メソッド参照とラムダ式**」のCollections.sortメソッドの使い方で説明します。ここでは比較基準を切り替えられる点を理解してください。

引数にComparatorオブジェクトを受け取るsortメソッドの比較基準はComparatorオブジェクトのcompareメソッドです。compareメソッドは下記の定義です。

```
int compare(T o1, T o2);
```

Tは要素の型と理解してください。compareメソッドはListの2つの要素オブジェクトの比較結果を返します。compareメソッドの返り値の意味は**表8.9**のとおりです。

表8.9 compareメソッドの返り値

返り値	意味
正数	o1がo2より大きい
0	o1とo2が等しい
負数	o1がo2より小さい

引数にComparatorオブジェクトを渡さないsortメソッドの場合、Listの要素にComparableインタフェースの実装が必要です。具体的には要素オブジェクトがcompareToメソッドを持つ必要があります。compareToメソッドの返り値は「3-4-2 文字列の大小比較とソート処理」を参照してください。要素がcompareToメソッドを持たない場合、sortメソッド呼び出しがコンパイルエラーになります。たとえば**リスト8.27**はコンパイルエラーになります。レコードクラスはデフォルトでComparableインタフェースを継承していないからです。

リスト8.27 Collections.sortメソッドがコンパイルエラーになる例(コンパイルエラー修正例はコラム参照)

```
jshell> record Book(String title) {}
jshell> var list = new ArrayList<Book>()
jshell> list.add(new Book("xyz"))
jshell> list.add(new Book("abc"))

jshell> Collections.sort(list)
|  Error:
|  no suitable method found for sort(java.util.ArrayList<Book>)
```

■並列ソート

大量データのソートはスレッドを使う並列ソートで高速化が可能です。並列ソートの詳細は「**10章 ストリーム処理**」で説明します。

8-8-4 同期コレクションと並行コレクション

マルチスレッドでの使用を想定した同期コレクションと並行コレクションがあります。詳細は「**21章 同時実行制御**」を参照してください。

8-8-5 コレクションと歴史的コード

コレクションAPIはJava1.2でコレクションフレームワークとして整理されました。それ以前の古いクラスも後方互換性のために残っています。古いクラスを、新しいコレクションフレームワークのどのクラスで書き換えれば良いかを**表8.10**に示します。

COLUMN

リスト8.27のコンパイルエラー修正例

下記のようにレコードクラスでComparableインタフェースを継承してcompareToメソッドを実装するとリスト8.27のCollections.sortメソッド呼び出しのコンパイルエラーを修正できます。

```
record Book(String title) implements Comparable<Book> {
    @Override
    public int compareTo(Book o) {
        return this.title.compareTo(o.title);
    }
}
```

表8.10　古いクラスと置き換え用に使える新しいクラス

古いクラス	新しいクラス
Vector	ArrayList
Hashtable	HashMap
Stack	ArrayDeque あるいは LinkedList
Enumeration	Iterator
Dictionary	HashMap

古いAPIにはEnumerationを引数にとるメソッドがあります。Collectionsクラスのenumerationクラスメソッドで、コレクションオブジェクトをEnumerationオブジェクトに変換できます。また、Collectionsクラスのlistクラスメソッドで、EnumerationオブジェクトをArrayListオブジェクトに変換できます。

1章
2章
3章
4章
5章
6章
7章
8章
9章
10章
11章
12章
13章
14章
15章
16章
17章
18章
19章
20章
21章
22章
23章

8-9 コレクションと繰り返し処理

モノの集まりを扱う処理は繰り返し処理と強い関係があります。

要素を取り出す、取り出した要素で何かする、次の要素を取り出す、この一連の処理の繰り返しがモノの集まりを処理する基本的な手法です。

「取り出した要素で何かする」のは、要素に対する条件判定や、その要素を無視する(何もしない)ことも含みます。ここまで広義に考えると、モノの集まりの処理は繰り返し処理と表裏一体です。モノの集まりを処理するには繰り返し処理が必然的に現れ、繰り返し処理には(陽に現れなくても)必然的にモノの集まりが現れます。

繰り返し処理はプログラミングの基本処理の1つなので、英語がそのまま現場で多く使われます。繰り返し処理を英語でイテレーション(iteration)と呼びます。繰り返し処理をコードで表現する場合、ループ(loop)で書くことが多いので、ループ処理という用語も使います。繰り返し処理は再帰処理(recursive)で書くこともあります(「**6-5-8 再帰呼び出し**」参照)。ループと再帰処理はどちらも繰り返し処理です。

8-9-1 Listの繰り返し処理

List<Integer>を例に、要素の合計値を求める具体例を3つ示します(**リスト8.28**)。概念を理解した後は、繰り返し処理のコードはイディオム(決まりごと)として覚えてください。リスト8.28に加えてストリーム処理を使うイディオムコードもあります。ストリーム処理を使うコード例は「**10章 ストリーム処理**」に説明を譲ります。

リスト8.28　リストに対する繰り返し処理の例(3パターン)

```
// 前提
// List<Integer> list
```

```
// int sum = 0

// 拡張for構文を使うパターン(ループ変数の型はvarで省略可能。下記2例も同様)
for (Integer n : list) {
   sum += n;
}

// イテレータを使うパターン
for (Iterator<Integer> it = list.iterator(); it.hasNext(); ) {
    Integer n = it.next();
    sum += n;
}

// インデックスでforループをまわすパターン
for (int i = 0; i < list.size(); i++) {
    Integer n = list.get(i);
    sum += n;
}
```

8-9-2　拡張for構文

繰り返し処理の構文は「**13章 Javaプログラムの実行と制御構造**」で説明します。拡張for構文はコレクションと親和性が高いので本章で説明します。

拡張for構文は、コレクションの要素オブジェクトの参照を先頭から1つずつループ変数に代入、という処理を繰り返すコードです。コレクションオブジェクトを参照する変数を便宜上コレクション変数と呼ぶと、疑似コードは次のようになります。

```
// コレクション変数がコレクション型<要素型>オブジェクトを参照
for (要素型 ループ変数 : コレクション変数) {
    forループがまわるごとに、ループ変数が要素オブジェクトを順に参照
}

// ループ変数の型をvarで省略可能
for (var ループ変数 : コレクション変数) {
    forループがまわるごとに、ループ変数が要素オブジェクトを順に参照
}
```

この動作を図で示すと**図8.15**のようになります。

図8.15 拡張for構文の動作

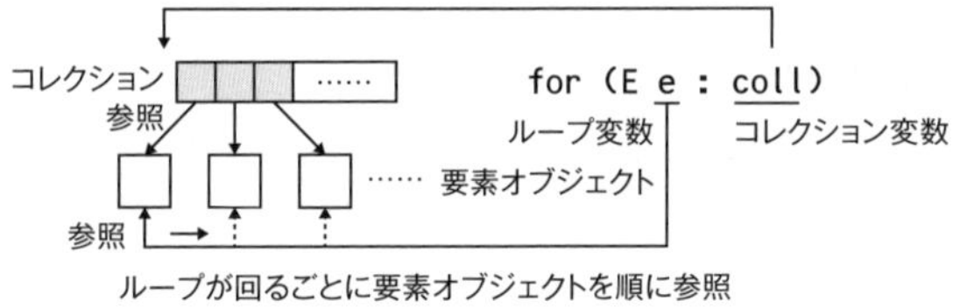

途中でループを抜ける文(breakやreturnなど)を書かない限り、拡張for構文はすべての要素を処理します。

SetとMapに対する拡張for構文は後ほど紹介します。

■拡張for構文を使えない場合

拡張for構文は簡易記法のため、次のような場合は拡張for構文を使えません。

- コレクションの要素を逆方向に走査する場合
- (あまりありませんが)ループを途中で中断して抜けた後、再び、同じ位置からループを再開したい場合
- コレクションの要素を走査するループの中で、要素の追加や削除を行う場合

これらの処理を書くには、次に説明するイテレータを使います。

8-9-3 イテレータ

拡張for構文は内部的にイテレータを使っています。イテレータはイテレーション(繰り返し処理)を抽象化したオブジェクトです。

イテレータを使う意味をインデックスでforループをまわすコードと対比して説明します。インデックスを使うコードは、一見、理解しやすいコードです。しかし、インデックスを使うコードはコレクションオブジェクトの要素にインデックスでアクセスできる性質、別の言い方をすると要素が順序をもって並んでいる性質に依存しています。コレクション自体は要素の順序性を規定していません。要素の順序性はリストという抽象です。つまり、インデックスでforループをまわすコードは、コレクション全般に適用できるコードではなく、リストにのみ適用可能な繰り返し処理です。

コレクション自体に順序性が必須ではなく、単にモノの集まりという抽象概念しかないのであれば、繰り返し処理に必要なのは要素を1つずつ取り出す概念のみです。この抽象概念をイテレータと呼びます。

■Iteratorインタフェース

イテレータ操作を定義したIterator (java.util.Iterator<E>) インタフェースがあります。Iteratorインタフェースは次の3つのメソッドを持ちます。

```
boolean hasNext()
E next()
void remove()
```

hasNextは次に取り出す要素があるかを調べるメソッドです。nextは(まだ取り出していない)次の要素を取り出します(Eは要素の型です)。removeは少し特殊な操作ですが、nextで取り出した要素をコレクションから削除する操作です。removeは後ほど説明します。

要素を1つずつ取り出す抽象概念を、取り出す要素の有無を調べる操作、次の要素を取り出す操作、という2つの具体的な操作に分解しています。これは、抽象概念を具体的操作に落とし込む実例です。分解の仕方はこれだけが唯一の解ではないことも追記しておきます。

イテレータの概念図を示します(**図8.16**)。概念的にはイテレータは要素間を指します。

図8.16　要素の間を指すリストイテレータ

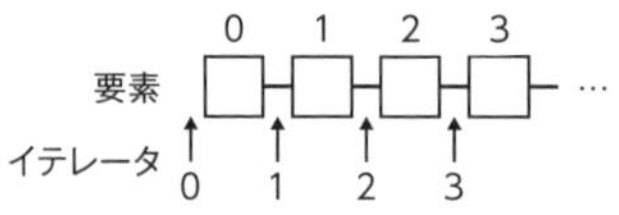

■セットのイテレータと拡張for構文

イテレータを使う繰り返し処理は、順序を持たないセットにも使えます。イテレータを使ってセットの要素の合計値を計算する例を示します(**リスト8.29**)。イテレータオブジェクト(Iteratorインタフェースを実装した具象オブジェクト)は、コレクションオブジェクトのiteratorメソッドで取得できます。

拡張for構文はイテレータを使うコードの簡易構文なのでセットに使えます。

リスト8.29　セットに対するイテレーション

```
// 前提
// Set<Integer> set

// イテレータを使うパターン
for (Iterator<Integer> it = set.iterator(); it.hasNext(); ) {
    Integer n = it.next();
    sum += n;
}
```

```
// 拡張for構文を使うパターン
for (Integer n : set) {
    sum += n;
}
```

リスト8.29はListインタフェースのコード(リスト8.28)とまったく同じです。これが「要素を取り出す」概念のみに抽象化した力です。

リスト8.30のようにCollectionインタフェースで受け取るメソッドを定義すると、ListもSetも受け入れ可能です。モノの集まりというコレクションの抽象概念のみに依存することでコードを共通化できる例になります。

リスト8.30 コレクションに対するイテレーション

```
int calcSum(Collection<Integer> coll) { // 引数にListでもSetでも受け入れ可能なメソッド
    int sum = 0;
    for (Integer n : coll) {
        sum += n;
    }
    return sum;
}
```

■マップのイテレータと拡張for構文

マップにもイテレータがあります。キーと値のペアを取り出す必要があるので、リストやセットと異なるコードになります。キーのみに対する繰り返し処理、値のみに対する繰り返し処理、そしてキーと値のペアに対する繰り返し処理の3パターンについて、拡張for構文を使う例とイテレータを使う例のそれぞれを**リスト8.31**に示します。

要素の処理順序はMapの具象クラスに依存します。詳しくは「**8-4 マップ**」の説明を参照してください。

リスト8.31 マップに対するイテレーション

```
// 前提
// Map<String, String> map

// 拡張for構文による、キーに対する繰り返し処理
for (String key : map.keySet()) {
    System.out.println(key);
}

// イテレータによる、キーに対する繰り返し処理
for (Iterator<String> it = map.keySet().iterator(); it.hasNext(); ) {
    String key = it.next();
    System.out.println(key);
```

```
}

// 拡張for構文による、値に対する繰り返し処理
for (String val : map.values()) {
    System.out.println(val);
}

// イテレータによる、値に対する繰り返し処理
for (Iterator<String> it = map.values().iterator(); it.hasNext(); ) {
    String val = it.next();
    System.out.println(val);
}

// 拡張for構文による、キーと値に対する繰り返し処理
for (Map.Entry<String, String> entry : map.entrySet()) {
    System.out.println(entry.getKey());
    System.out.println(entry.getValue());
}

// イテレータによる、キーと値に対する繰り返し処理
for (Iterator<Map.Entry<String, String>> it = map.entrySet().iterator(); it.hasNext(); ) {
    Map.Entry<String, String> entry = it.next();
    System.out.println(entry.getKey());
    System.out.println(entry.getValue());
}
```

■順序のあるイテレータ

コレクションの要素を逆方向に列挙したい場合があります。逆という方向を定義できるので、必然的に順序ありコレクションを意味します。

順序を前提としたイテレータが存在します。ListIterator (java.util.ListIterator) インタフェースです。ListIteratorはIteratorを継承しているので、hasNextやnextメソッドを持ちます。それに加えて、hasPreviousとpreviousメソッドを持ちます。

リストの末尾から先頭に向かって要素をすべて列挙する例を示します(**リスト8.32**)。ListIteratorオブジェクトはListオブジェクトのlistIteratorメソッドで取得できます。

listIteratorメソッドは引数が1つあります。引数にインデックス値を渡すと、その位置から始まるイテレータを得られます。

リスト8.32　リストを逆順に走査するイテレータ

```
// 前提
// List<Integer> list
for (ListIterator<Integer> it = list.listIterator(list.size()); it.hasPrevious(); ) {
    Integer i = it.previous();
    System.out.println(i);
}
```

■イテレーションの一時中断と再開

イテレータを使うと、ループを途中で抜けた後、再び、同じ位置からループを再開するコードを書けます。

リスト8.33は文字列のリストから"pause"と言う文字列を見つけるとループを抜けます。この時、そのイテレータをsaveItという変数に保存します。その後、saveItを初期値とするイテレータでループを開始すると、"pause"文字列の次の要素からループを再開します。

リスト8.33　イテレーションの一時中断と再開

```
ListIterator<String> saveIt = null;
for (ListIterator<String> it = list.listIterator(); it.hasNext(); ) {
    String s = it.next();
    if (s.equals("pause")) {
        saveIt = it; // 途中のイテレータを代入
        break;
    }
}
if (saveIt != null) {
    for (ListIterator<String> it = saveIt; it.hasNext(); ) {
        String s = it.next();
        System.out.println(s);
    }
}
```

■イテレーション中に要素を増減する処理の典型的なバグ

拡張for構文のループ内でコレクションから要素を削除したとします（**リスト8.34**）。

リスト8.34　コレクションのイテレーション中に要素を増減（典型的なバグ）

```
// 前提
// List<String> list
// ConcurrentModificationException実行時例外が発生
for (String s : list) {
    list.remove(0);
}
```

リスト8.34はコンパイルできますが、実行時にConcurrentModificationException実行時例外が起きます。削除ではなく要素の追加でも同じ実行時例外が発生します。

インデックスを使うコードで書き換えると例外は起きなくなりますが、期待する動作をしません（**リスト8.35**）。

リスト8.35　コレクションのイテレーション中に要素を増減（典型的なバグ）

```
// 例外は起きないが期待どおりに動作しない
for (int i = 0; i < list.size(); i++) {
    list.remove(i);
}
```

リスト8.35はすべての要素を削除できそうです。しかしループをまわるたびにリストの要素が減るので、ループの終了条件の判定に使っているlist.size()の返す値がループごとに減ります。このためすべての要素を削除できません。一方、ループ前に取得したlist.size()の結果をループの終了条件判定に使うコードにすると、今度はIndexOutOfBoundsException実行時例外が発生します。

■イテレーション中に要素を増減する処理

前述のようにイテレーション中に要素数を変える処理は、困難かつ危険です。どうしても要素の増減を安全に書きたい場合、イテレータの更新メソッドを使います（**リスト8.36**）。

リスト8.36　コレクションのイテレーション中にremoveメソッドで要素を削除する

```
var list = new ArrayList<>(List.of("abc", "def", "ghi"))
// 下記コードで全要素を削除可能
for (Iterator<String> it = list.iterator(); it.hasNext(); ) {
    it.next();
    it.remove();
}
```

イテレータのremoveメソッドは、nextメソッドを呼んだ後に呼ぶ必要があります。nextで取り出した要素をremoveで削除できる、と考えてください。

Iteratorインタフェースに要素を追加するメソッドはありません。ListIteratorにはaddメソッドが存在します。addメソッドを使うとイテレーション中に要素を挿入できます（**リスト8.37**）。

リスト8.37　リストのイテレーション中に要素を追加する

```
// 要素の挿入処理が多い場合、ArrayListよりLinkedListのほうが効率的
var list = new LinkedList<>(List.of("abc", "def", "ghi"))
for (ListIterator<String> it = list.listIterator(); it.hasNext(); ) {
    it.next();
    it.add("XYZ");
}

// 上記コードの結果
jshell> list
list ==> [abc, XYZ, def, XYZ, ghi, XYZ]
```

8-10 配列

8-10-1 配列とは

配列は順序を持った要素の集まりを表現します。それぞれの要素にインデックスでアクセスできます。インデックスは0から始まる正の整数です(注12)。

配列を適切に使ったコードは、コレクションを使って書いたコードより高速かつ省メモリの実装にできます。ただし､安全さと拡張性を多少犠牲にしている点を認識してください。このため、通常ケースでは、配列よりもコレクションフレームワークの使用を推奨します。

配列にできてコレクションにできないことが1つあります。配列は基本型変数を要素にできます。一方、コレクションの要素は参照型しか許されていません。

数値オブジェクト要素のコレクションを使うと表面上は数値配列と同じコードを書けます。しかし数値配列より確実に低効率です。一定サイズ以上の数値の集まりを効率的に扱いたい場合、数値配列を使ってください。

実開発の推奨は、数値配列処理を隠蔽するオブジェクトです。配列を使うコードをオブジェクト内に隠蔽し、その操作のみを公開します。内部処理が配列だとしてもメソッドの引数や返り値をList型にできないか検討してください。後述するように配列とリストは簡単に相互変換可能です。

■配列の実例

整数の配列(int型配列)を考えます。int型配列は**リスト8.38**のように使います。

リスト8.38　int型配列の例

```
int[] arr = new int[3];
arr[0] = 10;
arr[1] = 11;
arr[2] = 12;

// 下記の記述も可能です。
// C言語の記法との親和性のための記法です。本書は使用を推奨しません
int arr[] = new int[3];
```

リスト8.38の読み方を説明します。配列変数arrの型がint[]です。要素の型がintの配列型という意味です。型に配列の要素数指定は必要ありません。配列変数の型は実際の要素数と無関係だからです。new int[3]で要素数3のint型配列を生成します(注13)。生成した配列への参照を変数arrに代入しています。

(注12)　インデックスに指定できる数値はint型です。暗黙の型変換があるため、byte型、short型、char型でも動作します。long型インデックスはコンパイルエラーになります。

(注13)　要素数が0個の配列も作成可能です。空の配列と呼びます。空の配列を使うべき場面でnullを使うのはバグの元です。

配列変数の型をvarで省略可能です。リスト8.38では説明のために変数の型を明示しました。以後のコードでは変数の型を省略します。

配列変数自体は参照型変数として動作します。概念図を**図8.17**に示します。配列変数が持つ値は、生成された配列(配列自体は無名)への参照です。

図8.17　配列の内部動作

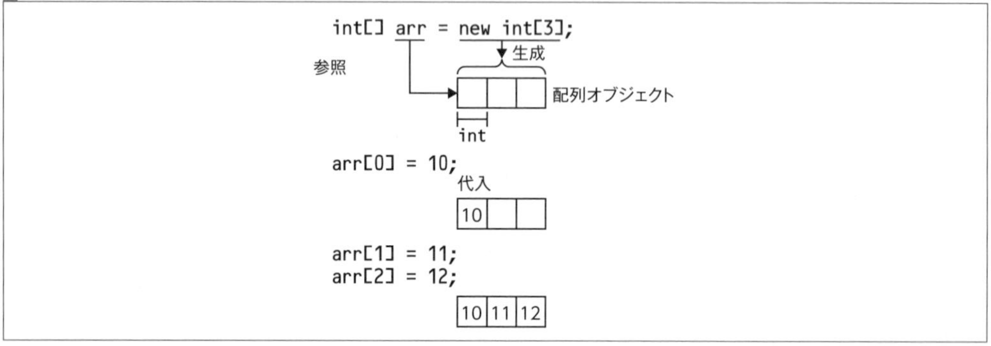

生成した配列の個数はlengthフィールドで得られます。リスト8.38であればarr.lengthが3を返します。

インデックス値を指定して配列の要素にアクセスできます。たとえばarr[0]で0番目の要素を読み書きできます。

要素数が3個の時、有効なインデックス値は0から2です。3以上のインデックス値もしくは負の数のインデックス値を指定すると実行時にArrayIndexOutOfBoundsException例外が起きます。バグなので修正してください。

配列は各要素の書き換えはできますが、要素数の増減はできません(**リスト8.39**)。配列長を伸ばしたい場合、新たに配列を生成し要素をコピーする必要があります。コピー方法は後述します。

リスト8.39　配列の使用例

```
jshell> var arr = new int[3]

// 要素の書き換えは可能
jshell> arr[0] = 123
jshell> arr
arr ==> int[3] { 123, 0, 0 }

// 要素数の増減はコンパイルエラー
jshell> arr.length = 4
|  Error:
|  cannot assign a value to final variable length
```

1章
2章
3章
4章
5章
6章
7章
8章
9章
10章
11章
12章
13章
14章
15章
16章
17章
18章
19章
20章
21章
22章
23章

■参照型要素の配列

String[]のように要素が参照型の配列型も使えます（**リスト8.40**）。

リスト8.40　参照型要素の配列

```
var arr = new String[3];
arr[0] = "foo";
arr[1] = "bar";
arr[2] = "baz";
```

配列はオブジェクトの並びではなく、変数の並びだという点に注意してください。String配列の宣言で、**図8.18**①のようにStringオブジェクトが並ぶと考えるのは誤りです。図8.18②のような参照型変数の並びが正しい概念図です。

図8.18　参照型要素の配列の概念図

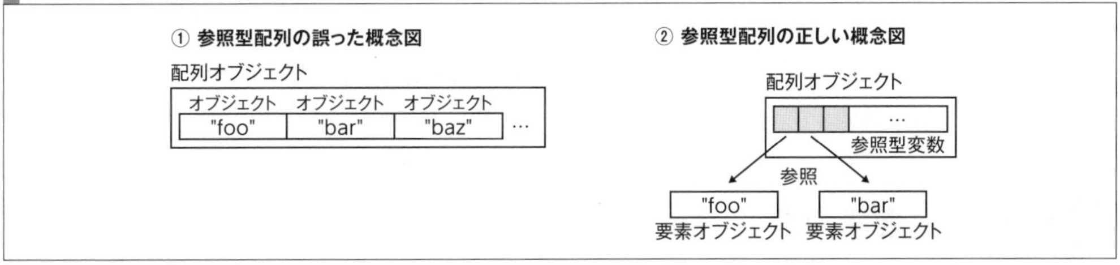

この関係は、配列の要素が同一オブジェクトを参照するコードを書くとわかります（**リスト8.41**）。インデックス0の要素の参照先オブジェクトを変更すると、同じオブジェクトを参照しているインデックス1の要素から変更が見えます。

リスト8.41　異なる配列の要素が同じオブジェクトを参照する例

```
jshell> var arr = new StringBuilder[2]

// arr[0]とarr[1]が同じオブジェクトを参照
jshell> arr[0] = new StringBuilder("abc")
jshell> arr[1] = arr[0]

// arr[0]の参照先オブジェクトを変更
jshell> arr[0].append("def")

// arr[1]から変更が見える
jshell> System.out.print(arr[1])
abcdef
```

図8.18は図8.1とほぼ同じだと気づくと思います。コレクションのArrayListは内部で参照型要素の配列を使っているからです。参照型要素の配列に関してはArrayListを使えば大半の目的

を果たせます。以後のサンプルコードは実用価値が高い数値配列のみを扱います。

8-10-2 配列の型

配列型は参照型です。次のように変数の宣言と参照の代入を分けて書くとクラスとの類似性は明らかです。

```
int[] arr;
arr = new int[3];
```

配列型とクラスはObjectクラスを継承する共通点を持ちます。このため配列に対してObjectクラスのメソッドの呼び出しが可能です。しかし配列にはメソッドの上書き手段がなく、またequalsやtoStringも実用性に欠けます。実開発の視点で見ると配列型のObjectクラス継承を強く意識する場面は多くありません。

配列型は言語仕様上、特別扱いを受けています。このため配列型インスタンスを他の(クラスを雛形として生成された)オブジェクトと別モノと見るほうが混乱は少ないはずです。本書もこの考えの下、配列を配列オブジェクトと記載しない方針にします。

8-10-3 要素変数

すでに説明したように配列の要素は変数の並びです。以後、配列の要素である変数を要素変数と記述します。要素と記述した場合は要素変数の値を指します。要素変数が基本型であれば値は数値です。

要素変数への代入の規則は通常の変数の代入と同じです(**リスト8.42**)。要素変数の型と代入値の型の間に代入可能な関係がなければコンパイルエラーになります。

リスト8.42 配列の要素変数への代入

```
jshell> int[] arr = new int[3]
jshell> arr[0] = 0
// 下記はコンパイルエラー(int n = "abc" と同種のエラー)
jshell> arr[1] = "abc"
|  Error:
|  incompatible types: java.lang.String cannot be converted to int

// 参照型要素の配列
jshell> CharSequence[] arr = new CharSequence[3]
// 下記は CharSequence s = "abc" と同様に問題なし
jshell> arr[0] = "abc"
// 下記は CharSequence s = new StringBuilder("def") と同様に問題なし
jshell> arr[1] = new StringBuilder("def")
```

8-10-4　配列の初期化

new式で生成した配列の要素変数の値はデフォルト値です。デフォルト値は型ごとに決まっています。たとえば、数値型であれば数値0、boolean型であればfalseです。詳細は「**4-7-2 デフォルト初期値**」を参照してください。要素変数が参照型の場合のデフォルト初期値はnullです。オブジェクトを生成し要素変数に参照を代入するのは開発者の仕事です。

■配列の初期化構文

new式による生成以外に、配列変数宣言時の特別な初期化構文があります。配列の要素の初期値を{ }の中に並べます。**リスト8.43**は要素数が3つの配列を生成して、各要素の値を初期化子に並べた初期値で初期化します。

リスト8.43　配列の初期化構文

```
int[] arr = { 0, 1, 2 }; // 配列初期化子

// 下記はコンパイルエラーになります
var arr = { 0, 1, 2 };
```

要素が参照型の配列でも同じ構文を使えます（**リスト8.44**）。

リスト8.44　配列の初期化構文（要素が参照型）

```
// 要素がStringオブジェクト
String[] arr = { "abc", "def" };

// 要素がStringBuilderオブジェクト
StringBuilder[] arr = { new StringBuilder("abc"),
                        new StringBuilder("def") };
```

初期化子の最後の余計なカンマは無視されます（**リスト8.45**）。

リスト8.45　配列の初期化子（末尾のカンマは無視されます）

```
jshell> int[] arr = { 0, 1, 2, }
jshell> System.out.print(arr.length)
3
```

宣言時以外の配列の生成には異なる初期化構文があります（**リスト8.46**）。

リスト8.46　配列の初期化構文（別解）

```
// 配列を引数で受け取るメソッド（本体は省略）
void method(int[] arr) { }
```

```
// 上記メソッドの引数に初期化した配列を渡す構文
method(new int[]{ 0, 1, 2});
```


8-10-5 配列のイテレーション

配列の要素の列挙処理の2つの書き方を紹介します(**リスト8.47**)。ストリーム処理を使う列挙処理は「**10章 ストリーム処理**」で紹介します。

リスト8.47 配列のすべての要素の列挙処理

```
jshell> int[] arr = { 10, 20, 30 }

// 拡張for構文
jshell> for (int n: arr) {
   ...>     System.out.println(n);
   ...> }
10
20
30

// インデックス使用
jshell> for (int i = 0; i < arr.length; i++) {
   ...>     System.out.println(arr[i]);
   ...> }
10
20
30
```

8-10-6 配列のソート

Arraysクラスのsortメソッドを使って配列をソートできます(**リスト8.48**)。Arrays.sortは配列自体を変更するインプレースのソートです。元配列を変更したくない場合、配列を複製してからソートするか、ストリーム処理でソートしてください。ソートの自由度の点からストリーム処理の利用を推奨します。

リスト8.48 配列のソート

```
// 要素が基本型の配列は昇順(小さい順)でソート
jshell> int[] arr = { 10, 2, 3, 1, 5 }

jshell> Arrays.sort(arr)
jshell> arr
arr ==> int[5] { 1, 2, 3, 5, 10 }
```

```
// 要素が参照型の配列は比較処理用メソッドを渡せます
// 比較処理用メソッドを渡さない場合、要素のcompareToメソッドを使います
// 下記コードは降順（大きい順）のソートになります
// ボクシング変換とアンボクシング変換（「16章　数値」参照）が起きるので効率的ではありません
jshell> Integer[] arr = { 10, 2, 3, 1, 5 }

// 第2引数はラムダ式です（「9章　メソッド参照とラムダ式」参照）
jshell> Arrays.sort(arr, (n1, n2) -> n2 - n1)
jshell> arr
arr ==> Integer[5] { 10, 5, 3, 2, 1 }
```


8-10-7　配列の同値判定

2つの配列の同値判定は残念ながら直感的ではありません。

等値演算（==演算子）は配列の中身の同値判定には使えません。これは参照型変数として一貫した動作です。参照先が同一の配列の場合に限り真になります。

配列に対するequalsメソッド呼び出しは可能です。しかし2つの配列のすべての要素が同値でもequalsメソッドは真になりません。内部的に等値演算だからです。

配列の中身の同値判定をするにはArrays.equalsメソッドを使います。2つの配列の要素がすべて同値であればArrays.equalsは真を返します。Arrays.compareメソッドを使うと2つの配列の大小比較ができます。詳細はArraysクラスのAPIドキュメントを参照してください。ここまでの説明を**リスト8.49**に示します。

リスト8.49　2つの配列の同値判定

```
jshell> int[] arr1 = { 0, 1, 2 }
jshell> int[] arr2 = { 0, 1, 2 }

// 等値演算で要素の同値判定はできない
jshell> boolean result = arr1 == arr2
result ==> false

// equalsメソッドで要素の同値判定はできない
jshell> boolean result = arr1.equals(arr2)
result ==> false

// Arrays.equalsは要素の同値判定をできる
jshell> boolean result = Arrays.equals(arr1, arr2)
result ==> true

// Arrays.compareは要素の大小比較をできる（結果が0であれば同値）
jshell> boolean result = Arrays.compare(arr1, arr2) == 0
result ==> true
```

8-10-8　多次元配列

コレクションではなく配列を選ぶ理由の1つに多次元配列があります。配列のアクセス記法がコードに対称性をもたらすからです。配列型変数を要素とする配列で多次元配列を実現できます。たとえば2次元配列は**図8.19**のようになります。

図8.19　2次元配列

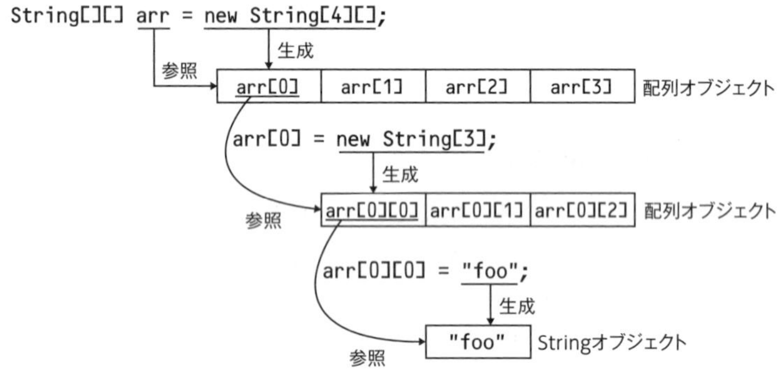

2次元配列の変数は次のように宣言します。

```
// 2次元配列の変数の変数
int[][] arr;
```

2次元以上の多次元配列も定義できます。ただし人間の理解力の問題から、3次元配列より大きな次元の配列には専用ライブラリの利用を勧めます。専用ライブラリの推奨には別の理由もあります。Java標準の多次元配列は必ずしも最適な連続メモリ領域使用にならない点です。

■多次元配列の実例

多次元配列の実体は配列を要素として参照する配列です。このため各要素が参照する配列の明示的な生成が必要です。3次元配列を理解できれば2次元配列も理解できるので3次元配列のコード例を紹介します（**リスト8.50**）。

リスト8.50　3次元配列の例

```
int[][][] arr = new int[2][][];
arr[0] = new int[2][];
arr[1] = new int[2][];
arr[0][0] = new int[2];
arr[0][1] = new int[2];
arr[1][0] = new int[2];
```

```
arr[1][1] = new int[2];
arr[0][0][0] = 0b000;
arr[0][0][1] = 0b001;
arr[0][1][0] = 0b010;
arr[0][1][1] = 0b011;
arr[1][0][0] = 0b100;
arr[1][0][1] = 0b101;
arr[1][1][0] = 0b110;
arr[1][1][1] = 0b111;
```

リスト8.50の動作を説明します。最初に配列を new int[2][][] で生成します。要素数2個で要素型がint[][]配列である配列です。この2つの要素の値の初期値はnullです。それぞれに新たに生成した2次元配列の参照を代入します。new int[2][]のように生成した配列です。この配列は、要素数が2個で要素型がint[]の配列です。

ここまでで2x2の4個の要素変数が存在します。new int[2]で配列を4つ生成して、それぞれの要素変数に参照を代入します。new int[2]で生成する配列は、要素数が2個で要素型がint型の配列です。

ここまでで合計8個の要素変数ができました。それぞれはint型変数で、この時点での値はデフォルト値の0です。それぞれの要素変数に数値を代入できます。

簡単のためにすべての配列の要素数を2個で生成しましたが、個数をそろえる必要はありません。なお、配列の要素数をそろえた場合、**リスト8.51**のように複数次元の配列を一気に生成できます。

リスト8.51　リスト8.50を書き換えたコード

```
int[][][] arr = new int[2][2][2];
arr[0][0][0] = 0b000;
arr[0][0][1] = 0b001;
arr[0][1][0] = 0b010;
arr[0][1][1] = 0b011;
arr[1][0][0] = 0b100;
arr[1][0][1] = 0b101;
arr[1][1][0] = 0b110;
arr[1][1][1] = 0b111;
```

■多次元配列の初期化構文

多次元配列にも初期化構文があります。リスト8.51は更に**リスト8.52**のように書き換え可能です。

リスト8.52　初期化子を使ってリスト8.51を書き換えたコード

```
int[][][] arr = {
    {
```

```
        { 0b000, 0b001 },
        { 0b010, 0b011 },
    },
    {
        { 0b100, 0b101 },
        { 0b110, 0b111 },
    },
};
```

■多次元配列のイテレーション

3次元配列のすべての要素を列挙する例を示します（**リスト8.53**）。

リスト8.53　3次元配列のすべての要素の列挙コード

```
// 拡張for構文
for (int[][] first : arr) {
    for (int[] second : first) {
        for (int n : second) {
            System.out.println(n);
        }
    }
}

// インデックス使用
for (int i = 0; i < arr.length; i++) {
    for (int j = 0; j < arr[i].length; j++) {
        for (int k = 0; k < arr[i][j].length; k++) {
            System.out.println(arr[i][j][k]);
        }
    }
}
```

8-10-9　配列のコピー

配列をコピーするには次の5つの方法があります。

- Arrays.copyOfメソッドを使う
- Arrays.copyOfRangeメソッドを使う
- System.arraycopyメソッドを使う
- Object.cloneメソッドを使う（非推奨）
- 手動コピー

Arrays.copyOfメソッドまたはArrays.copyOfRangeメソッドが安全で効率的です。使い方を**リスト8.54**に示します。

1章
2章
3章
4章
5章
6章
7章
8章
9章
10章
11章
12章
13章
14章
15章
16章
17章
18章
19章
20章
21章
22章
23章

リスト8.54 Arrays.copyOfを使う配列のコピー

```
jshell> int[] src = { 1, 2, 3 }
// 配列srcの要素を配列destにコピー
jshell> int[] dest = Arrays.copyOf(src, src.length)
dest ==> int[3] { 1, 2, 3 }
```

Arraysクラスのコピーは内部で必要サイズの配列を確保してから要素をコピーします。既に必要サイズを確保済みの配列に要素をコピーしたい場合はSystem.arraycopyメソッドを使ってください。コピー先の配列長が足りない場合、ArrayIndexOutOfBoundsException実行時例外が起きるので注意してください。

配列要素が参照型の場合、ArraysやSystem.arraycopyによるコピーは要素だけをコピーします(**図8.20**)。コレクションのコピー動作で説明したシャローコピーの動作です。ディープコピーをするには開発者がコードを書く必要があります。

図8.20 配列の要素コピーの動作

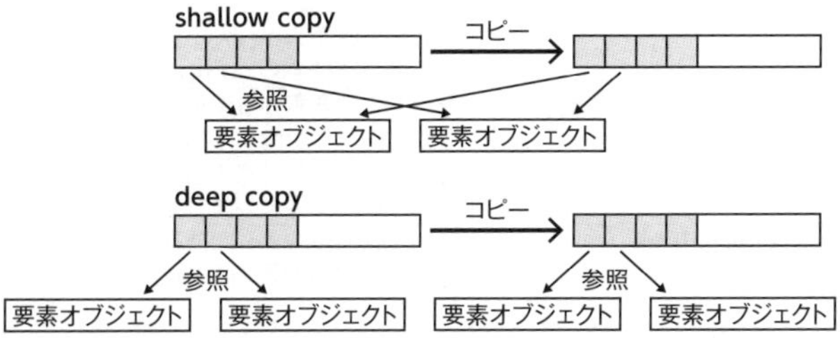

8-10-10 Arraysクラス

Arrays (java.util.Arrays) クラスは配列を操作するユーティリティメソッドを提供します(**表8.11**)。配列に対する処理を書こうと思った時は、APIドキュメントでArraysの既存メソッドを調べてください。

表8.11　Arraysクラスの代表的なメソッドの一覧

クラスメソッド	説明
void sort(int[] a)	整数配列を昇順ソート（インプレース）
void sort(Object[] a)	ソート（インプレース）。比較基準は要素のcompareToメソッド
void sort(T[] a, Comparator<? super T> c)	ソート（インプレース）。比較基準はComparatorオブジェクト
int binarySearch(int[] a, int key)	バイナリサーチ。「ソート済みのリストのサーチ」参照
boolean equals(int[] a, int[] a2)	整数配列の要素に対する同値判定。すべての要素が等値の場合に真
boolean equals(Object[] a, Object[] a2)	配列の要素に対する同値判定。比較基準は要素のequalsメソッド
boolean equals(T[] a, T[] a2, Comparator<? super T> cmp)	配列の要素に対する同値判定。比較基準はComparatorオブジェクト
void fill(int[] a, int val)	整数配列の全要素を指定した値にする
void fill(Object[] a, Object val)	配列の全要素を指定したオブジェクト参照にする
int[] copyOf(int[] original, int newLength)	整数配列の指定範囲をコピーする
T[] copyOf(T[] original, int newLength)	配列の先頭から指定長をコピーする
int[] copyOfRange(int[] original, int from, int to)	整数配列の指定範囲をコピーする
<T> T[] copyOfRange(T[] original, int from, int to)	配列の指定範囲をコピーする
Stream<T> stream(T[] array)	配列からストリーム生成（「**10章 ストリーム処理**」参照）
IntStream stream(int[] array)	整数配列からストリーム生成（「**10章 ストリーム処理**」参照）
int compare(int[] a, int[] b)	整数配列を先頭要素から大小比較
int compare(T[] a, T[] b)	配列を先頭要素から大小比較。比較基準は要素のcompareToメソッド
int compare(T[] a, T[] b, Comparator<? super T> cmp)	配列を先頭要素から大小比較。比較基準はComparatorオブジェクト
int mismatch(int[] a, int[] b)	整数配列を先頭要素から同値比較。異なる要素のインデックス値を返す。全要素が同値の場合、-1を返す
int mismatch(Object[] a, Object[] b)	配列を先頭要素から同値比較。異なる要素のインデックス値を返す。全要素が同値の場合、-1を返す。比較基準は要素のequalsメソッド
int mismatch(T[] a, T[] b, Comparator<? super T> cmp)	配列を先頭要素から同値比較。異なる要素のインデックス値を返す。全要素が同値の場合、-1を返す。比較基準はComparatorオブジェクト
List<T> asList(T... a)	メソッドに渡した引数を要素とするリストを生成（「配列からListオブジェクトに変換」参照）

8-10-11　配列とコレクションの相互変換

配列とコレクションの相互変換にはストリーム処理が便利です。ここではストリーム処理以外の変換方法を説明します。

■配列からListオブジェクトに変換

配列からListオブジェクトに変換するには、Arrays.asListメソッドを使います（**リスト8.55**）。

リスト8.55　配列からListオブジェクトへの変換

```
// 配列からListオブジェクトに変換
jshell> String[] src = { "abc", "def", "ghi" }
jshell> List<String> dest = Arrays.asList(src)
dest ==> [abc, def, ghi]
```

```
// Listオブジェクトに対する追加と削除は実行時例外
jshell> dest.add("xyz")
|  Exception java.lang.UnsupportedOperationException
```

Arrays.asListメソッドは内部的に配列要素のコピーをせず、変換先Listと配列が要素を共有します。このため生成したListに対する要素の追加や削除を禁止しています。追加や削除をするとUnsupportedOperationException実行時例外が発生します。また、同じ中身を共有しているので、配列側から要素を置換したり要素自体を書き換えると、Listから要素の変更が見えます。同じ理由でListからの変更も配列から見えます。

この動作が困る場合、ストリーム処理を使うか自前でコピーする必要があります。自前でコピーする場合、Collections.addAllメソッドが便利です（**リスト8.56**）。

リスト8.56　配列からListオブジェクトに変換（シャローコピー）

```
jshell> String[] src = { "abc", "def", "ghi" }
jshell> List<String> dest = new ArrayList<>()
jshell> Collections.addAll(dest, src)
jshell> dest
dest ==> [abc, def, ghi]
```

■Collectionオブジェクトから配列に変換

Collectionオブジェクトから配列に変換するには、toArrayメソッドを使います(注14)。toArrayメソッドは2種類存在しますが、型安全性のため、引数のあるtoArrayメソッドの使用を推奨します（**リスト8.57**）。引数にはメソッド参照を渡すのが便利です。ここではイディオムとして形のみ理解すれば十分です。

リスト8.57　Listオブジェクトから配列に変換

```
jshell> List<String> src = List.of("abc", "def", "ghi")
jshell> String[] dest = src.toArray(String[]::new)  // String[]::newはメソッド参照（「9章　メソッド参照とラムダ式」参照）
dest ==> String[3] { "abc", "def", "ghi" }

// 少し古い書き方
jshell> String[] dest = src.toArray(new String[src.size()])
dest ==> String[3] { "abc", "def", "ghi" }
```

(注14) toArrayとasListのtoとasの非対称性は内部動作の違いを示しています。asはコピーをせずに内部的に同じモノを参照し続ける動作を示しています。toはコピー動作を示しています。

9章 メソッド参照とラムダ式

メソッドへの参照を扱う言語機能として、メソッド参照とラムダ式、そしてそれらの型となる関数型インタフェースを説明します。メソッドへの参照を使うとクラスより小さな粒度で処理を抽象化できます。次章で説明するストリーム処理で使うので本章で概念と使い方を習得してください。

9-1 メソッド参照

9-1-1 メソッド単体を扱う

前章までオブジェクトの参照を参照型変数に代入するコード例を多数紹介してきました。Javaプログラミングの基本だからです。

メソッド参照という仕組みを使うとメソッドの参照を取得できます。取得した参照を変数に代入可能です。文法的な意味を無視して実例を紹介します（**リスト9.1**）。残念ながらリスト9.1はエラーになります。代入先の変数に型指定が必要だからです。

リスト9.1　メソッド参照をvar型変数に代入（コンパイルエラー）

```
class My {
    static void method() {
        System.out.print("メソッド呼び出し");
    }
}
```

```
// 使用例
// メソッド参照を変数methに代入したいがコンパイルエラー
// My::methodの意味は本文で説明します
// 意図はMyクラスのmethodという名前のメソッドの参照の取得です
jshell> var meth = My::method
|  Error:
```

メソッド参照を代入する変数の型には関数型インタフェースを使います。**リスト9.2**のようにするとメソッド参照を変数に代入できます。変数を通じたメソッド呼び出しも可能です。文法的な意味は後から説明します。

リスト9.2　メソッド参照を関数型インタフェースの変数に代入（リスト9.1の続き）

```
// 代入
jshell> Runnable meth = My::method
// 参照を持つ変数を通じてメソッド呼び出し
jshell> meth.run()
メソッド呼び出し
```

■実例

メソッド参照を使う実例としてListのソートを紹介します。**リスト9.3**は文字列の長さでListの要素をソートします。MyComparator::myCompareがメソッド参照です。Collections.sortメソッド内にmyCompareメソッドを呼ぶコードの存在を想像してください(注1)。

リスト9.3　メソッド参照を使う実例（ソート処理）

```
class MyComparator {
    static int myCompare(String s1, String s2) {
        // 返り値の意味は「8-8-3　ソート処理」の「表8.9」を参照
        return s2.length() - s1.length();
    }
}
```

```
// 使用例
// sortメソッドは引数の配列を変更するので可変リストを使用
jshell> var list = new ArrayList<>(List.of("abc", "xyz", "za", "defghi"))

// 下記第2引数のMyComparator::myCompareがメソッド参照
jshell> Collections.sort(list, MyComparator::myCompare)
jshell> list
list ==> [defghi, abc, xyz, za]
```

ここまでの説明の要点は、メソッド参照の文法を使って既存メソッドの参照を得られた点です。参照であれば引数に渡したり返り値で返せます。そして参照を通じていつでもメソッドを呼び出し可能です。この先少し用語定義や文法的な話が続きます。この要点を念頭に置いたまま読み進めてください。

以後、参照の取得を強調するためメソッド参照とラムダ式を変数に代入するコード例を多用します。実開発では変数を介在させずにメソッドの引数や返り値に使うコードのほうが普通である点も念頭に置いて読み進めてください。

(注1)　想像しづらい場合、myCompareメソッド内にSystem.out.printlnコードを書いてみてください。

9-1-2　関数と関数型インタフェース

「関数」と「関数型インタフェース」という用語を紹介します。本書は「関数」と「関数型インタフェース」を別概念として説明します。

関数型インタフェースは関数の型を定義できるJavaの言語機能です。関数型インタフェースは次に説明する関数より広く使える機能です。誤解のないように記載しておくと、「広く使える」は制約が緩いという意味です。より良い機能という意味ではありません。関数型インタフェースの詳細は次節で説明します。

■関数とは

本書で「関数」と記載した場合、次の制約がある処理を意味します。

- **引数で何かを入力として受け取り、何かを作って出力を返り値として返す**(注2)
- **副作用のある処理(関数の外側に影響を与える処理)がない。フィールド変数の更新やファイルやネットワークなどのI/O処理が副作用の例です**
- **(上記からの副次的な制約として)同じ入力に対しては常に同じ出力を返す**

たとえば**リスト9.4**のメソッドはこの制約を守っています。数値を入力として受け取り、入力値に1を加算した数値を作って出力として返します。メソッドの引数が入力でメソッドの返り値が出力です。

リスト9.4　関数の定義を守ったメソッド例

```
int plusOne(int n) {
    return n + 1;
}
```

この例だけ見るとどんなメソッドでも関数になりそうですが、そんなことはありません。たとえば本章冒頭で例示したメソッド(リスト9.1)は関数ではありません。画面出力が処理の外側に影響を与えているからです。**リスト9.5**のメソッドaddScoreも関数ではありません。フィールド変数の更新は処理の外側に影響を与えているからです。

リスト9.5　関数ではないメソッドの例

```
class Adder {
    private int score = 0;

    int addScore(int delta) {
        // フィールド変数の更新は処理の外側に影響を与えている
        this.score += delta;
```

(注2)　関数の文脈の「入力」と「出力」はキーボード入力や画面出力とは無関係です。メソッドの引数が入力、メソッドの返り値が出力と考えてください。

```
        return this.score;
    }
}
```

■関数による抽象化

関数を考える時は、入力をどう出力に変換するかに注目します。それ以外の内部処理の詳細を頭から追い出します。詳細を頭から追い出し複雑さを隠蔽する行為を抽象化と呼びます。入力と出力の関係以外を頭から追い出すのが関数による抽象化です。

前章まで、どんな操作をできるかに注目して複雑さをオブジェクトに閉じ込める考えを紹介しました。抽象化で詳細を頭から追い出す考え方は同じです。

■関数型プログラミング

関数による抽象化を活用した関数型プログラミングと呼ばれる考え方があります。関数型プログラミングには次のような実務的な利点があります。

- **関数に副作用がないので一度に考えることを減らせる**
- **概念上、関数の間を引き渡すデータを不変と見なせるので個々の独立性が高い**
- **状態の変更がないので並行処理の効率が良い**
- **副作用がないので関数を任意に組み合わせられる**
- **関数を組み合わせたものも関数になるので上記すべてが常に成立する**

Javaで関数を作るにはメソッドもしくは本章で説明するラムダ式を使います。関数の制約を強制する言語機能はありません。制約を守った関数にするのは開発者の責任です。

本書はJavaのこの現実を踏まえ、関数の制約を守らないメソッド例を普通に使います。ただ「関数による抽象化」の視点でメソッドを作るのは良い習慣である点は覚えておいてください。具体的には、引数で渡された入力を読み取り専用に扱い、処理結果を返り値として出力するメソッドにします。

■用語の整理

本書で使う用語をまとめます。メソッドおよびラムダ式はJavaの言語仕様の用語なのでそのまま使います。メソッドまたはラムダ式が関数になっている保証はないので、本書は「メソッドやラムダ式が常に関数」を前提とはしません。

関数型インタフェースもJavaの言語仕様の用語です。そのまま用語を使います。ただし「関数型インタフェース＝関数」の意味は持ちません。

9-1-3　メソッド参照の文法

抽象的な話が続いたので具体的なコードに話を戻します。メソッド参照を取得する文法を**表9.1**に示します。型名はクラス名もしくはインタフェース名です。

表9.1　メソッド参照の文法

対象	文法	実例
クラスメソッド	クラス名::クラスメソッド名	String::valueOf
インタフェースのstaticメソッド	インタフェース名::クラスメソッド名	CharSequence::compare
インスタンスメソッド	オブジェクト参照::インスタンスメソッド名	System.out::println
インスタンスメソッド（レシーバオブジェクトが暗黙的に第1引数になる）	型名::インスタンスメソッド名	String::length
コンストラクタ	クラス名::new	String::new

メソッド参照を変数に代入してから該当メソッドを呼び出す例を紹介します（**リスト9.6〜リスト9.11**）。

リスト9.6　クラスメソッドのメソッド参照

```
class My {
    static void method() {
        System.out.print("クラスメソッド呼び出し");
    }
}
```

```
// 使用例
jshell> Runnable meth = My::method
jshell> meth.run()
クラスメソッド呼び出し
```

リスト9.7　引数ありクラスメソッドのメソッド参照

```
class My {
    static void method(String arg) {
        System.out.print("引数ありクラスメソッド呼び出し: " + arg);
    }
}
```

```
// 使用例
jshell> Consumer<String> meth = My::method
jshell> meth.accept("abc")
引数ありクラスメソッド呼び出し: abc
```

リスト9.8 インスタンスメソッドのメソッド参照

```
class My {
    void method() {
        System.out.print("インスタンスメソッド呼び出し");
    }
}
```

```
// 使用例
jshell> var my = new My()
jshell> Runnable meth = my::method
jshell> meth.run()
インスタンスメソッド呼び出し
```

リスト9.9 インスタンスメソッド（レシーバオブジェクトが第1引数）のメソッド参照

```
class My {
    void method() {
        System.out.print("インスタンスメソッド呼び出し");
    }
}
```

```
// 使用例
jshell> Consumer<My> meth = My::method
jshell> meth.accept(new My())
インスタンスメソッド呼び出し
```

リスト9.10 引数ありインスタンスメソッド（レシーバオブジェクトが第1引数）のメソッド参照

```
class My {
    void method(String arg) {
        System.out.print("引数ありインスタンスメソッド呼び出し: " + arg);
    }
}
```

```
// 使用例
jshell> BiConsumer<My, String> meth = My::method
jshell> meth.accept(new My(), "abc")
引数ありインスタンスメソッド呼び出し: abc
```

リスト9.11 コンストラクタのメソッド参照

```
class My {
    My() {
        System.out.print("コンストラクタ呼び出し");
    }
}
```

```
// 使用例
jshell> Supplier<My> cons = My::new
jshell> My my = cons.get()
コンストラクタ呼び出し
```

9-2 関数型インタフェース

メソッド参照を代入する変数の型は関数型インタフェースにする必要があります。

「**4章 変数とオブジェクト**」でオブジェクトと変数がそれぞれ型を持つと説明しました。それと対比すると、メソッド自体の型は「入力型と出力型のペア」と解釈できます。この型の表現に該当するのが関数型インタフェースです。

Javaの言語仕様の制限により、入出力の型が基本型か参照型かで関数型インタフェースの扱いが異なります。先に参照型の関数型インタフェースを説明します。基本型向けの関数型インタフェースは後ほど説明します。

9-2-1 標準関数型インタフェース

関数型インタフェースの自作も可能ですが(「**11章 インタフェース**」で説明します)、標準ライブラリの関数型インタフェースを使える場合は自作せずに既存の関数型インタフェースの使用を推奨します。

標準ライブラリの関数型インタフェースを、本書では標準関数型インタフェースと記載します。標準関数型インタフェースを**表9.2**にまとめます。なお、表9.2では型変数の表記を簡略化しています。以後、本章全体で簡略化します。

関数型インタフェースを引数と返り値の関係だけで整理している点に注目してください。入力と出力だけを見る関数による抽象化に対応しています。

表9.2 標準関数型インタフェース

関数型インタフェース	抽象メソッド	入力	出力
Function<T, R>	R apply (T t)	T型オブジェクト	R型オブジェクト
Consumer<T>	void accept (T t)	T型オブジェクト	なし
Predicate<T>	boolean test (T t)	T型オブジェクト	boolean値
Supplier<T>	T get ()	なし	T型オブジェクト
BiFunction<T, U, R>	R apply (T t, U u)	T型オブジェクトとU型オブジェクト	R型オブジェクト
BiConsumer<T, U>	void accept (T t, U u)	T型オブジェクトとU型オブジェクト	なし
BiPredicate<T, U>	boolean test (T t, U u)	T型オブジェクトとU型オブジェクト	boolean値
UnaryOperator<T>	T apply (T t)	T型オブジェクト	T型オブジェクト
BinaryOperator<T>	T apply (T t1, T t2)	T型オブジェクト2つ	T型オブジェクト
Runnable	void run ()	なし	なし
Callable<V>	V call () throws Exception	なし	なし
Comparator<T>	int compare (T o1, T o2)	T型オブジェクト2つ	int値

文法的には表9.2のTやUやRを型変数と呼びます。この段階では型変数を「任意の参照型」と理解してください。具体例を見ないと理解しづらい点があるので次項で具体例を紹介します。

■標準関数型インタフェースの具体例

表9.2のFunction<T, R>を取り上げます。入力がT、出力がRの処理と読みます。入力が1つで出力が1つの関係性だけを意識してください。この関係性以外は頭から追い出してかまいません。抽象メソッドのapplyというメソッド名も今は無視してください。

Function<T, R>を使うには入力と出力の具体的な型を決める必要があります。入力はメソッドの引数、出力はメソッドの返り値です。

引数にBookレコードを受け取りtitle文字列を返すBookUtils.getTitleOfBookメソッドを考えます（**リスト9.12**）。見てわかるようにこの処理をメソッドにする必然性はまったくありません。Bookレコードのコンポーネントを取得しているだけだからです。しかし、ここでは入力Bookレコード、出力Stringオブジェクトの関係だけを見てください。次章のストリーム処理を先取りすると、入力のBookレコードからStringオブジェクトへのデータ変換と見立てることもできます。コードの見立てで処理内容は変わりませんがコードの可読性には影響します。コードの見立てには気分以上の意味があるので紹介しました。

リスト9.12　リスト9.13で使うメソッド

```
record Book(String title) {}

class BookUtils {
    // 引数にBookレコードを受け取りtitle文字列を返す
    static String getTitleOfBook(Book book) {
        return book.title();
    }
}
```

BookUtils.getTitleOfBookのメソッド参照の代入コードは**リスト9.13**になります。Function<T, R>のT部分に入力型のBook、R部分に出力型のStringを当てはめFunction<Book, String>という型を作ります。これが代入先の変数の型になります。メソッド参照を通じたメソッド呼び出しには表9.2の抽象メソッドのapplyメソッドを使います。

リスト9.13　リスト9.12のメソッドのメソッド参照

```
Function<Book, String> func = BookUtils::getTitleOfBook;
```

```
// 使用例
// 内部的には下記がリスト9.12のgetTitleOfBookメソッドを呼び出す
jshell> String title = func.apply(new Book("Peopleware"))
title ==> "Peopleware"
```

関数型インタフェース型の変数にはラムダ式も代入できます。次にラムダ式を説明します。

9-3 ラムダ式

9-3-1 ラムダ式とは

ラムダ式はメソッド定義を式として記述できる言語機能です。具体例を見てみます。リスト9.12と同じようにBookレコードを引数に取りtitle文字列を返すメソッドをラムダ式で書くと**リスト9.14**のようになります。

リスト9.14 ラムダ式の例（リスト9.12のgetTitleOfBookメソッドと等価）

```
Function<Book, String> func = (Book book) -> { return book.title(); };
```

```
// 使用例
jshell> String title = func.apply(new Book("Peopleware"))
title ==> "Peopleware"
```

ラムダ式の評価結果は概念上メソッドへの参照です。少し紛らわしいので用語を整理します。メソッド参照はJava言語仕様の正式用語です。メソッドへの参照は説明のための用語です。この段階ではラムダ式で無名のメソッドが作られ、ラムダ式はその参照を返す、と考えてください。オブジェクトが名なしで、参照を保持する変数を通じて名前で識別可能になるのと同じ構図が、名なしのラムダ式と代入先変数の間にも成り立ちます。

9-3-2 ラムダ式の文法

ラムダ式の基本文法は下記のとおりです。

```
(仮引数列) -> { 処理本体の文(複数) }
または
(仮引数列) -> 処理本体の式
```

ラムダ式をメソッド単体の定義と見なせば文法は難しくありません。仮引数列がメソッドのパラメータ変数(仮引数)で、処理本体がメソッド本体です。構文の少しの違いを除くと普通のメソッド宣言との記述の違いはメソッド名の有無のみです。

ラムダ式の処理本体は、文ではなく式も書けます。式を書いた場合、式の評価結果をreturnする文と等価になります。リスト9.14のラムダ式を**リスト9.15**のように書いても等価です。

リスト9.15 リスト9.14のラムダ式の簡易表記

```
Function<Book, String> func = (Book book) -> book.title();
```

ラムダ式には省略可能な箇所がたくさんあります。かつ省略可能であれば省略するのが普通です。省略記法を含めて文法をまとめます(**リスト9.16**)。

リスト9.16 ラムダ式の省略記法を含めた文法の具体例

```
(x, y) -> x + y          // 仮引数列の引数の型名は省略可能
                         // 型名はすべて省略もしくはすべて省略しないのいずれか
(var x, var y) -> x + y  // 仮引数列の引数の型にvarを指定可能
x -> x + 1               // 引数が1つの場合のみ丸括弧()を省略可能
(x) -> x + 1             // 引数1つに丸括弧をつけても構わない
() -> 1                  // 引数なしの場合、丸括弧は省略不可
x -> { return x + 1; }   // 処理本体を中括弧で囲った場合、文にする必要がある
                         // 文を書く場合、中括弧は省略不可
x -> { System.out.println(x);
       return x + 1; }   // 処理本体に複数の文を記述可能
```

■ラムダ式の型

ラムダ式の型は仮引数列の型と返り値の型で決まります(注3)。型が一致しない代入はコンパイルエラーになります。ラムダ式の代入でコンパイルエラーになる例を**リスト9.17**に示します。この関係はメソッド参照も同様です。

リスト9.17 ラムダ式の型違いでエラーになる例

```
// 変数の型:引数がString、返り値がString
// ラムダ式の型:引数がBook、返り値がString
jshell> Function<String, String> func = (Book book) -> { return book.title(); }
|  Error:
```

ラムダ式の仮引数列の型を省略しても代入先の変数の型を明示すれば代入可能かつ呼び出し可能です(**リスト9.18**)。

リスト9.18 型を省略したラムダ式を型を明示した変数に代入可能

```
Function<Book, String> func = book -> book.title();
```

```
// 使用例
jshell> String title = func.apply(new Book("Peopleware"))
title ==> "Peopleware"
```

(注3) メソッドのシグネチャ(「**6章 クラス**」参照)と似ていますが、少し違うので注意してください。シグネチャは名前に関心があるのに対し、関数の型は名前に無関心です。

1章 2章 3章 4章 5章 6章 7章 8章 9章 10章 11章 12章 13章 14章 15章 16章 17章 18章 19章 20章 21章 22章 23章

■ラムダ式と例外

ラムダ式の処理中に例外が発生する場合の説明は「**14章 例外処理**」を参照してください。

9-3-3 ラムダ式の詳細

ラムダ式と普通のメソッド宣言の記述の違いはメソッド名の有無のみと説明しました。記述の違いはその程度ですが、ラムダ式はコード上で書ける場所がメソッド宣言より自由です。式を書ける場所に記載可能だからです。この点で普通のメソッド宣言にはない注意点があります。

しばらく説明のために本体がSystem.out.printのみのConsumerを使います(**リスト9.19**)。Consumerは Consumer<String>のように使います。String型の引数を受け取り、返り値を持たない関数型インタフェースです(注4)。

リスト9.19 説明に使うラムダ式

```
Consumer<String> consumer = s -> { System.out.print("引数は" + s); };
```

```
// 使用例
jshell> consumer.accept("foo")
引数はfoo
```

■ラムダ式と変数のスコープ

メソッド内に記述したラムダ式を考えます(**リスト9.20**)。ラムダ式もメソッドのように見えることがあるので、区別するために普通のメソッドを「外側のメソッド」と記載します。

ラムダ式のパラメータ変数およびラムダ式内で宣言したローカル変数のスコープは、ラムダ式内に閉じています。

リスト9.20 ラムダ式と変数のスコープ

```
import java.util.function.*; // 以後のコード例では省略

void method() {
    // ラムダ式のパラメータ変数sおよび式内で宣言したローカル変数nは、ラムダ式に閉じたスコープ
    Consumer<String> consumer1 = s -> { int n = 1; System.out.println(s + n); };
    Consumer<String> consumer2 = s -> { int n = 2; System.out.println(s + n); };

    // ここはラムダ式から見えないスコープ
    int n = 0;
    String s = "";

    consumer1.accept("foo");
    consumer2.accept("bar");
```

(注4) 説明が簡潔になるので使います。なお関数による抽象化の観点からはConsumerは関数的ではありません。

```
}
```

```
// 使用例
jshell> method()
foo1
bar2
```

■ラムダ式から見える外側の変数

リスト9.20のmethod内のローカル変数の記述順序に違和感を覚えた人もいるかもしれません。**リスト9.21**のように記述順序を入れ替えるとコンパイルエラーになります。ラムダ式の中からラムダ式の外側の変数が見えるためです。このためリスト9.21は実質的なシャードーイングでエラーになります。

リスト9.21　外側と同名の変数をラムダ式内で宣言またはラムダ式のパラメータ変数に使用（コンパイルエラー）

```
void method() {
    int n = 0;
    String s = "";

    // ラムダ式から外側の変数(ローカル変数のnとs)が見える(詳細は後述)
    Consumer<String> consumer1 = s -> { int n = 1; System.out.println(s + n); };
    Consumer<String> consumer2 = s -> { int n = 2; System.out.println(s + n); };

    consumer1.accept("foo");
    consumer2.accept("bar");
}
```

■ラムダ式と外側の変数

前節のエラーはラムダ式内から外側の変数が見えるがゆえのエラーです。ただしラムダ式内から外側の変数を使うには条件があります。外側の変数が実質的finalである条件です（**リスト9.22**）。

「実質的finalな変数」とは再代入のない変数のことです(注5)。final修飾子があれば意図がより明確ですが、修飾子なしでも再代入がなければ実質的finalです。

リスト9.22　ラムダ式から外側の実質的finalの変数にアクセス可能

```
// ラムダ式から見た外側の変数(mparamとlocal)はどちらも実質的final
// ラムダ式内で使用可能
void method(String mparam) {
    String local = "local";
    Consumer<String> consumer = lparam -> { System.out.println(String.join(",", lparam, local, mparam)); };
    consumer.accept("lparam");
}
```

(注5)　「実質的finalの変数」はeffectively final variableの訳語です。

```
// 使用例
jshell> method("mparam")
lparam,local,mparam
```

リスト9.22の変数localおよびmparamに再代入コードがあるとコンパイルエラーになります。たとえ再代入がラムダ式より前だとしてもエラーになります。コンパイルエラーで発見可能なのでそれほど気にする必要はありません。

外側のローカル変数やパラメータ変数に再代入はできませんが、変数の参照先オブジェクトの状態変更は可能です。たとえば、リスト9.22のString localをStringBuilder localに書き換えて、変数localの参照先オブジェクトの文字列を変更するコードは問題ありません。しかし推奨はしません。見通しの良いコードにならないからです。

■ラムダ式とフィールド変数

ラムダ式内から外側のフィールド変数にアクセス可能です。**リスト9.23**のラムダ式の中でフィールドfieldを使用可能です。フィールド変数の場合、再代入不可という制約はありません。

リスト9.23　ラムダ式から外側のフィールド変数を使用可能

```
class My {
    void method() {
        Consumer<String> consumer = lparam -> { System.out.println(String.join(", ", lparam,
field)); };
        consumer.accept("lparam");
    }
    String field = "init-field";
}
```

```
// 使用例
jshell> var my = new My()
jshell> my.method()
lparam, init-field
```

リスト9.23のラムダ式のローカル変数として、フィールド変数と同名のfieldやsfieldを宣言するとそちらを優先します。コンパイルエラーも起きません。区別を明確化したい場合、フィールド変数をthis参照経由で使ってください。明示的なフィールドアクセスのコードも含めて**リスト9.24**に動作例を示します。

リスト9.24　ラムダ式内のローカル変数とフィールド変数を同名にできる

```
class My {
    void method() {
        Consumer<String> consumer = lparam -> {
            String field = "local-field";
```

```
            System.out.println(String.join(", ", "パラメータ変数", lparam));
            System.out.println(String.join(", ", "ローカル変数", field));
            System.out.println(String.join(", ", "フィールド変数", this.field));
        };

        consumer.accept("lparam");

        // フィールド変数に再代入
        this.field = "updated-field";
        // ラムダ式の中では再代入後のフィールド変数が見える
        consumer.accept("lparam2");
    }
    String field = "init-field";
}
```

```
// 使用例
jshell> var my = new My()
jshell> my.method()
パラメータ変数, lparam
ローカル変数, local-field
フィールド変数, init-field
パラメータ変数, lparam2
ローカル変数, local-field
フィールド変数, updated-field
```

■ラムダ式内のthis参照

ラムダ式内でthis参照を使えるどうかはラムダ式を書いた場所に依存します。クラスメソッド内に書いたラムダ式の中でthis参照は使えません。一方、インスタンスメソッド内に書いたラムダ式ではthis参照を使えます。このthis参照の参照先オブジェクトは、インスタンスメソッドのレシーバオブジェクトです。リスト9.23で見たようにthis参照の記載は省略可能です。

this参照を使えるラムダ式は、フィールドアクセスと同じ理屈で外側のインスタンスメソッドを呼べます。しかし、ラムダ式内のthis参照の使用は推奨しません。this参照を必要とするラムダ式は普通のメソッドにするほうが自然だからです。

9-3-4 ラムダ式自体をreturn文で返す

ラムダ式の評価値を返すメソッドを作成できます。これ自体は普通のコードです。**リスト9.25**に例を示します。返り値はラムダ式の実行結果ではなくラムダ式の評価値です。

ラムダ式の評価値は概念上メソッドへの参照です。この解釈のまま読むと、リスト9.25はいわばメソッドを返すメソッドになります。「**6章 クラス**」でファクトリパターンを紹介しましたが、そのメソッド版と考えてください。

ラムダ式は、評価時点の外側の変数（リスト9.25の場合mparamとmparamLen）の値を保持します。consumer1変数に対するaccept呼び出しとconsumer2変数に対するaccept呼び出しの結果の違いを確認してください。

リスト9.25　ラムダ式を返すreturn文の例(外側の変数を使用)

```
public class My {
    Consumer<String> method(String mparam) {
        int mparamLen = mparam.length();
        // ラムダ式をreturn。ラムダ式の評価値を返す、と解釈してください
        return lparam -> {
            System.out.println(String.join(", ", lparam, mparam, String.valueOf(mparamLen)));
        };
    }

    public static void main(String... args) {
        var obj = new My();
        Consumer<String> consumer1 = obj.method("mparam");
        Consumer<String> consumer2 = obj.method("mparam123");
        consumer1.accept("lparam");
        consumer2.accept("lparam");
    }
}
```

```
実行結果:
lparam, mparam, 6
lparam, mparam123, 9
```

ラムダ式から外側のフィールド変数を使う場合との微妙な違いを確認してみます。**リスト9.26**で最初のラムダ式をreturnした時点のフィールドfieldの文字列は"first-field"ですが、ラムダ式はこの変数の値を保持していません。consumer1.acceptを呼んだ時点のフィールド変数の値を使います。

リスト9.26　ラムダ式を返すreturn文の例(フィールド変数を使用)

```
public class My {
    Consumer<String> method(String mparam) {
        return lparam -> {
            System.out.println(String.join(", ", lparam, mparam, this.field));
        };
    }
    String field = "";

    public static void main(String... args) {
        var my = new My();

        my.field = "first-field";
        Consumer<String> consumer1 = my.method("mparam");
```

```
        my.field = "second-field";
        Consumer<String> consumer2 = my.method("mparam123");
        consumer1.accept("lparam");
        consumer2.accept("lparam");
    }
}
```

```
実行結果:
lparam, mparam, second-field
lparam, mparam123, second-field
```


■ラムダ式とクロージャ

クロージャ(closure)という言語機能があります。メソッド内にメソッド定義を書いた時、内側のメソッドが外側の環境(外側の変数の値)を保持する仕組みです。リスト9.25のラムダ式は外側の変数の値を保持しているので、部分的にはクロージャの性質を満たします。

一方で、他プログラミング言語のクロージャで動く典型コードが動かない場合があります。ラムダ式が使える外側の変数に実質的finalの制約があるためです。他プログラミング言語からの移行で問題になる可能性があるので事例を説明します。

クロージャの典型的な使用例として、カウンタのコードを使います。**リスト9.27**のmakeCounterメソッドはラムダ式を返します。リスト9.25から類推すると、returnするラムダ式ごとにローカル変数countの値を保持できるように見えます。期待どおり動けば独立でカウントアップする複数のカウンタを1つのコードで作れます。しかしリスト9.27はコンパイルエラーになります。ローカル変数countに対する++演算がcountへの再代入になるからです。

リスト9.27 カウンタを意図してラムダ式を返すメソッド(コンパイルエラー)

```
public class My {
    // ラムダ式を返すメソッド
    IntSupplier makeCounter(int start) {
        int count = start;    // count変数は実質的finalではないため
        return () -> count++; // このラムダ式はコンパイルエラー
    }

    public static void main(String... args) {
        var my = new My();
        IntSupplier counter = my.makeCounter(1);
        IntSupplier counter100 = my.makeCounter(100);
        System.out.println(counter.getAsInt()); // 期待値: 1
        System.out.println(counter.getAsInt()); // 期待値: 2
        System.out.println(counter100.getAsInt()); // 期待値: 100
        System.out.println(counter100.getAsInt()); // 期待値: 101
    }
}
```

期待の動作は、フィールド変数に状態を持つか(**リスト9.28**)、ローカル変数の参照先に状態を持つと実現できます(**リスト9.29**)。

リスト9.28　独立したカウンタ動作(フィールドで状態管理)

```
public class My {
    private int count;

    // ラムダ式を返すメソッド
    IntSupplier makeCounter(int start) {
        this.count = start;
        return () -> this.count++;
    }

    public static void main(String... args) {
        IntSupplier counter = (new My()).makeCounter(1);
        IntSupplier counter100 = (new My()).makeCounter(100);
        System.out.println(counter.getAsInt()); // 期待値: 1
        System.out.println(counter.getAsInt()); // 期待値: 2
        System.out.println(counter100.getAsInt()); // 期待値: 100
        System.out.println(counter100.getAsInt()); // 期待値: 101
    }
}
```

リスト9.29　独立したカウンタ動作(ローカル変数の参照先で状態管理をする2例)

```
// 参照先の配列を使うパターン
IntSupplier makeCounter(int start) {
    int[] count = { start };
    return () -> count[0]++;
}

// 参照先のオブジェクトを使うパターン(AtomicIntegerは一例です)
import java.util.concurrent.atomic.AtomicInteger;
IntSupplier makeCounter(int start) {
    AtomicInteger count = new AtomicInteger(start);
    return () -> count.getAndIncrement();
}
```

9-4 基本型のための標準関数型インタフェース

型変数(表9.2のTやR)は基本型を表現できません。これはJavaのジェネリック型の制約です。この制約回避のため、基本型を扱う標準関数型インタフェースが別途存在します(**表9.3**〜**表9.8**)。入力型と出力型を意識して抽象メソッドの形を見てください。たとえばIntFunction<R>の R apply(int value) は、入力がint型で出力がR型です。

なおint、long、doubleのための標準関数型インタフェースしか提供されていません。short、char、floatを使いたい場合、実引数を型変換するか、関数型インタフェースを自作してください。

表9.3 基本型のためのFunctionインタフェース

インタフェース	抽象メソッド
IntFunction<R>	R apply (int value)
LongFunction<R>	R apply (long value)
DoubleFunction<R>	R apply (double value)
IntToLongFunction	long applyAsLong (int value)
IntToDoubleFunction	double applyAsDouble (int value)
LongToIntFunction	int applyAsInt (long value)
LongToDoubleFunction	double applyAsDouble (long value)
DoubleToIntFunction	int applyAsInt (double value)
DoubleToLongFunction	long applyAsLong (double value)
ToIntFunction<T>	int applyAsInt (T value)
ToLongFunction<T>	long applyAsLong (T value)
ToDoubleFunction<T>	double applyAsDouble (T value)

表9.4 基本型のためのPredicateインタフェース

インタフェース	抽象メソッド
IntPredicate	boolean test (int value)
LongPredicate	boolean test (long value)
DoublePredicate	boolean test (double value)

表9.5 基本型のためのConsumerインタフェース

インタフェース	抽象メソッド
IntConsumer	void accept (int value)
LongConsumer	void accept (long value)
DoubleConsumer	void accept (double value)

表9.6 基本型のためのSupplierインタフェース

インタフェース	抽象メソッド
BooleanSupplier	boolean getAsBoolean ()
IntSupplier	int getAsInt ()
LongSupplier	long getAsLong ()
DoubleSupplier	double getAsDouble ()

表9.7　演算的なFunctionインタフェース (演算的の意味: 入力と出力が同型)

インタフェース	抽象メソッド
IntUnaryOperator	int applyAsInt (int operand)
IntBinaryOperator	int applyAsInt (int left, int right)
LongUnaryOperator	long applyAsLong (long operand)
LongBinaryOperator	long applyAsLong (long left, long right)
DoubleUnaryOperator	double applyAsDouble (double operand)
DoubleBinaryOperator	double applyAsDouble (double left, double right)

表9.8　2引数の標準関数型インタフェース

インタフェース	抽象メソッド
ObjIntConsumer<T>	void accept (T t, int value)
ObjLongConsumer<T>	void accept (T t, long value)
ObjDoubleConsumer<T>	void accept (T t, double value)
ToIntBiFunction<T, U>	int applyAsInt (T t, U u)
ToLongBiFunction<T, U>	long applyAsLong (T t, U u)
ToDoubleBiFunction<T, U>	double applyAsDouble (T t, U u)

9-5 関数合成

9-5-1 Functionの関数合成

関数型インタフェースを合成して新しい関数型インタフェースを作成可能です。具体例を見るほうが早いので最初に具体例を示します。関数合成のコード例にラムダ式を使いますが、メソッド参照を使っても同じです。

最初に関数合成を使わずに2つのFunctionを順に呼ぶ例を示します(**リスト9.30**)。2つのFunctionの中身は簡単なので説明を省略します。

リスト9.30　関数合成を使わない例

```
record Book(String title) {}

Function<Book, String> bookToTitle = book -> book.title();
Function<String, String> capitalize = s -> s.toUpperCase();
// capitalizeは下記の記載でも等価
Function<String, String> capitalize = String::toUpperCase;
```

```
// 使用例
// 一時変数を使って2つのFunctionを順に呼ぶ
jshell> var title = bookToTitle.apply(new Book("Peopleware"))
title ==> "Peopleware"

jshell> var capitalizedTitle = capitalize.apply(title)
capitalizedTitle ==> "PEOPLEWARE"
```

一時変数を使うリスト9.30は、コードに書いた順にFunctionを呼ぶだけです。直感的と言えば直感的です。

一時変数を使わず、最初のFunctionの呼び出しを次のFunctionの引数に渡すコードに書き換えてみます(**リスト9.31**)(注6)。

リスト9.31　リスト9.30から一時変数をなくす

```
// 一時変数を使わず2つのFunctionを順に呼ぶ
// bookToTitle、capitalizeの順で呼ぶ
jshell> var capitalizedTitle = capitalize.apply(bookToTitle.apply(new Book("Peopleware")))
capitalizedTitle ==> "PEOPLEWARE"
```

リスト9.31に何も問題はありません。しかし、コードの実行順と記載順が微妙に入れ替わる部分を気持ち悪く感じるかもしれません。

Functionの呼び出し結果(返り値)を次のFunctionの引数に渡す場合、関数合成を使えます。リスト9.30で定義した2つのFunctionを関数合成すると**リスト9.32**のようになります。コードの記載順と実行順が一致します。入力と出力の関係に注目するとbookToCapitalizedTitle変数の型がFunction<Book, String>になることを確認してください。

リスト9.32　リスト9.31を関数合成で書いた例

```
Function<Book, String> bookToCapitalizedTitle = bookToTitle.andThen(capitalize);
```

```
// 使用例
// bookToTitle、capitalizeの順で呼ぶ
jshell> var capitalizedTitle = bookToCapitalizedTitle.apply(new Book("Peopleware"))
capitalizedTitle ==> "PEOPLEWARE"
```

ラムダ式のみの関数合成も可能です(**リスト9.33**)。少し技巧的になりすぎるので推奨はしません。

リスト9.33　ラムダ式の関数合成

```
Function<Book, String> bookToCapitalizedTitle = ((Function<Book, String>)(book -> book.title())).
andThen(s -> s.toUpperCase());
```

andThenの代わりにcomposeを使う関数合成も可能です。意味的には呼び出し順がandThenと逆になります(**リスト9.34**)。

リスト9.34　composeを使う関数合成

```
Function<Book, String> bookToCapitalizedTitle = capitalize.compose(bookToTitle);
```

(注6)　一時変数は名前が適切であれば可読性の向上につながるので無理になくす必要はありません。実行効率の劣化もないと考えて問題ありません。

```
// 使用例
// bookToTitle、capitalizeの順で呼ぶ
jshell> var capitalizedTitle = bookToCapitalizedTitle.apply(new Book("Peopleware"))
capitalizedTitle ==> "PEOPLEWARE"
```

■多段の関数合成

多段の関数合成も可能です。少し無理のあるコード例ですが具体例を示します(**リスト9.35**)。

リスト9.35　多段の関数合成の例

```
Function<Book, String> bookToCapitalizedAndTrimedTitle = bookToTitle.
andThen(String::toUpperCase).andThen(String::trim);
```

```
// 使用例
jshell> var s = bookToCapitalizedAndTrimedTitle.apply(new Book("  Peopleware"))
s ==> "PEOPLEWARE"
```

多段処理全体の入力と出力だけを意識する抽象化が可能であれば、多段の関数合成は問題ありません。その場合、リスト9.35のようないびつな名前ではなく適切な名前になるはずです。そうでない場合、技巧的になりすぎるので推奨しません。

9-5-2　Consumerの関数合成

Consumer系の関数型インタフェースをandThenで合成できます。Consumer系の関数合成は同じ引数で処理を連続して呼び出します(**リスト9.36**)。

リスト9.36　Consumerの処理合成

```
Consumer<String> consumer1 = s -> System.out.print("parameter1 is ¥"%s¥"".formatted(s));
Consumer<String> consumer2 = s -> System.out.print(" and ");
Consumer<String> consumer3 = s -> System.out.print("parameter3 is ¥"%s¥"".formatted(s));
```

```
// 使用例
// consumer1、consumer2、consumer3を同一引数で順に呼ぶ
jshell> Consumer<String> consumers = consumer1.andThen(consumer2).andThen(consumer3)

jshell> consumers.accept("foobar")
parameter1 is "foobar" and parameter3 is "foobar"
```

9-5-3　Predicateの関数合成

Predicate系の関数型インタフェースはboolean型で真偽値を返す処理です。Predicate系の関

数型インタフェースは、and、or、negateで論理演算に従う合成をできます（**リスト9.37**）。

リスト9.37 Predicateの関数合成

```
// 数値が正かを判定する処理
IntPredicate isPositive = n -> n > 0;

// 偶数かを判定する処理
IntPredicate isEven = n -> n % 2 == 0;
```

```
// 使用例
// negateで論理反転（0または負数で真になる判定）
jshell> IntPredicate isNegativeOrZero = isPositive.negate()

// 正数かつ偶数を判定
jshell> IntPredicate isPositiveEven = isPositive.and(isEven)

jshell> boolean result = isNegativeOrZero.test(0)
result ==> true
jshell> boolean result = isPositiveEven.test(10)
result ==> true
jshell> boolean result = isNegativeOrZero.test(10)
result ==> false
jshell> boolean result = isPositiveEven.test(10)
result ==> true
```

9-5-4 引数の多い関数型インタフェース

Function<T, R>の合成で引数の数が2つ以上の処理を意味する関数型インタフェース実現できます。関数合成の理解につながるので紹介します。技巧的になるので実開発では自作の関数型インタフェースを作るほうが現実的です。

1引数のFunction<T, R>を使って2引数の処理を作れる例を示します。このためにはFunction<T, R>の返り値の型をFunctionにします。つまりFunction<T1, Function<T2, R>>という型になります。引数の型がT1とT2、返り値の型がRの2引数の処理として使えます（**リスト9.38**）。

リスト9.38 Functionを使う2引数の処理

```
// 2引数aとbを受け取り a + b の結果を返す関数型インタフェース
// (a, b) -> a + b
Function<Integer, Function<Integer, Integer>> fnPlus = a -> b -> a + b;

// 参考：fnPlusを愚直に書き直したコード
Function<Integer, Function<Integer, Integer>> fnPlus = a -> {
    Function<Integer, Integer> plus = b -> a + b;
    return plus;
}
```

```
// fnPlusの呼び出しコード
// 1 + 2 = 3
jshell> int result = fnPlus.apply(1).apply(2)
result ==> 3
```

更に3引数の処理を作ってみます（**リスト9.39**）。

リスト9.39　3引数の処理

```
// (a,b,c) -> (a + b) * c の3引数の処理
Function<Integer, Function<Integer, Function<Integer, Integer>>> fn3arg = a -> b -> c -> (a + b) * c;

// fn3argの呼び出しコード
// (3 + 2) * 100 = 500
jshell> int result = fn3arg.apply(3).apply(2).apply(100)
result ==> 500

// (a,b) -> a * b の2引数の処理
Function<Integer, Function<Integer, Integer>> fnMulti = a -> b -> a * b;

// リスト9.38のfnPlusとfnMultiを使ってfn3argを書き換えたコード
Function<Integer, Function<Integer, Function<Integer, Integer>>> fn3arg = a -> fnPlus.apply(a).
andThen(fnMulti);
```

9-6 メソッドへの参照の実践

9-6-1 引数に渡す「メソッドへの参照」

メソッド参照やラムダ式をしばしばメソッド呼び出し時の引数に渡します。概念上、メソッドをメソッドの引数に渡す形になります。これはメソッドの呼び出し結果をメソッドの引数に渡すのとはまったく別物です。以後、注意して読んでください。

メソッドをメソッドの引数に渡すと聞いて混乱する人には簡単に理解できる概念モデルがあります。メソッドの引数にオブジェクトの参照を渡す場合を考えてください。呼ばれた先のメソッド内で引数オブジェクトのメソッドを呼び出すのはJavaで普通のことです。同じように考えて、呼ばれたメソッド内で引数（メソッドへの参照）のメソッドを呼び出すと考えれば特に不思議はありません。これでも混乱する場合、メソッドへの参照は実はオブジェクトへの参照であるという裏事情のまま理解しても問題ありません（コラム参照）。

メソッドの引数にメソッドへの参照を渡す例として本章冒頭と同じCollections.sortメソッドを使います。本章冒頭ではメソッド参照を使いました。ここではラムダ式を使う例を示します（**リスト9.40**）。

リスト9.40 メソッドへの参照の活用例（ソート処理）

```
// sortメソッドは引数の配列を変更するので可変リストを使用
jshell> var list = new ArrayList<>(List.of("abc", "xyz", "za", "defghi"))

// 文字列長でソートするラムダ式を引数で渡す
jshell> Collections.sort(list, (s1, s2) -> s2.length() - s1.length())
jshell> list
list ==> [defghi, abc, xyz, za]

// 文字列長の逆順ソート
jshell> Collections.sort(list, (s1, s2) -> s1.length() - s2.length())
jshell> list
list ==> [za, abc, xyz, defghi]
```

Collections.sortメソッドの引数に比較処理の実装を渡します。比較処理以外のコード（並べ替え処理）のアルゴリズムを固定したまま、比較処理に拡張性を持たせた設計です。ある処理を固定し、可変部分を外側からパラメータとして与えて拡張性を持たせる構造はソフトウェア開発で頻出の実装パターンです。

9-6-2 遅延処理（遅延評価）

MapインタフェースのcomputeIfAbsentメソッドを例にして遅延処理を説明します。computeIfAbsentメソッドは、指定したキーに対する値が存在しない場合に限り新しい要素をputします。メソッドの使用目的はputIfAbsentメソッドと同じです。

2つのメソッドの定義を示します。説明の簡易化のためジェネリック型をStringに置換しました。

```
String computeIfAbsent(String key, Function<String, String> mappingFunction)
String putIfAbsent(String key, String value)
```

putIfAbsentの引数の理解は簡単です。引数keyに対応する値がMapに存在しない場合に追加する値をvalueで指定します。利用例をリスト9.41に示します。存在するkey値であっても第2引数に渡したgenerateValueメソッドを呼ぶ点に注意してください。メソッド呼び出し前にすべての実引数を評価するからです(注7)。

リスト9.41 遅延処理にならない例

```
String generateValue() {
    System.out.println("generateValue is called");
    return "GENERATED-VALUE";
}
```

（注7） ラムダ式やメソッド参照を引数に渡した場合も実引数を評価する動作は同じです。評価結果がメソッドへの参照になるだけです。

```
// 使用例
jshell> var map = new HashMap<String, String>(Map.of("KEY", "VALUE"));

// "KEY"要素が存在しているのでgenerateValueメソッドの結果は使われない
// しかしgenerateValueメソッドの呼び出しは発生する
jshell> String value = map.putIfAbsent("KEY", generateValue())
generateValue is called
value ==> "VALUE"
```

computeIfAbsentを使う例を**リスト9.42**に示します。動作結果はリスト9.41と同じです。しかし第1引数で渡したkey値がすでにMapに存在する場合、generateValueメソッドの呼び出しをしません。引数のラムダ式（メソッド参照で書いても同じです）の評価結果はメソッドへの参照で、そのメソッドを呼ぶか否かはcomputeIfAbsentメソッド内部の実装次第だからです。このような動作を遅延処理（遅延評価）と呼びます。遅延処理を活用できると効率的なコードにできます。

リスト9.42　computeIfAbsentを使う遅延評価（動作結果のMapはリスト9.41と等価）

```
jshell> var map = new HashMap<String, String>(Map.of("KEY", "VALUE"));

// 要素がすでに存在する場合、generateValueメソッドの呼び出し自体が発生しない
jshell> String value = map.computeIfAbsent("KEY", (key) -> generateValue())
value ==> "VALUE"

// 要素が存在しない場合に限り、generateValueメソッドの呼び出しが発生
jshell> String value = map.computeIfAbsent("KEY2", (key) -> generateValue())
generateValue is called
value ==> "GENERATED-VALUE"
```

9-6-3　コレクションのforEachメソッド

ListオブジェクトやSetオブジェクトに対して次のforEachメソッドを使えます(注8)。

```
void forEach(Consumer<T> action)
```

forEachメソッドは内部ですべての要素に対してactionメソッドを呼びます。疑似コード（と言ってもほぼ実コード）で書くと**リスト9.43**のようになります。

リスト9.43　コレクションのforEachメソッドの内部（疑似コード）

```
// List<String> list を仮定
void forEach(Consumer<String> action) {
```

（注8）　forEachメソッドはjava.lang.Iterableインタフェースのメソッドです。紛らわしいですが、次章のストリーム処理のforEachと別物です。たまたま同じ名前で、かつ同じような動作をするだけです。

```
    for (String s : list) {
        action.accept(s);
    }
}
```

コレクション要素の列挙処理の複数の書き方を例示します(**リスト9.44**)。リスト9.43を想定しながら読めば理解は容易でしょう。

リスト9.44 コレクション要素の列挙処理

```
// Collection<String> list を仮定すると下記4行はすべて同じ結果

list.forEach(s -> System.out.println(s));                  // ラムダ式
list.forEach((String s) -> { System.out.println(s); }); // ラムダ式(非省略版)
list.forEach(System.out::println);                         // メソッド参照
for (String s : list) { System.out.println(s); }          // 拡張for構文
```

マップ(Mapオブジェクト)のforEachメソッドの引数はキーと値の2引数を取るBiConsumerです。具体例は**リスト9.45**になります。

リスト9.45 MapのforEachメソッド

```
jshell> var map = Map.of("key1", "value1", "key2", "value2")

jshell> map.forEach((k, v) -> System.out.println("key is %s and value is %s".formatted(k, v)))
key is key2 and value is value2
key is key1 and value is value1
```

COLUMN

メソッドへの参照の真実

本文中「メソッドへの参照」の用語を使いました。概念の理解と割り切れば、メソッドに対する参照と考えて何の問題もありません。ただこの理解のままでは、たとえば標準関数型インタフェースFunctionのapplyの意味が不明瞭です。メソッドへの参照であればapplyなしで直接括弧を続けて実引数を渡せても良いはずだからです。

「メソッドへの参照」と呼んでいたものの真実は「オブジェクトへの参照」です。Function型オブジェクトのapplyメソッドの本体がメソッド参照やラムダ式です。このあたりのからくりは「**11-4 関数型インタフェース**」を読むとより理解が深まります。

10章 ストリーム処理

入力列に対して処理を繰り返し適用して出力列を生成するストリーム処理という実装パターンを紹介します。データ構造やデータ処理の理解を更に進めてください。

10-1 ストリーム処理

ストリーム処理は繰り返し処理の1つです。入力列を出力列に変換する処理として繰り返し処理を抽象化します。入力列と出力列、それぞれ要素数ゼロ以上の列で考えてください。

「**8章 コレクションと配列**」でイテレータを紹介しました。ストリームとイテレータは似ています。イテレータはモノの集まりから要素を取り出す操作の抽象化で、ストリームはモノの集まりをパイプライン処理に通す操作の抽象化です(**図10.1**)。

図10.1　ストリーム処理

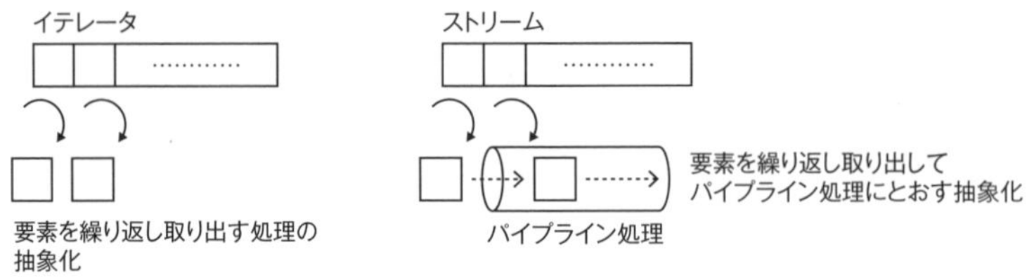

イテレータを使う場合、対象要素の集まりを管理する実体はコレクションや配列でした。この構造はストリームを使う場合も同じです。ストリーム自身は要素の集まりを管理しません。コレクションや配列などのデータソースが別にあります。ストリームの役割はデータソースから要素を取り出してパイプライン処理に送り込むことです。

パイプラインに送り込まれた個々の要素に処理を適用します。多くの場合、適用する処理をラムダ式もしくはメソッド参照で記述します。

10-1-1 ストリーム処理の構造

ストリーム処理のコードは下記3つで構成されます。

- データソースから初期ストリーム生成(具体的な生成手段は後述)

- 複数の中間処理
  中間処理はストリームからストリームへの変換処理
- 1つの終端処理
  終端処理はストリームから最終出力の生成処理

■ストリーム処理の実例（冗長版）

ストリーム処理の具体例を示します（**リスト10.1**）。このコードは意図して冗長に記述しています。変数の型もすべて明示しています。

リスト10.1 ストリーム処理の典型例（冗長版）

```
// データソースを準備
jshell> List<String> list = List.of("abc", "xyz", "za", "defghi")

// データソースから初期ストリーム生成
jshell> Stream<String> stream1 = list.stream()

// ストリームの中間処理:filter処理（"a"を含む文字列として"abc"と"za"だけ通過）
jshell> Stream<String> stream2 = stream1.filter(s -> s.contains("a"))

// ストリームの中間処理:map処理（大文字変換で"ABC"と"ZA"になる）
jshell> Stream<String> stream3 = stream2.map(s -> s.toUpperCase())

// ストリームの終端処理:画面出力
jshell> stream3.forEach(s -> System.out.println(s))
ABC
ZA
```

リスト10.1を読解すると次のようになります。

最初にデータソースから初期ストリームを生成します。データソースはListオブジェクトです。通常のストリーム処理はデータソースを変更しないので変更不可Listオブジェクトで問題ありません。

ストリームはjava.util.stream.Stream<T>インタフェースのオブジェクトです。以後、Streamオブジェクトと記載します。Stream<String>の<>内のStringはパイプライン処理を流れる要素の型です。リスト10.1の場合、最初から最後まで要素がStringです。ストリーム処理の途中で要素の型が変わるのは珍しくありません。たとえば、map中間処理（後述）で要素型をStringからIntegerに変換すれば、処理後のStreamオブジェクトの型はStream<Integer>になります。

中間処理はStreamオブジェクトに対するメソッド呼び出しの形式になります。リスト10.1ではfilterとmapを使っています。この2つは代表的な中間処理用のメソッドです。どちらのメソッドも引数の型が関数型インタフェースです。実引数としてラムダ式またはメソッド参照を渡すのが普通です。中間処理は、実引数に渡した処理をストリームの全要素に適用する命令です。

中間処理のメソッドは新しいStreamオブジェクトを返します。ストリーム処理の継続時はこの新しいStreamオブジェクトを使います。

初期ストリーム生成と中間処理だけでは実処理が動きません。終端処理の記述でパイプライン処理が走ります。終端処理の典型例はコレクションオブジェクトへの出力です。リスト10.1は検証コードなのでforEachで画面出力しています。

■ストリーム処理の実例(通常版)

リスト10.1はStreamオブジェクトを必ずStream型変数に代入しています。これは説明のための記述です。通常は途中で変数代入を書きません。変数代入を省略して1つの式で記述した例を示します(**リスト10.2**)。

リスト10.2　ストリーム処理の典型例(通常の書き方でリスト10.1を書き直した版)

```
jshell> List<String> list = List.of("abc", "xyz", "za", "defghi")

// JShellなのでドット文字を行末に書いています(「コラム」参照)
jshell> list.stream().
   ...>      filter(s -> s.contains("a")).
   ...>      map(s -> s.toUpperCase()).
   ...>      forEach(s -> System.out.println(s))
ABC
ZA
```

リスト10.1を見て途中の中間処理の代入ごとにラムダ式の本体実行が起きると誤解しないでください。リスト10.1もリスト10.2も、ラムダ式やメソッド参照の実行は最後の終端処理でまとめて実行されます(遅延処理します)。Streamオブジェクトはパイプライン上を流れてくる要素に対する処理を保持するオブジェクトで、実際にパイプラインを要素が流れ始めるのは終端処理の実行時です。

COLUMN

ストリーム処理のドット文字の記載位置

構文的にはドット文字を書く位置は自由です。次のように行頭に揃える書き方をよく使います。視認性が良いからです。

```
list.stream()
    .filter(s -> s.contains("a"))
    .map(String::toUpperCase)
    .forEach(System.out::println)
```

しかしJShellとこの記述の相性は良くありません。行末にドット文字がないと文の終端と区別がつかないからです。本書のJShellを使うコード例では行末にドット文字を記述します。

■メソッド参照版

リスト10.2のラムダ式の一部はメソッド参照で書き換え可能です。System.out::println などは定形コードで目にする機会も多いのでメソッド参照を使った例も示します(**リスト10.3**)。List型変数の代入も省略しました。

リスト10.3 ストリーム処理の典型例(メソッド参照でリスト10.2を書き直した版)

```
jshell> List.of("abc", "xyz", "za", "defghi").stream().
   ...>      filter(s -> s.contains("a")).
   ...>      map(String::toUpperCase).
   ...>      forEach(System.out::println)
ABC
ZA
```

■ストリーム処理の動作の見立て

リスト10.2の動作イメージをつかめない人は同等の結果になる**リスト10.4**のループ処理を思い浮かべてください。

リスト10.4 リスト10.2と同等のループ処理

```
jshell> List<String> list = List.of("abc", "xyz", "za", "defghi")
jshell> for (String s: list) {
   ...>     if (s.contains("a")) {
   ...>         String result = s.toUpperCase();
   ...>         System.out.println(result);
   ...>     }
   ...> }
ABC
ZA
```

ストリーム処理を繰り返し処理の書き換えと見立てても間違いではありません。ただこの見立てではストリーム処理のありがたみがそれほどありません。より適切な見立ては、入力列から出力列への変換です。この見立ては、入力と出力以外の詳細を頭から追い出す関数による抽象化と等価です。欲しい出力列を作るイメージでストリーム処理のコードを見てください。

10-1-2 ストリーム再利用の禁止

ストリームとイテレータは似ていますが違う部分も多々あります。

Streamオブジェクトは再利用できません。終端処理を終えたストリームに対して、再び中間処理や終端処理を実行しようとするとIllegalStateException実行時例外が発生します。ストリームにパイプラインを巻き戻す概念がないからです。たとえばリスト10.2でfilterの途中結果を見たいと考え、forEachによる画面出力処理を差し込んだとします(**リスト10.5**)。forEachでストリーム処理が終わっているので後段の記述がエラー(コンパイルエラー)になります。

リスト10.5　ストリーム処理途中のforEach (コンパイルエラー)

```
jshell> list.stream().
   ...>       filter(s -> s.contains("a")).
   ...>       forEach(System.out::println).  // デバッグ目的の出力(終端処理)
   ...>       map(String::toUpperCase).      // 終端処理の後続処理はエラー
   ...>       forEach(System.out::println)
|  Error:
```

途中結果を見るにはpeek中間処理の利用が便利です。**リスト10.6**のようにpeekで途中結果の画面出力を可能です。

リスト10.6　peekの利用

```
jshell> list.stream().
   ...>       filter(s -> s.contains("a")).
   ...>       peek(System.out::println).  // デバッグ目的の出力(中間処理)
   ...>       map(String::toUpperCase).
   ...>       forEach(System.out::println)
abc
ABC
za
ZA
```

リスト10.6のpeek(System.out::println)を下記のように書き換えるとデバッグ目的を強調できます。コードの消し忘れを防ぐ効果もあります。

```
.peek(s -> System.out.println("DEBUG: " + s))
```

パイプライン処理を再び先頭要素から始めたい場合、データソースからストリームを新規生成します。ストリーム自身は要素を持たず(要素を持つのはデータソース)、処理を流す仕組みにすぎないので再作成の効率をそれほど気にする必要はありません。

■ストリーム処理の停止

ストリームのパイプライン処理を途中で停止する手段はありません。たとえ中間処理や終端処理に渡すラムダ式でreturnやbreakをしても、それは要素単位の処理を打ち切るだけで、全体処理は継続します。

ラムダ式から実行時例外を投げれば強引にパイプライン処理を打ち切り可能です。しかしこの方法は推奨しません。特定の要素だけに処理を絞りたい場合はfilter中間処理などで要素を選別してください。

■ストリーム処理の禁止事項

ストリーム処理中にデータソースに要素の追加や削除をすると、ConcurrentModification Exception実行時例外が起きます。イテレータ処理には回避策がありますが、ストリーム処理では完全な禁止事項です。

ストリーム処理中に要素の参照先オブジェクトの変更は可能です。たとえば要素がStringBuilderの時に、要素文字列を変更可能です。しかし、これは入力列を読み込み専用で扱うストリーム処理の思想に反します。map中間処理などで新しい要素に変換してください。

ストリーム処理中に外側のローカル変数に再代入できません。これはラムダ式の制限です(「**9-3-3 ラムダ式の詳細**」参照)。一方、外側のフィールド変数に対する再代入やフィールドオブジェクトの変更は可能です。しかしこれらは推奨しません。後述する並列ストリームにすると実行時例外が起きたり不正な結果になるからです。

10-2 ストリームの生成

10-2-1 代表的なデータソースから生成

標準ライブラリの代表的なデータソースとそのストリーム生成方法をまとめます(**表10.1**)。初期ストリームの生成は定型的なコードになるので表10.1のまま使うのを勧めます。

表10.1 代表的なデータソースとストリーム生成

データソース	データソース例	ストリーム生成例	生成ストリーム例
コレクション	List<String> list	list.stream()	Stream<String>
	Set<String> set	set.stream()	Stream<String>
	Map<String, String> map	map.entrySet().stream()	Stream<Map.Entry<String, String>>
配列	String[] array	Arrays.stream(array)	Stream<String>
		Stream.of(array)	Stream<String>
文字列	String string	string.chars()	IntStream
		string.codePoints()	IntStream
		string.lines()	Stream<String>
Optional	Optional<String> s	s.stream()	Stream<String>
正規表現	Pattern pattern	pattern.splitAsStream(string)	Stream<String>
ビットセット	BitSet bitset	bitset.stream()	IntStream
乱数生成	Random random	random.ints()	IntStream
ファイル	Path file	Files.lines(file)	Stream<String>
I/Oストリーム	BufferedReader in	in.lines()	Stream<String>

具体例としてMapオブジェクトからストリームを生成する例を示します(**リスト10.7**)。

リスト10.7　Mapオブジェクトからのストリーム生成例

```
jshell> var map = Map.of("key1", "val1", "key2", "val2")

// Mapからストリームを生成してキーと値を表示
jshell> Stream<Map.Entry<String, String>> stream = map.entrySet().stream()
jshell> stream.forEach(e -> System.out.println(e.getKey() + ", " + e.getValue()));
key2, val2
key1, val1

// マップ要素の値だけを取り出す例
jshell> map.entrySet().stream().
   ...>     map(Map.Entry::getValue).forEach(System.out::println)
val2
val1
```

10-2-2　Streamのファクトリメソッドで生成

Streamインタフェースのファクトリメソッドでストリームオブジェクトを生成できます（**表10.2**）。なお、表10.2では型変数の表記を簡略化しています。以後、本章全体で簡略化します。

表10.2　Streamのファクトリメソッド

メソッド定義	説明
of (T... values)	可変長引数（または配列）で要素を渡す
generate (Supplier<T> s)	Supplierで要素を生成
iterate (final T seed, final UnaryOperator<T> f)	初期値と演算で要素を生成
iterate(T seed, Predicate<? super T> hasNext, UnaryOperator<T> next)	初期値と演算で要素を生成（終了条件判定付き）

Stream.ofメソッドは実引数列に渡した要素を持つストリームを生成します。可変長引数に配列を渡せるので配列からのストリーム生成の役割も兼ねます。他のファクトリメソッドを合わせて具体例を**リスト10.8**に示します。以後のコード例で、単純な初期ストリームの生成にStream.ofメソッドを使います。

リスト10.8　ファクトリメソッドでのストリームの生成

```
// 可変長引数のStream.oofメソッド（簡易なテストコードで便利）
Stream<String> stream = Stream.of("abc", "xyz");

// 無限に文字列を生成するストリーム（次節の「無限ストリーム」参照）
Stream<String> stream = Stream.generate(() -> "foo");

// "a"から始まり文字列を倍々に増やした文字列を要素とする無限ストリーム
Stream<String> stream = Stream.iterate("a", s -> s + s);

// 上記に終了条件（文字列長が5未満）をつけた有限ストリーム
```

```
Stream<String> stream = Stream.iterate("a", s -> s.length() < 5, s -> s + s);
```

Stream.Builderはストリームを手動作成できるファクトリクラスです(**リスト10.9**)。

リスト10.9 Stream.Builderによるストリーム生成

```
// Stream.Builderオブジェクトを生成
Stream.Builder<String> builder = Stream.builder();
// ストリーム処理の対象要素を追加
builder.add("abc")
       .add("xyz"); // addの返り値はStream.Builder。メソッドチェーン可
// ストリーム生成
Stream<String> stream = builder.build();
```

10-2-3 無限ストリーム

表10.2のgenerateやiterateは無限ストリームを生成します。これらには処理を途中で打ち切る中間処理もしくは終端処理が必要です。なければストリーム処理そのものが終わらなくなるからです。

処理を打ち切る中間処理にはlimitとdistinctなどがあります(**リスト10.10**)。処理を打ち切る終端処理にはanyMatchやfindFirstなどがあります。

リスト10.10 無限ストリームの使用例

```
// 無限ストリームの使用には途中で処理を打ち切る中間処理(limitなど)が必須
jshell> Stream.iterate("a", s -> s + s).
   ...>         limit(3).forEach(System.out::println)
a
aa
aaaa
```

10-3 ストリームの中間処理

10-3-1 Streamインタフェース

ストリーム処理の中間処理と終端処理にはStreamインタフェースのメソッドを使います(**表10.3、表10.4**)。これらのメソッドの引数の型は関数型インタフェースです。実引数で渡した処理をパイプラインの各要素に適用する動作を想像しながら説明を読んでください。

表10.3　Streamの中間処理（一部を抜粋。メソッド記述を簡略化）

メソッド	説明
Stream<R> map (Function<T, R> mapper)	mapperで1対1の変換処理（mapToInt()なども別途存在）
Stream<R> flatMap (Function<T, Stream<R>> mapper)	1対多の変換処理（flatMapToIntなども別途存在）
Stream<R> mapMulti(BiConsumer<T, Consumer<R>> mapper)	1対多の変換処理（mapMultiToIntなども別途存在）
Stream<T> filter (Predicate<T> predicate)	predicate判定が真の要素のみを選別
Stream<T> takeWhile(Predicate<T> predicate)	predicate判定が真になる要素が続く限り選別。判定が偽の要素以後はすべて排除（打ち切り処理）
Stream<T> dropWhile(Predicate<T> predicate)	predicate判定が真になる要素が続く限り排除（読み飛ばし処理）。判定が偽になる要素以後は判定せずに選別
Stream<T> distinct ()	重複した要素を排除
Stream<T> sorted (Comparator<T> comparator)	comparatorで要素をソート
Stream<T> sorted ()	要素をcompareToメソッドで比較してソート
Stream<T> limit (long maxSize)	指定数以上の要素を排除（打ち切り処理）
Stream<T> skip (long n)	指定した数の要素を排除（読み飛ばし処理）
Stream<T> unordered ()	オーダー（後述）を維持しないストリームに変換
Stream<T> parallel ()	並列ストリームに変換（後述）
Stream<T> sequential ()	非並列ストリームに変換
Stream<T> onClose (Runnable closeHandler)	指定したclose処理ありのStreamに変換※1
Stream<T> peek (Consumer<T> action)	要素に対してaction処理を実施（ストリーム処理に影響を与えない。主にデバッグ用）

※1　StreamインタフェースはAutoCloseableインタフェースを継承しています。AutoCloseableについては「**14-3 try-with-resources文**」を参照してください。

10-3-2　オーダー処理とソート処理

オーダーとソートという概念がストリームに存在します。紛らわしいので補足します。

オーダー処理とは、データソースがListや配列のように順序を持っている時、その順序を維持する処理です。ソート処理とはある比較基準で並べる処理です。ソートは表10.3のsorted中間処理などで実施します。

通常のストリーム処理はオーダーを維持するように動作します。このため普段は気にする必要はありません。気にする必要があるのは並列処理（後述）の時です。並列処理でもストリーム処理の多く（特に後述するreduce処理とcollect処理）はオーダーを維持しようと頑張ります。しかし並列処理にとってオーダー維持は負荷の高い処理です。このためオーダー維持不要を指定すると効率化できる可能性があります。オーダー維持が不要であればunordered中間処理を挟んでオーダーを維持しないストリームにできます。

10-3-3　map処理

代表的な中間処理のmap処理を取り上げます。

map処理の引数の型はFunction<T, R>です（表10.3）。Function<T, R>は、入力がT、出力がRと読んでください。map中間処理の役割はパイプライン上の要素の変換です。受け取る要素型がT、送り出す要素型がRという関係の変換処理です（**図10.2**）。

図10.2　map中間処理

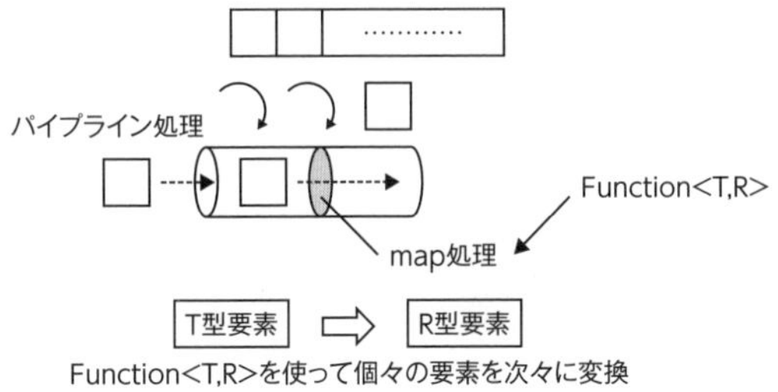

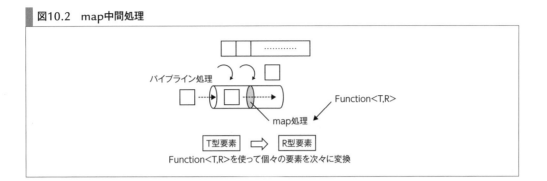

map処理の具体例はリスト10.1で紹介済みなので省略します。

10-3-4　flatMap処理

flatMap処理の名前のflatは入れ子の入力列を平坦にする意図で命名されています。入力列の中にコレクションや配列などのデータ列がある時に、そのデータ列をストリームに変換できます。

具体例を見ないとわかりづらいので具体例を**リスト10.11**に示します。リスト10.11のデータソースは入れ子のListです。Listの要素がListです。普通にストリーム処理した場合、要素がListオブジェクトになります。リスト10.11のflatMapに渡しているラムダ式の引数のvalListの参照先がそれです。ラムダ式でListオブジェクトからストリームに変換すると、後続のストリーム処理の要素がStringになります。

リスト10.11　flatMap処理の例

```
// 入れ子のList（データソース）
List<List<String>> listOfList = List.of(List.of("abc", "def"), List.of("ghi", "jkl"));

// 使用例
jshell> var list = listOfList.stream().
   ...> flatMap(valList -> valList.stream()).  // flatMap(List::stream)の記載も可能
   ...> toList()   // ストリーム処理の出力列を要素に持つListオブジェクト生成
list ==> [abc, def, ghi, jkl]
```

■ストリームを返す中間処理

ストリームの中間処理がストリームを返却する場合があります。そのままでは後続のストリーム処理の要素がストリームになります。通常、これは意図した動作になりません。mapの代わりにflatMapを使うと意図した動作にできます。

■flatMapを使う1対多の変換

flatMapは1対多の変換に使えます。技巧的なコードですが**リスト10.12**に例を示します。入力列の1要素の文字列に対して大文字化した文字列と小文字化した文字列の2つに1対2変換してストリーム処理を継続します。

リスト10.12　flatMapによる1対多変換

```
jshell> var list = Stream.of("abCd").
   ...> flatMap(s -> Stream.of(s.toUpperCase(), s.toLowerCase())).
   ...> toList()
list ==> [ABCD, abcd]
```

■flatMapとOptional

ストリームの中間処理がOptionalオブジェクトを返却する場合があります（Optionalオブジェクトの詳細は後述します）。そのままストリーム処理を続けると後続処理の入力がOptionalオブジェクトになります。Optionalオブジェクトのstreamメソッドでストリームに変換してflatMapと組み合わせると、後続のストリーム処理の要素をOptionalオブジェクトの中身にできます。空Optionalオブジェクトの場合、要素なしでストリーム処理が継続するので安全です。具体例を**リスト10.13**に示します。

リスト10.13　flatMapとOptional

```
class KVSWrapper {  // key-valueストアの模倣
    // 引数のキーに対して対応する値を返す
    // 存在しない場合、空Optionalオブジェクトを返す
    static Optional<String> get(String key) {
        var kvs = Map.of("key1", "val1");
        return Optional.ofNullable(kvs.get(key));
    }
}

// 使用例
// 上記メソッドを使うとストリーム処理の要素がOptionalオブジェクトになる
jshell> List<Optional<String>> ret = Stream.of("key1").map(KVSWrapper::get).toList()
ret ==> [Optional[val1]]

// OptionalオブジェクトのstreamメソッドとflatMapを組み合わせると要素がOptionalの中身になる
jshell> List<String> ret = Stream.of("key1").map(KVSWrapper::get).flatMap(Optional::stream).toList()
ret ==> [val1]

// 上記コードの書き換え版
jshell> List<String> ret = Stream.of("key1").flatMap(s -> KVSWrapper.get(s).stream()).toList()
ret ==> [val1]

// 空Optionalオブジェクトの場合は後続ストリーム処理の要素がなくなる
jshell> List<String> ret = Stream.of("key2").flatMap(s -> KVSWrapper.get(s).stream()).toList()
ret ==> []
```

10-3-5　mapMulti処理

mapMultiはflatMapと同等の機能を持ちます。flatMapとの違いは引数の型です。説明だけではわかりづらいので具体例で説明します。**リスト10.14**はリスト10.11と同等のコードです。mapMultiの引数の型は BiConsumer<T, Consumer<R>> mapper です。実引数をラムダ式で書くと引数が2つで返り値のないラムダ式になります。

リスト10.14　リスト10.11と同等のコード(mapMulti版)

```
List<List<String>> listOfList = List.of(List.of("abc", "def"), List.of("ghi", "jkl"));

// 使用例
jshell> var list = listOfList.stream().
   ...> mapMulti((valList, consumer) -> valList.forEach(val -> consumer.accept(val))).
   ...> toList()
list ==> [abc, def, ghi, jkl]
```

ラムダ式の1つ目のパラメータ変数はストリーム処理の要素を参照します。リスト10.14の変数名はvalListにしています(リスト10.11のvalListと等価な存在です)。ストリーム要素を仮引数valListの実引数としてラムダ式を呼び出す処理がmapMulti内に存在するのを想像してください。

ラムダ式の2つ目のパラメータ変数(consumer)はConsumerオブジェクトを参照します。実引数はmapMultiの内部に存在するConsumerオブジェクトです(コラム参照)。このConsumerオブジェクトのacceptメソッドに渡した値(リスト10.14ではvalListリストの全要素)が後続のストリーム処理の要素になります。

mapMultiのほうがflatMapより自由度の高い(制約が緩い)記述が可能です。このため平坦化したい対象が複雑な場合に有用です。たとえばツリー状のデータ構造などです。この具体例はmapMultiのAPIドキュメントにサンプルコードが載っているので割愛します。

10-3-6　制約の強さによる使い分け

map中間処理は1対1の変換処理です。flatMapやmultiMapは1対多の変換処理に使えます。制約の視点で見るとmapのほうが強い制約の処理です。少し先取りになりますがreduceやcollectは、より制約が緩い処理です。制約の緩い処理ほど自由度の高い記述が可能です。

自由度の高い記述を選ぶほど可能な処理の幅が広がります。実際、reduceやcollectでmap処理同等の処理をできるのは事実です。しかし要求を満たせるなら制約の強いつまり自由度の低いストリーム処理を使ってください。制約の強いコードはコードの読み手に対する暗黙のメッセージになるからです。制約の範囲から逸脱していない意図の表明です。

この考えはストリーム処理に限った話ではありません。制約をかけた実装パターン全般で成り立ちます。制約から外れる可能性を読み手の頭から追い出せる価値があります。

10-4 ストリームの終端処理

ストリームの終端処理には決まった形で出力を得る定形コードがあります。最初に定形の終端処理を紹介します。その後、reduce、collect、forEachの順で終端処理を説明します。

10-4-1 ストリーム出力列からコレクションや配列を生成

ストリームの典型的な終端処理は出力列を要素にするコレクションや配列の生成です（**表10.4**と**リスト10.15**）。

表10.4 Streamの終端処理（一部を抜粋）

メソッド	説明
List<T> toList()	リストを生成（変更不可リスト）
A[] toArray (IntFunction<A[]> generator)	配列を生成（コンストラクタのメソッド参照を実引数に渡せる）
Object[] toArray ()	配列を生成（非推奨。上記を使ってください）
Iterator<T> iterator ()	イテレータを生成

リスト10.15 ストリーム処理からコレクションや配列を生成

```
// StreamオブジェクトからListオブジェクトを生成
jshell> List<String> list = Stream.of("abc", "xyz").toList()
list ==> [abc, xyz]
```

COLUMN

ストリーム処理の概念整理

慣れてしまえばストリーム処理のコードは雰囲気で読めます。ラムダ式の引数にデータソースの要素が代入されながら処理が進む動作を想像すれば、上から下に読み下せるからです。しかし、ラムダ式が複雑になると「この引数はどこから来るのか」と混乱する場合があります。コードが複雑になっても混乱を避けるには構造を正確に理解する必要があります。

用語を整理しながら説明を補足します。

filterやmapなどのStreamインタフェースの標準メソッドを「Streamメソッド」と表記します（本書独自の用語です）。Streamメソッドの仮引数の型は関数型インタフェースです。この実引数を「引数メソッド」と表記します（これも本書独自の用語です）。引数メソッドの実体（ラムダ式やメソッド参照）を準備するのはStream利用者の役目です。

引数メソッドの呼び出しコードはStreamメソッドの内部に存在します。引数メソッドに実引数を渡すのはStreamメソッド内の処理です（Stream利用者の管轄外）。filterやmapのように実引数がデータソースの要素であれば自明な説明に感じますが、mapMultiのようにデータソースの要素以外の実引数が渡ってくる時は、この関係を認識する必要があります。

```
// Streamオブジェクトから配列を生成
jshell> String[] array = Stream.of("abc", "xyz").toArray(String[]::new)
array ==> String[2] { "abc", "xyz" }

// Streamオブジェクトからイテレータを生成
jshell> for (Iterator<String> itr = Stream.of("abc", "xyz").iterator(); itr.hasNext(); ) {
   ...>     System.out.println(itr.next());
   ...> }
abc
xyz
```

collectメソッドを使いストリーム出力列からコレクションオブジェクトを生成するイディオムコードがあります。少し先取りになりますが紹介します(**リスト10.16**)。

リスト10.16　ストリームからコレクションを生成するイディオムコード

```
// StreamオブジェクトからListオブジェクトを生成(変更可能リスト)
jshell> List<String> list = Stream.of("abc", "xyz").collect(Collectors.toList())
list ==> [abc, xyz]

// StreamオブジェクトからListオブジェクトを生成(変更不可リスト)
jshell> List<String> list = Stream.of("abc", "xyz").collect(Collectors.toUnmodifiableList())
list ==> [abc, xyz]

// StreamオブジェクトからSetオブジェクトを生成(変更可能セット)
jshell> Set<String> set = Stream.of("abc", "xyz").collect(Collectors.toSet())
set ==> [abc, xyz]

// StreamオブジェクトからMapオブジェクトを生成(変更可能マップ)
// マップのキーと値への変換関数を指定。下記例のFunction.identity()は入力値をそのまま出力値にします
jshell> Map<String, String> map = Stream.of("abc", "xyz").collect(Collectors.toMap(Function.
identity(), Function.identity()))
map ==> {abc=abc, xyz=xyz}
```

COLUMN

ストリーム処理という実装パターン

本文でストリーム処理の見立てとして、繰り返し処理より入力列から出力列への変換と見る見立てを強調しました。一方、実装レベルで見ればストリーム処理は繰り返し処理です。

繰り返し処理をループで書いた場合、ループ内の処理の書き方は開発者の自由意志に任されています。ループ内の処理の書き方に特別な決まりはないからです。一方、ストリーム処理の場合、一定のパターンを強制されます。ストリーム処理はfilter、map、reduce(collect)に処理を強制する、繰り返し処理の実装パターンと見立てられます。

Part 1
Part 2
Part 3
Part 4

リスト10.17のような書き方もあります。複数の書き方を使い分ける必要はありませんがコードを読む機会があるかもしれないので紹介します。

リスト10.17　ストリームからコレクションを生成する別のイディオムコード

```
// Streamオブジェクトからリストオブジェクトを生成（変更可能リスト）
jshell> List<String> list = Stream.of("abc", "xyz").
   ...>                           collect(Collectors.toCollection(ArrayList::new))
list ==> [abc, xyz]

// StreamオブジェクトからSetオブジェクトを生成（変更可能セット）
jshell> Set<String> set = Stream.of("abc", "xyz").
   ...>                         collect(Collectors.toCollection(HashSet::new))
set ==> [abc, xyz]

// StreamオブジェクトからMapオブジェクトを生成（変更可能マップ）
jshell> Map<String, String> map = Stream.of("abc", "xyz").
   ...>                               collect(Collectors.toMap(Function.identity(),
   ...>                                       Function.identity(),
   ...>                                       (s1, s2) -> s1, () -> new HashMap<String, String>()))
map ==> {abc=abc, xyz=xyz}
```

10-4-2　単一結果を生成する終端処理

単一結果を生成する代表的な終端処理を**表10.5**に紹介します。

表10.5　Streamの終端処理（一部を抜粋）

メソッド	説明
Optional<T> min (Comparator<T> comparator)	最小値を取得。ストリームが空の場合は空Optionalを返す
Optional<T> max (Comparator<T> comparator)	最大値を取得。ストリームが空の場合は空Optionalを返す
long count ()	要素数を取得（mapToLong (e -> 1L) .sum () と等価）
boolean anyMatch (Predicate<T> predicate)	predicate判定が真になる要素が1つでもあれば真を返す（後続処理は打ち切り）
boolean allMatch (Predicate<T> predicate)	全要素がpredicate判定で真になる場合に限り真を返す（判定が偽になる要素が見つかると後続処理は打ち切り）
boolean noneMatch (Predicate<T> predicate)	predicate判定が真になる要素が1つもなければ真を返す（判定が真になる要素が見つかると後続処理は打ち切り）
Optional<T> findFirst ()	最初の要素を返す（後続処理は打ち切り）。ストリームが空の場合は空Optionalを返す
Optional<T> findAny ()	任意の要素を返す（後続処理は打ち切り）。ストリームが空の場合は空Optionalを返す。非並列であればfindFirstと等価

いくつか実例を示します（**リスト10.18**）。

リスト10.18　単一結果を生成する終端処理の例

```
// 要素数を出力
jshell> long result = Stream.of("abc", "xyz", "za", "defghi").count()
```

```
result ==> 4

// 文字列の大小関係（アルファベット順）で比較して最小値を出力
jshell> Stream.of("abc", "xyz", "za", "defghi").
   ...>         min((s1, s2) -> s1.compareTo(s2)).
   ...>         ifPresent(System.out::print)
abc

// 文字列長で比較して最小値を出力
jshell> Stream.of("abc", "xyz", "za", "defghi").
   ...>         min((s1, s2) -> s1.length() - s2.length()).
   ...>         ifPresent(System.out::print)
za
```

10-4-3 reduce処理とcollect処理

reduce処理とcollect処理は本質的に等価な終端処理です。どちらも多対1の変換処理を記述できます。記述の自由度も出力の形式の自由度も高いので事実上任意の変換処理を書けます。前節までに紹介した定形の終端処理の多くは内部でreduce処理またはcollect処理で記述されています。

10-4-4 reduce処理

終端処理のパターンの1つが、要素群から結果を得る計算処理です。わかりやすい具体例は、最小値、最大値、合計値、平均値などの計算です。for文などのループ処理で書く場合、結果を保持する変数にループごとに計算結果を再代入します。

ストリーム処理で類似のコードを書くには課題があります。ラムダ式から外側のローカル変数に再代入できないので、計算結果を保持する値を持つ可変オブジェクトを作る手間が必要になります。手間以外にも問題があります。並列処理時に同時書き換えの防止策(排他制御と呼びます)が必要になる点です。

計算結果を保持する値を使う代わりに、reduce処理と呼ばれる技法があります(**図10.13**)。reduce処理は途中の計算結果をパイプライン上に流します。パイプライン中の変換処理は、途中までの計算結果と次の要素の2つを入力として受け取ります。変換処理はこの2つの入力から計算した新しい結果を後続のパイプラインに流します。こうして全要素に対するパイプライン処理の終了時の計算結果が最終結果になります。

図10.3　reduce処理の動作概要

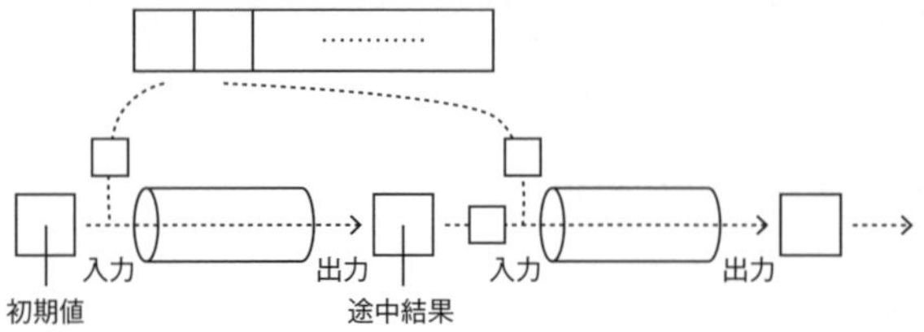

reduce処理をするにはStreamインタフェースのreduceメソッドを使います。reduceメソッドは省略形も含めて3種類あります（**表10.6**）。表10.6のTは入力列の要素の型です。Uはreduce処理の結果オブジェクトの型です。

表10.6　Streamのreduceメソッド

メソッド	説明
Optional<T> reduce(BinaryOperator<T> accumulator)	入力列の最初の要素を初期値に使用
T reduce (T identity, BinaryOperator<T> accumulator)	第1引数で初期値を指定
U reduce (U identity, BiFunction<U, T, U> accumulator, BinaryOperator<U> combiner)	入力列の要素の型Tと出力の型Uを別に指定可能

すべてのreduceメソッドに共通するパラメータ引数がaccumulatorです。accumulatorの型は2つの引数を受け取り1つの返り値を返す関数型インタフェースです。

accumulatorに渡す実引数（多くはラムダ式またはメソッド参照）をaccumulator処理と記載します。accumulator処理は要素ごとに呼ばれる処理です。この点ではmap処理やfilter処理に渡す実引数と類似の存在です。accumulator処理の1つ目の引数はストリーム処理の要素です。この点もmap処理などと変わりません。

accumulator処理のもう1つの引数が途中までの計算結果です。accumulator処理の視点で見ると、1つ前までの要素群から作られた計算結果と対象要素を実引数で受け取り、新しい計算結果を返り値で返す動作になります。これを全要素で繰り返して最終的な結果を得ます。

■reduce処理の具体例

reduce処理ですべての文字列要素を連結する例を示します（**リスト10.19**）。説明のためにaccumulator処理の引数の型を明示します。リスト10.19は説明のためのコードです。より簡易な記述（後述のjoining）で同等処理を記述可能だからです。

リスト10.19　reduce処理の具体例

```
// ifPresentはreduceの返り値の型がOptionalのため必要
jshell> Stream.of("abc", "xyz", "za", "defghi").
   ...>        reduce((String acc, String cur) -> acc + cur).
   ...>        ifPresent(System.out::print)
```

```
abcxyzzadefghi
```

以後のコード例でaccumulator処理の2つの引数名をaccとcurで統一します。前者のaccが途中の計算結果で、curが現在処理中の要素です。

accumulator処理の最初の呼び出し時の引数accの決まり方が気になるかもしれません。初回呼び出し時には途中の計算結果が存在しないからです。初回呼び出し時の引数accは先頭要素です。リスト10.19の場合、accumulator処理の初回呼び出し時の引数accが"abc"、引数curが"xyz"です。結果として、要素数がNの時、accumulator処理呼び出し回数はN-1回になります。

入力列が空のストリームのreduce処理の結果はありません（**リスト10.20**）。これがreduce処理の返り値の型がOptionalである理由です。

リスト10.20　空ストリームに対するreduce処理

```
jshell> Optional<String> result = Stream.<String>empty().
   ...>     reduce((acc, cur) -> acc + cur)
result ==> Optional.empty
```

このreduce処理には結果が空になりうる点と非対称性（要素数Nと呼び出し回数N-1）の問題があります。引数でaccの初期値を与えるreduce処理を使うとこの問題を回避できます（**リスト10.21**）。結果が必ずあるので返り値の型がOptionalではなくなります。

リスト10.21　accの初期値を与えるreduce処理

```
// 初期値が空文字列
jshell> String result = Stream.of("abc", "xyz", "za", "defghi").
   ...>                         reduce("", (acc, cur) -> acc + cur)
result ==> "abcxyzzadefghi"

// 初期値が"#"
jshell> String result = Stream.of("abc", "xyz", "za", "defghi").
   ...>                         reduce("#", (acc, cur) -> acc + cur)
result ==> "#abcxyzzadefghi"
```

■より汎用的なreduce処理

表10.6の最初の2つのreduce処理は要素の型と結果の型が同じです。より制約の緩いreduce処理が最後の1つの下記reduceです。

```
U reduce(U identity, BiFunction<U, T, U> accumulator, BinaryOperator<U> combiner);
```

この読み方を説明します。Tはストリーム処理の要素の型、Uはストリーム処理で得る計算結果の型です。パイプラインを流れる途中結果の型もUです。accumulator処理の型のBiFunction<U, T, U>は、引数としてU型の途中結果とT型の要素を受け取り、U型の返り値を返すと読みます。

1章 2章 3章 4章 5章 6章 7章 8章 9章 10章 11章 12章 13章 14章 15章 16章 17章 18章 19章 20章 21章 22章 23章

第3引数のcombinerは並列ストリーム処理の場合にのみ使われる関数です。以後、実引数に渡す処理をcombiner処理と呼びます。並列ストリーム処理時はcombiner処理を途中結果同士のマージ処理のために使います。この節のサンプルコードも形式上はcombiner処理にマージ処理を記述します。combiner処理の詳細は並列ストリーム処理の節で説明します。

具体例を紹介します(**リスト10.22**)。文字列を要素としたストリームから文字列を要素としたListオブジェクトを作るreduce処理です。前節のサンプルコードに引き続きこのコードも説明のためのコードです。実開発ではtoListメソッドを使えば同等処理が可能です。

リスト10.22　汎用reduce処理の例(並列ストリームとしては使えません)

```
jshell> ArrayList<String> result = Stream.of("abc", "xyz", "za", "defghi").
   ...>     reduce(new ArrayList<String>(),
   ...>            (ArrayList<String> acc, String cur) -> {
   ...>                acc.add(cur);
   ...>                return acc;
   ...>            },
   ...>            (ArrayList<String> acc1, ArrayList<String> acc2) -> {
   ...>                acc1.addAll(acc2);
   ...>                return acc1;
   ...>            })
result ==> [abc, xyz, za, defghi]
```

リスト10.22の読解をします。reduceメソッドの第1引数を最初に評価します。評価結果がreduce処理の初期値になります。リスト10.22の場合、ArrayListオブジェクトです。この後、accumulator処理が入力列の要素ごとに呼ばれます。引数のaccとcurの関係性は今までのreduce処理と同じである点を確認してください。2つの型が異なってもよい点が今までとの違いです。combiner処理で2つのListオブジェクトをマージします。非並列ストリームなので実際には使われません。

リスト10.22は説明のためにすべての型を記載しました。実際には**リスト10.23**のように省略するのが普通です。

リスト10.23　リスト10.22の型の記述を省略したコード

```
jshell> List<String> result = Stream.of("abc", "xyz", "za", "defghi").
   ...>     reduce(new ArrayList<String>(),
   ...>            (acc, cur) -> {
   ...>                acc.add(cur);
   ...>                return acc;
   ...>            },
   ...>            (acc1, acc2) -> {
   ...>                acc1.addAll(acc2);
   ...>                return acc1;
   ...>            })
result ==> [abc, xyz, za, defghi]
```

■reduce処理の汎用性と注意

reduce処理は自由度の高い処理です。たとえばリスト10.1と等価な変換処理をreduce処理で記述できます(**リスト10.24**)。

リスト10.24 リスト10.1と等価な処理をreduce処理で書いたコード

```
jshell> List<String> result = Stream.of("abc", "xyz", "za", "defghi").
   ...>     reduce(new ArrayList<String>(),
   ...>            (acc, cur) -> {
   ...>                if (cur.contains("a")) {
   ...>                    acc.add(cur.toUpperCase());
   ...>                }
   ...>                return acc;
   ...>            },
   ...>            (acc1, acc2) -> {
   ...>                acc1.addAll(acc2);
   ...>                return acc1;
   ...>            })
result ==> [ABC, ZA]
```

reduce処理の結果をMapオブジェクトや独自オブジェクトにすればほぼ任意の変換処理を記述可能です。しかし自由度の高さは制約の緩さと等価です。「制約の強さによる使い分け」を思い出してください。map処理やfilter処理で書ける処理にreduce処理を使わないでください。

10-4-5 collect処理

collect処理をするにはStreamインタフェースのcollectメソッドを使います(**表10.7**)。関数型インタフェースの型が異なりますがaccumulatorとcombinerの位置づけはreduce処理と同じです。

表10.7 Streamのcollectメソッド

メソッド	説明
R collect (Supplier<R> supplier, BiConsumer<R, T> accumulator, BiConsumer<R, R> combiner)	3引数版のcollect処理
R collect (Collector<T, A, R> collector)	Collectorインタフェースを使うcollect処理

collect処理の具体例の紹介の前に、reduce処理との使い分けを説明します。

■reduce処理とcollect処理の使い分け

reduce処理とcollect処理の違いはaccumulator処理の出力の返し方です。reduce処理のaccumulator処理はメソッドの返り値で途中結果を返します。この途中結果が次のaccumulator処理の入力になります。一方、collect処理のaccumulator処理は引数で渡ってきた可変オブジェクトに途中結果を格納します。同一の可変オブジェクトが次のaccumulator処理のメソッドの引数にも渡っていきます。

中間状態および結果が不変オブジェクトの場合、reduce処理を使う必要があります。collect処理では中間状態を不変オブジェクトにできないからです。

中間状態および結果が可変オブジェクトの場合、理屈上はreduce処理とcollect処理のどちらでも記述可能です。reduce処理のaccumulator処理でも、引数で渡ってきた可変オブジェクトに途中結果を格納して、その可変オブジェクトをメソッドの返り値にすれば良いからです。

しかしreduce処理とcollect処理にはもう1つ違いがあります。並列ストリーム処理時の動作です。collect処理は並列処理ごとに個別の可変オブジェクトを使えます。これは並列処理の独立性を高め効率性を上げます。

通常、途中結果を可変オブジェクトに格納していくパターンのストリーム処理にはcollect処理を使います。並列と非並列でreduceとcollectを使い分けるのは面倒だからです。またCollectorsクラス（後述）に便利なcollect処理用ユーティリティメソッドがあります。これらを使うとcollect処理をイディオム的に使える利点もあります。

■collect処理の具体例

リスト10.23をcollect処理で書き直した例を示します（**リスト10.25**）。

リスト10.25　collect処理の例（リスト10.23と等価）

```
jshell> List<String> result = Stream.of("abc", "xyz", "za", "defghi").
   ...>     collect(() -> new ArrayList<String>(),
   ...>             (acc, cur) -> {
   ...>                 acc.add(cur);
   ...>             },
   ...>             (acc1, acc2) -> {
   ...>                 acc1.addAll(acc2);
   ...>             })
result ==> [abc, xyz, za, defghi]
```

reduceメソッドとの差は次の2点です。

- **第1引数に初期値そのものではなく初期オブジェクトを返す処理を渡す。初期オブジェクトは必ず可変オブジェクト**
- **第2引数と第3引数に渡す処理は、引数accのオブジェクトに途中結果を格納する。処理自体は返り値を持たない**

リスト10.25のような典型的なcollect処理はメソッド参照で書き換え可能です（**リスト10.26**）。

リスト10.26　リスト10.25をメソッド参照で書いた例

```
jshell> List<String> result = Stream.of("abc", "xyz", "za", "defghi").
   ...>     collect(ArrayList<String>::new, List::add, List::addAll)
result ==> [abc, xyz, za, defghi]
```

10-4-6　Collectorインタフェース

引数にCollectorオブジェクトを渡すcollectメソッドが存在します。Collectorオブジェクトを使うと、再利用性の高いcollect処理を記述できます。

Collectorオブジェクトは、Collectorインタフェースのファクトリメソッドまたは Collectorsクラス提供のファクトリメソッドで生成できます。名前が紛らわしいですが後者のクラス名はCollectors（複数形）です。Collectorsクラスは次節で説明します。

Collectorインタフェースのファクトリメソッドは**リスト10.27**の2つです。

リスト10.27　Collectorインタフェースのファクトリメソッド

```
Collector<T, R, R> of(Supplier<R> supplier, BiConsumer<R, T> accumulator,
                      BinaryOperator<R> combiner, Characteristics... characteristics)
Collector<T, A, R> of(Supplier<A> supplier, BiConsumer<A, T> accumulator,
                      BinaryOperator<A> combiner, Function<A, R> finisher,
                      Characteristics... characteristics)
```

リスト10.27の最初のCollector.ofメソッドは実質的に3引数版のcollectメソッドと同じです（combinerの型は異なります）。最後の引数のCharacteristicsは定数を渡す引数です。ストリームにヒントを与えて効率化できる場合があります。可変長引数なので指定不要の場合は省略可能です。Characteristicsの詳細は割愛します。APIドキュメントを参照してください。

後者のCollector.ofメソッドは引数finisherのみが異なります。collect処理の最後の変換処理に使えます。典型的な利用例は、可変オブジェクトから不変オブジェクトへの変換です。原理上collect処理の結果は常に可変オブジェクトです。finisherで不変オブジェクトに変換する実装パターンがあります。

リスト10.25相当の処理をCollectorオブジェクトで書き直してみます（**リスト10.28**）。加えてfinisher処理で変更不可リストに変換します。実装は同じではありませんが表10.4のtoListと等価の結果になります。finisher処理を除くとリスト10.25と同じ結果になります。

リスト10.28　リスト10.25をCollectorオブジェクトで書き換えたコード

```
jshell> List<String> result = Stream.of("abc", "xyz", "za", "defghi").
   ...>     collect(Collector.of(ArrayList<String>::new,
   ...>                          (acc, cur) -> {
   ...>                              acc.add(cur);
   ...>                          },
   ...>                          (acc1, acc2) -> {
```

```
   ...>                               acc1.addAll(acc2);
   ...>                               return acc1;
   ...>                           },
   ...>                           (acc) -> {
   ...>                               return Collections.unmodifiableList(acc);
   ...>                           }))
result ==> [abc, xyz, za, defghi]
```

リスト10.28を可能な限りメソッド参照を使って書き換えた例も示します(**リスト10.29**)。

リスト10.29　リスト10.28をメソッド参照で書き換えたコード

```
jshell> List<String> result = Stream.of("abc", "xyz", "za", "defghi").
   ...>     collect(Collector.of(ArrayList<String>::new, List::add,
   ...>                           (acc1, acc2) -> {
   ...>                               acc1.addAll(acc2);
   ...>                               return acc1;
   ...>                           },
   ...>                           Collections::unmodifiableList))
result ==> [abc, xyz, za, defghi]
```

10-4-7　Collectorsクラス

Collectorsクラスのファクトリメソッドで典型的なcollect処理用のCollectorオブジェクトを取得できます。実開発でcollect処理を書きたい場合、Collectorsクラスで要求を満たせないかを最初に確認してください。

代表的なファクトリメソッドを**表10.8**、**表10.9**、**表10.10**に示します。

返り値の型の読み方を説明します。たとえばCollector<T, ?, C>であれば、最初のTがストリームの要素型、真ん中の?が途中結果の型、最後のCが結果の型、となります。?は任意の型を示します。多くの場合、途中結果の型と結果の型は同一なので、最初のTと最後のCだけ覚えておけば十分です。

表10.8　Collectorsクラスのファクトリメソッド（コレクションオブジェクト生成系の一部を抜粋）

ファクトリメソッド	説明
Collector<T, ?, List<T>> toList ()	Listオブジェクト生成
Collector<T, ?, List<T>> toUnmodifiableList()	変更不可Listオブジェクト生成
Collector<T, ?, Set<T>> toSet ()	Setオブジェクト生成
Collector<T, ?, Set<T>> toUnmodifiableSet()	変更不可Setオブジェクト生成
Collector<T, ?, Map<K,U>> toMap (Function<T, K> keyMapper, Function<T, U> valueMapper)	Mapオブジェクト生成
Collector<T, ?, Map<K,U>> toMap (Function<T, K> keyMapper, Function<T, U> valueMapper, BinaryOperator<U> mergeFunction, Supplier<M> mapSupplier)	Mapオブジェクト生成
Collector<T, ?, Map<K,U>> toUnmodifiableMap(Function<T, K> keyMapper, Function<T, U> valueMapper, BinaryOperator<U> mergeFunction)	変更不可Mapオブジェクト生成
Collector<T, ?, ConcurrentMap<K,U>> toConcurrentMap(Function<T, K> keyMapper, Function<T, U> valueMapper, BinaryOperator<U> mergeFunction, Supplier<M> mapFactory)	並行Mapオブジェクト生成

Collectors.toMapメソッドの使用例を**リスト10.30**に示します。

リスト10.30　Collectors.toMapメソッドの使用例

```
// 要素の文字列そのままをキー、要素を大文字化した文字列を値に持つMapオブジェクトを生成
jshell> Map<String,String> result = Stream.of("abc", "xyz", "za", "defghi").
   ...>     collect(Collectors.toMap(s -> s, s -> s.toUpperCase()))
result ==> {defghi=DEFGHI, abc=ABC, za=ZA, xyz=XYZ}

// s -> s のように入力をそのまま出力にするラムダ式は Function.identity() で書き換え可能
jshell> Map<String,String> result = Stream.of("abc", "xyz", "za", "defghi").
   ...>     collect(Collectors.toMap(Function.identity(), String::toUpperCase))
result ==> {defghi=DEFGHI, abc=ABC, za=ZA, xyz=XYZ}
```

表10.9　Collectorsクラスのファクトリメソッド（集計値出力系の一部を抜粋）

ファクトリメソッド	説明
Collector<T, ?, Long> counting()	要素数
Collector<T, ?, Optional<T>> minBy(Comparator<T> comparator)	最小値
Collector<T, ?, Optional<T>> maxBy(Comparator<T> comparator)	最大値
Collector<T, ?, Integer> summingInt (ToIntFunction<T> mapper)	合計値
Collector<T, ?, Double> averagingInt(ToIntFunction<T> mapper)	平均値
Collector<T, ?, IntSummaryStatistics> summarizingInt(ToIntFunction<T> mapper)	統計値（上記5つを同時に取得）

表10.9のファクトリメソッドの使用例を**リスト10.31**に示します。

リスト10.31　Collectorsクラスのファクトリメソッド（表10.9）の使用例

```
// 最小値の検索（表10.5のmin終端操作と同じ動作）
jshell> Stream.of("abc", "xyz", "za", "defghi").
   ...>      collect(Collectors.minBy(String::compareTo)).
   ...>      ifPresent(System.out::print)
abc

// 要素の文字列長の合計
jshell> int result = Stream.of("abc", "xyz", "za", "defghi").
   ...>      collect(Collectors.summingInt(String::length))
result ==> 14

// 要素の文字列長の統計値
jshell> IntSummaryStatistics result = Stream.of("abc", "xyz", "za", "defghi").
   ...>      collect(Collectors.summarizingInt(String::length))
result ==> IntSummaryStatistics{count=4, sum=14, min=2, average=3.500000, max=6}
```

表10.10　Collectorsクラスのファクトリメソッド（その他の一部を抜粋）

ファクトリメソッド	説明
Collector<CharSequence, ?, String> joining (CharSequence delimiter, CharSequence prefix, CharSequence suffix)	文字列結合
Collector<T, ?, R> mapping (Function<T, U> mapper, Collector<U, A, R> downstream)	map中間処理との合成
Collector<T, ?, R> flatMapping(Function<? super T, ? extends Stream<? extends U>> mapper, Collector<? super U, A, R> downstream)	flatMap中間処理との合成
Collector<T, ?, R> filtering(Predicate<? super T> predicate, Collector<? super T, A, R> downstream)	filter中間処理との合成
Collector<T,A,RR> collectingAndThen (Collector<T,A,R> downstream, Function<R,RR> finisher)	後続変換処理finisherとの合成
Collector<T, ?, U> reducing (U identity, Function<T, U> mapper, BinaryOperator<U> op)	reduce処理
Collector<T, ?, Map<K, D>> groupingBy (Function<T, K> classifier, Supplier<M> mapFactory, Collector<T, A, D> downstream)	グループ分割処理
Collector<T, ?, Map<Boolean, D>> partitioningBy (Predicate<T> predicate, Collector<T, A, D> downstream)	2分割グループ分割処理
Collector<T, ?, R> teeing(Collector<? super T, ?, R1> downstream1, Collector<? super T, ?, R2> downstream2, BiFunction<? super R1, ? super R2, R> merger)	2つのcollect処理の実行

表10.10のファクトリメソッドの使用例を**リスト10.32**に示します。

リスト10.32　Collectorsクラスのファクトリメソッド（表10.10）の使用例

```
// 文字列連結
jshell> String result = Stream.of("abc", "xyz", "za", "defghi").
   ...> collect(Collectors.joining(";", "<", ">"))
result ==> "<abc;xyz;za;defghi>"
```

```
// map中間処理とcollect処理を同時に記載
jshell> List<String> result = Stream.of("abc", "xyz", "za", "defghi").
   ...>     collect(Collectors.mapping(String::toUpperCase, Collectors.toList()))
result ==> [ABC, XYZ, ZA, DEFGHI]

// flatMap中間処理とcollect処理を同時に記載
jshell> List<String> result = Stream.of(List.of("val11", "val12"), List.of("val21", "val22")).
   ...>     collect(Collectors.flatMapping(List::stream, Collectors.toList()))
result ==> [val11, val12, val21, val22]

// filter中間処理とcollect処理を同時に記載
jshell> List<String> result = Stream.of("abc", "xyz", "za", "defghi").
   ...>     collect(Collectors.filtering(s -> s.contains("a"), Collectors.toList()))
result ==> [abc, za]

// collect処理に後処理を追加
jshell> int joinedStringLength = Stream.of("abc", "xyz", "za", "defghi").
   ...> collect(Collectors.collectingAndThen(Collectors.joining(";", "<", ">"), String::length))
joinedStringLength ==> 19
```

■groupingBy処理

Collectors.groupingByメソッドを使うと、指定した分割基準で要素をグループ分割できます(注1)。結果はMapオブジェクトになります。分割基準で決まるキー、分割グループごとの要素群Listが値のMapオブジェクトです。

具体例を**リスト10.33**に示します。Collectors.groupingByメソッドの実引数は、文字列が"a"を含むならKey.ContainA定数、含まないならKey.NotContainA定数を返すラムダ式です。ラムダ式の返り値でストリームの要素をグループに振り分けます。

リスト10.33　Collectors.groupingByメソッドの使用

```
// 結果のMap型のキーを定義
jshell> enum Key {
   ...>     ContainA, NotContainA,
   ...> }

jshell> Map<Key, List<String>> result = Stream.of("abc", "xyz", "za", "defghi").
   ...>     collect(Collectors.groupingBy(s -> s.contains("a") ? Key.ContainA : Key.NotContainA))
result ==> {NotContainA=[xyz, defghi], ContainA=[abc, za]}
```

グループ化した個々のListに対して再びcollect処理を可能です。この処理をgroupingByメソッドのdownstream引数で指定できます。グループのList<String>を文字列連結する例を示します(**リスト10.34**)。

(注1)　SQLを知っている人は、SQLのgroup byの動作を想像してください。

1章 2章 3章 4章 5章 6章 7章 8章 9章 10章 11章 12章 13章 14章 15章 16章 17章 18章 19章 20章 21章 22章 23章

リスト10.34　Collectors.groupingByメソッドの使用

```
// groupingByの第2引数のdownstream関数が、リスト10.33の結果Mapの値のListに対するcollect処理
jshell> Map<Key, String> result = Stream.of("abc", "xyz", "za", "defghi").
   ...>     collect(Collectors.groupingBy(s -> s.contains("a") ? Key.ContainA : Key.NotContainA,
   ...>     Collectors.joining(";", "<", ">")))
result ==> {NotContainA=<xyz;defghi>, ContainA=<abc;za>}
```

■partitioningBy処理

任意数のグループに分割できるgroupingBy処理に対して、partitioningBy処理は2分割に限定した処理です。リスト10.33をpartitioningByで書いた例を示します（**リスト10.35**）。

リスト10.35　Collectors.partitioningByメソッドの使用

```
jshell> Map<Boolean,List<String>> result = Stream.of("abc", "xyz", "za", "defghi").
   ...>     collect(Collectors.partitioningBy(s -> s.contains("a")))
   ...>
result ==> {false=[xyz, defghi], true=[abc, za]}
```

■teeing処理

collect処理のteeing処理の名称はUnixのteeコマンドから来ています(注2)。ストリームを2つのcollect処理に送り出します。3つ目の引数のmergerで2つの結果をマージします。具体例を**リスト10.36**に示します。

リスト10.36　Collectors.teeingメソッドの使用

```
// 2つのCollectors.joining処理にストリームを送り込み、その後、2つの結果をマージ
jshell> String result = Stream.of("abc", "xyz", "za", "defghi").
   ...>     collect(Collectors.teeing(Collectors.joining(";", "<", ">"),
   ...>                               Collectors.joining("$", "(", ")"),
   ...>                               (s1, s2) -> s1 + s2))
result ==> "<abc;xyz;za;defghi>(abc$xyz$za$defghi)"
```

■複数データソースの同時collect処理

複数データソースをまとめてストリーム処理したい場合があります。イテレータであれば可能ですが、ストリームの場合はできません。このため**リスト10.37**のようにストリーム処理とイテレータを組み合わせる必要あります。コメントにあるように並列ストリームにすると動作しないので注意してください。

（注2）　Unixのteeコマンドは入力を2つの出力先（パイプとファイル）の両方に送り出します。大文字Tの字形の枝分かれによる名付けです。

リスト10.37 複数データソースのcollect処理

```
// 下記処理で使うためのレコードクラス宣言
jshell> record Pair<T, U>(T first, U second) {}

/**
 * 入力: 要素型Tのコレクションと要素型Sのコレクション
 * 出力: TとUの要素のPairレコードのList
 * 注意: parallelStreamにすると動きません
 */
jshell> <T, U> List<Pair<T, U>> zip(Collection<T> c1, Collection<U> c2) {
   ...>     Iterator<U> it = c2.iterator();
   ...>     return c1.stream().filter(x -> it.hasNext())
   ...>         .collect(() -> new ArrayList<Pair<T, U>>(),
   ...>             (acc, cur) -> acc.add(new Pair<T, U>(cur, it.next())),
   ...>             (left, right) -> left.addAll(right));
   ...> }

// 使用例
jshell> List<Pair<String, String>> result = zip(List.of("k1", "k2", "k3"), List.of("v1", "v2", "v3"))
jshell> result.stream().forEach(System.out::println)
Pair[first=k1, second=v1]
Pair[first=k2, second=v2]
Pair[first=k3, second=v3]
```

10-4-8 forEach処理

最後に紹介する終端処理がforEach処理です。forEach処理は出力列がない終端処理です。ここまでストリーム処理を入力列から出力列への変換処理と説明してきました。この視点で見ると出力列のないforEach処理は異端な存在です。形はストリーム処理ですがmap処理やreduce処理と同列に語るより、for文やwhile文と同列に語るほうが適しています。

forEach処理をするにはStreamインタフェースのforEachメソッドを使います（**表10.11**）。具体例はすでにいくつか紹介済みです。コード例は省略します。

表10.11 Streamの終端処理（一部を抜粋）

メソッド	説明
void forEach (Consumer<T> action)	要素に対してaction処理を実施
void forEachOrdered (Consumer<T> action)	オーダーを維持したforEach処理

10-5 基本型数値ストリーム

数値のストリーム処理にはintなどの基本型をそのまま使うほうが効率的です。Javaの言語仕様の制約のためintなどの基本型を特別扱いする必要があります。

10-5-1　数値ストリーム

IntStream、LongStream、DoubleStreamの3つの数値専用のStreamインタフェースがあります。本書はこれらを数値ストリームと呼びます。区別のために参照型のストリームを非数値ストリームと呼びます。

数値ストリームそれぞれにfilterやmapなどStreamと同じメソッドを使えます（**リスト10.38**）。int型、long型、double型以外の基本数値型の数値ストリームを使いたい場合は型変換してください。

リスト10.38　数値ストリームの使用例

```
// 偶数のみ抽出
jshell> int[] result = IntStream.of(1, 2, 3, 4).filter(n -> n % 2 == 0).toArray()
result ==> int[2] { 2, 4 }

// 数値を2倍に変換
jshell> int[] result = IntStream.of(1, 2, 3, 4).map(n -> n * 2).toArray()
result ==> int[4] { 2, 4, 6, 8 }

// ソート処理
jshell> int[] result = IntStream.of(10, 2, 7, 4).sorted().toArray()
result ==> int[4] { 2, 4, 7, 10 }

// reduce処理を使う合計
jshell> int sum = IntStream.of(1, 2, 3, 4).reduce(0, (acc, cur) -> acc + cur)
sum ==> 10

// 合計
jshell> int sum = IntStream.of(1, 2, 3, 4).sum()
sum ==> 10
```

下記のサンプルコードは原則としてIntStreamを使います。

10-5-2　数値ストリームの生成

■配列からの数値ストリーム生成

数値ストリームの典型的な生成手段は配列からの生成です。Arrays.streamメソッドとIntStream.ofメソッドのどちらでも同じように使えます（**リスト10.39**）。

リスト10.39　配列からの数値ストリーム生成

```
jshell> int[] arr = { 1, 2, 3, 4, 5, 6 }

// 下記どちらも配列から数値ストリーム生成可能
jshell> IntStream stream = Arrays.stream(arr)
```

```
jshell> IntStream stream = IntStream.of(arr)
```

■コレクションからの数値ストリーム生成

数値オブジェクトを使うとコードの見かけ上は非数値ストリームで数値を扱えます(**リスト10.40**)。ボクシング変換とアンボクシング変換による型変換が働くからです(注3)。

リスト10.40 コレクションから非数値ストリーム生成(非効率)

```
jshell> List<Integer> list = List.of(1, 2, 3, 4)
jshell> List<Integer> result = list.stream().map(n -> n * 2).toList()
result ==> [2, 4, 6, 8]
```

数値オブジェクトを使っても動作の問題はありません。しかし変換にともなう効率性低下は避けられません。効率性を追求する場合は数値ストリームに変換してください。

数値オブジェクトを要素とするコレクションから数値ストリームを生成するには明示的な変換処理が必要です。書き方は複数あります(**リスト10.41**)。どれを使っても問題ありません。

リスト10.41 コレクションから数値ストリーム生成

```
// 生成元のListオブジェクト。要素は数値オブジェクト
jshell> List<Integer> list = List.of(1, 2, 3, 4)

// mapToIntで変換
jshell> IntStream stream = list.stream().mapToInt(n -> n)

// 型を明示したラムダ式(通常、型を省略して問題ありません)
jshell> IntStream stream = list.stream().mapToInt((Integer n) -> (int)n)

// メソッド参照
jshell> IntStream stream = list.stream().mapToInt(Integer::intValue)

// メソッド参照(別解)
jshell> IntStream stream = list.stream().flatMapToInt(IntStream::of)
```

■ファクトリメソッドによる数値ストリーム生成

IntStreamクラスのファクトリメソッドで数値ストリームを生成できます(**表10.12**)。of、generate、iterateの使い方はリスト10.8と同じです。説明は省略します。

(注3) 数値オブジェクトおよびボクシング変換については「16章 数値」を参照してください。

表10.12　IntStreamのファクトリメソッド

ファクトリメソッド定義	説明
IntStream of(int... values)	可変長引数(または配列)で要素を渡す
IntStream generate(IntSupplier s)	Supplierで要素を生成
IntStream iterate(final int seed, final IntUnaryOperator f)	初期値と演算で要素を生成
IntStream iterate(int seed, IntPredicate hasNext, IntUnaryOperator next)	初期値と演算で要素を生成(終了条件判定付き)
IntStream range(int startInclusive, int endExclusive)	startInclusive以上、endExclusive未満の整数ストリーム生成
IntStream rangeClosed(int startInclusive, int endInclusive)	startInclusive以上、endExclusive以下の整数ストリーム生成

IntStream.Builderも存在します。使い方はリスト10.9と同様です。説明を省略します。

■範囲指定した整数ストリーム生成

IntStream.rangeメソッドとIntStream.rangeClosedメソッドは整数の数値ストリーム特有のストリーム生成処理です。LongStreamにも同様のメソッドがあります。数値の上限と下限を指定してその範囲の整数を要素とする数値ストリームを生成できます。数値ストリームを使う配列生成を組み合わせると実質的に配列の初期化コードを記述できます(**リスト10.42**)。

リスト10.42　整数ストリームで配列初期化

```
// 0から9までの要素を持つ配列を生成
jshell> int[] arr = IntStream.range(0, 10).toArray()
arr ==> int[10] { 0, 1, 2, 3, 4, 5, 6, 7, 8, 9 }

// 0から10までの要素を持つ配列を生成
jshell> int[] arr = IntStream.rangeClosed(0, 10).toArray()
arr ==> int[11] { 0, 1, 2, 3, 4, 5, 6, 7, 8, 9, 10 }
```

IntStream.range、IntStream.rangeClosed、IntStream.iterateを使うとN回繰り返すループ処理を簡易に記述できます(注4)。

■乱数ストリーム

乱数ストリームも生成可能です(**リスト10.43**)。乱数生成アルゴリズムは目的に応じて選択してください。アルゴリズム選択の詳細は専門書に譲ります。

リスト10.43　乱数ストリームの使用例

```
jshell> import java.util.random.RandomGenerator

// 3つの乱数を整数で生成
jshell> int[] result = RandomGenerator.getDefault().ints(3).toArray()
result ==> int[3] { -1022371832, 1837032822, 1836344941 }
```

(注4)　具体例は「**13-5-3 for文**」を参照してください。

```
// 0以上10未満の乱数を整数で生成
// この乱数生成は無限ストリームを生成。limit中間処理などの打ち切り処理が必須
jshell> int[] result = RandomGenerator.getDefault().ints(0, 10).limit(3).toArray()
result ==> int[3] { 7, 9, 9 }

// doublesで乱数を実数で生成
jshell> double[] result = RandomGenerator.getDefault().doubles(0, 10).limit(3).toArray()
result ==> double[3] { 4.126180169997174, 8.9907280420344, 6.1457295079558225 }
```

10-5-3 数値ストリーム固有の中間処理

数値ストリームに対して非数値ストリームとほぼ同様の中間処理を使えます。数値ストリーム固有の処理のみ紹介します（**表10.13**）。

表10.13 IntStream固有の中間処理

メソッド	説明
Stream<U> mapToObj (IntFunction<U> mapper)	オブジェクト要素のストリームに変換
Stream<Integer> boxed ()	数値オブジェクト要素のストリームに変換
LongStream asLongStream ()	long値要素のストリームに変換
LongStream mapToLong(IntToLongFunction mapper)	long値要素のストリームに変換
DoubleStream asDoubleStream ()	double値要素のストリームに変換
DoubleStream mapToDouble(IntToDoubleFunction mapper)	double値要素のストリームに変換

10-5-4 数値ストリームと非数値ストリームの相互変換

非数値ストリームから数値ストリームへの変換はStreamインタフェースのmapToInt中間処理を使います。具体例はリスト10.41で紹介しました。

数値ストリームから非数値ストリームへの変換には表10.13のboxed中間処理またはmapToObj中間処理を使います（**リスト10.44**）。この変換を必要とするのは事実上コレクションを生成する終端処理のためです（後述）。

リスト10.44 数値ストリームから非数値ストリームへの変換

```
// boxed中間処理
jshell> Stream<Integer> stream = IntStream.of(1, 2, 3, 4).boxed()

// ラムダ式
jshell> Stream<Integer> stream = IntStream.of(1, 2, 3, 4).mapToObj(n -> n)

// 型を明示したラムダ式（通常、型を省略して問題ありません）
jshell> Stream<Integer> stream = IntStream.of(1, 2, 3, 4).mapToObj((int n) -> (Integer)n)

// メソッド参照
```

```
jshell> Stream<Integer> stream = IntStream.of(1, 2, 3, 4).mapToObj(Integer::valueOf)

// mapToObjメソッドを使うと基本型数値から任意オブジェクトへの変換も可能
jshell> Stream<String> stream = IntStream.of(1, 2, 3, 4).mapToObj(String::valueOf)
```


10-5-5 数値ストリームの終端処理

■配列を生成

数値ストリームの終端処理の典型例は配列の生成です。出力列を要素に持つ配列を生成できます。配列生成にはtoArray終端処理を使います。具体例は既に紹介済みなので省略します。

■コレクションを生成

「**10-5-4 数値ストリームと非数値ストリームの相互変換**」で紹介した方法で非数値ストリームに変換後、コレクションを生成できます。

■数値ストリーム固有の終端処理

数値ストリーム固有の終端処理がいくつか存在します(**表10.14**)。使い方は省略します。

表10.14　IntStream固有の終端処理

メソッド	説明
int sum ()	合計値を取得
OptionalDouble average ()	平均値を取得
IntSummaryStatistics summaryStatistics ()	汎用統計値を取得(リスト10.31参照)

10-6 並列ストリーム処理

ストリーム処理の利点の1つが並列ストリーム処理です。「ストリーム処理の禁止事項」に記述した事項を守っていれば、ストリーム処理は出力列の生成のみに特化した独立処理になります。相互依存のない独立した処理は並列処理に向いています。

ストリーム処理を並列処理化すると複数スレッドで同時処理します(スレッドの説明は「**20章 スレッド**」参照)。好条件がそろうと処理速度を数倍にできる場合があります。コード書き換えの負担と速度向上の費用対効果の点で他に例のない高さです。

ただし好条件を見極めるのは必ずしも容易ではありません。並列ストリーム処理を安易に使うとむしろ処理速度が落ちる場合もあります。結果が不正になったり不定になるリスクもあります。コードの書き換えは簡単ですが並列ストリームの利用は慎重に実施してください。

最初の見極めはストリーム処理の入力列の要素数による判断です。次の見極めは処理自体の重さです。単純な判断はできないので正しい見極めのためには実測が必要です。なお本書のサンプルコードは軽い処理で要素数も少ないので、説明のための並列化と理解してください。

■並列ストリーム処理の具体例

コレクションからストリームを生成する時、streamメソッドの代わりにparallelStreamメソッドに書き換えるだけで並列処理になります(**リスト10.45**)。

リスト10.45 並列ストリーム処理

```
// リスト10.3のコードを下記に書き換えるだけで内部的に並列処理になります
jshell> List.of("abc", "xyz", "za", "defghi").parallelStream().
   ...> filter(s -> s.contains("a")).
   ...> map(String::toUpperCase).
   ...> forEach(System.out::println)
ZA
ABC
```

リスト10.3とリスト10.45で出力結果の順序が異なっている点に注目してください。並列化により出力列の順序が変わる可能性があります(「**10-3-2 オーダー処理とソート処理**」参照)。出力列の順序を保証したい場合はソート処理が必要です。しかしソート処理の追加は並列化による速度向上を打ち消す可能性があります。注意してください。

■parallel中間処理

任意のStreamオブジェクトをparallel中間処理で並列ストリームに変換できます。数値ストリームも同様です。並列ストリームから非並列のストリームに逆変換するにはsequential中間処理を使います。具体例を**リスト10.46**に示します。

リスト10.46 並列ストリーム処理との相互変換

```
// 非並列ストリームから並列ストリームへの変換
Stream<String> paraStream = Stream.of("abc", "xyz", "za", "defghi").parallel();

// 並列ストリームから非並列ストリームへの変換
Stream<String> stream = paraStream.sequential();
```

■並列reduce処理と並列collect処理

並列ストリーム処理は内部的に入力列を複数の部分列に分割します。その後、分割した入力列をそれぞれ独立して処理します。map処理やflatMap処理など入力値から出力値への1対1や1対多の変換であれば独立したまま最後まで処理できます。

一方reduce処理やcollect処理で多対1の変換処理をする場合、独立処理した結果を最終的にマージする必要があります。内部的には最後に一括マージではなく分割ごとの部分結果を逐次マージしながら出力値を生成します(**図10.4**)。

図10.4　並列reduce処理、並列collect処理

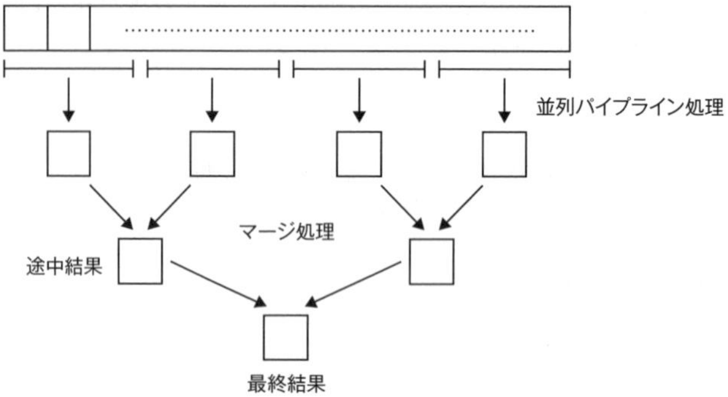

並列reduceのマージには、combiner処理を指定した場合はcombiner処理、指定しない場合はaccumulator処理を使います。並列collectのマージにはcombiner処理を使います。

マージ処理が呼ばれるタイミングは制御できません。どのタイミングで呼ばれても適正に動作するように処理を書く必要があります。

10-7　Optional型

10-7-1　Optional型とnull

Optional型は「オブジェクトがない」状態を「空」として表現できる型です。Optional型は任意のオブジェクトをくるんで使います。くるんだオブジェクトの取り出しを要素1つの入力列と見立てて本章の中で紹介します。なおOptional型とストリーム処理に直接の関係はないので見立ての話になります。

参照先のオブジェクトがない状態の表現の別手段がnull参照です。通常のnullチェックが開発者の善意に任されているのに対し、Optional型でくるむと空チェックを強制できます(注5)。またコードの読み手に対して、値が空である可能性を明示できる利点があります。

基本型のためのOptional型として、OptionalInt、OptionalLong、OptionalDoubleの3つがあります。目的や使い方は参照型のためのOptional型と同じです。本書は説明を省略します。

(注5)　コンパイルエラーをなくすとNullPointerException例外なしを保証できるコードをnull安全なコードと呼びます。Optional型の活用で、ある程度null安全なコードにできます。なお構文的にはOptional型の変数にnullを代入可能です。開発者の責任で禁止する必要があります。

■Optional型の構文

Optional型の構文はOptional<String>のような形式です。これはStringオブジェクトをくるんだOptional型を意味します。<>の中に任意の参照型の型名を記述できます。ここでは構文の詳細を無視して形式的な規則として理解してください。

10-7-2 Optionalオブジェクトの生成

Optionalオブジェクトを任意のオブジェクトから生成できます。Optional.ofまたはOptional.ofNullableメソッドで生成します（**リスト10.47**）。くるんだオブジェクトをOptionalの要素と呼びます。

リスト10.47 Optionalオブジェクトの生成

```
// Optionalオブジェクトにくるまれるのstringオブジェクト
jshell> String s = "abc"

// ofメソッドで生成
jshell> Optional<String> os = Optional.of(s)

// ofNullableメソッドで生成
jshell> Optional<String> os = Optional.ofNullable(s)

// nullから空Optionalオブジェクトを生成可能
jshell> Optional<String> oEmpty = Optional.ofNullable(null)

// 明示的に空Optionalオブジェクトを生成可能
jshell> Optional<String> oEmpty = Optional.empty()
```

ofメソッドの引数にnullを渡すとNullPointerException例外が発生します。nullかもしれないオブジェクト参照をOptionalでくるむ場合、ofNullableメソッドを使ってください。Optional.ofNullable(null)で生成したOptionalオブジェクトを空Optionalオブジェクトと呼びます。空Optionalオブジェクトを明示的に生成するにはOptional.emptyメソッドを使います。

10-7-3 Optionalオブジェクトの使用

Optionalオブジェクトの使用例の1つが処理結果の有無です。メソッドの結果がない場合に空Optionalオブジェクトを返します。Optionalオブジェクトを返すメソッドの例を示します（**リスト10.48**）。

リスト10.48　Optionalオブジェクトを返すメソッド

```
Optional<String> method(boolean arg) {
    if (arg) {
        // 結果ありを模倣
        return Optional.of("success output");
    } else {
        // 結果なしを模倣
        return Optional.empty();
    }
}
```

リスト10.48のメソッドの呼び出し側コード例を**リスト10.49**に示します。

リスト10.49　Optionalオブジェクトの処理

```
jshell> Optional<String> ret = method(true)

jshell> ret.ifPresentOrElse((String s) -> {
   ...>     System.out.println(s);
   ...> }, () -> {
   ...>     System.out.println("no result");
   ...> })
success output
```

Optionalオブジェクトのif PresentOrElseメソッドの定義を載せます。

```
void ifPresentOrElse(Consumer<? super T> action, Runnable emptyAction)
```

ifPresentOrElseには2つの引数があります。どちらも関数型インタフェースです。1番目の引数に結果あり時の処理、2番目の引数に結果なし時の処理を渡すと考えてください。Optional型の要素の有無に応じて、actionまたはemptyActionのいずれかの処理を実行します。ConsumerとRunnableの型の違いは、前者の場合にOptionalの要素が引数に渡る処理になる違いを表しています。混乱する人はifPresentOrElseメソッドの実装コードを読んでみてください。短いコードです。読めば難しく考える必要がないとわかるはずです。

リスト10.49は2つの実引数をラムダ式で記述しました。もちろんメソッド参照でも記述可能です。ラムダ式の仮引数の型(String)は省略可能です。リスト10.49の場合であれば自明なので省略して問題ありません。

■メソッド呼び出し後の継続処理

メソッドの返り値が存在する場合にのみ、処理を継続させたいことがあります。メソッドの返り値を後続のメソッドの引数に使う場合が典型例です。ifPresentOrElseメソッドでも記述できますが**表10.15**のメソッドも使えます。

表10.15 Optionalオブジェクトのメソッド

メソッド	説明
Optional<T> filter(Predicate<T> predicate)	Optionalの要素に対するpredicate判定が真であればそのまま要素ありOptionalを返す。偽であれば空Optionalを返す
Optional<U> map(Function<T, U> mapper)	Optionalの要素をmapperで変換してOptionalを返す。空Optionalは空Optionalのまま返す
Optional<U> flatMap(Function<T, Optional<U>> mapper)	Optionalの要素をmapperで変換（mapperはOptionalを返す変換処理）してOptionalを返す。空Optionalは空Optionalのまま返す

これらのメソッド名はストリーム処理と同じ名前です。入力と出力を意識した動作も類似です。コードの一貫性の点で優れています。空Optionalに対してこれらのメソッドを呼んでも問題ありません。空Optionalが返るだけです。

■nullチェックの書き換え

nullになりうるオブジェクトの型をOptional型にして表10.15のメソッドと組み合わせると典型的なnullチェックの分岐処理をなくせます。変更前と変更後のコード例を使って説明します。変更前のnullチェックが連続する例を**リスト10.50**に示します。筋の良いコードではないですが実開発で見る可能性のあるコードです。

リスト10.50 nullチェックが連続する例

```
// nullになりうるコンポーネントを持つレコードクラス
record Person(Name name) {}
record Name(String firstName, String lastName) {}

// nullチェックが連続するメソッド
void showPersonFirstName(Person person) {
    if (person != null) {
        Name name = person.name();
        if (name != null) {
            String firstName = name.firstName();
            if (firstName != null) {
                System.out.println(firstName);
            }
        }
    }
}
```

```
// 使用例
jshell> showPersonFirstName(new Person(new Name("Taro", "Suzuki")));
Taro
```

nullになりうる参照をすべてOptional型で書き換え、表10.15のメソッドを組み合わせると**リスト10.51**のように書き換え可能です。書き換えでif文の条件分岐が消えます。

リスト10.51　Optionalオブジェクトでリスト10.50を書き換え

```
// コンポーネントの型をOptional型にしたレコードクラス
record Person(Optional<Name> name) {}
record Name(Optional<String> firstName, Optional<String> lastName) {}

// if文の条件分岐がなくなったメソッド
void showPersonFirstName(Optional<Person> person) {
    person.flatMap(Person::name)
          .flatMap(Name::firstName)
          .ifPresent(System.out::println);
}
```

```
// 使用例
jshell> showPersonFirstName(Optional.of(new Person(Optional.of(new Name(Optional.of("Taro"),
   ...>                                                                 Optional.of("Suzuki"))))));
Taro
```

リスト10.51のflatMapから始まるメソッドチェーンはOptionalの要素が存在する限り処理を継続します。処理の途中で空Optionalになると空Optionalのまま何もしない処理を継続します。

リスト10.51はレコード生成のたびにOptional.ofメソッドをする面倒さのほうが目に付きます。レコードクラスに関してはコンストラクタでnullチェックをしてレコードコンポーネント値の非nullを保証するほうが合理的です（「**7-2-9 レコード生成時の初期化処理**」参照）。

もう少し現実的なコードが**リスト10.52**です。PersonレコードとNameレコードのnullチェックは不要です。リスト10.51との違いはflatMapメソッドの代わりにmapメソッドを使う点です。mapメソッドは内部でOptional.ofNullableメソッドを呼んでOptionalオブジェクトを返します。

リスト10.52　リスト10.51の書き換え（推奨）

```
// コンポーネント値にnullを許容するレコードクラス
// コンストラクタでnullチェックをするほうが望ましい
record Person(Name name) {}
record Name(String firstName, String lastName) {}

// if文の条件分岐がなくなったメソッド
void showPersonFirstName(Person person) {
    Optional.ofNullable(person)
            .map(Person::name)
            .map(Name::firstName)
            .ifPresent(System.out::println);
}
```

```
// 使用例
jshell> showPersonFirstName(new Person(new Name("Taro", "Suzuki")));
Taro
```

■空Optional時の処理

空Optional固有の処理をしたい場合があります。結果がない場合にデフォルト値を使う場面が典型的です。**表10.16**のメソッドを使えます。具体例を**リスト10.53**に示します。

表10.16 空Optionalを処理するOptionalオブジェクトのメソッド

メソッド名	説明
orElse	Optionalの要素があれば要素の取り出し。空Optionalであれば、orElseの引数に渡したオブジェクトを返す
orElseGet	Optionalの要素があれば要素の取り出し。空Optionalであれば、orElseGetの引数に渡した処理結果を（遅延処理して）返す
or	Optionalの要素があればOptionalオブジェクトをそのまま返却。空Optionalであれば、orの引数に渡した処理結果を（遅延処理して）Optionalオブジェクトにして返す
orElseThrow	Optionalの要素があれば要素の取り出し。空Optionalであれば例外発生。本文で説明するgetメソッドと同じ動作

リスト10.53 空Optional固有の処理

```
// 空Optionalを返却するメソッド
Optional<String> method() {
    return Optional.empty();
}
```

```
// 使用例
jshell> String ret = method().orElse("default value");
ret ==> "default value"

jshell> String ret = method().orElseGet(() -> "default value");
ret ==> "default value"

jshell> Optional<String> ret = method().or(() -> Optional.of("default value"));
jshell> ret.ifPresent((String s) -> {
   ...>     System.out.println(s);
   ...> })
default value
```

■Optionalオブジェクトのgetメソッド

Optionalのgetメソッドを使うと要素を取り出せます（**リスト10.54**）。空Optionalのgetメソッドを呼ぶとNoSuchElementException実行時例外が発生します。

リスト10.54 Optionalオブジェクトのgetメソッド（非推奨）

```
jshell> Optional<String> os = Optional.ofNullable("abc")
jshell> String s = os.get()
s ==> "abc"

jshell> Optional<String> os = Optional.ofNullable(null)
jshell> String s = os.get()
|  Exception java.util.NoSuchElementException: No value present
```

Optional型を使う処理でgetメソッドを使う利点は1つもありません。対処すべき実行時例外がNullPointerException例外からNoSuchElementException例外に変わるだけだからです。

OptionalオブジェクトのisPresentメソッドまたはisEmptyメソッドを使うと空Optionalオブジェクトを判定可能です。この判定後にgetメソッドを呼べばNoSuchElementException例外を回避可能です。しかしこれは形を変えたnullチェックです。通常、使う意味はありません。

10-8 ストリーム処理の組み立て方

章の最後にストリーム処理を少しずつ組み立てる実例を示します。複雑なストリーム処理の場合、変換処理をつないでいく意識でコードを組み立ててください。

「**3章 文字列**」で文字列の中から"["と"]"の間に囲まれた文字列を取り出すコード例を紹介しました。同じことをストリーム処理で書いてみます。

最初に文字列からストリームを生成します。これは定形コードになります。表10.1のcharsメソッドまたはcodePointsメソッドを使います。今回はcharsメソッドを使い、文字を要素とするストリームを生成します。

「**3章 文字列**」では、Stringオブジェクトのメソッドをどう使うかの視点でコードを考えました。ストリーム処理の場合、入力列をどう変換するかの視点で考えます。まず"["以後の文字列に変換する視点で考えます。表10.3のdropWhile中間処理を使ってみます(**リスト10.55**)。

リスト10.55 入力列を"["以後の出力列に変換

```
jshell> int[] result = "012[abc]345".chars().
   ...>     dropWhile(c -> c != '[').toArray()
result ==> int[8] { 91, 97, 98, 99, 93, 51, 52, 53 }
```


文字コードに馴染みがあればこのまま作業を進めても問題ありません。残念ながらリスト10.55の結果はわかりやすくありません。作業途中ですが結果を文字列にしてみます(**リスト10.56**)。

リスト10.56 リスト10.55を見やすく整形(文字列として出力)

```
jshell> int[] result = "012[abc]345".chars().
   ...>     dropWhile(c -> c != '[').toArray()

jshell> String s = new String(result, 0, result.length)
s ==> "[abc]345"
```


最終的に欲しい出力列を想像するとリスト10.56の結果の先頭の"["文字は不要です。この文字をなくす変換のためにskip中間処理を使います(**リスト10.57**)。

リスト10.57　リスト10.56の出力列を入力列と考える。先頭の"["文字を飛ばした出力列に変換

```
jshell> int[] result = "012[abc]345".chars().
   ...>     dropWhile(c -> c != '[').skip(1).toArray()

jshell> String s = new String(result, 0, result.length)
s ==> "abc]345"
```

リスト10.57の出力を次の入力列として考えます。必要な変換は"]"以後の文字列の除去です。この変換にtakeWhile中間処理を使います(**リスト10.58**)。これで期待する出力を得られます。

リスト10.58　リスト10.57の出力列を入力列と考える。"]"以後を除去した出力列に変換

```
jshell> int[] result = "012[abc]345".chars().
   ...>     dropWhile(c -> c != '[').skip(1).
   ...>     takeWhile(c -> c != ']').toArray()

jshell> String s = new String(result, 0, result.length)
s ==> "abc"
```

配列を介さず直接文字列を生成するcollect処理と合わせて**リスト10.59**に示します。

リスト10.59　全体をまとめたストリーム処理

```
jshell> String s = "012[abc]345".chars().
   ...>     dropWhile(c -> c != '[').
   ...>     skip(1).
   ...>     takeWhile(c -> c != ']').
   ...>     collect(StringBuilder::new , StringBuilder::appendCodePoint, StringBuilder::append).
   ...>     toString()
s ==> "abc"
```

最後のcollect処理を使う文字列への変換に固有の面倒さがあります。しかしストリーム処理の基本構造自体は簡潔です。上から下に読みくだせるコードだからです。

「**3章 文字列**」のリスト3.2と比較してみます。リスト3.2は使うメソッドと解きたい問題が合致していると可読性に優れます。クラス開発者の意図とオブジェクト利用者の意図が一致している限り、極めて効率的です。反面、意図がずれた場合は開発効率が低下します。ソフトウェアの多くのバグはこのようなメンタルモデルの不一致から生じます。

ストリーム処理は入力列を出力列に変換する一定の形式のみを規定します。出力列生成のみに注力していれば不用意なバグが入り込む余地はありません。処理の流れも明瞭です。一方で詳細の隠蔽には弱い点があります。

実開発では隠蔽の利点と明瞭さの利点の両方を使い分けてください。

11章 インタフェース

変数の型をインタフェースにするのはJavaの技法の1つです。インタフェース型の変数を使い参照先オブジェクトの操作を限定します。インタフェースに対してプログラミングする意図を通じて、開発者の頭から詳細を追い出す抽象化の威力を理解してください。

11-1 インタフェースとは

Javaは言語仕様として「インタフェース」と呼ぶ機能を持ちます。「**8章 コレクションと配列**」のListやMap、「**9章 メソッド参照とラムダ式**」の関数型インタフェースなどがインタフェースの実例です。

インタフェースはクラスと比較してその存在意義は自明ではありません。Javaのクラスはコードを書く枠組みとして必須です。半ば強制的に使わされる面があります。一方、インタフェースは開発者が意図を持って作らない限り作る機会がありません。インタフェースの理解のため、最初にインタフェースを使う意図を説明します。

11-1-1 抽象化

ある規模以上の開発では、プログラムを機能や役割で分割します。分割した部品の詳細を頭から追い出せると便利です。開発者が1度に考えることを減らせるからです。日常生活で車の構造(エンジンなど)の詳細を意識しなくても、アクセルやブレーキなどの操作で運転できるのに似ています。

プログラミングでは、エンジンの内部に該当するソースコード(実装)が見えます。このため詳細を追いすぎて全体像を見失いがちです。各部品が「どう動くか」の動作原理の理解は重要ですが、全体を組み立てる時はそれらを部品として「どんな操作ができるか」だけを見る頭の切り替えが役立ちます。このように細かい詳細を頭から追い出す行為を「抽象化」と呼びます。抽象化は細部を切り落として必要な側面に限定して物事を見る姿勢です。

このような説明はしばしばオブジェクト指向とともに語られます。しかし、抽象化の意識は、オブジェクト指向以前から存在するプログラミングの原理原則です。オブジェクト指向はこの原理原則の上に乗った技法の1つです。

1章
2章
3章
4章
5章
6章
7章
8章
9章
10章
11章
12章
13章
14章
15章
16章
17章
18章
19章
20章
21章
22章
23章

■インタフェースによる抽象化

インタフェースは「どんな操作ができるか」を意識するために使える言語機能です。インタフェースは変数の型やメソッドの返り値の型として使います。型をインタフェース型にするかどうかは開発者の意思によります。参照先オブジェクトの詳細を頭から追い出し、インタフェースの仕様(どんなメソッドがあるか)だけに注目する意思表明になります。

11-1-2　クラスとインタフェースの違い

「**6章 クラス**」で、クラスとオブジェクトの関係を説明しました。雛型としての役割を担うクラスは、同時に型定義の役割も担います。同じクラスから実体化したオブジェクト群は共通した演算規則や振る舞いを持ちます。

インタフェースも型定義の仕組みです。クラスとインタフェースは、どちらもオブジェクトの振る舞いの共通性を決める役割を担うという意味で似ています。

違いは、インタフェースがオブジェクトの雛型としての役割を持たない点です。クラスと違いインタフェースは実体化できません。インタフェースは、オブジェクトにどんな操作が可能か、つまり型定義に特化した言語機能です。

インタフェースのメソッドは**リスト11.1**のように本体(実装)を持ちません(注1)。実装を持たないメソッドを抽象メソッドと呼びます。

リスト11.1　インタフェースの例

```
interface MyInterface {
    void method(); // 本体(実装)を持たない抽象メソッド宣言
}
```

本書ではまだ説明していませんが、上記を見て抽象クラスを思い出す人もいるでしょう。インタフェースと抽象クラスの使い分けはJavaでよく聞かれる質問の1つです。2つは似ていますが役割は異なります。役割の違いは「**17-4-5　インタフェースと抽象クラス**」で説明します。

11-1-3　インタフェース継承

インタフェースを作っただけでは使い道がありません。インタフェースを使うには次の手順が必要です。

① インタフェースを継承するクラスやレコードクラスを宣言。このようなクラスやレコードクラスを「実装クラス」と表記します(コラム参照)
② 実装クラスを実体化したオブジェクトを生成

(注1)　defaultメソッドとprivateメソッドとstaticメソッドは本体を持てます(後ほど説明します)。

③ 変数の型をインタフェースにして上記オブジェクトの参照を持つ(注2)

クラスがインタフェースを継承する形式的な理解は簡単です。implementsという予約語を使い**リスト11.2**のように宣言します。MyクラスがMyInterfaceインタフェースを継承する、あるいはMyクラスがMyInterfaceインタフェースを実装すると読みます。

リスト11.2　インタフェース継承したクラス宣言

```
class My implements MyInterface { // MyクラスがMyInterfaceを継承
    @Override  // 後述します。今は形式的に理解してください
    public void method() {
        System.out.print("Myクラスのメソッド呼び出し");
    }
}
```

インタフェースを継承した実装クラスは、インタフェースの抽象メソッドの実装を必ず持つ必要があります。リスト11.2の例で言えば、クラスMyにmethodメソッドの実装がなければコンパイルエラーになります。

11-1-4　インタフェース型の変数

インタフェース型の変数に実装クラスのオブジェクトの参照を代入可能です。ここまでの説明を**リスト11.3**に示します。

リスト11.3　インタフェース型の変数

```
// インタフェース宣言
interface MyInterface {
    void method();
```

COLUMN

インタフェース継承の用語

インタフェース継承をするクラスの呼び名が多数あります。実装クラス、派生クラス、継承クラスなどです。本書はimplementsの用語を尊重し「実装クラス」の用語を使います。

拡張継承(「**17章 クラスの拡張継承**」参照)にも説明が当てはまる場合に限り「派生クラス」または「派生型」の用語を使います。本章に限定すると「実装クラス」と「派生クラス」を同じ意味と考えて問題ありません。

(注2)　メソッドの返り値の型にインタフェースを使う場合もあります。本文で説明します。

```
}

// インタフェース継承したクラス宣言
class My implements MyInterface {
    @Override
    public void method() {
        System.out.print("Myクラスのメソッド呼び出し");
    }
}

// 使用例
jshell> MyInterface my = new My()
jshell> my.method()
Myクラスのメソッド呼び出し
```

次の2つの決まりがあります。

- **参照型変数を通じてオブジェクトに対して呼べるメソッドは、変数の型で決まる**
- **呼ばれたメソッドの本体は、参照先のオブジェクトで決まる**

MyクラスはMyInterfaceインタフェースのmethodメソッドを持つ（実装する）ことが保証されています。既に説明したように、そうしないとコンパイルエラーが起きるからです。このため、MyInterface型の変数myを通じてmethodを呼んだ時、メソッドの実体の存在が保証されます。

11-1-5 パラメータ変数の型をインタフェース型にする意義

前節のコードはローカル変数の型をインタフェース型にしました。これは説明のためのコードで、ローカル変数の型をインタフェース型にする利点はそれほどありません(注3)。

変数の型をインタフェース型にする典型例はメソッドのパラメータ変数です。この意図を具体例を使って説明します。

リスト11.4のようなCharSequenceインタフェースと実装クラスMyStringがあったとします。

リスト11.4 インタフェースと実装クラス

```
// java.lang.CharSequenceから抜粋して引用
public interface CharSequence {
    int length();
    char charAt(int index);
    CharSequence subSequence(int start, int end);
}
```

(注3) ファクトリメソッドの返り値を代入するローカル変数であれば意味があります（後述）。new式の結果を代入するローカル変数の型をインタフェース型にする利点はあまりないという意味です。

```
// CharSequenceインタフェースを継承した自作クラス
class MyString implements CharSequence {
    中身は省略
}
```

MyStringクラス型の引数を受け取る次のメソッドを考えます(**リスト11.5**)。メソッドの中身は気にしないでください。

リスト11.5 引数がクラス型のメソッド

```
void method(MyString ms) {
    System.out.print("arg's length is %d".formatted(ms.length()));
}
```

事情が変わり、このメソッドの引数にStringオブジェクトを渡したくなったと仮定します。

MyStringクラスをStringクラスから拡張継承(extends)できるとすれば、引数の型をStringクラス型に変更して目的を達成できます(注4)。これは「**17章 クラスの拡張継承**」で説明する拡張継承の利用です。

更に事情が変わり、引数にStringBuilderオブジェクトを渡したくなったとします。StringBuilderクラスとStringクラスの間に型の拡張関係はありません。このため引数にStringBuilderオブジェクトを渡せません。できる対応は、引数の型をCharSequenceインタフェース型に変える変更です(**リスト11.6**)。

リスト11.6 引数の型をCharSequenceインタフェースに変更

```
void method(CharSequence ms) {
    System.out.print("arg's length is %d".formatted(ms.length()));
}
```

この説明を聞いて、MyString、String、StringBuilderの3クラスがたまたまCharSequenceインタフェースを継承しているから使えるご都合主義と感じるかもしれません。今回の例に関してその指摘は当たっています。しかし、methodが引数で受け取るオブジェクトに求める機能は、ただ「lengthメソッドを持つ」だけであったのも事実です。また、methodは、引数オブジェクトがlengthメソッドをどのように実装しているかには依存していません。

Javaでは「期待する操作を持つ型」を表明するためにインタフェースを使えます。methodの引数の型をCharSequenceインタフェース型にすることで、特定の操作、つまり特定の決まったメソッドに応えるオブジェクトを受け入れる意志表明ができます。

なお、インタフェースのような仕組みがなくても、3つのクラスが同じ仕様のlengthメソッドを持つだけでも目的を達成できそうと思うかもしれません。正しい想像ですがJavaの思想には反します。Javaでは、参照型変数の型と参照先オブジェクトの型の間に特別な関係がない限り、

(注4) 現実にはStringクラスはfinalクラスのため拡張継承できません。説明のための仮の話と理解してください。

オブジェクトの参照を変数に代入できない制約があるからです。この「特別な関係」は次の3つのいずれかです。

- **変数の型が、オブジェクトのクラス型と一致**
- **変数の型が、オブジェクトのクラスの拡張継承元のクラス型と一致**
- **変数の型が、オブジェクトのクラスの継承元のインタフェース型と一致**

この縛りによりJavaは堅牢さを手に入れています。

■多態なコード

リスト11.4のMyStringクラスが守るべき制約は、CharSequenceインタフェースの規定するメソッドの実装だけです。別のメソッドを持つのは自由です。任意のフィールドを持つのも自由です。

仮にMyStringクラスが、CharSequenceインタフェースに存在しないindexOfメソッドを独自に実装しているとします。変数の型がMyStringであればindexOfメソッドを呼び出せます。一方、変数の型をCharSequenceにすると、indexOfメソッドの呼び出しはコンパイルエラーになります。変数を通じて呼べるメソッドは変数の型で制約を受けるからです。

インタフェース型の変数にしたことで呼べるメソッドが限定されました。まるでオブジェクトの有する能力を狭めるようにも見えます。

インタフェース型の意義を考える上ではこの見方は適切ではありません。インタフェース型の適切な見方のためには、呼ばれる側のオブジェクト側ではなく、呼ぶ側のコードの変数の側の視点に立つ必要があります。

変数の型がMyStringクラスの場合、参照可能なオブジェクトはMyStringクラスのオブジェクトに限定されます(注5)。一方、変数の型をCharSequenceインタフェースにすると、CharSequenceインタフェースを継承した任意の実装クラスのオブジェクトを参照できる能力を得ます(**図11.1**)。つまり変数視点で、より広い範囲のオブジェクト参照を受け入れる能力を獲得したと見なせます。このようなコードを多態(ポリモフィズム)なコードと呼びます(注6)。

(注5)　この文脈ではクラスの拡張継承は忘れてください

(注6)　1つのコードで複数の型を扱えるのが多態なコードの定義です。「多態」には「多相」という訳語もあります。

図11.1　インタフェース型の変数は、より広いオブジェクト参照を受け入れる能力を有する

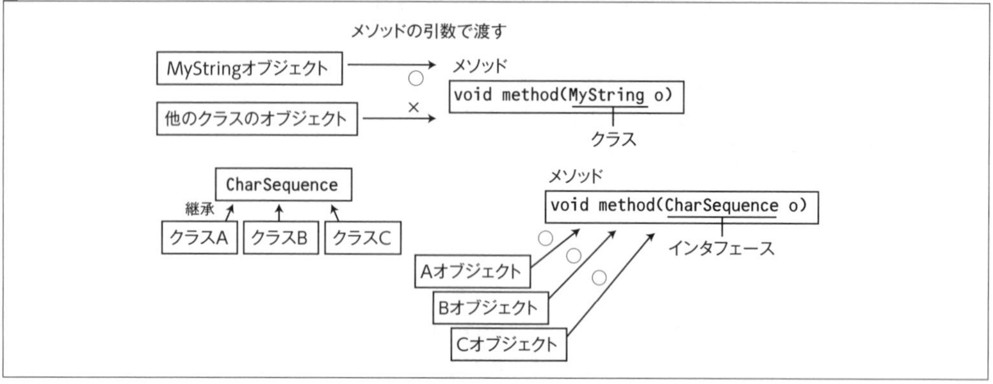

11-1-6　メソッドの返り値の型をインタフェース型にする意義

インタフェースを使うもう1つの典型例がメソッドの返り値の型です。異なる開発チームがライブラリやフレームワークを提供する時に有用な実装技法です。

メソッドの返り値の型をインタフェース型にすると実装クラスの詳細を完全に隠蔽できます。ライブラリのバージョンアップで内部のクラスを名前ごと完全に変更しても、ライブラリ利用コードに影響を与えません。インタフェースを使う実装クラスの隠蔽はもっとも強固な情報隠蔽手法の1つです。

11-1-7　コードの依存とインタフェース利用の意義

一般論として、他のコードへの依存が少ないほどそのコードは堅牢になります。依存があると依存先の変更の影響を受ける可能性があるからです。

プログラムの規模が大きくなればなるほどコードの変更の影響範囲の見極めが大事になります。些細な影響の伝播の積み重ねが大規模プログラムを破綻に導くからです。

通常、クラスへの依存よりインタフェースへの依存のほうが保守に強いコードにできます。なぜなら、クラスは実装を持つのでインタフェースより変化しやすいからです。変化しやすいコードへの依存を減らして変化しにくいコードに依存させるのは、堅牢なコードを書くために大切な技法です。

実はこの説明にはやや論理の飛躍があります。たとえ、クラスの変化しやすさを経験的に言えたとしても、インタフェースの変化しにくさを実証できていないからです。変化しにくいもの、変化させるべきでないものをインタフェースにすべき、のほうが真実に近い説明です。つまり、クラスとインタフェースの適切な使い分けは次のようになります。

- **変化しにくい振る舞いを規定して、それをインタフェースの操作にまとめる**

- クラスはインタフェースを継承することで、変化しにくい部分を表明する
- クラスではなくインタフェースに依存したコードにより、変化しにくい部分への依存を保証する

変化しにくい部分を抽出しインタフェースで宣言すると、変化させないことの意志表示になります。インタフェースの利用者に対する意志表示です。これは約束であり契約でもあります。大げさに思えるかもしれませんが、インタフェースにはこういう側面があります。

11-2 インタフェース宣言

11-2-1 インタフェース宣言の文法

抽象的な説明が続いたのでここからはコードの文法的な説明をします。

まず自作のインタフェースを宣言するコードの書き方を説明します。本章はトップレベルのインタフェースに限定して説明します。

インタフェースは予約語interfaceを使い次のように宣言します。

```
[修飾子] interface インタフェース名 [extends 基底インタフェース名(カンマ区切りで複数指定可能)]
[permits 継承先の型名(カンマ区切りで複数指定可能)] {
    [メンバ宣言]
}
```

インタフェース宣言は、クラス宣言同様、インタフェース名.javaのファイル名のファイルの中に記述します。クラスと同じようにjavacでコンパイルします。コンパイルすると インタフェース名.class のファイル名のクラスファイルができます。

```
// コンパイル例
$ javac MyInterface.java  //=> MyInterface.classを生成
```

インタフェース名は開発者が決めます。インタフェース名はクラス名と同じ名前空間に属すので、完全修飾名が一致するクラスとインタフェースが存在するとコンパイルエラーになります。完全修飾名は「**18章 パッケージ**」で説明します。ここでは同名のクラスとインタフェースは禁止、の規則の理解で十分です。

インタフェース宣言のextends節で基底インタフェースを指定できます。基底インタフェースは複数指定可能です。詳細は「**17-3 インタフェース自体の拡張継承**」で説明します。

インタフェース宣言のpermits節で継承先の型名を指定できます。継承先の型名は複数指定可能です。詳細は後ほど「**11-2-6 シールインタフェース**」で説明します。

11-2-2 インタフェースの修飾子

インタフェースに使える修飾子を**表11.1**に示します。

表11.1 インタフェースに使える修飾子（トップレベルのインタフェース）

修飾子	意味
public	グローバル可視。書かないとパッケージ可視
sealed	継承先を限定するシールインタフェース
non-sealed	シールインタフェースを拡張継承したインタフェースに指定。拡張継承の継続ありを指定
abstract	インタフェースは暗黙的にabstract。書いても書かなくても同じ。普通は書かない
strictfp	元々は厳密な浮動小数点演算の指定。現在は効果なし
アノテーション	開発者が独自に定義できる修飾子

public修飾子を指定したインタフェースは、あらゆる箇所からアクセス可能になります。public修飾子を指定しないインタフェースは、同じパッケージ内からのみアクセス可能です。

sealed修飾子を指定したインタフェースはpermits節で継承先を限定できます。継承先を限定したインタフェースをシールインタフェースと呼びます。後ほど説明します。

クラスの場合、abstract（抽象）修飾子はオブジェクトを直接生成できないことを意味します（**「6-3-1 クラス宣言の修飾子」**参照）。インタフェースはそもそもabstractがあろうとなかろうとオブジェクトを生成できません。このためインタフェースは常にabstractです。通常、インタフェース宣言にはabstract修飾子を指定しません。interfaceという予約語が暗黙的にabstractの意味を含んでいると見なせるからです。なおabstract修飾子を指定してもエラーにはなりません。

COLUMN

インタフェースの命名規約

インタフェースの命名には歴史的にいくつかの規約があります。どれが正しいというものではありませんが、コードリーディングの参考のために紹介します。

1つ知られた命名規約は、「可能（capability）」を示すRunnableやSerializableのような命名法です。名詞で名づけるクラス名とフィールド名、動詞で名づけるメソッド名、形容詞や副詞で名づけるインタフェース名と対比する人もいます。

「可能」を示唆する命名には一定の意味があります。「インタフェースに対して何ができるか」がインタフェースが外部に発信する意味だからです。しかし、この命名規約を神聖化して、インタフェースは可能を示唆する名前でなければいけない、と思うのは行き過ぎです。インタフェース名に使える命名規約の1つと覚えておくのが良いでしょう。

1章 2章 3章 4章 5章 6章 7章 8章 9章 10章 11章 12章 13章 14章 15章 16章 17章 18章 19章 20章 21章 22章 23章

11-2-3　インタフェースの構成要素

インタフェースの構成要素は次の8つのメンバです。

- 抽象メソッド（本体なし）
- defaultメソッド
- privateメソッド
- staticメソッド
- staticなprivateメソッド
- staticフィールド
- staticなネストしたクラス
- staticなネストしたインタフェース

11-2-4　メソッド宣言

インタフェースのメソッドに**表11.2**の修飾子を書けます。修飾子なしのメソッドは本体なしの抽象メソッドです。

表11.2　インタフェースのメソッド宣言に書ける修飾子

修飾子	意味
public	暗黙的にpublic。書いても書かなくても同じ
default	defaultメソッド。メソッドの本体が必要
static	staticメソッド。メソッドの本体が必要
private	defaultメソッドもしくはstaticメソッドからのみ使う。メソッドの本体が必要
abstract	暗黙的にabstract。書いても書かなくても同じ。通常は省略
strictfp	元々は厳密な浮動小数点演算の指定。現在は効果なし

抽象メソッド宣言の行末に;（セミコロン文字）が必要です。なければコンパイルエラーになるのでそれほど気にする必要はありません。

defaultメソッド、staticメソッド、privateメソッドは本体を持ちます。型定義に特化した、つまり実装を持つ必要のないインタフェースとしては少し特殊な存在のメソッド宣言になります。

defaultメソッドは実装クラスのインスタンスメソッドになります。実装クラスが継承メソッドの実装を持たない場合に使うデフォルト実装です。

staticメソッドのstaticの意味はクラスメソッドの場合と同じです。実装クラスのオブジェクトに属するメソッドではなく、インタフェース自身に属するメソッドです。staticメソッドの典型的な用途はofメソッドのようなファクトリメソッドです。

■メンバのアクセス制御

インタフェースのメンバのアクセス制御省略時のデフォルトはpublicです。private修飾子を指定しない限りアクセス制御はpublicになります。前節で説明したように、インタフェースとはオブジェクトに可能な操作を表明するものであり、操作は外部からどのように見えるかを意味するからです。

本書はインタフェースのメンバのpublic修飾子を省略します。なお後述するようにインタフェース継承した実装クラス側のメソッドにはpublic修飾子が必要です。その記述と一貫するため、インタフェースのメソッドにpublic修飾子を書く考え方もあります。

privateメソッドはインタフェースのメソッド内からのみ使えるメソッドです。非staticなprivateメソッドの用途はdefaultメソッド間の共有コードの記載です。staticなprivateメソッドの用途はstaticメソッド間の共有コードの記載です。

■インタフェースのメソッド参照

インタフェースのstaticメソッドは、インタフェース名::メソッド名の形式でメソッド参照できます(**リスト11.7**)。

リスト11.7　インタフェースのstaticメソッドのメソッド参照

```
interface MyInterface {
    static void method_s() {
        System.out.println("インタフェースのstaticメソッド");
    }
}

jshell> Runnable meth = MyInterface::method_s
jshell> meth.run()
インタフェースのstaticメソッド
```

インタフェースのdefaultメソッドは、インタフェース名::メソッド名の形式でのメソッド参照をできません(**リスト11.8**)。

リスト11.8　defaultメソッドのインタフェース名::メソッド名のメソッド参照はコンパイルエラー

```
interface MyInterface {
    default void method_d() {
        System.out.println("インタフェースのdefaultメソッド");
    }
}

// 使用例
// インタフェース経由のdefaultメソッドのメソッド参照は不可
jshell> Runnable meth = MyInterface::method_d
|  Error:
```

実装クラスを経由するとdefaultメソッドのメソッド参照は可能です(**リスト11.9**)。

リスト11.9　defaultメソッドのメソッド参照

```
// インタフェース継承した実装クラス
jshell> class My implements MyInterface {}

// 実装クラス経由のdefaultメソッドのメソッド参照は可能
jshell> Consumer<My> meth = My::method_d
jshell> meth.accept(new My())
インタフェースのdefaultメソッド
```

11-2-5　インタフェースのフィールド

インタフェース本体にインスタンスフィールド変数の宣言は記述できません。インタフェースは直接のインスタンスを持たないからです。

インタフェースのフィールド変数は暗黙的にpublic static finalです。クラスの用語を使うとクラスフィールドです。明示的な修飾子の指定も可能ですが慣習的に省略します。本書も修飾子の記述を省略します。

クラスと異なり、インタフェースにはstatic初期化ブロックに相当する機能がありません。このため、フィールド変数は宣言と同時に初期化が必要です（**リスト11.10**）。初期化のない変数の宣言はコンパイルエラーになります。

リスト11.10　インタフェースのフィールド変数

```
interface MyInterface {
    String S = "定数"; // インタフェース変数。暗黙的にpublic static final
}
```

インタフェースを継承した実装クラスのコードから、インタフェースのフィールド変数を参照できます（**リスト11.11**）。

リスト11.11　インタフェースのフィールド変数の使用（継承時）

```
class My implements MyInterface {
    @Override
    public void method() {
        System.out.println(S);  //=> "定数"を出力
    }
}
```

インタフェース名にドット文字を続けてフィールドにアクセスすると、任意のクラスから使えます（**リスト11.12**）。

リスト11.12　インタフェースのフィールド変数の使用

```
class My { // MyInterfaceを実装していないクラス
    void method() {
```

```
        System.out.println(MyInterface.S);  //=> "定数"を出力
    }
}
```

結果的に、インタフェースのフィールド変数は、グローバル可視もしくはパッケージ可視の定数定義相当に使えます。インタフェース自身がグローバル可視であればグローバル定数相当、そうでなければパッケージ定数相当になります。定数定義の目的にインタフェースを使う技法を定数インタフェースと呼びます。

Java5でenumとstaticインポートが導入される以前、定数インタフェースはJavaの世界で広く使われてきました。複数クラスから使う定数を容易に記述できるからです。しかし、インタフェースに余計な意味を持たせるのは推奨しません。定数定義は「**7-3 定数定義**」を参考に別の書き換えを検討してください。

11-2-6 シールインタフェース

sealed修飾子のあるインタフェースをシールインタフェース（Sealed Interface）と呼びます。

シールインタフェースは派生型を限定したインタフェースです。permits節の後ろに記述したクラスのみがシールインタフェースを継承できます(注7)。sealedとpermitsはどちらも予約語です。

permits節に複数の派生型名を記載できます。すべての派生型の宣言がシールインタフェースと同一ファイル内にある場合に限り、permits節を省略可能です。なおpermits節を記述した場合には一部の型名のみの省略はできません。permits節に必要なすべての型名を列挙してください。

シールインタフェースを継承した実装クラスには、final修飾子またはnon-sealed修飾子またはsealed修飾子が必要です。どれかの修飾子がないとコンパイルエラーになります。final修飾子は拡張継承禁止、non-sealed修飾子は拡張継承可能を意味します(注8)。

シールインタフェースの具体例を示します（**リスト11.13**）。MyInterfaceインタフェースがシールインタフェースです。このシールインタフェースを継承可能なクラスはMy1とMy2のみです。この2つ以外のクラスがMyInterfaceインタフェースを継承するコードはコンパイルエラーになります。

リスト11.13　シールインタフェースの例

```
// シールインタフェース
jshell> sealed interface MyInterface permits My1, My2 {}

// シールインタフェースの実装クラス(permits節に記述があるので問題なし)
jshell> final class My1 implements MyInterface {}
```

(注7)　文法的には「**17章 クラスの拡張継承**」で説明する「インタフェース自体の拡張継承」も限定します。話が複雑になるので本書はインタフェース自体の拡張継承とsealedの組み合わせの説明を省略します。

(注8)　拡張継承禁止の意味は「**17-4-3 finalクラス**」を参照してください。

```
jshell> final class My2 implements MyInterface {}

// シールインタフェース継承できないクラス(permits節に記述がないのでコンパイルエラー)
jshell> final class My3 implements MyInterface {}
|  Error:
|  class is not allowed to extend sealed class: MyInterface (as it is not listed in its 'permits' clause)
```

相互参照の見た目が少し気持ち悪いかもしれません。こういうものと受け入れてください。

■シールインタフェースと実装クラス

シールインタフェースのpermits節に記述できる実装クラスは同一パッケージ内もしくは同一モジュールで宣言する必要があります。permits節の記述の省略と無関係の規則です。

多くの非シールインタフェース利用の典型例は、インタフェースを宣言する開発チームと実装クラスを作る開発チームの分離です。この利用例は後ほど「**11-6 インタフェースの設計**」で紹介します。シールインタフェースの場合、むしろ逆です。通常、シールインタフェースと実装クラスを同一の開発チームが作成します。

■シールインタフェースの言語的な意味

本章はここまでインタフェースの言語的意味を、操作の共通性指定の型定義として説明しました。そしてインタフェース型の変数が、より広い範囲のオブジェクト参照を受け入れる能力を有すると説明しました。シールインタフェースの利用目的には異なる視点があります。

シールインタフェースの実装クラス間に操作の共通性は必須要件ではありません。このためリスト11.13のように本体のないインタフェース宣言も普通に使います(注9)。

シールインタフェース型の変数を使う意義は、参照先オブジェクトの限定です。この具体的な応用例は「**7-5 シール型**」を参照してください。

11-3 インタフェースと実装クラス

11-3-1 インタフェース継承の文法

インタフェースを継承する実装クラスは、予約語implementsを使い次のように記述します。

(注9) 本体がないインタフェースを伝統的にマーカーインタフェースと呼びます。操作の共通性ではなく使い方の共通性を示す用途に使います。なお旧来のマーカーインタフェースの用途にはアノテーションを使う場面が増えています。

```
[修飾子] class クラス名 implements インタフェース名 {
    クラス本体
}
```

複数のインタフェースを同時に継承可能です。複数のインタフェース名をカンマで区切って並べます。

```
[修飾子] class クラス名 implements インタフェース名, インタフェース名 {
    クラス本体
}
```

11-3-2 レコードクラスとenum型のインタフェース継承

レコードクラスとenum型もインタフェース継承可能です。複数インタフェースの継承も可能です。

```
[修飾子] record レコードクラス名(コンポーネント型名 コンポーネント名, ...) implements インタ
フェース名(カンマ区切りで複数指定可能) {
    レコード本体
}
```

```
[修飾子] enum enum型名 implements インタフェース名(カンマ区切りで複数指定可能) {
    enum本体
}
```

インタフェース継承の視点で構文および意味的な違いはありません。本章の説明はクラスに限定します。

11-3-3 メソッドのオーバーライド

インタフェースを継承した実装クラスは、抽象クラスでない限り、インタフェースのすべてのメソッドの上書き実装(オーバーライド)が必須です。defaultメソッドの上書きは自由です。こうしてオーバーライドしたメソッドを「インタフェースから継承したメソッド」と呼びます。

インタフェースのstaticメソッドとprivateメソッドの上書きはできません。これらは上書き

の説明から除外します。

インタフェースから継承したメソッドのアクセス制御はpublicにします。なおクラス自身のアクセス制御はパッケージ可視でもかまいません。

インタフェースから継承したメソッドのオーバーライド時に次を守る必要があります。

- 同じメソッド名
- 引数の数と型がすべて一致。パラメータ変数の名前の一致は不要です。わざわざ変える利点はないので一致させるのが普通です
- 返り値の型が一致。もしくは返り値の型が派生型。たとえば、CharSequenceを返すメソッドをStringを返すメソッドでオーバーライド可能
- throws節の例外型が一致。もしくはthrows節の例外型が派生型。たとえば、throws ExceptionのメソッドをthrowsIOExceptionでオーバーライド可能

これらの条件を細かく意識しなくても大丈夫です。たいていコンパイルエラーで気づけるからです。コンパイルエラーで気づけないミスが、オーバーライドしているつもりでできていない場合です。**リスト11.14**のようにメソッド名の書き間違いで発生しがちです。

リスト11.14　オーバーライドしているつもりでできていない例

```
interface MyInterface {
    default void method() {
        System.out.println("デフォルトメソッド");
    }
}

class My implements MyInterface {
    public void metho() {
        System.out.println("methodのつもりでmethoとタイプミス");
    }
}

// 使用例
jshell> var my = new My()
jshell> my.method()
デフォルトメソッド
```

■@Overrideアノテーション

リスト11.14のようなミスを防ぐために@Overrideというアノテーションを使います。@Overrideアノテーションは実装クラス側でオーバーライドを意図したメソッド宣言に付与します。書き間違いなどでオーバーライドできていないとコンパイルエラーになります（**リスト11.15**）。

リスト11.15　@Overrideアノテーションによる書き間違いの検出（コンパイルエラー）

```
class My implements MyInterface {
    @Override
    public void metho() {
        System.out.println("methodのつもりでmethoとタイプミス");
    }
}
|  Error:
|  method does not override or implement a method from a supertype
|      @Override
|      ^--------^
```

オーバーライドを意図したメソッド宣言には@Overrideの記述を強く推奨します。

■オーバーライド時のdefaultメソッドの明示的な呼び出し

オーバーライドしたメソッド内から継承元インタフェースのdefaultメソッドを呼べます（**リスト11.16**）。それほどよく見るコードではありませんが既存コードで見た場合に混乱しないように紹介します。

リスト11.16　継承元インタフェースのdefaultメソッド呼び出し

```
interface MyInterface {
    default void method() {
        System.out.println("デフォルトメソッド");
    }
}

class My implements MyInterface {
    @Override
    public void method() {
        MyInterface.super.method(); // 継承元のdefaultメソッド呼び出し
        System.out.println("Myクラスのメソッド");
    }
}

// 使用例
jshell> var my = new My()
jshell> my.method()
デフォルトメソッド
Myクラスのメソッド
```

■staticメソッドとprivateメソッドのオーバーライドの勘違い

インタフェースのstaticメソッドはインタフェースそのものに関連付けられたメソッド、privateメソッドはインタフェースに閉じたメソッドです。理屈的にも動作的にもこれらのメソッドのオーバーライドはできません。

しかし**リスト11.17**のようにオーバーライドできたと勘違いする可能性があります。実際は、継承元のインタフェース側のstaticメソッドおよびprivateメソッドと、実装クラス側のstaticメソッドとprivateメソッドがそれぞれ独立して定義されただけです。@Overrideアノテーションを付与すればコンパイルエラーになります。意図したオーバーライドでなければ@Overrideアノテーションを書いて余計な不明瞭さを取り除いてください。

リスト11.17　staticメソッドとprivateメソッドをオーバーライドした勘違い

```
interface MyInterface {
    static void method_s() { /* 省略 */ }
    private void method_p() { /* 省略 */ }
}

// インタフェース継承した実装クラス
class My implements MyInterface {
    // このメソッドはコンパイルエラーにならない
    // オーバーライドではなく、単に別メソッド
    static void method_s() { /* 省略 */ }

    // このメソッドはコンパイルエラーにならない
    // オーバーライドではなく、単に別メソッド
    private void method_p() { /* 省略 */ }
}
```

■メソッドのオーバーロード

インタフェースのメソッドのオーバーロード(異なるシグネチャの同名のメソッド)が可能です(**リスト11.18**)。

リスト11.18　インタフェースのメソッドのオーバーロードの例

```
interface MyI {
    void method();
    void method(String s);
}
```

抽象クラスでない限り、実装クラスはオーバーロードしたすべてのメソッドの実装を持つ必要があります。

11-4 関数型インタフェース

11-4-1 関数型インタフェースの自作

「**9章 メソッド参照とラムダ式**」で関数型インタフェースを説明しました。ここで関数型インタフェースを自作する方法を説明します。自作を通じて関数型インタフェースの理解にもつなが

ります。参考例として標準関数型インタフェースの1つRunnableのコードを抜粋します（**リスト11.19**）。

リスト11.19　標準関数型インタフェースRunnableのコード（抜粋）

```
@FunctionalInterface
public interface Runnable {
    void run();
}
```

関数型インタフェースの定義は下記1つです。

- **抽象メソッドが1つのインタフェース**

ほとんどは見ただけで判別可能です。しかし少し紛らわしい場合があります。注意してください（**リスト11.20**と**リスト11.21**）。

リスト11.20　（紛らわしいが）関数型インタフェースではない例

```
// Objectクラスのメソッドのオーバーライドは抽象メソッド扱いにならない
interface MyInterface {
    String toString();
}

// defaultメソッドは抽象メソッド扱いにならない
interface MyInterface {
    default void method() { 省略 }
}
```

リスト11.21　（紛らわしいが）関数型インタフェースになる例

```
interface MyInterface {
    void method1();  // 抽象メソッドはこの1つのみ
    default void method2() { 省略 }    // defaultメソッド（非抽象メソッド）
}
```

11-4-2　@FunctionalInterfaceアノテーション

関数型インタフェースを明示したい時、インタフェースに@FunctionalInterfaceアノテーションを付与します。具体例はRunnableインタフェースを見てください。

@FunctionalInterfaceの有無は動作に影響を与えません。抽象メソッドがたまたま1つのインタフェースと、意図して作成した関数型インタフェースの区別をコードの読み手に伝えるために書きます。

@FunctionalInterfaceを書く利点の1つがコンパイル時の検証です。@FunctionalInterfaceを付与したインタフェースに抽象メソッドが2つ以上あるとコンパイルエラーになります。関数型インタフェースのつもりで条件を満たしていない場合を早期発見できます。

11-5 多重継承

11-5-1 多重継承とは

インタフェース継承を指示するimplementsの後ろに複数のインタフェース名を記載可能です。複数の派生型を同時に継承する関係を多重継承と呼びます(注10)。

多重継承時、実装クラスが別々のインタフェースから同名のメソッドを継承する可能性があります。この場合の動作を説明します。

11-5-2 多重継承の動作

多重継承したメソッドが同じシグネチャ(同名のメソッド名および同じ型の引数の並び)の場合を考えます。多重継承した実装クラスは、そのメソッドの実装を1つ持てば良いだけです。これは何の問題もありません。

異なる引数の並びで同じメソッド名を持つ2つのインタフェースを多重継承する場合を考えます(**リスト11.22**)。この場合、単に異なるメソッドです。多重継承したクラスはそれぞれのメソッドの実装を持つだけです。メソッドのオーバーロードになります。これも問題ありません。

リスト11.22　異なるシグネチャの同名メソッドを多重継承(問題なし)

```
interface MyInterface1 {
    void method();
}

interface MyInterface2 {
```

COLUMN

SAM (Single Abstract Method) インタフェース

関数型インタフェースという用語は曲者です。なぜなら、抽象メソッドが1つであることと、そのメソッドが関数であることは別の概念だからです。より実体に合う適切な用語として「SAM (Single Abstract Method) インタフェース」という用語があります。

どちらの用語を使ってもいいのですが、本書は概念の違いを押さえた上で関数型インタフェースの用語を使います。

(注10)　「**17-3 インタフェース自体の拡張継承**」でも多重継承が発生します。基本的な考え方は同じです。

```
    void method(String s);
}

// 2つのインタフェースを多重継承した実装クラス
// 2つのメソッドのオーバーライド実装が必要
// 2つのメソッドの関係はオーバーロードになる
class My implements MyInterface1, MyInterface2 {
    @Override
    public void method() { /* 省略 */ }

    @Override
    public void method(String s) { /* 省略 */ }
}
```

■返り値の型の異なるメソッドの多重継承

Javaのメソッドのシグネチャは返り値の型を含みません。シグネチャが一致して返り値の型だけ異なるメソッドを多重継承したコードはコンパイルエラーになります（**リスト11.23**）。

リスト11.23　返り値の型のみ異なるメソッドの多重継承（コンパイルエラー）

```
interface MyInterface1 {
    String method();
}
interface MyInterface2 {
    int method();
}

// インタフェースを多重継承した実装クラス（コンパイルエラー）
class My implements MyInterface1, MyInterface2 {
    @Override
    public String method() {
        return "";
    }

    @Override
    public int method() {
        return 0;
    }
}
|  Error:
|  method method() is already defined in class My
```

ただし返り値の型に、型の継承関係がある場合に限り有効なコードにできます。**リスト11.24**の2つのインタフェースのメソッドの返り値の型はObjectとStringです。オーバーライドしたメソッドの返り値の型がStringであれば問題ありません。

1章 2章 3章 4章 5章 6章 7章 8章 9章 10章 11章 12章 13章 14章 15章 16章 17章 18章 19章 20章 21章 22章 23章

リスト11.24　継承関係のある型の返り値を持つ同名のメソッドの多重継承（問題なし）

```
interface MyInterface1 {
    Object method();
}
interface MyInterface2 {
    String method();
}

// インタフェースを多重継承した実装クラス
class My implements MyInterface1, MyInterface2 {
    @Override
    public String method() { // 返り値の型をStringにする。Objectにするとコンパイルエラー
        return "";
    }
}
```

■defaultメソッドの多重継承

同じシグネチャのdefaultメソッドを持つインタフェースを多重継承すると、コンパイルエラーになります（**リスト11.25**）(注11)。どちらのメソッドを使うか判断できないためです。実装クラスに自前実装を書けばコンパイルエラーを回避できます。理屈そのものは簡単です。

リスト11.25　defaultメソッドの多重継承

```
interface MyInterface1 {
    default void method() { /* 省略 */ }
}
interface MyInterface2 {
    default void method() { /* 省略 */ }
}

// defaultメソッドを多重継承するとコンパイルエラー
class My implements MyInterface1, MyInterface2 {}
|  Error:
|  types MyInterface1 and MyInterface2 are incompatible;
|    class My inherits unrelated defaults for method() from types MyInterface1 and MyInterface2

// 多重継承したメソッドをオーバーライドするとエラーを解消可能
class My implements MyInterface1, MyInterface2 {
    @Override
    public void method() { /* 省略 */ }
}
```

(注11)　基底インタフェースのいずれか1つにdefaultメソッドがあり、別の基底インタフェースに同じシグネチャの非defaultメソッドがあってもコンパイルエラーになります。説明は省略します。

■多重継承したインタフェースのフィールド使用

多重継承したインタフェースのフィールドの使用には曖昧さが生じます。たとえフィールドの値が同じであっても、フィールドの使用コードがあるとコンパイルエラーになります(**リスト11.26**)。

リスト11.26　多重継承したインタフェースのフィールド使用はコンパイルエラー

```
interface MyInterface1 {
    String VALUE = "abc";
}
interface MyInterface2 {
    String VALUE = "abc";
}

// インタフェースを多重継承した実装クラス
// VALUEフィールドを使うコードがあるとコンパイルエラー
class My implements MyInterface1, MyInterface2 {
    void method() {
        System.out.println(VALUE);
    }
}
|  Error:
|  reference to VALUE is ambiguous
|    both variable VALUE in MyInterface1 and variable VALUE in MyInterface2 match
```

実装クラス側で同名のフィールド変数を宣言するとコンパイルエラーがなくなります(**リスト11.27**)。変数の隠蔽になるからです。しかし変数の隠蔽はコードの可読性を落とすため非推奨です。

リスト11.27　同名のフィールドを宣言してコンパイルエラーを回避(非推奨)

```
class My implements MyInterface1, MyInterface2 {
    // 下記フィールド変数をprivate finalにしても問題なし
    String VALUE = "def";
    void method() {
        System.out.println(VALUE); // "def"を出力する
    }
}
```

インタフェースのフィールド変数はstaticなので、クラスフィールド同様、常にインタフェース名とドット文字につなげた使い方を推奨します。この使い方で一貫すれば変数の隠蔽は不要です。

リスト11.28　インタフェースのフィールド使用(推奨)

```
class My implements MyInterface1, MyInterface2 {
    void method() {
        System.out.println(MyInterface1.VALUE);
        System.out.println(MyInterface2.VALUE);
```

```
    }
}
```

11-6 インタフェースの設計

複数実装クラスの切り替えのためにJavaのインタフェースを使うと考えがちです。多態なコードは1つの有効な技法ですが、インタフェースの使用目的はそれだけではありません。インタフェースの実例と設計意図を説明します。

11-6-1 コールバックパターン

コードの中に意図的に変更しやすい箇所を作り込む実装技法があります。一定規模以上のプログラミングの基本技法です。その部分の変更でソフトウェアに拡張性を持たせるのが目的なので「拡張ポイント」の呼び名もあります。拡張ポイントの実装パターンの1つであるコールバックを紹介します。

例として**リスト11.29**のコードを考えます。標準入力から1行ずつ読んだ文字列に整形処理をして出力します。整形処理は、文字列置換と大文字化の2種類とします。現実のコードではもっと複雑な整形処理があると仮定して読んでください。

リスト11.29 コールバックパターンに書き直す前のコード

```
import java.io.Console;

// MyEchoオブジェクトを使うコード
public class Main {
    public static void main(String... args) {
        var echo = new MyEcho();
        echo.execute();
    }
}

class MyEcho {
    // replaceとcapitalizeは下請け処理メソッド
    private String replace(String input, String oldStr, String newStr) {
        return input.replaceAll(oldStr, newStr);
    }
    private String capitalize(String input) {
        return input.toUpperCase();
    }

    public void execute() {
        Console console = System.console();
```

```
        while (true) {
            System.out.println("Input any text");
            String msg = console.readLine();
            // 整形処理(実際にはもっと複雑なコードを仮定してください)
            System.out.println("You said, " + capitalize(replace(msg, "he", "she")));
        }
    }
}
```

リスト11.29は、replaceとcapitalizeという2つの下請け処理メソッドに処理を分離しています。整形処理が増えるごとに下請け処理メソッドを次々書き足す必要があります。整形処理の追加要求に対してコードが変わりやすいクラスと言えます(コラム参照)。

整形処理を拡張可能にできないか考えてみます。下請けメソッドの書き足しを不要にして、MyEchoクラスを安定させるのが目的です。分離した整形処理をMyEchoクラスから呼ぶ構造にします。この時、どんなメソッドの呼び出し方にするか決めるのがインタフェース設計の要です。

正解は1つではないですが、今回は**リスト11.30**のようなMyFilterインタフェースを定義します。入力文字列を受け取り出力文字列を返すdoJobメソッドを持つインタフェースです。MyFilterインタフェースの2つの実装クラスがReplaceFilterとリストCapitalizeFilterです。MyFilterインタフェースを使って書き直したコードがMyEcho2クラスです。

リスト11.30　リスト11.29をコールバックパターンで書き直したコード

```
import java.util.List;
import java.io.Console;

// MyEcho2オブジェクトを使うコード
public class Main {
    public static void main(String... args) {
        var echo = new MyEcho2(List.of(new ReplaceFilter("he", "she"),
                                       new CapitalizeFilter()));
        echo.execute();
    }
}

class MyEcho2 {
    private final List<MyFilter> filters;

    public MyEcho2(List<MyFilter> filters) {
        this.filters = filters;
    }

    public void execute() {
        Console console = System.console();
        while (true) {
            System.out.println("Input any text");
            String msg = console.readLine();
```

```
            String output = msg;
            for (MyFilter filter : filters) {
                output = filter.doJob(output); // コールバック処理
            }
            // ストリーム処理で書くと下記のように再代入コードをなくせます
            // 順序性があるので並列ストリーム処理にはできません
            // String output = filters.stream().reduce(msg,
            //                 (acc, filter) -> filter.doJob(acc),
            //                 (acc1, acc2) -> acc1);
            System.out.println("You said, " + output);
        }
    }
}

interface MyFilter {
    String doJob(String input);
}

class ReplaceFilter implements MyFilter {
    private final String oldStr;
    private final String newStr;

    public ReplaceFilter(String oldStr, String newStr) {
        this.oldStr = oldStr;
        this.newStr = newStr;
    }

    @Override
    public String doJob(String input) {
        return input.replaceAll(oldStr, newStr);
    }
}

class CapitalizeFilter implements MyFilter {
    @Override
    public String doJob(String input) {
        return input.toUpperCase();
    }
}
```

11-6-2 関数型インタフェースを使うコールバックパターン

リスト11.30の呼び出す側（MyEcho2クラス）が依存しているのはdoJobというメソッド1つです。メソッド1つのコールバックパターンは関数型インタフェース（ラムダ式またはメソッド参照）で書き換え可能です。MyEcho2を書き換えたクラスがMyEcho3です（**リスト11.31**）。「**9-5**

関数合成」で紹介した関数合成を使っています(注12)。

リスト11.31　関数型インタフェースを使うコールバックパターン

```
import java.util.List;
import java.util.function.Function;
import java.io.Console;

// MyEcho3オブジェクトを使うコード
public class Main {
    public static void main(String... args) {
        Function<String,String> fn = s -> s.replaceAll("he", "she");
        var echo = new MyEcho3(fn.andThen(s -> s.toUpperCase()));
        echo.execute();
    }
}

class MyEcho3 {
    private final Function<String,String> filter;

    public MyEcho3(Function<String,String> filter) {
        this.filter = filter;
    }

    public void execute() {
        Console console = System.console();
        while (true) {
            System.out.println("Input any text");
            String msg = console.readLine();

            String output = this.filter.apply(msg);
            System.out.println("You said, " + output);
        }
    }
}
```

このコードの構造は「**9-6 メソッドへの参照の実践**」で紹介したsortメソッドと同じです。呼ぶ側のコード(リスト11.31であれば標準入力から文字列を読むコード、sortメソッドであれば比較処理を除いたソートのアルゴリズム)を固定して、拡張ポイントを注入する構造です。

■依存方向の意識

コールバックパターンを使うと通常のメソッド呼び出しの場合と依存方向が逆転します(**図11.2**)。

(注12)　コード11.30と同じように関数型インタフェースの参照をListで持つ実装も可能です。

図11.2　コールバックパターンと依存関係の逆転

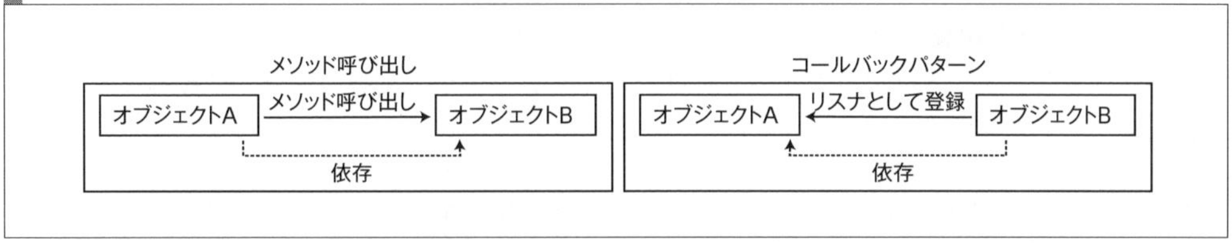

この依存方向の逆転で、整形処理の種類を増やしてもMyEcho2クラスやMyEcho3クラスのコードの変更を不要にします。

この書き換えでコード全体の複雑さは消えていません。複雑さはむしろ増えています。ひいき目に見てもせいぜい複雑さの移動です。達成したのはMyEcho2クラスまたはMyEcho3クラスの安定です。コールバックパターンは複雑さをどこかに寄せて、コード拡張時に安定を作り出すのに意味があります。

11-6-3　多態コードによる条件分岐の書き換え（ストラテジパターン）

多態コードの応用例の1つである条件分岐の書き換え例を紹介します。ストラテジパターンと呼びます。既存コードで見る機会も多いので紹介します。

COLUMN

イベントドリブン

コールバックパターンの1例にイベントドリブンという実装技法があります。極めてよく見る実装技法です。例え話を使って紹介します。

買い物かごを扱うアプリを考えてみます。買い物かごに商品を追加するたびに合計金額を更新する仕様とします。この時点で商品追加処理の中で金額計算をするのは自然に見えます。買い物かごと合計金額は密接な関係があるように見えるからです。

新しい要求として、買い物かご内の商品数がある値を超えると割引をする機能追加があったとします。簡単なコード追加で済めば、商品追加処理に割引処理コードを追加するかもしれません。

さらに新しい要求として、商品追加時におすすめ商品を表示する機能の追加が必要になったとします。そろそろこのまま行くと、買い物かごの処理コードに多くの依存が増えていく未来が見えてきます。

このような場合、商品追加イベントという選択肢があります。商品追加処理にイベント発生コードを書き足します。イベント発生コードの実装方法は様々ありますが、骨子はコールバック処理です。商品追加に合わせて実施したい別処理を、イベント発生時にコールバックされる処理として実装します。こうすると今後イベントに応じた機能要求が増えても買い物かごの実装コードの書き換えを不要にできます。変わりやすかったコードを追加要求に対して安定したコードにできます※。

※　「コードの変わりやすさ」の視点は設計の方針を決める重要な要素です。

書き換え前コードの例を示します(**リスト11.32**)。条件分岐コードをswitch式で記述しています(「**13-4 switch構文**」参照)。変数customerRankの値に応じて処理を呼び分けている雰囲気がわかれば十分です。呼び分けた側の処理はただの乗算ですが、実際の開発では複雑な処理があると想像してください。

リスト11.32　条件分岐のあるコード(ストラテジパターンで書き換え前)

```
public class Main {
    enum CustomerRank { NORMAL, GOLD, PLATINUM }

    public static void main(String... args) {
        // priceとCustomerRank.GOLDを決め打ち。実コードでは他のコード箇所で決まると想像してください
        int price = 1000;
        int point = calculatePoint(price, CustomerRank.GOLD);
        System.out.println("price and point = %d and %d".formatted(price, point));
    }

    static int calculatePoint(int price, CustomerRank customerRank) {
        // 条件分岐コード
        return switch (customerRank) {
                    case NORMAL -> calcNormalRankPoint(price);
                    case GOLD -> calcGoldRankPoint(price);
                    case PLATINUM -> calcPlatinumRankPoint(price);
        };
    }

    static int calcNormalRankPoint(int price) {
        return (int)(price * 0.01);
    }
    static int calcGoldRankPoint(int price) {
        return (int)(price * 0.02);
    }
    static int calcPlatinumRankPoint(int price) {
        return (int)(price * 0.03);
    }
}
```

ストラテジパターンで書き換えたコード例を示します(**リスト11.33**)。要点はcalculatePointメソッドから条件分岐コード(switch式)が消えている点です。しかしこの例に限ると「消えた」はほとんど欺瞞に近く「移動」が正しい説明です。getPointCalculatorメソッドのオブジェクト生成に条件分岐コードが存在しているからです。実コードではオブジェクト生成コードとオブジェクト使用コードが別れている構造を想像してください。

リスト11.33　ストラテジパターンでリスト11.32を書き換えたコード

```
public class Main {
    enum CustomerRank { NORMAL, GOLD, PLATINUM }

    public static void main(String... args) {
        // priceとCustomerRank.GOLDを決め打ち。実コードでは他のコード箇所で決まると想像してください
        int price = 1000;
        PointCalculator pointCalculator = getPointCalculator(CustomerRank.GOLD);

        // 条件分岐コードから多態コードへの書き換え
        int point = pointCalculator.calculate(price);
        System.out.println("price and point = %d and %d".formatted(price, point));
    }

    static PointCalculator getPointCalculator(CustomerRank customerRank) {
        // オブジェクト生成コードに条件分岐コードが移動
        return switch (customerRank) {
                    case NORMAL -> new NormalRankStrategy();
                    case GOLD -> new GoldRankStrategy();
                    case PLATINUM -> new PlatinumRankStrategy();
        };
    }
}

// ストラテジパターンのインタフェース
interface PointCalculator {
    int calculate(int price);
}

class NormalRankStrategy implements PointCalculator {
    @Override
    public int calculate(int price) {
        return (int)(price * 0.01);
    }
}

class GoldRankStrategy implements PointCalculator {
    @Override
    public int calculate(int price) {
        return (int)(price * 0.02);
    }
}

class PlatinumRankStrategy implements PointCalculator {
    @Override
    public int calculate(int price) {
        return (int)(price * 0.03);
    }
}
```

ストラテジパターンの書き換えの意味を想像するにはいくつかの想定が必要です。もっとも大事な想定はオブジェクトの種別が将来増える要求の想定です。この変更要求（リスト11.32であればCustomerRank種別の追加）の変更頻度が高ければストラテジパターンで多態コードにする意味があります。CustomerRank種別を増やす時、コードの変更箇所をオブジェクト生成コードのみに限定できるからです（コラム参照）。

11-6-4　過剰設計に注意

インタフェースは過剰設計（オーバーエンジニアリング）になりやすい言語仕様の1つです。インタフェースと実装クラスが1対1で存在し、変更があるたびに2つのファイルをただ機械的に書き換えるのはありがちなJavaのコードです。章の最後に過剰設計を回避する視点を説明します。

システム境界を扱うコードはインタフェースを使う候補の1つです。システム境界とは、プログラムから見て外部相当を扱うコードです。具体的には外部プログラム、利用者、OSなどが対象です。入出力をともなうコードになりやすいのでI/O処理と呼ぶこともあります。

もう1つの候補がレイヤ間の境界です。ソフトウェアの中に意図的に階層構造（レイヤ構造）を作り、レイヤ間の境界にインタフェースを使うのはよくある設計技法です。

システム境界もレイヤ境界もどちらも考え方は間違っていません。しかし正しさゆえに過剰設計になりやすい危険もあります。

過剰設計を回避する判断を2つ紹介します。1つは開発チームが別れている境界に限りインタフェースを使う指針です。利用を限定できる上にインタフェースを開発チーム間の契約にできるので実利もあります。

もう1つはテスト時のモックオブジェクトによる実装クラスの差し替えの有無です。実際に実装クラスの差し替えが必要になってからインタフェースを定義しても遅くありません。

COLUMN

ストラテジパターン

書籍「Clean Code アジャイルソフトウェア達人の技」にストラテジパターンに類するコードの要不要の説明があります。一部を引用します。

- オブジェクト指向の場合、逆に既存の関数を変えることなく、新たなクラスを追加することが可能です
- オブジェクト指向の場合、すべてのクラスを変えなければならないので、新たな関数を追加することは難しくなります

引用の「オブジェクト指向」はストラテジパターンに類するコードと読み替えてください。引用の「関数の追加」はリスト11.32へのポイント計算以外の処理追加を想定してください。引用の「クラスの追加」はCustomerRank種別の追加を想定してください。

12章 文、式、演算子

Javaの文法を整理します。Javaのコードは文の集合からなります。文および文の構成要素である式、そして式の構成要素である演算子の説明をします。

12-1 Javaの文法と文

12-1-1 文とは

Javaのソースコードは文(statement)の集合です。文は、文と式(expression)から構成されます。

プログラミング言語における文は、その言語の文法で明確に定義された構文規則(syntax)に従って記述したコードです。文はプログラムの実行時に実行されます。Javaプログラムの実行とは、コードに記述された文を次々に実行していくことと表現可能です。

■文の定義

文は文を含む形で定義されます。後述しますが、式も式を含む形で定義されます。このように自分自身を定義の中に使う再帰的な定義はソフトウェアの世界にしばしば現れます。

自分自身を使う定義は、無限に循環して何も定義できないように見えるかもしれません。しかしどこかで自分自身を使わない定義を持てば再帰的定義は成立します。

文も式も自分自身を使わずに定義できる定義を含みます。たとえば、文であれば、最終的には予約語(後述)と式と記号(括弧やコロンなど)だけに分解できます。文が別の文を含んでいても、その含まれた文を分解していくと最後には予約語と式と記号の並びになります。式も別の式を含む場合がありますが、含まれた式を分解していくと最後は識別子とリテラル値(数値や文字列の直接表記)と記号(一部、予約語)に分解できます。

12-1-2 予約語

予約語と識別子という新しい用語を使ったので説明します。

予約語(keyword)とは、ifやelseやwhileなど、Javaの言語仕様が規定した固定キーワード(単語)のことです。**表12.1**が予約語のすべてです[注1]。

(注1)　一部の予約語は予約されているだけで実際には使用されていません。

Part 1
Part 2
Part 3
Part 4

表12.1 Javaの予約語一覧(仕様書から抜粋)

● ReservedKeyword:

abstract	continue	for	new	switch
assert	default	if	package	synchronized
boolean	do	goto	private	this
break	double	implements	protected	throw
byte	else	import	public	throws
case	enum	instanceof	return	transient
catch	extends	int	short	try
char	final	interface	static	void
class	finally	long	strictfp	volatile
const	float	native	super	while
_ (underscore)				

● ContextualKeyword:

exports	opens	requires	uses
module	permits	sealed	var
non-sealed	provides	to	when
open	record	transitive	with
yield			

予約語は2種類に別れています。識別子として絶対使えない予約語(ReservedKeyword)と場合によっては使える予約語(ContextualKeyword)です。

ContextualKeywordの予約語は識別子として使える場合があります。コード内での記載位置に応じて予約語として扱われるからです。たとえば次のようにvarやrecordを変数名に使ってもエラーになりません。既存コードに配慮した仕様です。新規に書くコードでは、予約語を識別子として使用しないことを推奨します。

```
// 予約語(ContextualKeyword)を識別子に使用可能(非推奨)
var var = "abc";
String record = "abc";
```

12-1-3 識別子

識別子は、変数名、メソッド名、クラス名など、開発者がコードの中で定義する単語です。たとえば読者がclass Myというクラスを作ったらこのMyは識別子です。他にも、たとえばSystem.out.printのSystemとoutとprintの3つもそれぞれ識別子です。標準ライブラリを作った開発者が定義した識別子です。

識別子に使用できる文字には次のような特徴があります。

- **予約語以外の単語**
- **リテラル値以外の単語**
- **Unicodeの文字で始まり、その後に、Unicodeの文字または数字が続く単語。ただし空白文字は除く**

- **単語の長さの制限は特にない**

前節のContextualKeywordを除き、予約語と同じ単語は識別子にできません。たとえばdoは予約語なのでメソッド名doはコンパイルエラーになります。一方、予約語を含む単語は識別子にできます。たとえばdoitというメソッド名は識別子として問題ありません。

リテラル値は数値リテラルの1や文字列リテラルの"abc"などです。これらは識別子に使えません。true、false、nullの3単語もリテラル値です。識別子に使えません。

■識別子の命名指針

Javaの識別子はUnicodeで書いた単語です。Unicodeの文字は日本語の文字（漢字や平仮名）も含むので、日本語の変数名やクラス名も文法上は可能です。しかし、歴史的事情や慣習により日本語の識別子は推奨しません。現実的なプログラミングでは次の規則で識別子を決めてください。なお、_（アンダースコア1文字）のみの識別子はJava8で禁止になっています(注2)。

- **英文字（大文字および小文字の英文字およびアンダースコア）で始まり、英文字と数字（0から9）が続く単語**

この制約を守ればどんな単語でも識別子として使えます。事実上、識別子を無限に生成可能です。なおJavaの識別子は大文字と小文字を区別します。つまりfooとFooは別の識別子です。

識別子の名前は、コードを読む開発者の都合を優先して名付けてください。規則の記憶は重要ではありません。コンパイル時に規則違反をほぼ検出できるからです。変数名、メソッド名、型名にはそれぞれに命名の慣習やJavaのコーディング規約があります。規則よりも慣習や規約を意識してください。

12-1-4 空白文字と改行文字

空白文字および改行文字として**表12.2**の5つが定義されています(注3)。

表12.2 空白文字と改行文字

名称	文字コード
スペース文字	0x20
TAB文字	0x09
FF	0x0c
CR	0x0d
LF	0x0a

(注2) Java22でアンダースコア1文字の変数名が、無名を意図した用途に使う名前になりました。Java8からJava21までは使用禁止、Java22以後は使える用途が決まります。

(注3) 正確な用語を使うと、CR(carriage return)とLF(line feed)の両者を示す用語は行終端文字です。改行文字はCRに対応する日本語です。しかしここではCRとLFを合わせて改行文字と呼びます。現場では2つを合わせて改行文字として扱うことが多いからです。

空白文字と改行文字に関するJavaの文法規則をまとめます。

- **連続した空白文字と改行文字(CRおよびLFを含む)は1つの空白文字と同じ扱いになる**
- **「//コメント」を除いて、改行文字は構文的に意味を持たない**
- **文字列リテラルの中に改行文字を直接記述できない(「3-1-5 文字列リテラル」参照)**

コードの読み手のために適切な空白文字や改行文字を使ってください。ソースコードの見た目のレイアウトが気になるようになれば、一歩進んだ開発者になった証拠です。

12-2 文

Javaの文を次のカテゴリに分類して説明します。

- **制御文**
- **ブロック文**
- **宣言文**
- **式文**
- **空文**
- **その他**

12-2-1 制御文

制御文の多くは「**13章 Javaプログラムの実行と制御構造**」で紹介します。たとえばif-else文は、ifという単語で始まりelse節の文で終わります。

12-2-2 ブロック文

ブロック文は中括弧{}で文の並びを囲んだ文です。文を並べて{}で囲むと、ブロック文という1つの文になります。再帰的定義の最たるものです。この結果、文法上、文を書ける箇所には複数の文を必ず書けます。

ブロック文の中にブロック文を並べることも可能です。次のコードはまったく意味はありませんが、Javaの文法上は正しいコードです。

```
// ブロック文の中のブロック文。文法的に正しいコード
void method() {
    {{{ {} {} }}}
}
```

1章
2章
3章
4章
5章
6章
7章
8章
9章
10章
11章
12章
13章
14章
15章
16章
17章
18章
19章
20章
21章
22章
23章

12-2-3 宣言文

宣言文はたとえば次のような文です(注4)。

```
// 宣言文の例
int i;
```

宣言文は本書のそれぞれの章を参照してください。たとえばローカル変数の宣言であれば「**4章 変数とオブジェクト**」、クラスの宣言であれば「**6章 クラス**」を参照してください。

■終端のセミコロンの意味

宣言文と後述する式文は、文法的に終端のセミコロン文字まで含めて文です。「Javaの文は最後に必ずセミコロンを書く必要がある」という誤解がよくありますが、正しい規則は「Javaの文の一部は終端のセミコロン込みで定義されている」です。

もし、すべての文の終端にセミコロンが必要だとすると、ブロック文にもセミコロンが必要だと誤解してしまいます。

```
// ブロック文の後の不要なセミコロン。コンパイルできるので不要に気づきにくい
if (true) {
    return;
};
```

これは誤解に基づいたコードですが、コンパイルはできます。コンパイルできる理由は、ブロック文の後ろに書いた不要なセミコロンを空文として解釈するからです。空文については後述します。

12-2-4 式文

式がJavaのプログラムの中で現れる箇所は次の3つです。

- 式の中の構成要素(演算の対象)
- 文の中の構成要素(if-else文の条件式など)
- 式文

式の一部は終端にセミコロンをつけると文になります。これを式文と呼びます。すべての式を式文にできるわけではありません。式文にできる式は次の式です。

- 代入式

(注4) Java言語仕様では、クラス宣言やメソッド宣言などの宣言に文(statement)の呼称を与えていません。Javaの文法の用語を掘り下げるのが目的ではないので、本書は宣言を文の一種であるという立場をとります。すべての宣言を文と見なす方が説明に一貫性があると考えるからです。

- 前置、後置のインクリメント、デクリメント式（i++、++i、i--、--iなど）
- メソッド呼び出し式
- newを使ったオブジェクト生成式

次のコードの各行はセミコロンまで含めて、それぞれが式文です。

```
// 式文の例
i = 0;
i++;
System.out.println("foo");
new StringBuilder("foo"); // これだけでも式文です。通常、代入式の右オペランドにします
```

式の詳細は次節の「**12-3 Javaの演算子と式**」で説明します。

12-2-5 空文

文の特殊な1つに空文があります。セミコロンが1つだけあるとそれは空文です。

単なるコーディングミスがたまたま空文として認識される場合があります。たいていは無害ですが、意味のないコードは読み手を惑わせます。無意味な空文は避けてください。

空文を有効に活用できる場面が限定的に存在します。**リスト12.1**の3つは意味も動作も同じです。明示的な空文により、何かの書き忘れではなく何もしないコードの意図を読み手に伝えられます。

リスト12.1 空文の活用例（書き忘れではない意思表示）

```
// 空のブロック文（書き忘れと区別がつきにくい）
while (条件式) {
}

// 空文を含むブロック文
while (条件式) {
    ;
}

// 空文のみ
while (条件式)
    ;
```

12-2-6 その他の文

その他の文は**表12.3**の各章に説明を譲ります。

表12.3　その他の文

文の名前	参照先の章
return文	6章　クラス
throw文	14章　例外処理
try文	14章　例外処理
yield文	13章　Javaプログラムの実行と制御構造
synchronized文	20章　同時実行制御（整合性制御）
assert文	14章　例外処理

12-3　Javaの演算子と式

12-3-1　式の直感的理解

式の直感的な理解は計算式をイメージすると得られます。たとえば、1 + 1 は数学の世界の式です。Javaの世界でも式です。1 + 1は、加算を意味する+という演算子と演算対象の数値の1からなっています。

演算対象の数値を被演算数と呼びます。演算子と被演算数をそれぞれ英語にすると「オペレータ」と「オペランド」です。プログラミングの世界では被演算数をオペランドと英語で呼ぶことが多いようです。演算の対象が数値だけではないからです(注5)。

本書では演算子とオペランドの用語を使います。日本語と英語で対称性が悪いと感じる人は、演算子をオペレータと読み替えてください。これらの用語を使うと、式の直感的な説明は「演算子とオペランドを並べた記述」になります。

12-3-2　演算子

演算子はJavaの言語仕様で明確に定義されたものがすべてです。開発者が独自に書き足すことはできません。

表12.4がJavaのすべての演算子です。個別の演算子の意味は後ほど説明します。

(注5)　単純に「被演算数」を書きづらい、読みづらいという理由もあります。

表12.4　Javaの演算子の一覧（評価の優先順序が高い順）

expr++ expr--
++expr --expr +expr -expr ~ !
(type)
* / %
+ -
<< >> >>>
< > >= <= instanceof
== !=
&
^
|
&&
||
?:
= += -= *= /= %= >>= <<= >>>= &= ^= |=

■演算子の働き

それぞれの演算子は、オペランドの数や位置、および何をオペランドに書けるかが決まっています。たとえば加算演算子の + はオペランドの数が2つです。

オペランドの数が2つの演算子を2項演算子と呼びます。2つのオペランドの間に2項演算子を書きます。本節の最初に例示した 1 + 1 のような形式です。演算子の多くは2項演算子です。他は3項演算子が1つあり、残りが単項演算子です。

単項演算子はオペランドの数が1つです。単項演算子は、演算子とオペランドの位置関係により、前置演算子と後置演算子の2つに分類できます。前置演算子はオペランドの前に演算子を書き、後置演算子はオペランドの後に演算子を書きます。

これらの規則は、すべての演算子ごとに明確に決まっています。一部の単項演算子は、前置演算子と後置演算子の両方で定義されています（たとえば ++演算子など）。これらの演算子は、オペランドが前でも後ろでも書けるというわけではなく、前置演算子と後置演算子の両方が定義されていて、たまたま同じ記号を使っていると考えてください。

同じ記号で働きの異なる演算子があります。代表的な演算子は + です。オペランドが数値の場合は加算を意味します。オペランドが文字列の場合は文字列の結合を意味します。オペランドに数値でも文字列でも書けると考えるのではなく、2つの異なる演算に+記号を使いまわしていると考えてください。

演算子はオペランドの型を強く制約します。たとえば、* 演算子はオペランドが数値の場合に乗算を意味しますが、オペランドに文字列を書くとコンパイルエラーになります。数値と文字列の両方に使われる + 演算子が例外的で、ほとんどの演算子は許すオペランドの型を限定します。たいていの算術演算子はオペランドに数値しか許しませんし、すべての関係演算子はオペランドにブーリアン型しか許しません。

12-3-3 式の定義

Javaの式には表12.4の演算子を使う式に加えて次の式があります。

- 変数、リテラル、this参照
- オブジェクト生成式（配列生成式を含む）
- フィールドアクセス式
- 配列アクセス式
- メソッド呼び出し式
- メソッド参照式
- ラムダ式
- switch式

具体例を示します（**リスト12.2**）。説明は個々の章を参照してください。

リスト12.2 式の具体例

```
// 変数（「4章 変数とオブジェクト」）
i
// オブジェクト生成式（「6章 クラス」）
new StringBuilder()
// フィールドアクセス式（「6章 クラス」）
obj.field
// 配列アクセス式（「8章 コレクションと配列」）
array[0]
// メソッド呼び出し式（「6章 クラス」）
obj.method()
// メソッド参照式（「9章 メソッド参照とラムダ式」）
String::valueOf
```

COLUMN

いろいろな式

下記には見かけ以上に多くの式があります。

```
System.out.println("hello");
```

System.outのSystemはクラス名、outは変数名の値（参照型変数なので値は参照）を取り出す式です。間のドット文字（ . ）はフィールドアクセス式です。outとprintlnの間にあるドットとprintlnの後続の引数列はメソッド呼び出し式です。最後のセミコロン文字で全体としては式文になっています。

余談ですが、演算子の前後の空白文字は無視されるので System . out のように記述しても文法的には正しい式です。

```
// ラムダ式(「9章 メソッド参照とラムダ式」)
(x + y) -> x + y
//switch式(「13章 Javaプログラムの実行と制御構造」)
switch(i) { case 1 -> "one"; default -> "other"; }
```

■式の正確な定義

式の定義は難しく「Javaが式と決めた構文が式」という程度が限界です。あえて式を抽象的に定義すると次の2つの例外を除き「値を生み出す記述が式」です。

式の結果が値にならない例外ケースは以下のとおりです。

- **返り値がvoidのメソッド呼び出し式：式の結果は値なし**
- **代入式の左辺：式の結果は値ではなく(左辺値の)変数**

歴史的に「文を実行する(execute)」と言うのに対し「式を評価する(evaluate)」と言います。この用語を使うと「式とは評価結果が値になる構文規則(2つの例外を除く)」になります。

用語の一貫性のため、値が左辺値および空の場合も含めて評価値と呼びます。式の評価値は**表12.5**に示す3種類に分類できます。

表12.5　式の評価値

種類	説明
値	多くの式の評価値。下記との対比で右辺値とも呼びます
変数(左辺値)	値を代入する先としての変数(いわゆる代入先)
空(void)	返り値の型がvoidのメソッドの呼び出し式の評価値

12-3-4　式の評価順序

式の評価順序は重要です。式の中に式があるので評価順序を決めないと結果が変わるからです。これは加算と乗算の混じった計算式から類推可能です。加算と乗算の計算順序の違いで答えが変わる可能性があるからです。

どの演算子でも2項演算子は左のオペランドを右のオペランドより先に評価します。3項演算子は最初に1番左のオペランドを評価しますが、残りの2つのオペランドはいずれか一方しか評価しません。

異なる演算子がある時、式の中のどこから評価するかは、演算子の優先順序で決まります。演算子の優先順序については後述します。

■評価順序の説明

簡単な例から説明します。

```
// 式の例(演算子は加算の算術演算子。オペランドは数値リテラルの1)
1 + 1
```

最初にオペランドを評価します。リテラル値は評価してもそのままの数値なので、2つのオペランドの評価値は1です。なお正確にはJavaのリテラル値は実行時に何も評価しないので通常はこれらを評価値と呼びません。説明のためにここでは評価値と呼ぶことにします。

+演算子は2つのオペランドが数値であれば加算結果を返すので、上の式の評価値は2になります。自明すぎますが、以降の説明のために我慢してください。

次の例を見てください。

```
// iはint型変数とする。変数iに値1が代入されているとします
i + i
```

2つのオペランドはint型変数iです。変数の評価値は変数に代入されている値になります。正確に言えば、変数を右辺値として評価した時の話です。直感的には普段変数の値として認識しているのが右辺値だと考えて問題ありません。「**4章 変数とオブジェクト**」で説明したように、変数は基本型変数と参照型変数の2つに分類できます。どちらの場合でも変数の右辺値としての評価値は変数が保持する値です。参照型変数の場合、その値は「参照」です。

2項演算子は左のオペランドを先に評価するので、上記の式では最初に左のi、次に右のiを評価します。この場合、評価順序がどうであれ、どちらの評価値も1です。そして式全体の評価値は2になります。場合によっては、式の評価順序で変数の値が変わる場合があります。このような式を副作用のある式と呼びます。副作用のある式は、評価順序によって式全体の値が変わりえます。

■代入式の評価

代入演算子=を使う代入式の例を見ます。

```
// iはint型変数とする
i = 1
```

最初に左オペランドの変数iを左辺値として評価します。代入式は右オペランドから評価しそうに思えますが、Javaの言語規則は左オペランドからの評価です。左オペランドに副作用のある式を書かない限り、結果に差異は生じません。

変数を左辺値として評価すると、値の代入先としての場所を返します。次に右オペランドを評価します。右オペランドは右辺値として評価するのでリテラル値の1になります。

まとめると、代入式は、左辺を評価して代入先の場所を取得し、右辺を評価して得た評価値をその場所に代入する動作になります。結果は自明に見えますが内部動作はこのように読解できます。

■式の評価順序

式の評価順序の規則をまとめます。

- **&&演算子、||演算子、?:演算子の3つの演算子を除いて、演算前にすべてのオペランドを評価する**

1章 2章 3章 4章 5章 6章 7章 8章 9章 10章 11章 12章 13章 14章 15章 16章 17章 18章 19章 20章 21章 22章 23章

- オペランドは左のオペランドから評価する
- メソッドおよびコンストラクタ呼び出し式では、呼び出し前に引数を左から評価する
- 括弧内は先に評価する
- オペランドの評価中に例外が発生すると、残りのオペランドは評価しない
- メソッドおよびコンストラクタ呼び出し式の、途中の引数の評価で例外が発生すると、残りの引数は評価しない

■演算子の優先順序と結合規則

式は別の式の構成要素(オペランドなど)として使えます。こうして式は文同様、再帰的定義になります(注6)。たとえば次の式を見てください。

```
// 加算演算子を使った式が、別の加算演算子のオペランドになる
1 + 2 + 3
```

この式には+演算子が2つあります。1番目の+演算子のオペランドが1と2+3なのでしょうか。それとも、2番目の+演算子のオペランドが1+2と3なのでしょうか。正解は後者ですが、この答えを知るには、演算子の優先順序と結合規則を知る必要があります。

■演算子の優先順序

演算子の評価の順序は決まっています。表12.4の上位の演算子の評価を下位より優先します。たとえば次の式は加算より乗算を先に演算します(注7)。

```
1 + 2 * 3
```

■演算子の結合規則

同じ優先順序の演算子の間では、演算子の結合規則で演算の順序が決まります(**表12.6**)。

表12.6 演算子の結合規則

演算子	結合規則
代入演算子以外の2項演算子	左結合
代入演算子	右結合
前置単項演算子	右結合
後置単項演算子	左結合
3項演算子	右結合

演算子の多くは左結合です。たとえば+演算子は左結合です。左結合の意味は、1 + 2 + 3を(1 + 2) + 3と評価するという意味です。先頭の+演算子は、左オペランドが1で右オペランドが2です。後ろの+演算子は、左オペランドが1+2(の評価値)で右オペランドが3になります。もし

(注6) 式を含む式を作るといくらでも大きな式を作れます。しかし演算子の記号が複雑に並んだ式の可読性は決して高くありません。大きな式は一時変数を適切に使って分解するのを推奨します。

(注7) 一般的な計算式と同じように括弧で演算順序を変更できます。

+演算子が右結合であれば、先頭の+演算子の左オペランドが1で右オペランドが2+3（の評価値）になります。加算と乗算であれば結果が同一ですが、違いが生じる演算もあります。

右結合の代表は代入演算です。この意味は代入演算の節で説明します。別の右結合の例として前置単項演算子があります。たとえば、--~xは-(~x)になります。

■演算子以外の式評価の優先順序

ラムダ式とswitch式のみが表12.4の演算子より低い優先順位です。「式の具体的な定義」に列挙した残りの式は演算子より高い優先順位で評価します。

12-4 数値の演算

12-4-1 算術演算

算術演算は数値に対する演算です（**表12.7**と**表12.8**）。オペランドの型は整数型もしくは浮動小数点数型です。ほぼ直感的に動作するので説明を省略します。ゼロでの除算や小数点の扱いなどの固有の注意点は「**5章 整数とブーリアン**」と「**16章 数値**」を参照してください。

表12.7 算術演算の2項演算子

演算子	意味
+	和
-	差
*	積
/	商
%	剰余

表12.8 算術演算の単項演算子

演算子	意味
-	符号を反転
+	符号をそのまま

12-4-2 インクリメント演算とデクリメント演算

インクリメント演算とデクリメント演算の演算子を**表12.9**にまとめます。4つとも単項演算子です。オペランドは整数もしくは浮動小数点数を代入可能な変数です。

表12.9 インクリメント演算とデクリメント演算

演算子	意味
++	前置インクリメント演算子
--	前置デクリメント演算子
++	後置インクリメント演算子
--	後置デクリメント演算子

++演算子の意味はオペランドの数値に1を足すことです。--演算子の意味はオペランドの数値から1を引くことです。

前置演算子と後置演算子の違いは、評価値の違いです。前置演算子の評価値は加算や減算を行った後の値になります。後置演算子の評価値は加算や減算を行う前の値になります。具体例を**リスト12.3**と**リスト12.4**に示します。

リスト12.3　前置演算子の例

```
// nは11になる。mは11になる(++nの評価値は加算後の値)
jshell> int n = 10
jshell> int m = ++n
m ==> 11
jshell> n
n ==> 11
```

リスト12.4　後置演算子の例

```
// nは11になる。mは10になる(n++の評価値は加算前の値)
jshell> int n = 10
jshell> int m = n++
m ==> 10
jshell> n
n ==> 11
```

■前置演算子と後置演算子の違い

些細な表記の違いが動作の違いを生みます。たとえば**リスト12.5**の前置演算子を使うwhileループのまわる回数は9回です。

リスト12.5　前置演算子を使ったループ(9回まわるループ)

```
int n = 0;
while (++n < 10) {
    ループ内の文
}
```

リスト12.5の++nを後置演算子のn++に書き換えると、ループのまわる回数が10回になります。

■副作用(再代入)

オペランドの変数の状態が変わるので、インクリメント演算とデクリメント演算を使った式は副作用がある、と言います。演算時に再代入動作が発生するため、次のようにリテラル値やfinal変数に対する演算はコンパイルエラーになります。

```
8++; // コンパイルエラー

final int i = 10;
i++; // コンパイルエラー
```

インクリメント演算とデクリメント演算の評価値は、代入可能な左辺値ではなく右辺値です。このため次のコードはコンパイルエラーになります。

```
(n++)++; // コンパイルエラー(n++の評価値を左辺値として使えないため)
```

12-4-3 ビット演算

ビット演算の演算子を**表12.10**と**表12.11**にまとめます。オペランドの型は整数型です。ビット演算の具体例は「**16-4 ビット演算**」に譲ります。

表12.10 ビット演算の2項演算子

演算子	意味
&	ビット積(AND)
|	ビット和(OR)
^	排他的ビット和(XOR)
<<	左シフト
>>	右シフト(最左ビットは符号維持の値)
>>>	右シフト(最左ビットをゼロにする)

表12.11 ビット演算の単項演算子

演算子	意味
~	1の補数

12-5 文字列の演算

文字列がオペランドになる演算子は2つあります。「**3-3 文字列の結合**」の再掲になりますが、**表12.12**にまとめます。

表12.12 オペランドの型が文字列型の演算子

演算子	意味
+	文字列の結合
+=	文字列の結合と代入

演算子+は数値加算と同じ記号です。演算子+の動作はオペランドの型で決まります。

2つのオペランドの両方が数値型もしくは数値クラス(ブーリアン型を除く)の場合に限り、数値の加算式になります。どちらか片方のオペランドの型が文字列型の場合に限り文字列結合式になります。それ以外はコンパイルエラーになります。

片方のオペランドが文字列型でもう片方が非文字列型の時、非文字列型のオペランドを文字列型に型変換してから文字列結合します。

1章 2章 3章 4章 5章 6章 7章 8章 9章 10章 11章 12章 13章 14章 15章 16章 17章 18章 19章 20章 21章 22章 23章

■文字列型変換

オブジェクトはtoStringメソッドで型変換します。toStringメソッドはObjectクラスのメソッドなので、すべてのオブジェクトで呼べます(**リスト12.6**)。

リスト12.6　暗黙的にlist.toString()が呼ばれてListを文字列に型変換。その後、文字列結合

```
jshell> var list = List.of(123, 456)
jshell> String s = "abc" + list
s ==> "abc[123, 456]"
```

基本型には、文字列結合に限定した文字列型変換において、次の規則があります。

```
String s = 1 + "2";    //=> 文字列"12"になる
String s = 1.1 + "2";  //=> 文字列"1.12"になる
String s = true + "2"; //=> 文字列"true2"になる
```

null参照を文字列型変換すると"null"という文字列になります。

```
String s = "foo" + null; //=> 文字列"foonull"になる
```

オペランドが文字列と文字の場合、文字列結合の演算になります。

```
System.out.println("a" + 'b'); //=> "ab"を出力
```

文字リテラルは文字列ではなくchar型として扱われます。数値と文字リテラルの次の+演算は数値の加算演算として評価されます。

```
System.out.println('a' + 1);   //=> 98を出力(文字aのASCIIコードは97)
System.out.println('a' + 'b'); //=> 195を出力
```

12-6 関係演算と等値演算

関係演算子のオペランドの型は数値型です(**表12.13**)。評価値の型はブーリアン型です。2つのオペランドの型が異なる場合、オペランドを型変換してから評価します。

表12.13　関係演算の2項演算子

演算子	意味
>	大なり
>=	以上
<	小なり
<=	以下

等値演算子のオペランドの型は基本型もしくは参照型です(**表12.14**)。評価値の型はブーリアン型です。オペランドの型が一致していない場合、型変換をしてから評価します。

表12.14 等値演算の2項演算子（後述の「同一性と同値性」参照）

演算子	意味
==	等しい
!=	等しくない

等値演算子は2つのオペランドが同一であれば評価値が真、同一でなければ評価値が偽です。!=演算式は逆の結果です。

■複数の関係演算子

関係演算子のありがちなミスを紹介します。次のコードはコンパイルエラーになります。

```
int x = 1, y = 2, z = 3;
if (x < y < z) { // (x < y) < z と等価になりコンパイルエラー
    文
}
```

x < yの評価値がブーリアン型なので、後ろの<演算子のオペランドにブーリアン型を指定した式になります。関係演算子はオペランドにブーリアン型を許しません。このためコンパイルエラーになります。エラーを回避するには次のように書き換えます。

```
int x = 1, y = 2, z = 3;
if (x < y && y < z) { // OK
    文
}
```

12-6-1 同一性と同値性

Javaでは同一性（identity）と同値性（equivalence）の区別が重要です。この混乱が多くのバグを生みます(注8)。本書でここまで個別に説明してきましたがここで改めて整理します。

同一性も同値性も比較に関係する概念です。オブジェクト参照の比較と基本型の値の比較を分けて説明します。

■参照型の比較

参照の同一性は、2つのオブジェクト参照が同一のオブジェクトを参照している時にのみ真になる比較です。同一性の比較には等値演算子（==）を使います。比較する2つの変数の型が異なっていても、同じオブジェクトを参照していれば真になります。等値演算子の動作はJavaの言語規則で決まっています。開発者による変更はできません。

同一性と違い、同値性は開発者がその意味を決める必要があります。通常、オブジェクトの内

（注8） Java以外の多くのプログラミング言語でも同一性と同値性の混乱がバグを生みます。

容による比較になります。たとえばStringオブジェクトであれば、2つのオブジェクトの文字列の内容を比較します。文字列の内容が一致していれば真になります。Stringクラスは標準クラスなので区別は少し曖昧ですが、この動作はJavaの言語規則の決まりと言うよりStringクラスの定義です。このようにオブジェクトの同値性はそれぞれのクラスで意味を定義します。

オブジェクトの同値性の比較にはequalsメソッドを使います。Javaのすべてのオブジェクトに対してequalsメソッドの呼び出しが可能です。ただしequalsのデフォルト実装は同一性の判定です。equalsメソッドが適切な同値性比較の実装になっているかはクラス開発者次第です。

同一性が真であれば同値性は必ず真になります。逆は必ずしも成り立ちません。

■基本型の比較

基本型の値の場合、同一性と同値性に区別はありません。基本型変数に対する==演算子および!=演算子は、値が等しいかどうかを判定します。言語仕様上は同一性の判定です。同一性と同値性の区別がないので同値性の判定と呼んでも問題ありません。

==演算を同一演算と呼ぶほうが用語の使い方としては一貫性があります。しかし本書は等値演算の表記を使います。同一演算と呼ぶと演算が同一のように誤解される可能性があるためです。

12-7 論理演算

論理演算子のオペランドの型はブーリアン型です。評価値の型もブーリアン型です(**表12.15**)。

表12.15　論理演算の2項演算子

演算子	意味
&	論理積(AND)
|	論理和(OR)
^	排他的論理和(XOR)
&&	条件積(AND)。遅延評価あり
||	条件和(OR)。遅延評価あり

12-7-1 論理演算の2項演算子

論理積、論理和、排他的論理和の真理値表を示します(**表12.16～表12.18**)。

表12.16　論理積(AND)の真理値表

オペランド	オペランド	評価値
false	false	false
true	false	false
false	true	false
true	true	true

表12.17 論理和 (OR) の真理値表

オペランド	オペランド	評価値
false	false	false
true	false	true
false	true	true
true	true	true

表12.18 排他的論理和 (XOR) の真理値表

オペランド	オペランド	評価値
false	false	false
true	false	true
false	true	true
true	true	false

論理演算の直感的な説明は「論理積はオペランドの両方が真の時だけ評価値が真」、「論理和はオペランドのいずれかが真であれば評価値が真」、「排他的論理和は2つのオペランドの真偽値が一致していない時だけ真」となります。

■遅延評価

&演算子と&&演算子、|演算子と||演算子は、それぞれ論理演算の視点では同じ演算です。違いは、&&演算子と||演算子が右オペランドの評価を遅延する点です。

論理積は両方が真でなければ真になりません。式の評価順の基本規則により、左オペランドを先に評価します。仮に左オペランドの評価値が偽だとします。この時、右オペランドの評価値が真であろうと偽であろうと全体の評価値は偽です。全体の評価値を得る観点では、右オペランドの評価は無駄です。同様のことは論理和にもあります。左オペランドの評価値が真であれば、右オペランドの評価値の結果に関わらず全体の評価値は真です。

&&演算子と||演算子は、左オペランドの結果だけで全体の評価値が決まる場合、右オペランドの評価をスキップします。&&演算子と||演算子の遅延評価を**表12.19**にまとめます。

表12.19 遅延評価

演算子	遅延ルール
&&演算子	左オペランドの評価値が偽であれば、右オペランドを評価しない。この場合の式の評価値は偽
||演算子	左オペランドの評価値が真であれば、右オペランドを評価しない。この場合の式の評価値は真

&&演算子と||演算子の右オペランドに副作用のある式を書くと、遅延評価により、評価されたり評価されなかったりします。バグの元なので右オペランドに副作用のある式を書かないようにしてください(注9)。

(注9) プログラミング言語によっては、&&と||を条件分岐文の代わりに使う文化があります。A && Bの式は「Aが成り立てばBを実行」、A || Bの式は「Aが成立しなければBを実行」のように使います。JavaではBの評価値の型がブーリアン型という制約があるため、あまり使わない技法です。

&演算子と|演算子は遅延評価がないため非効率な上、コードの読み手に特別な意味があると勘ぐられるので、論理演算には使わないことを推奨します。&と|の記号の演算はビット演算のみに使うのをお勧めします。

12-7-2　否定演算子

否定演算子はオペランドの評価値の真偽を逆転させる演算子です（**表12.20**）(注10)。

表12.20　論理演算の単項演算子

演算子	意味
!	否定

!trueはfalseで!falseはtrueです。!!と2回演算すると元に戻ります。否定演算子の濫用はコードの可読性を落とすので注意してください。

12-8　その他の演算

12-8-1　代入演算

代入演算式は、2項演算子の代入演算子=を使った式です（**表12.21**）。

表12.21　代入演算の2項演算子

演算子	意味
=	代入

最初に左オペランドを左辺値として評価します。代入先の変数の値が変わるため、代入演算子を使う式は副作用のある式になります。左オペランドに書ける式は次の2つです。

- **変数（フィールドアクセス式を含む）**
- **配列要素の参照式**(注11)

代入演算式は評価値を持ちます。左オペランドに代入した値が、代入式の評価値です。たとえばi = 2の評価値は2です。

代入演算子の結合規則は右結合です。**リスト12.7**のような代入式を成立させるための特別な文法規則です。

(注10)　!と書いてnotと呼びます。
(注11)　少しトリッキーですが、配列を返すメソッドがあれば、method()[0] = "" は有効な代入式です。

リスト12.7 代入演算子が右結合である意味

```
int i, j, k;
i = j = k = 0;
は
右結合なので
i = (j = (k = 0));
と評価されて、i, j, kのすべてに0を代入する
```

代入演算子には複合代入演算子があります(**表12.22**)。i += 2はi = i + 2の省略記法です。複合代入演算子の左オペランドは1度しか評価されません。

表12.22 複合代入演算の2項演算子

演算子	意味
+=	加算結果を代入
-=	減算結果を代入
*=	乗算結果を代入
/=	除算結果を代入
%=	剰余結果を代入
<<=	左シフト結果を代入
>>=	右シフト(符号維持)結果を代入
>>>=	右シフト結果を代入
&=	ビット積(AND)結果を代入
|=	ビット和(OR)結果を代入
^=	排他的ビット和(XOR)結果を代入

12-8-2 条件演算(3項演算子)

「**13-3-3 条件演算子(3項演算子)**」を参照してください。

12-8-3 キャスト演算

キャスト演算子は型変換のための前置単項演算子です(**表12.23**)。オペランドの型はキャストで指定する型に依存します。

表12.23 キャスト演算の単項演算

演算子	意味
(型名)	オペランドの変換型

基本型のキャストについては「**16-2 型変換**」を参照してください。参照型のキャストについては次の「**12-8-4 instanceof演算**」を参照してください。

12-8-4 instanceof演算

instanceof演算子はオブジェクトの型を判定する2項演算子です。左オペランドはオブジェクト参照です。右オペランドは2種類あります。参照型の型名(クラス名やインタフェース名など)もしくはパターン(後述)です。評価値の型はブーリアン型です。具体例を**リスト12.8**に示します。

リスト12.8 instanceof演算の具体例

```
// 変数objの型はObject。参照先のオブジェクトの型はString型
jshell> Object obj = "abc"

// 右オペランドが型名。オブジェクトの型と型名が一致すると式の評価値がtrue
jshell> boolean result = obj instanceof String
result ==> true

// 右オペランドが型名。オブジェクトの基底型と型名が一致するとtrue
jshell> boolean result = obj instanceof CharSequence
result ==> true

// 右オペランドがパターン(sはパターン変数)。オブジェクトの型とパターンの型名が一致するとtrue
jshell> boolean result = obj instanceof String s
result ==> true

// 右オペランドがパターン(csはパターン変数)。オブジェクトの基底型とパターンの型名と一致するとtrue
jshell> boolean result = obj instanceof CharSequence cs
result ==> true
```

■左オペランド

左オペランドには、評価値がオブジェクト参照になる式を書きます。具体的には、参照型変数やオブジェクト参照を返すメソッド呼び出し式などです。左オペランドに基本型変数を書くとコンパイルエラーになります。左オペランドがnullの場合、評価値は常に偽になります。

■右オペランド

instanceof演算子の右オペランドは型名もしくはパターンです。型名は参照型の型名を書きます。基本型名を書くとコンパイルエラーです。

右オペランドに書いた参照型の型名と変数のペアをパターンと呼びます。パターンの直感的理解は、変数宣言です。リスト12.8で説明すると obj instanceof String s をString型の変数sの宣言と解釈します。instanceof演算子の式の評価結果が真の場合に限り、変数sの参照先が左オペランドのオブジェクトになります。リスト12.8であれば s = "abc" 相当の初期化をする変数宣言と解釈できます。パターンに記述した変数をパターン変数と呼びます。

言語仕様上は、型名を使った場合を型比較演算子、パターンを使った場合をパターンマッチ演算子と呼び分けています。同一の動作になる型比較演算とパターンマッチ演算を載せます(**リス**

ト12.9)。パターンマッチ演算を使うとキャストを使う代入式を省略できます。実用上はパターンを使えば十分なので、右オペランドにパターンの記述を推奨します。

リスト12.9　型比較演算とパターンマッチ演算の比較

```
// 変数objの型はObject。参照先のオブジェクトの型はString型
jshell> Object obj = "abc"

// 型比較演算
jshell> if (obj instanceof String) {
   ...>     String s = (String)obj; // キャストを使う代入式
   ...>     System.out.println("型は" + s.getClass());
   ...> }
型はclass java.lang.String

// パターンマッチ演算
jshell> if (obj instanceof String s) {
   ...>     System.out.println("型は" + s.getClass());
   ...> }
型はclass java.lang.String
```

■instanceof演算の動作

instanceof演算が判定するのは、左オペランドの参照先オブジェクトの型です。変数の型ではありません。左オペランドの参照を右オペランドの型の変数に代入可能な時、式の評価値が真になります。コードの形式上は、右オペランドの型名が左辺の型と一致または左辺の基底型(継承元のインタフェースや拡張継承元の基底クラス)と一致した時に評価値が真になります。なお型の一致が原理上ありえない場合はコンパイルエラーになります(**リスト12.10**)。

リスト12.10　型の一致がありえないのでコンパイルエラーになる例

```
jshell> String s = "abc"

// String型オブジェクトはStringBuilder型の変数に代入不可
jshell> boolean result = s instanceof StringBuilder sb
|  Error:
|  incompatible types: java.lang.String cannot be converted to java.lang.StringBuilder
```

■パターン変数

パターンマッチ演算のパターン変数のスコープはinstanceof演算式が真になるコード範囲です。少しわかりづらいので**リスト12.11**の具体例を見てください。

リスト12.11　パターン変数のスコープ

```
void method(Object obj) {
    if (!(obj instanceof String s)) {
```

```
        System.out.println("not match");
        return;
    }
    // ここでパターン変数sを使える
    // ただし上記のif文のreturn文がないとコンパイルエラー
    System.out.println(s);
}

// 下記コードは問題なし。パターン変数sをinstanceof演算が真の時のみ使うため
if (obj instanceof String s && !s.isEmpty()) {
    System.out.println("有効な文字列");
}

// 下記コードはコンパイルエラー
if (obj instanceof String s || s.isEmpty()) {
    System.out.println("書き換えで不正になったコード例");
}
```

パターンマッチの詳細は「**13-4 switch構文**」に譲ります。実開発ではswitch構文でパターンマッチする機会のほうが多いからです。

■ジェネリック型とinstanceof演算

ジェネリック型に対してinstanceof演算子を使用可能です(注12)。具体例をリスト12.12に示します。背景となるジェネリック型の継承関係は「**19-3-3 型引数のワイルドカード**」を参照してください。

リスト12.12　ジェネリック型とinstanceof演算子

```
// 演算対象のオブジェクト
jshell> var list = new ArrayList<String>()

// もっとも素直なコード
jshell> boolean result = list instanceof ArrayList<String> alist
result ==> true

// 型引数がなくてもtrue
jshell> boolean result = list instanceof ArrayList alist
result ==> true

// オブジェクトをList<String>型の変数に代入可能なのでtrue
jshell> boolean result = list instanceof List<String> alist
result ==> true

// 同上
```

(注12)　古いJavaではinstanceof演算の右オペランドの型引数に記述できるのは？のみでした。

```
jshell> boolean result = list instanceof List alist
result ==> true

// オブジェクトをList<? extends String>型の変数に代入可能なのでtrue
jshell> boolean result = list instanceof List<? extends String> alist
result ==> true

// ArrayList<? extends CharSequence>はArrayList<String>の上位型(「19-3-3 型引数のワイルドカード」参照)なのでtrue
// List<? extends CharSequence>でもtrue
jshell> boolean result = list instanceof ArrayList<? extends CharSequence> alist
result ==> true

// 同上。ArrayList<?>の記述も可能
jshell> boolean result = list instanceof ArrayList<? extends Object> alist
result ==> true
```

■instanceof演算の目的

instanceof演算は何の目的に使うのでしょうか。たとえば、**リスト12.13**のinstanceof演算式はコンパイルもできますし実行もできます。しかし意味はありません。なぜなら、変数objの参照するオブジェクトをObject型変数に代入できるのはコンパイル時に自明だからです。

リスト12.13 意味のないinstanceof演算(常に真なので)

```
void method(Object obj) {
    if (obj instanceof Object obj2) { // 常に真
        System.out.println(obj2 + " is Object");
    }
}
```

```
// 使用例
jshell> method("abc")
abc is Object
```

instanceof演算子は、ダウンキャストを安全に行えるかを事前チェックするために使います(**リスト12.14**)。ダウンキャストとは、基底型(上位型)から派生型(下位型)へのキャストです。

リスト12.14 意味のあるinstanceof演算の例

```
void method(Object obj) {
    if (obj instanceof String s) {
        System.out.println(s + " is String");
    } else {
        System.out.println(obj + " is not String");
    }
}
```

```
// 使用例
jshell> method("abc")
abc is String

jshell> method(new StringBuilder("abc"))
abc is not String
```

リスト12.14はメソッドの引数にStringオブジェクトが渡ってきた場合にのみif文が真になります。instanceof演算による事前チェックがないと、ダウンキャストで実行時にClassCastException実行時例外発生の可能性があります。ClassCastException例外は通常バグです。

通常、ダウンキャストは良いコードではありません。基底型の変数で参照するオブジェクトは基底型のまま扱うのが筋だからです。この考えの背景は「**11章 インタフェース**」を参照してください。

■シールインタフェースとinstanceof演算子

シールインタフェースは例外的にダウンキャスト非推奨の原則から外れます。具体例を**リスト12.15**に紹介します。

リスト12.15　シールインタフェースとinstanceof演算子

```
// シールインタフェース
sealed interface Result {
    // シールインタフェースの派生型
    record Success() implements Result {}
    record Failure() implements Result {}
}

// 使用例
jshell> Stream<Result> results = Stream.of(new Result.Success(), new Result.Success(), new Result.Failure())

// ストリーム中のResult.Success型の要素をカウント
jshell> long countSuccess = results.filter((Result result) -> result instanceof Result.Success).count()
countSuccess ==> 2
```

リスト12.15は、状態を型(Result.SuccessとResult.Failureの2つのレコードクラス)の違いで表現する実装技法を使っています。ストリーム処理のfilter処理時、Result型の変数resultがどちらの状態のレコードかを判定します。この状態判定のためにinstanceof演算子を使っています。

次章で説明するswitch構文で書き換えた例も合わせて紹介します(**リスト12.16**)。instanceof演算子より網羅性チェックのあるswtich構文の利用を推奨します。

リスト12.16　リスト12.15のswitch式での書き換え

```
long countSuccess = Stream.of(new Result.Success(), new Result.Success(), new Result.Failure()).
    filter(result -> switch (result) {
                          case Result.Success suc -> true;
                          case Result.Failure fail -> false;
                     }).count()
```

13章 Javaプログラムの実行と制御構造

Javaのソースコードの構造とプログラムがどのように実行されるかを説明します。プログラムの実行には制御構造が不可欠です。コードを読む時に制御構造を追えることは開発者にとって必須です。制御構造の1つずつは単純ですが、組み合わせるとバグを生む要因にもなります。基本の理解と同時に間違えにくい制御構造を書く技術を説明します。

13-1 Javaプログラムの実行

13-1-1 プログラムの開始

本書の読者の多くは、Javaプログラムがmainメソッドから始まることを知っているでしょう(注1)。ただし、表面に見えるほどmainメソッドは特別な存在ではありません。また、mainメソッドより前に実行されるコードも存在します。

Javaプログラムを実行するもっとも簡単な方法はjavaコマンドによる実行です。javaコマンドの引数にクラス名を渡して実行した場合を考えます。

javaコマンドで動き始めるプログラムをJVMと呼びます。JVMはクラス名からクラスファイルを探します(注2)。JVMは見つけたクラスファイルをメモリに読み込みます。この動作を「クラスのロード」と呼びます。ロードしたクラスが別クラスを使うと、JVMはその別クラスもロードします。Javaプログラムは複数クラスを使うのが普通なので、実行中も必要に応じてクラスをロードします。

クラスロード時にクラスの初期化処理を実行します。その実行後、JVMはjavaコマンドの引数に与えたクラスのmainメソッドから実行を開始します。

mainメソッドの定義は決まっています。返り値の型がvoidで、引数の型がStringの可変長引数またはStringの配列です(注3)。

```
// mainメソッドの定義(下記どちらでも可)
public static void main(String... args) // 可変長引数
public static void main(String[] args)  // 配列引数
```

(注1) プログラムの実行状態をプロセスと呼びます。同一プログラムを複数起動する場合があるので、通常プログラムとプロセスの用語を区別します。本章はプログラムの実行の用語で説明を続けます。

(注2) クラスファイルを探すファイルパスをクラスパスと呼びます。

(注3) mainメソッドの引数にはjavaコマンド実行時に渡したコマンドライン引数が渡ります。

13-1-2　プログラムの実行順序

mainメソッドから実行開始したプログラムのその後の実行順序を直感的に理解するには、次のことを知れば十分です。

- メソッド内のコードは、基本的に書かれた順に上から下に向かって実行が進む（特殊な最適化を除きます）
- メソッド呼び出し行があると、該当メソッドの先頭に実行処理が移る
- メソッドの実行が終わると、メソッド呼び出し元の次の行に実行処理が戻る
- それぞれのメソッドがソースコードのどこに書かれているかは、実行順序に関係ない
- コンストラクタなどオブジェクト生成時に呼ばれる処理の実行順序は「6章　クラス」を参照
- static初期化ブロックなどクラスロード時に呼ばれる処理の実行順序は「6章　クラス」を参照

リスト13.1を実行すると出力数字の順に実行が進みます。

リスト13.1　プログラムの実行順序の説明

```
public class Main {
    static {
        System.out.println("1");
    }

    public static void main(String... args) {
        class My {
            static {
                System.out.println("3");
            }
            My() {
                System.out.println("4");
            }
            void method() {
                System.out.println("5");
            }
        }

        System.out.println("2");
        var obj = new My();
        obj.method();
        System.out.println("6");
    }
}
```

実際に実行されるコードは、ソースコード自身ではなくJVMが解釈可能なバイトコードです。しかしソースコードを読んでいる時は、ソースコードそのものが実行されるとイメージしても支障はありません。

mainメソッドの最後の行に至るとmainメソッドが終了します。mainメソッドの実行終了は、

事実上、プログラムの実行終了を意味します(注4)。

13-1-3 スタックトレース

Javaプログラムの実行状態を任意のタイミングで止めて観察できるとします。どの瞬間で止めても、どこかのメソッドのどこかの行で止まっています。そして、その行に至るメソッドの呼び出しの連鎖はmainメソッドからつながっています。この連鎖の可視化をスタックトレースと呼びます(**図13.1**)。

図13.1 スタックトレース

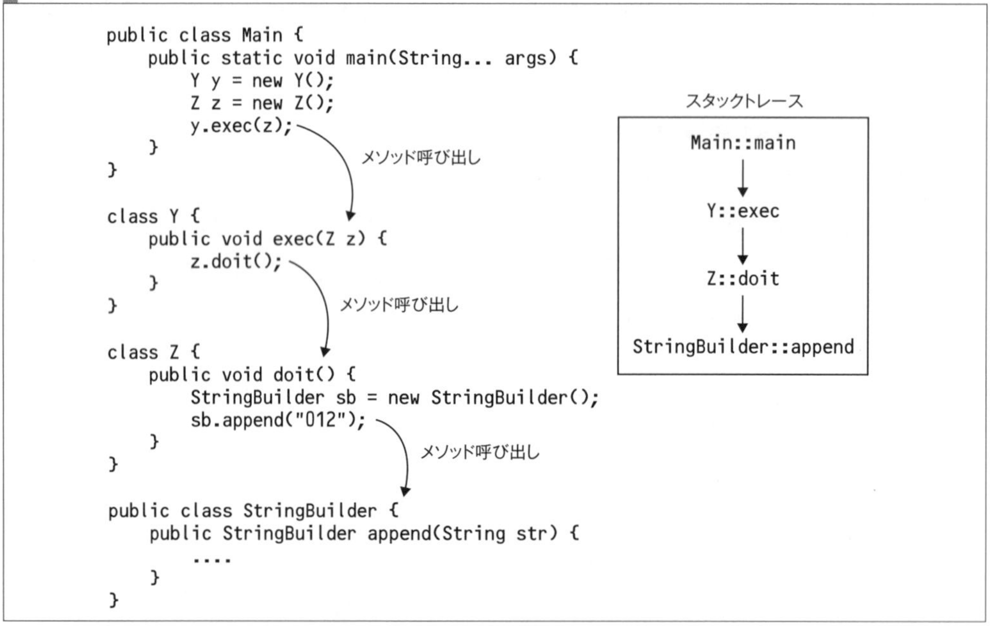
public class Main {
public static void main(String... args) {
Y y = new Y();
Z z = new Z();
y.exec(z);
}
}
メソッド呼び出し
class Y {
public void exec(Z z) {
z.doit();
}
}
メソッド呼び出し
class Z {
public void doit() {
StringBuilder sb = new StringBuilder();
sb.append("012");
}
}
メソッド呼び出し
public class StringBuilder {
public StringBuilder append(String str) {
....
}
}
スタックトレース
Main::main
Y::exec
Z::doit
StringBuilder::append

コード中でスタックトレースを取得する方法はいくつかあります。代表的な方法はThreadクラスの使用です。javaコマンドで始めたプログラムと表示は異なりますがJShellでも実行可能です。**リスト13.2**で雰囲気をつかめるでしょう。

リスト13.2 スタックトレースの表示

```
jshell> void printStackTrace() {
   ...>         StackTraceElement frames[] = Thread.currentThread().getStackTrace();
   ...>         for (StackTraceElement frame : frames) {
   ...>             System.out.println(frame.getClassName() + "#" +
```

(注4) 正確にはメインスレッドの実行終了です(「**20章 スレッド**」参照)。

```
   ...>                                  frame.getMethodName() +
   ...>                                  ":" + frame.getLineNumber());
   ...>           }
   ...>      }
jshell> void method3() {
   ...>      printStackTrace();
   ...> }
jshell> void method2() {
   ...>      method3();
   ...> }
jshell> void method1() {
   ...>      method2();
   ...> }

// スタックトレース表示
// method1、method2、method3の順でメソッド呼び出ししている様子がわかる
jshell> method1()
java.lang.Thread#getStackTrace:2450
REPL.$JShell$11#printStackTrace:6
REPL.$JShell$12#method3:6
REPL.$JShell$13#method2:6
REPL.$JShell$14#method1:6
REPL.$JShell$15#do_it$:5
省略
```

Javaのスタックトレースの表示は、現在地点が一番上に表示され呼び出し元が下に連なります。実行順序の視点で見ると下から上に向かってメソッド呼び出しが続く構造です。Javaコマンドから実行した場合のスタックトレースにはどこかにmainメソッドが存在します。

■例外とスタックトレース

スタックトレース自体は例外と独立した概念です。ただスタックトレースが例外発生の原因分析の手がかりになることが多い経験則があります。例外の基底クラスのThrowableクラスのメソッドでもスタックトレースを取得可能です（**リスト13.3**）。

リスト13.3　自作スタックトレース表示処理（Throwable使用）

```
public class PrintStackViaException {
    static void printStackTrace() {
        StackTraceElement frames[] = (new Throwable()).getStackTrace();
        for (StackTraceElement frame : frames) {
            System.out.println(frame.getClassName() + "#" +
                               frame.getMethodName() +
                               ":" + frame.getLineNumber());
        }
    }
    public static void main(String... args) {
```

```
        // 自作スタックトレース表示処理の呼び出し
        printStackTrace();
        // 下記1行でも表示可能(細かい表示制御はできません)
        (new Throwable()).printStackTrace();
    }
}
```

13-2 java.lang.Systemクラス

Systemクラスはシステムとやりとりする基本機能を提供するクラスです。文法上、特別な意味を持つわけではありませんが、コマンドラインツールなど、特にJava初学者が最初に作成するプログラムで重要な役割を担います。

Systemクラスはインスタンス化して使うクラスではありません。クラスフィールドとクラスメソッドを使います。代表例を**表13.1**と**表13.2**に示します。

表13.1 Systemクラスの代表的なクラスメソッド

メソッド定義	意味
long currentTimeMillis ()	現在時刻をミリ秒単位で取得。簡易な実行時間計測に利用可能
long nanoTime ()	現在時刻をナノ秒単位で取得
void arraycopy (Object src, int srcPos, Object dest, int destPos, int length)	配列の要素をコピー(「8-10-9 配列のコピー」参照)
String getenv (String name)	プロセスの環境変数を取得
void exit (int status)	プロセスを終了
int identityHashCode (Object x)	オブジェクトを一意に識別する内部IDを取得
Console console ()	コンソール (java.io.Console) オブジェクトを取得
String lineSeparator ()	OS依存の改行コードを取得
void gc()	ガベージコレクションの強制実行。通常使う必要はありません
Logger getLogger(String name)	標準ロガーオブジェクトの取得

表13.2 Systemクラスのクラスフィールド

フィールド定義	意味
InputStream in	標準入力
PrintStream out	標準出力
PrintStream err	標準エラー出力

13-3 条件分岐

13-3-1 if-else文

メソッド内の実行はソースコードに書かれた順に上から下に向かって実行処理が進むと説明しました。これを「逐次処理」と呼びます。

条件分岐を使うと処理の流れを変更できます。条件分岐の基本はif文もしくはif-else文です。if文とif-else文は次の構文です。

```
// if文の文法 (下記のまとまりをif節と呼びます)
if (条件式)
  文
```

```
// if-else文の文法 (if節とelse節と呼びます)
if (条件式)
  文
else
  文
```

if文はelse節を省略したif-else文と見なせます。以後、if-else文に限定して説明します。

■if-else文の動作

if-else文を実行すると、最初に条件式を評価します。たとえば条件式にメソッド呼び出し式を書いた場合、メソッド呼び出しをしてメソッドの返り値を条件式の評価値にします。

条件式の評価値の型は真偽値型でなければいけません。Javaで真偽値を表す型はboolean型もしくはBooleanクラスのいずれかです。真(true)か偽(false)のどちらかに判定可能な式だけを書けると理解してください(注5)。真偽値以外になる式を条件式に書くとコンパイルエラーになります。Booleanオブジェクトを条件式に書いた場合の注意点は「**16-3 数値クラス**」で説明します。

条件式の値が真の場合、if節の文を実行します。条件式の値が偽の場合、(あれば) else節の文を実行します。if節およびelse節には任意の文を書けます。具体例を示します。**リスト13.4**は変数iの値が0の場合"if clause"を出力し、値が0以外の場合"else clause"を出力します。

リスト13.4 if文の例

```
// int i を仮定
if (i == 0)
    System.out.println("if clause");
else
    System.out.println("else clause");
```

中括弧{ }で囲むブロック文をif節およびelse節に書けます。**リスト13.5**は変数iの値が0の場合"if1"と"if2"を出力し、値が0以外の場合"else1"と"else2"を出力します。

(注5) 他プログラミング言語には数値ゼロやnullを暗黙の型変換で偽扱いにする場合があります。Javaにこの種の動作は存在しません。

リスト13.5　if節およびelse節にブロック文を使う例

```
if (i == 0) {
    System.out.println("if1");
    System.out.println("if2");
} else {
    System.out.println("else1");
    System.out.println("else2");
}
```

■入れ子のif-else文

if-else文も文の1つなので、if-else文の節の中に別のif-else文を書けます(**リスト13.6**)。

リスト13.6　入れ子のif-else文

```
// int i, j を仮定
if (i == 0)
    if (j == 0)
        System.out.println("i==0 and j==0");
    else
        System.out.println("i==0 and j!=0");
else
    System.out.println("i!=0");
```

リスト13.6の外側のelse節がない場合を考えます。同じインデントのまま書くと**リスト13.7**のようになります。

COLUMN

他プログラミング言語のnullチェックとの比較

Java以外のプログラミング言語の経験者は、下記のようなnullチェックを書けると考えるかもしれません。

```
// コンパイルエラーになるコード
void method(String s) {
    if (s) {  // 変数sのnullチェックを意図したコード
        System.out.print(s.length());
    }
}
```

しかしこのコードはコンパイルエラーになります。Javaの条件式に書けるのはブーリアン型のみで、参照型からブーリアン型への型変換をできないからです。

リスト13.7　リスト13.6のelse節がない場合

```
// 入れ子のif-else文
if (i == 0)
    if (j == 0)
        System.out.println("i==0 and j==0");
    else
        System.out.println("i==0 and j!=0");
```

リスト13.7のコードを**リスト13.8**のようにインデントしたとします。

リスト13.8　リスト13.7と同じコードで異なるインデント

```
// 紛らわしいインデント
if (i == 0)
    if (j == 0)
        System.out.println("i==0 and j==0");
else
    System.out.println("i==0 and j!=0");
```

リスト13.8のインデントは、else節が外側のif節（条件式がi==0のif節）に対応しているように見えます。しかし、インデントの違いはコードの意味に影響を与えません。2つのコード例のどちらかは見た目のインデントと実際の動作に乖離があるはずです。答えを先に書くと、リスト13.8のコードがインデントと実際の動作に乖離があります。理由はelse節が近いif節と結びつく規則があるためです。このためelse節は内側のif節（条件式がj==0のif節）に対応します。

このようなコードは読み手を混乱させます。if節とelse節にブロック文を使用して曖昧さを回避するのが定石です（**リスト13.9**）。

リスト13.9　ブロック文で、紛らわしいインデントを回避

```
if (i == 0) {
    if (j == 0) {
        System.out.println("i==0 and j==0");
    } else {
        System.out.println("i==0 and j!=0");
    }
}
```

本書では、if節とelse節の文がたとえ1行であっても常にブロック文を使う方針とします。またこの書き方を強く推奨します。この方針に従えば、外側のif節に対応するelse節も**リスト13.10**のように書けます。慣れると括弧（{}）の対応で構造がすぐに読み取れます。

リスト13.10 ブロック文で紛らわしいインデントを避けたif-else文

```
if (i == 0) {
    if (j == 0) {
        System.out.println("i==0 and j==0");
    }
} else {
    System.out.println("i!=0");
}
```

13-3-2 if-else文のイディオム

実践的によく見るif-else文の書き方を2つ紹介します。

■連続したelse節のイディオム

else節にif-else文を書くコードを考えます。常にブロック文を使う方針で素直に書くと**リスト13.11**のようなコードになります。

リスト13.11 連続したelse節のやや冗長なコード例

```
if (i == 0) {
    System.out.println("i==0");
} else {
    if (i == 1) {
        System.out.println("i==1");
    }
}
```

こう書いても間違いではありません。しかしelse節にif-else文を書くコードには**リスト13.12**のようなイディオムがあります。この書き方はelse節にif-else文を書き連ねる場合に便利です。条件式と文の対応がきれいに並ぶからです。リスト13.12のコードでは、変数iの値が0の場合、1の場合、2の場合、と順々に条件分岐が走ります。どこかのif文の条件式が真になるとif節の文を実行して全体を抜けます。どの条件も真にならなかった場合、最後のelse節を実行します。つまり、リスト13.12で実行するSystem.out.printlnは常にただ1つです。

リスト13.12 慣れると読みやすいコード（この場合、後述するswitch構文も検討してください）

```
if (i == 0) {
    System.out.println("i==0");
} else if (i == 1) {
    System.out.println("i==1");
} else if (i == 2) {
    System.out.println("i==2");
```

```
} else {
    System.out.println("other");
}
```

■定数条件式

条件式にtrueもしくはfalseのリテラル定数を書くif-else文を紹介します（**リスト13.13**）。

リスト13.13　定数条件式

```
// 何の意味?
if (true) {
    [省略]
}
if (false) {
    [省略]
}
```

条件式にtrueを書くとif節のブロックを必ず実行します。逆にfalseを書くと絶対に実行しません。このような無意味な条件分岐に意味はあるのでしょうか。

実開発でコードの一部分をコメントアウトする時にこれらを使います。コメントを含むコード群を一時的に無効にしたい場合、条件式falseのif文で囲んで目的を達成します。Javaのコメントはネストできないからです。なおif文はいくらネストしても問題ありません。有効に戻す場合、条件式をtrueにします。一時利用のコードなので最終的には消してください。

13-3-3　条件演算子（3項演算子）

条件演算子と呼ばれる演算子があります。文法上は「**12章 文、式、演算子**」で説明する事項です。しかし条件分岐の一種なのでここで説明します。

条件演算子を慣習的に3項演算子と呼びます。Javaで被演算数（オペランド）を3つ持つ演算子は条件演算子だけだからです。条件演算子を使う式は次の形式です。

```
// 条件演算子の文法(右結合です。結合の意味は「12章 文、式、演算子」を参照)
条件式 ? 式1 : 式2
```

条件式にはif-else文の条件式と同様、評価値の型が真偽値型になる式のみを書けます。それ以外はコンパイルエラーになります。

条件式の評価値が真の場合、式1のみを評価します。条件式の評価値が偽の場合、式2のみを評価します。両方が評価されたり両方とも評価されないことは起こりえません。

条件演算子を使う式全体の評価値は、式1もしくは式2の評価値です。通常、式1と式2の評価値が同じ型になるように書きます。

■条件演算式のネスト

条件演算式をつなげてネストした式を書けます(**リスト13.14**)。

リスト13.14　条件演算子の式をネスト

```
// 変数flag1とflag2の型はbooleanを仮定
int i = flag1 ? (flag2 ? 0 : 1) : 2;
```

リスト13.14の動作を説明します。flag1が真の場合、(flag2 ? 0 : 1)の式を評価します。flag2の評価値の真偽によって、この式の評価値は0あるいは1になります。この値がそのまま式全体の評価値になります。flag1が偽の場合は、:の後ろの2が評価されて、式全体の評価値は2になります。

見やすいようにリスト13.14に括弧をつけました。括弧を外しても同じ動作ですが可読性のために括弧を推奨します。そもそもネストした式の可読性は低いため避けたほうが無難です。

■if-else文と条件演算式の比較

一部のif-else文は条件演算子を使った等価な式に書き換え可能です(**リスト13.15**)。条件演算式には、未初期化変数を回避できる利点があります。

リスト13.15　if-else文を条件演算子の式で書き換える例

```
int i; // 未初期化変数
if (flag) {  // flag変数の型はbooleanを仮定
    i = 1;
} else {
    i = 0;
}

// 上記if文を条件演算子の式で書き換えた例
int i = flag ? 1 : 0;
```

一方、リスト13.16はコンパイルエラーになります。**リスト13.16**の前者がコンパイルエラーになる理由は、条件演算子を使った式が式文ではないためです。節の中に文を書けるif-else文に比べて、条件演算子は制約が大きいと言えます。

リスト13.16　コンパイルエラーになる条件演算式

```
// 条件演算式は式文にならないのでコンパイルエラー
flag ? System.out.println("1") : System.out.println("0");

// 式にブロック文を書けないのでコンパイルエラー
int len = flag ? { (new StringBuilder("abc")).length(); }
               : (new StringBuilder("defght")).length();
```

リスト13.16を見てメソッド呼び出しを式1や式2に書けないと勘違いしないでください。**リスト13.17**は有効なコードです。条件演算子を使った式を右辺に持つ代入文だからです。

リスト13.17　有効なコード

```
int len = flag ? (new StringBuilder("abc")).length() : (new StringBuilder("defght")).length();
```

■条件演算式の型

条件演算子を使った式全体の評価値の型は、コンパイル時に決定します。次のコードはコンパイルエラーになります。最後のオペランドの"abc"をint型変数に代入できないからです。

```
// コンパイルエラー
int n = flag ? 0 : "abc";
```

変数の型にvarを使うとコンパイルエラーを回避可能です(**リスト13.18**)。変数nの型がObject型になるからです。しかしこの書き方は推奨しません。varは型が自明な場合の省略表記であり、型が不明な場合の回避表記ではないからです。

COLUMN

条件分岐の技法

実開発のコードの複雑さの多くが条件分岐に起因します。具体例を挙げるとキリがありません。システム設定、ユーザ設定、ユーザ属性(使用言語、ロールや役職、利用履歴、獲得ポイント、年齢など)、環境(日時など)、こういうものに応じてシステムの挙動を変える仕様を追加するたびに条件分岐コードが増えます。読者の開発するソフトウェアにはこれら以外にも多数の条件分岐があるでしょう。

これらが組み合わせで効いてくると、簡潔だったコードが複雑化していきます。私見ですが、システム的な複雑さ(リソース管理、スケール性、安定性など)はインフラやミドルウェアのサポートを得られやすいのに対し、ソフトウェアの柔軟性に起因する複雑さはなかなか消えません。

コードの至るところに条件分岐コードが散らばった状態は制御が困難です。**表13.A**は本書で紹介している条件分岐を整理する実装技法の例です。どれも条件分岐の複雑さそのものは消せません。複雑さを移動して整理する技法です。

表13.A　条件分岐を整理する実装技法

技法	章	説明
多態(ストラテジパターン)	11章 インタフェース	条件分岐の複雑さをオブジェクトの分割に移動
シール型とパターンマッチング	7章 データ	条件分岐の複雑さをデータ型の分割に移動
ストリーム処理のフィルタ	10章 ストリーム処理	条件分岐の複雑さをストリーム処理の内部に隠蔽
MapのputIfAbsentなど	9章 メソッド参照とラムダ式	条件分岐の複雑さを固有のメソッドに隠蔽

リスト13.18　コンパイルは通るが非推奨なコード

```
void method(boolean flag) {
    var n = flag ? 0 : "abc"; // 内部的には変数nの型がObjectになる
}
```

厳密な規則の説明は省略しますが、式1と式2の評価値の型が参照型の場合、式全体の型は2つの参照型の共通の基底型になります。次のコードは有効なコードです。

```
// 条件演算子の2つの式の型が完全一致していない例（有効なコード）
List<String> list = flag ? new ArrayList<>() : new LinkedList<>();
```

13-4 switch構文

switch文とswitch式の2つを合わせて本書はswitch構文と呼びます。switch構文はif-else文と異なる構文を持つ条件分岐です。if-else文より構文が複雑なので節を分けて説明します。

switch構文には「2種類の文法」「値比較と型比較（パターンマッチ）の2種類」の区別が存在します。「文と式の違い」も含めてすべての組み合わせが存在します。都合8種類の組み合わせです。

整理して説明するため本書は値比較と型比較switch構文を分けて説明します。

13-4-1 値比較switch文

値比較switch文の文法を下記に示します。

```
// 値比較switch文の文法（アロー形式）
switch (選択式) {
    case 定数式1, 定数式2 -> 文（ブロック文または式文またはthrow文）
    case 定数式3 -> 文
    case 定数式N -> {   // ブロック文の例
        文の並び
    }
    default -> {
        文の並び
    }
}
```

1章 2章 3章 4章 5章 6章 7章 8章 9章 10章 11章 12章 13章 14章 15章 16章 17章 18章 19章 20章 21章 22章 23章

```
// 値比較switch文の文法(グループ形式)
switch (選択式) {
    case 定数式1, 定数式2:
        文の並び(多くの場合、break文で終える)
    case 定数式3: { // ブロック文の記述も可能
        文の並び(多くの場合、break文で終える)
    }
    case 定数式N:
        文の並び(多くの場合、break文で終える)
    default:
        文の並び(多くの場合、break文で終える)
}
```

2種類の文法があります。便宜上、アロー形式、グループ形式と呼び分けます(注6)。->の記号列をアローと呼ぶからです。ラムダ式のアロー記号列と同じですが単なる記号列の使いまわしです。switch構文とラムダ式に関係はありません。

どちらの形式もcaseを複数記述できます。1つのcaseに複数の定数式をカンマ(,)で区切って記述可能です。defaultは省略可能です。defaultを記述する場合、普通は一番最後に記述します。定数式の重複caseやdefaultの重複はコンパイルエラーになります。

本書はアロー形式の使用を推奨します。アロー形式のほうが可読性と安全性が高いからです。ただし既存コードではグループ形式のほうを良く見る可能性があります。グループ形式のほうが古くから存在する文法だからです。

最初にアロー形式のswitch文の説明をします。後ほどグループ形式固有の説明をします。

■選択式と定数式

値比較switch構文の選択式の評価値の型は下記のいずれかです。それ以外の場合はコンパイルエラーになります。

- int型
- int型に自動で型変換される型(char、byte、short)
- 数値クラス(Integer、Character、Byte、Short)
- enum型
- Stringクラス

選択式に応じて、定数式に書ける式が決まります。定数式に書ける式は、選択式と比較可能な

(注6)　本書独自の用語です。

型になる式です。不正な定数式を記述するとコンパイルエラーになるので細かい規則の記憶は不要です。

定数に記述できるのは下記のとおりです。

- リテラル値
- 初期化済みのfinal変数
- 選択式がenum型の場合に限りenum定数
- 選択式がenum型もしくはStringもしくは数値クラスの場合に限りnull

Javaは多くの場合に「実質的finalな変数（再代入コードのない変数）」をfinal変数扱いしてくれます。定数式の場合、記述可能な変数はfinal修飾子を明示した変数のみです。ただ定数式は、文字どおり定数を書く場所で、リテラル値を書くほうが普通です。具体例はこの後紹介します。

■switch文の動作

switch文は最初に括弧内の選択式を評価します。その後、選択式の評価値を各caseの定数式の評価値と順々に同値比較します。

Stringの同値比較はequalsメソッドによる比較です。String以外は等値演算（==）で同値比較します。

選択式と定数式の評価値の同値比較が真の場合、そのcaseの後続の文に実行を移します。便宜上、この文をcase文と呼びます。case文の実行後にswitch文の実行を終了します。つまりswitch文に複数のcaseがあっても実行されるcase文は1つのみです。

選択式の評価値がどの定数式の評価値とも一致しなかった場合、defaultラベルの後続の文に実行を移します。便宜上、この文をdefault文と呼びます。defaultラベルがない場合、どの文も実行せずにswtich文の実行を終了します。

■switch文とnull

選択式の型がenum型、Stringクラス、数値クラスの場合、選択式の評価値がnullになりえます。nullになった場合、case nullのcase文があればそのcase文を実行します(注7)。case nullがないswitch文の場合、NullPointerException実行時例外が発生します。これはバグなので修正が必要です。一方、選択式の型が基本型の場合、switch構文にcase nullがあるとコンパイルエラーになります。

case nullがあるswitch文は網羅性担保が必要になります。選択式がenum型の場合、これは利点です。定数式の列挙漏れを検出可能だからです。switch文の網羅性に関しては後ほど説明します。

選択式の型がStringクラスもしくは数値クラスの場合、すべての値の列挙は不可能です。このためcase nullを記述した場合は網羅性担保のためにdefault記述が必須になります。defaultがな

(注7)　case nullの記載順序の考慮は不要です。どこに書いても内部的には最初にcase nullチェックをします。

いとコンパイルエラーになります。

このような場合に使えるcase null, defaultの記述があります。選択式の評価値がnullもしくはどの定数式とも同値にならない場合にcase文を実行します（**リスト13.19**）。これを記述するとswitch文は必ず網羅的になります。

リスト13.19　case null,defaultを書いたswitch文は必ず網羅的になる

```
void method(String s) {
    switch (s) {
        case "" -> {
            System.out.println("空文字列");
        }
        case null, default -> {
            System.out.println("nullもしくは非空文字列");
        }
    }
}

// 使用例
jshell> method("")
空文字列
jshell> method("abc")
nullもしくは非空文字列
jshell> method(null)
nullもしくは非空文字列
```


■enum定数とswitch文の網羅性

switch文の網羅性（exhaustive）とはswitch文に書いたcase文もしくはdefault文のどれかが必ず実行される場合を指します。

defaultを書いたswitch文は必然的に網羅的になります。しかし、ここでの網羅性はdefaultなしで網羅性チェック可能かを論点にします。選択式の記述漏れをコンパイル時に検出できるかを論点にするためです。

値比較switch文の網羅性を考える価値があるのはenum型のみです。数値やStringの値比較の網羅性チェックは不可能もしくは現実的ではないからです。2つは論点から除外します。

enum型のswitch文を普通に書くと、定数式がすべてのenum定数をカバーしていなくてもコンパイルエラーになりません（**リスト13.20**）。switch文が網羅性を強制しないからです。

リスト13.20　網羅性チェックのないenum型の値比較switch文

```
enum Status { SUCCESS, FAILURE, }
var status = Status.SUCCESS

// 下記にFAILUREのチェックはないがコンパイルエラーにならない
switch (status) {
```

```
    case SUCCESS -> {}
}
```

case nullを記述すると動作が変わります。網羅性チェックが有効になります(注8)。すべてのenum定数をcaseに記述しないとコンパイルエラーになります(**リスト13.21**)。

リスト13.21　case nullの追加で網羅性チェック有効

```
// 下記にFAILUREのチェックがないのでコンパイルエラーになる
switch (status) {
    case SUCCESS -> {}
    case null -> {}
}
|  Error:
|  the switch statement does not cover all possible input values

// すべてのenum定数を列挙するとコンパイルエラーがなくなる
switch (status) {
    case SUCCESS -> {}
    case FAILURE -> {}
    case null -> {}
}
```

enum型のswitch文ではcase nullの記述を強く推奨します。defaultを書くと網羅性チェックの意味がなくなるのでdefaultは書かないでください。

■アローの後ろのブロックの省略

case文またはdefault文の->(アロー)の後続が式文もしくはthrow文1つであれば、{}の記述を省略可能です(注9)。省略した場合、式文もしくはthrow文の最後に;(セミコロン)が必要です。具体例を**リスト13.22**に示します。

リスト13.22　caseのブロックの省略

```
void method(int i) {
    switch (i) {
        case 1, 2, 3, 4, 5 -> System.out.println("1から5");
        default -> throw new IllegalArgumentException("1から5の範囲外");
    }
}
```

本書はif文など他の文との一貫性から、ブロックの省略をしない記述を推奨します。後述するswitch式ではブロックの省略をします。

(注8)　後述するswitch式の場合はcase nullがなくても網羅性チェックが有効です。
(注9)　言語仕様上のcaseの定義は、ブロック文またはthrow文またはセミコロンを末尾に書いた式のいずれかです。{}の省略は便宜上の説明です。

■if-else文とswitch文の比較

if-else文が連続したコードは、switch文を使う等価なコードに書き換えられることがあります。switch文は同値比較の式を隠蔽するので、等価なif-else文と比べて条件式の羅列の煩雑さを減らせます。

下記の場合、等価なif-else文よりswitch文のほうが読みやすい傾向にあります。読みやすく感じるかは主観や慣れの要素が大きいため、あくまで傾向と考えてください。

- ==演算による数値の比較式が並ぶ条件分岐
- Stringのequals比較式が並ぶ条件分岐
- enum定数の同値比較を使うコード。switch文の選択式にenum型を使うと、caseの定数式のenum型名を省略可能（**「7-4-7 enum定数とswitch構文」**参照）

なお、Stringのswitch文はequals比較が並ぶif-else文より少しだけ効率的な内部コードになります。hashCode()チェックを先に行うからです。

■グループ形式のswitch文

グループ形式のswitch文の動作そのものは、アロー形式のswitch文と同じです。ただしbreak文の有無に違いがあります。

伝統的にグループ形式のswitch構文の case 定数式: の部分をcaseラベル、default:の部分をdefaultラベルと呼びます。構文規則上、これらはif-else文のように節を形成すると言うより、ジャンプ先のラベルの役割を担うからです。

caseラベルおよびdefaultラベルの後続に文を複数書けます。見た目は、caseラベルからcaseラベルの間がひとかたまりの処理に見えます。しかしcaseラベル自体は処理の区切りを意味しません。このためcaseラベルの後続の文の並びの実行後、そのまま次のcaseラベルの後続文を実行します。**リスト13.23**のswitch文は最初のcaseラベルで一致しますが、残りの後続文すべてを実行します。

リスト13.23　途中のcaseで抜けないswitch文

```
void method(int i) {
    switch (i) {
        case 0:
            System.out.println("0");
        case 1:
            System.out.println("1");
        default:
            System.out.println("default");
    }
}

// 使用例
jshell> method(0)
```

```
0
1
default
```


この実行結果は、caseラベルやdefaultラベルをジャンプ先と見なすと理解できます。caseラベルの式と一致した時、上からそのラベルにジャンプしてきて、後は下に向かって流れると考えてください。

多くの場合、リスト13.23の実行結果は期待に反します。if-else文の連続をswitch文で書き換える場合（よくあることです）、期待する動作ではないからです。期待する動作にするにはbreak文を使います。break文を書くとswitch文を強制的に抜けられます（**リスト13.24**）。break文の書き忘れはグループ形式のswitch構文の典型的なバグです。

リスト13.24　break文でswitch文を抜ける

```
void method(int i) {
    switch (i) {
        case 0:
            System.out.println("0");
            break;
        case 1:
            System.out.println("1");
            break;
        default:
            System.out.println("default");
            break; // このbreak文はなくても同じですが対称性のために記述します
    }
}

// 使用例
jshell> method(0)
0
```

新規に書くコードでグループ形式を使う理由はほとんどありません。break文書き忘れバグが存在しないアロー形式のswitch文を推奨します。

■グループ形式のswitch構文を使う例

グループ形式のswitch構文を使う数少ない理由の1つが、break文の意図した省略の活用です。たとえばリスト13.24のcase 0の後続文のbreak文を省略すると、選択式の評価値が0または1の時に実行したい共通処理を記述できます。これ自体はアロー形式でもcase 0,1と書いて実現できます。しかしグループ形式の場合はさらに1の場合のみ実行する文の記述を可能です（**リスト13.25**）。

リスト13.25 break文をあえて書かないswitch文

```
void method(int i) {
    switch (i) {
        case 0:
            System.out.println("0もしくは1の場合の共通処理");
            // fall through
        case 1:
            System.out.println("1の場合のみの共通処理");
            break;
        default:
            System.out.println("default");
            break;
    }
}

// 使用例
jshell> method(0)
0もしくは1の場合の共通処理
1の場合のみの共通処理

jshell> method(1)
1の場合のみの共通処理
```

break文をあえて書かないswitch文の場合、意図的であることを示すために、//fall through（そのまま下に）というコメントをつけるのが慣例となっています。コメントがないとbreak文書き忘れバグと区別がつかないからです。

13-4-2 値比較switch式

値比較switch式の構文を下記に示します。

```
// 値比較switch式の文法（アロー形式）
switch (選択式) {
    case 定数式1, 定数式2 -> yield文で終わるブロック文またはセミコロンで終わる式またはthrow文
    case 定数式3 -> 式; // 式とセミコロン文字の例。式文でなくても良い
    case 定数式N -> {    // ブロック文の例
        文の並び（yield文またはthrow文で終わる実行パスのみ）
    }
    default -> {
        文の並び（yield文またはthrow文で終わる実行パスのみ）
    }
}
```

```
// 値比較switch式の文法(グループ形式)
switch (選択式) {
    case 定数式1, 定数式2:
        文の並び(yield文またはthrow文で終わる実行パスのみ)
    case 定数式3: { // ブロック文の記述も可能
        文の並び(yield文またはthrow文で終わる実行パスのみ)
    }
    case 定数式N:
        文の並び(yield文またはthrow文で終わる実行パスのみ)
    default:
        文の並び(yield文またはthrow文で終わる実行パスのみ)
}
```

構文はswitch文とほぼ同じです。選択式の評価結果と定数式の同値比較をして同値の場合にcase文を実行します。どの定数式とも一致しない場合default文を実行します。この基本動作も同じです。

switch文との違いはswitch式は文字どおり式である点です。式なので評価結果を持ちます。式なので別の式の構成要素になれます。この点がswitch文との根本的な違いです。他の違いとして網羅性チェック動作の違いもあります。これは後ほど説明します。

■yield文

switch式の評価結果の返し方には2種類の記述方法があります。1つはyield文です。yield文の文法は下記です。yield文に書いた式の評価結果がswitch式の評価結果になります。

```
// yieldの文法
yield 式;
```

構文的には末尾のセミコロン文字を含めての文です。yield文の役割はメソッドの返り値を返すreturn文に似ています。

return文には返り値なしのreturn文がありますが(メソッドの返り値の型がvoid)、yield文には式の記述が必須です。

case文がブロック文の場合、yield文で結果を返すか例外を投げる必要があります。yield文もしくは例外送出をしない実行パスがあるとコンパイルエラーになります。

■yield文を使わないswitch式

アロー形式のswitch式に限り、ブロック文を使わないcase文の記法があります。1つの式とセミコロン文字または、throw文の記述です。微妙に異なる点はありますが、大まかに見れば{}を省略したswitch文に似た文法です(注10)。1つの式のみを記述した場合、その式の評価結果がswitch式の評価結果になります。

ここまでの具体例を**リスト13.26**に示します。

リスト13.26 switch式の例

```
String method(int i, boolean flag) {
    return switch (i) {
        case 0 -> "ゼロ";  // 式のみ記述
        case 1 -> {        // ブロック文の記述。yield文またはthrow文のいずれかで終える
            yield "イチ";
        }
        case 2, 3, 4, 5 -> {
            if (flag) {   // すべての実行パスにyield文またはthrow文のいずれかが必要
                yield "2から5";
            } else {
                yield "2と3と4と5";
            }
        }
        case -1 -> throw new IllegalArgumentException("マイナスイチ"); // throw文
        default -> "その他";
    };
}

// 使用例
jshell> String s = method(0, true)
s ==> "ゼロ"

jshell> String s = method(2, true)
s ==> "2から5"

jshell> String s = method(10, true)
s ==> "その他"
```

■switch式の型

switch式の評価値の型は、コンパイル時に決まります。yield文で返す値または式のみ記述した場合の式の評価値の型です。考え方は条件演算子の型と同じです。注意点などは条件演算子の型の説明を参照してください。

(注10) 微妙な違いは下記のとおりです。アロー形式のswitch式の場合、{}なしで任意の式を記述可能。アロー形式のswitch文の場合、{}なしで書けるのは式文のみ。

■switch式の網羅性

switch式は必ず網羅的にする必要があります。網羅的でないswitch式はコンパイルエラーになります。この挙動はswitch文と異なります。switch文の場合は選択式が参照型でかつcase nullを書いた時のみ網羅性必須だからです。

case nullを書かないswitch式で、選択式の評価値がnullの時、NullPointerException実行時例外が発生する動作はswitch文と同じです。このため選択式の型が参照型のswitch式は、実質的にcase nullが必須です。

swtich式を網羅的にする指針を書きます。

- **選択式がenum型であればcase nullありdefaultなしにする**
- **enum型以外の参照型であればcase nullありdefaultありにする(case null, defaultでも問題なし)**
- **基本型であればcase nullなしdefaultありにする**

この指針の原則はswitch文と同じです。

13-4-3 型比較switch文

型比較switch文の文法を下記に示します。

```
// 型比較switch文の文法(アロー形式)
switch (選択式) {
    // 型パターンの構文
    case 比較の型名 パターン変数名 -> ブロック文または式文またはthrow文
    case final 比較の型名 パターン変数名
        -> ブロック文または式文またはthrow文 // パターン変数にfinal記述も可能
    case 比較の型名 パターン変数名 when ガード節
        -> 式文  // ガード(後述)の例

    // レコードパターンの構文
    // レコードコンポーネント列パターンの詳細は本文で説明します
    case 比較のレコードクラス名(レコードコンポーネント列パターン)
        -> ブロック文または式文またはthrow文
    case final 比較のレコードクラス名(レコードコンポーネント列パターン)
        -> ブロック文または式文またはthrow文
    case 比較のレコードクラス名(レコードコンポーネント列パターン) when ガード節
        -> 式文  // ガード節(後述)の例
    default -> ブロック文または式文またはthrow文
}
```

```
// 型比較switch文の文法（グループ形式）
switch (選択式) {
    // 型パターンの構文
    case 比較の型名 パターン変数:
        文の並び（break文またはthrow文で終える）
    case final 比較の型名 パターン変数:  // パターン変数にfinal記述も可能
        文の並び（break文またはthrow文で終える）
    case 比較の型名 パターン変数: { // ブロック文の記述も可能
        文の並び（break文またはthrow文で終える）
    }
    case パターン変数 when ガード節:
        文の並び（break文またはthrow文で終える）

    // レコードパターンの構文
    case 比較のレコードクラス名(レコードコンポーネント列パターン):
        文の並び（break文またはthrow文で終える）
    case final 比較のレコードクラス名(レコードコンポーネント列パターン):
        文の並び（break文またはthrow文で終える）
    case 比較のレコードクラス名(レコードコンポーネント列パターン): { // ブロック文の記述も可能
        文の並び（break文またはthrow文で終える）
    }
    case 比較のレコードクラス名(レコードコンポーネント列パターン) when ガード節:
        文の並び（break文またはthrow文で終える）
    default:
        文の並び（多くの場合、break文で終える）
}
```

COLUMN

switch式を書ける場所

既存のswitch文にyield文を書き足すと形式的にはswitch式になります。しかしこのようにswitch式に書き換えただけではコンパイルエラーになります。switch式単体は式文ではないからです。

コンパイルエラー回避には、文法的に式を記載できる箇所にswitch式を書く必要があります。たとえばswitch式を代入文の右辺にするかメソッド呼び出しの引数にします。

if文の条件式、あるいは別のswitch文やswitch式の選択式にswitch式を書いても問題ありません。しかしあまり可読性が高くないためよく考慮してください。

値比較switch文同様、2つの文法をアロー形式とグループ形式と呼び分けます。型比較switch構文の基本的な動作は値比較switch構文と同じです。主な違いは下記です。

- **同値比較ではなく型比較（instanceof演算相当）をする**
- **選択式に評価結果が任意の参照型になる式を書ける**
- **型比較switch構文は常に網羅的になる**
- **ガード節（後述）がある**

最初にアロー形式のswitch文の説明をします。後ほどグループ形式固有の説明をします。

■選択式

型比較switch構文の選択式の評価値の型は、任意の参照型です。これは選択式の型が限定的だった値比較switch構文と異なる点です。

基本型を選択式に書いてもボクシング変換で参照型になります。このため実質的に型比較switch構文の選択式には何でも記述可能です。しかし数値型、enum型、Stringを選択式に書く実用上の意味はありません。この意味は次節の説明を読むとわかります。

■パターンマッチング

型比較switch文を実行すると、最初に括弧内の選択式を評価します。次に選択式の評価値の型を各case記載の型と比較します。便宜上、caseに記載する型を比較型と呼称します。選択式の評価値を比較型に代入可能であれば対応するcase文を実行します。ガード節がある場合の説明は後述します。

対応するcase文の実行前にパターン変数を初期化します。パターン変数の初期値は選択式の評価値です。パターン変数の型は比較型です。この動作は概念的にはパターン変数の初期値あり宣言文に相当します。型比較とパターン変数の初期化をパターンマッチングと呼びます（「**12-8-4 instanceof演算**」参照）。

具体例を示します。**リスト13.27**のmethodの引数に"abc"を渡すと、型比較switch文の最初の選択式のStringにマッチします。そしてパターン変数sを"abc"で初期化します。String s = "abc" 相当と考えてください。その後、case文を実行します。case文の中でパターン変数sを使用できます。

リスト13.27　型比較switch文の例

```
void method(Object obj) {
    switch (obj) {
        case String s -> {
            System.out.println("objの型はString。値は" + s);
        }
        case Integer i -> {
            System.out.println("objの型はInteger。値は" + i);
        }
```

```
        default -> {
            System.out.println("objの型はその他");
        }
    }
}

// 使用例
jshell> method("abc")
objの型はString。値はabc

jshell> method(123)
objの型はInteger。値は123

jshell> method(List.of(""))
objの型はその他
```

リスト13.27を等価なif文に書き換えた例が**リスト13.28**です。

リスト13.28 リスト13.27と等価なif文

```
void method(Object obj) {
    if (obj instanceof String s) {
        System.out.println("objの型はString。値は" + s);
    } else if (obj instanceof Integer i) {
        System.out.println("objの型はInteger。値は" + i);
    } else {
        System.out.println("objの型はその他");
    }
}
```

■パターン変数

パターン変数のスコープはcase文の内部です。ローカル変数やパラメータ変数と同名のパターン変数はコンパイルエラーになります。シャドーイングになるからです(「**4-7-3 変数のスコープ**」参照)。

言語仕様上、パターン変数への再代入が可能です。しかしローカル変数やパラメータ変数同様、普通は再代入をしません。本書は「普通しない」前提の下、final修飾子を記述しません。final修飾子で明示的に再代入禁止をしてもかまいません。

■型比較の実行順序

switch構文の型比較はコードに書かれた順に行われます。より先頭で広い型(基底型)に一致すると、後続にマッチする型を書いても一致はありえません。このようなコードはコンパイルエラーになります。たとえば**リスト13.29**はcase Objectの型と一致すると後続のcase Stringで一致がありえません。このためこのコードはコンパイルエラーになります。

リスト13.29　コンパイルエラーになる型比較swtich文

```
void method(Object obj) {
    switch (obj) {
        case Object o -> {
            System.out.println("objの型はObject");
        }
        // 上記のObjectと型比較で一致すると下記のStringと型比較の一致が原理上ないため
        case String s -> {
            System.out.println("objの型はString。値は" + s);
        }
    }
}
|  Error:
|  this case label is dominated by a preceding case label
```

実行順序に関わらず無意味な型比較になるcase記述はコンパイルエラーになります。原理上、型の一致がありえない具体例は「**12-8-4 instanceof演算**」の説明を参照してください。

■型比較switch構文の網羅性

型比較switch構文は網羅的にする必要があります。値比較switch構文で説明したように、多くの場合、これは利点です。条件漏れをコンパイル時に検出できるからです。

型比較switch構文を網羅的にする安易な手段は、defaultもしくはObjectクラスとの型比較です。なお前節の理屈でcase Objectとdefaultの両方の記述はコンパイルエラーになります。

後述するシール型に対するswitch構文の場合、default記述やObjectクラスとの型比較を書かないでください。網羅性チェックの効果を低減してしまうからです。

■値比較と型比較のswtich構文の混在

構文的には値比較と型比較のswtich構文の混在が可能です。しかし実用上の意味はありません。値比較switch構文の選択式に記述可能な数値、enum型、Stringクラスに関して型比較の意味がないからです。

■型比較switch文とnull

値比較switch構文同様、case nullやcase null, defaultの記述が可能です。これらの記述がない場合、switch構文の選択式の評価値がnullになるとNullPointerException実行時例外が発生します。このため型比較switch構文にcase nullの記述を勧めます。リスト13.27にcase null, defaultを追加した例を示します(**リスト13.30**)。

リスト13.30　リスト13.27にcase null, defaultを追加

```
void method(Object obj) {
    switch (obj) {
```

```
        case String s -> {
            System.out.println("objの型はString。値は" + s);
        }
        case Integer i -> {
            System.out.println("objの型はInteger。値は" + i);
        }
        case null, default -> {
            System.out.println("objはnullまたはobjの型はその他");
        }
    }
}

// 使用例
jshell> method(null)
objはnullまたはobjの型はその他
```

■ガード

caseに型パターンを記述した時、whenに続けて条件式を記載できます。パターンマッチング後の追加の条件チェックになります。whenと条件式を合わせてガード(guard)と呼びます(注11)。

ガードに書く条件式の評価値は真偽値です。条件式にはパターン変数を使用可能です(使わなくてもかまいません)。ガードの具体例を**リスト13.31**に示します。

リスト13.31　型比較switch文のガードの例

```
void method(Object obj) {
    switch (obj) {
        case String s when s.isEmpty() -> {
            System.out.println("objは空のString");
        }
        case String s -> {
            System.out.println("objの型はString。値は" + s);
        }
        case Integer i -> {
            System.out.println("objの型はInteger。値は" + i);
        }
        case null, default -> {
            System.out.println("objはnullまたはobjの型はその他");
        }
    }
}

// 使用例
jshell> method("")
```

(注11)　ガードという用語はプログラミング全般で使われる用語です。処理実行に必須条件がある時、処理を守るために書くコードです。条件が守られない時に処理を続行しないために記述します。

```
objは空のString
jshell> method("abc")
objの型はString。値はabc
```

ガードの条件式で実行時例外が発生すると処理を中断します(**リスト13.32**)。

リスト13.32　ガードの条件式で実行時例外が発生

```
void method(Object obj) {
    switch (obj) {
        case String s when s.charAt(0) == ' ' -> {
            System.out.println("objは先頭が空白の文字列");
        }
        case null, default -> {
            System.out.println("その他");
        }
    }
}

// 使用例
jshell> method("")
|  Exception java.lang.StringIndexOutOfBoundsException: Index 0 out of bounds for length 0
```

リスト13.32の場合、s.isEmpty() のガードを書いたcaseを先に書くとエラーを回避できます。caseの記載順にパターンマッチングするからです。

■型比較switch構文とシール型

構文的には型比較switch構文の選択式にStringオブジェクトなどを記述可能です。しかしこのような型比較に実用上の意味はあまりありません(注12)。

型比較switch構文は主にシール型と一緒に使います。特にシールインタフェースとレコードクラスとの組み合わせが定石です。シールインタフェースはダウンキャストして使う想定の言語機能だからです(「**11-2-6 シールインタフェース**」参照)。型比較switch構文の網羅性チェックでシールインタフェースの派生型の記述漏れを検出可能です。

定石コードは、選択式の型がシールインタフェース、比較式の型がシールインタフェースを継承したレコードクラスになります。以後、説明をこの定石コードに限定します。

■レコードパターン

caseの後続にレコードクラス名だけではなくレコードパターンを記述できます。レコードパターンの構文は、レコードクラス名に続けて括弧でレコードコンポーネント宣言相当を記述する

(注12)　instanceof演算子のダウンキャスト非推奨と同じ理屈です(「**12-8-4 instanceof演算**」参照)。

形になります。選択式の型が該当のレコードクラスと一致した時にパターン変数をレコードコンポーネント値で初期化します。

具体例を示します。**リスト13.33**の case Result.Success(String output) がレコードパターンです。case Result.Failure fail は、前項までに説明したレコードクラス名とパターン変数の記述です。

リスト13.33　レコードパターンの例

```
// シールインタフェースと派生レコードクラス
sealed interface Result {
    record Success(String output) implements Result {}
    record Failure() implements Result {}
}

// 使用例
jshell> Result result = new Result.Success("出力")

jshell> switch (result) {
   ...>     case Result.Success(String output) -> {
   ...>         System.out.println(output);
   ...>     }
   ...>     case Result.Failure fail -> {
   ...>         System.out.println("failure case");
   ...>     }
   ...>     case null -> {
   ...>         System.out.println("null case");
   ...>     }
   ...> }
出力
```

リスト13.33を読解します。変数resultの型はシールインタフェースのResultです。この参照先がResult.Successレコードです。この場合、型比較switch文の最初のcaseの比較型と一致します。case文の実行前にパターン変数outputをレコードコンポーネント値で初期化します。output = "出力" に相当する初期化です。

リスト13.33のパターン変数outputは、レコードコンポーネント名と同名です。同名でなくてもかまいません。パターン変数はswitch構文のcaseのレコードパターンが一致した範囲で使える一種のローカル変数相当だからです。レコードパターンが入れ子になるとパターン変数名は必然的にレコードコンポーネント名と別名になります。

varを使うと、レコードパターンのパターン変数の型の省略が可能です(**リスト13.34**)。本書は型を省略しません。

リスト13.34　レコードパターンのvar使用

```
switch (result) {
    case Result.Success(var output) -> {
```

```
        System.out.println(output);
    }
    case Result.Failure fail -> {
        System.out.println("failure case");
    }
    case null -> {
        System.out.println("null case");
    }
}
```

■入れ子のレコードパターン

レコードコンポーネントは入れ子で記述可能です。具体例を**リスト13.35**に示します。

リスト13.35　入れ子のレコードパターン

```
record Output(String message) {}
sealed interface Result {
    record Success(Output output1, Output output2) implements Result {}
    record Failure() implements Result {}
}

void method(Result result) {
     switch (result) {
        case Result.Success(Output(String message1), Output(String message2)) -> {
            System.out.println("message1は" + message1);
            System.out.println("message2は" + message2);
        }
        case Result.Failure fail -> {
            System.out.println("failure case");
        }
        case null -> {
            System.out.println("null case");
        }
    }
}

// 使用例
jshell> method(new Result.Success(new Output("abc"), new Output("def")))
message1はabc
message2はdef
```

■レコードパターンとガード

レコードパターンにもガードを記述可能です。具体例を**リスト13.36**に示します。

リスト13.36　レコードパターンとガードの例

```
// Resultインタフェースはリスト13.33参照
void method(Result result) {
    switch (result) {
        case Result.Success(String output) when output.isEmpty() -> {
            System.out.println("空文字列");
        }
        case Result.Success(String output) -> {
            System.out.println(output);
        }
        case Result.Failure fail -> {
            System.out.println("failure case");
        }
        case null -> {
            System.out.println("null case");
        }
    }
}

// 使用例
jshell> method(new Result.Success(""))
空文字列
jshell> method(new Result.Success("abc"))
abc
```

■ジェネリック型レコードとレコードパターン

ジェネリック型レコードのレコードパターンも記述可能です。具体例を**リスト13.37**に示します。Object型のレコードコンポーネントのレコードパターンがdefault相当の比較式になり網羅的にできます。

リスト13.37　ジェネリック型レコードとレコードパターン

```
sealed interface Result<K, V> {
    record Success<K, V>(K outputKey, V outputValue) implements Result {}
    record Failure() implements Result {}
}

void method(Result result) {
    switch (result) {
        case Result.Success(String key, String value) -> {
            System.out.println("keyは%s, valueは%s".formatted(key, value));
        }
        case Result.Success(String key, Integer value) -> {
            System.out.println("keyは%s, valueIntegerは%d".formatted(key, value));
        }
        case Result.Success(Object key, Object value) -> {
```

1章 2章 3章 4章 5章 6章 7章 8章 9章 10章 11章 12章 13章 14章 15章 16章 17章 18章 19章 20章 21章 22章 23章

```
            System.out.println("keyObjectは%s, valueObjectは%s".formatted(key, value));
        }
        case Result.Failure fail -> {
            System.out.println("failure case");
        }
        case null -> {
            System.out.println("null case");
        }
    }
}

// 使用例
jshell> method(new Result.Success<String, String>("key1", "val1"))
keyはkey1, valueはval1

jshell> method(new Result.Success<String, Integer>("key2", 123))
keyはkey2, valueIntegerは123

jshell> import java.time.LocalDateTime
jshell> method(new Result.Success<String, LocalDateTime>("key2", LocalDateTime.now()))
keyObjectはkey2, valueObjectは2024-03-20T11:43:19.790195838
```

■グループ形式の型比較switch文

グループ形式の型比較switch文の動作の原則は、グループ形式の値比較switch文と同じです。caseに型パターンまたはレコードパターンを記述できます。ガードも記述できます。型比較の動作はアロー形式のswitch文と同じです。

値比較switch文にはbreak文を意図して書かない技法がありました（リスト13.25）。型比較の場合、break文を書かずに後続のcaseに処理が進むとパターン変数のスコープ不正によりコンパイルエラーになります。このため最後のcase以外はbreak文またはthrow文で処理を終える必要があります。

この事情もあるのでグループ形式の型比較switch文を使う理由は実質的にありません。

13-4-4 型比較switch式

型比較switch式の構文を下記に示します。

```
// 型比較switch式の文法（アロー形式）
switch (選択式) {
    // 型パターンの構文
    case 比較の型名 パターン変数名
        -> yield文で終わるブロック文またはセミコロンで終わる式またはthrow文
```

```
    case final 比較の型名 パターン変数名
        -> yield文で終わるブロック文またはセミコロンで終わる式またはthrow文
    case 比較の型名 パターン変数名 when ガード節
        -> yield文で終わるブロック文またはセミコロンで終わる式またはthrow文

    // レコードパターンの構文
    case 比較のレコードクラス名(レコードコンポーネント列パターン)
        -> yield文で終わるブロック文またはセミコロンで終わる式またはthrow文
    case final 比較のレコードクラス名(レコードコンポーネント列パターン)
        -> yield文で終わるブロック文またはセミコロンで終わる式またはthrow文
    case 比較のレコードクラス名(レコードコンポーネント列パターン) when ガード節
        -> yield文で終わるブロック文またはセミコロンで終わる式またはthrow文
    default -> yield文で終わるブロック文またはセミコロンで終わる式またはthrow文
}
```

```
// 型比較switch文の文法(グループ形式)
switch (選択式) {
    // 型パターンの構文
    case 比較の型名 パターン変数:
        文の並び(yield文またはthrow文で終わる実行パスのみ)
    case final 比較の型名 パターン変数:
        文の並び(yield文またはthrow文で終わる実行パスのみ)
    case 比較の型名 パターン変数: { // ブロック文の記述も可能
        文の並び(yield文またはthrow文で終わる実行パスのみ)
    }
    case パターン変数 when ガード節:
        文の並び(yield文またはthrow文で終わる実行パスのみ)

    // レコードパターンの構文
    case 比較のレコードクラス名(レコードコンポーネント列パターン):
        文の並び(yield文またはthrow文で終わる実行パスのみ)
    case final 比較のレコードクラス名(レコードコンポーネント列パターン):
        文の並び(yield文またはthrow文で終わる実行パスのみ)
    case 比較のレコードクラス名(レコードコンポーネント列パターン): { // ブロック文の記述も可能
        文の並び(yield文またはthrow文で終わる実行パスのみ)
    }
```

```
    case 比較のレコードクラス名(レコードコンポーネント列パターン) when ガード節:
         文の並び (yield文またはthrow文で終わる実行パスのみ)
    default:
         文の並び (yield文またはthrow文で終わる実行パスのみ)
}
```

■型比較switch式の動作

式である点は値比較switch式と同じです。型比較としての動作は型比較switch文と同じです。型比較switch文同様、網羅的である必要があります。

13-5 繰り返し

条件分岐と並ぶ制御構造の基本が繰り返し処理です。ある条件が成立している間、同じ処理を繰り返します。ソースコード上､同じ箇所を何度もまわることからループ(loop)処理とも呼びます。

13-5-1 while文

while文は繰り返し処理を記述する構文の1つです。while文はwhileループとも呼びます。while文の構文を示します。

```
// while文の文法
while (条件式)
  文
```

while文を実行すると最初に条件式の評価をします。条件式の評価値の型はbooleanもしくはBooleanでなければいけません。

最初の評価値が偽(false)であれば、1度も文を実行せずにwhile文を終了します。条件式の評価値が真(true)であれば文を実行します。文の実行が終わると再び条件式の評価をします。この評価値が真であれば、再び文の実行を行います。条件式の評価値が偽になるまでこれを繰り返します。条件式の評価値が偽になってwhile文を終了することを､ループを抜ける､と表現します。

if-else文同様、文にはブロック文を書けます。本書は、常にブロック文を書くことを推奨します(**リスト13.38**)。

リスト13.38 while文とブロック文

```
// flag変数の型はbooleanを仮定

// 紛らわしいインデント。なぜなら、2番目のprintlnは実際にはwhile文の外なので
while (flag)
    System.out.println("in loop");
    System.out.println("not in loop"); // バグの元

// ブロック文にすると構造を明確にできます
while (flag) {
    System.out.println("in loop1");
    System.out.println("in loop2");
}
```

文には任意の文を書けます。if-else文もwhile文も文なので、while文の中にwhile文やif-else文を書けます(**リスト13.39**)。

リスト13.39 入れ子の文の例

```
// 入れ子のwhile文
while (flag) {
    while (flag2) {
        System.out.println("in double loop");
    }
}

// while文の中のif文
while (flag) {
    if (flag2) {
        System.out.println("in loop");
    }
}
```

■無限ループ

条件式の評価値が常に真(true)の場合、ループ内の文の実行を無限に繰り返します。このようなループを無限ループ(infinite loop)と呼びます(**リスト13.40**)。

リスト13.40 無限ループの例

```
while (true) {
    System.out.println("infinite loop");
}
```

予期せぬ無限ループは致命的なバグですが、プログラムによっては意図的な無限ループを作る場合があります。そのような場合、通常はwhile文の中にループを抜けるコードが存在します。ループの抜け方は次に説明します。

条件式の評価値が常に偽(false)の場合、条件式の評価の後、1度も文を実行せずにループを抜けます(**リスト13.41**)。

リスト13.41　1度も実行されないループ(通常、意味がありません。条件式の評価を1回行うことに注意)

```
while (false) {
    System.out.println("never come here");
}
```

■ループの抜け方

whileループを抜けるには次のいずれかが必要です。

- ループ内で条件式の評価値が偽になるようにする
- ループ内にbreak文を書く
- ループ内にreturn文を書く
- ループ内から例外を投げる

break文は後述するジャンプの節で説明します。return文は「**6章 クラス**」を参照してください。例外については「**14章 例外処理**」を参照してください。

ループ内で条件式の評価値が偽になる実例を示します(**リスト13.42**)。

リスト13.42　指定回数まわるループ

```
// 10回ループがまわるwhile文
int i = 0;
while (i < 10) {
    i++;
}

// 10回ループがまわるwhile文の別解
boolean doing = true;   // フラグ変数
int i = 0;
while (doing) {
    i++;
    if (i == 10) {
        doing = false;  // break文のほうが適切
    }
}
```

リスト13.42の後者のようにフラグ変数でループ継続を判断するコードは頻出します。しかしフラグ変数は複雑さの元です。濫用を避けてください。フラグ変数1つのwhile文は、通常break文の使用でフラグ変数をなくせます。

while文の典型的な条件式として、メソッド呼び出し式を含む判定式があります。たとえば、ファイル読み込みのreadメソッドや、正規表現のMathcerに対するfindメソッドなどです。これらのメソッドは終端を検出すると特定の返り値を返します。その値を検出するまでループを継続すれば、すべてを読み込む処理を実現できるからです。

13-5-2　do-while文

do-while文は別の繰り返し構文です。次の構文です。

```
// do-while文の文法
do
  文
while (条件式);
```

条件式と文はwhile文と同様です。説明は省略します。while文同様、本書は常にブロック文を書くことを推奨します。

while文とdo-while文の違いは、条件式の評価を先に行うか、文の実行を先に行うかだけです。

while文は条件式の評価を最初に行います。一方、do-while文は、先に文の実行を行い、次に条件式を評価します。その後は文の実行と条件式の評価を繰り返します。この繰り返し処理は条件式の評価値が偽になるまで続きます。ループがまわり始めてしまえば、条件式の評価と文の実行は交互に走るので、while文とdo-while文の違いは、最初の1回の条件式の評価の有無だけです。

説明を読んでわかるように、while文とdo-while文の違いは些細です。現場のプログラミングではdo-while文の使用は限定的です。while文のほうを多く使います。

do-while文を使うパターンは、事実上、次の2つです。条件式を工夫すればwhile文でも書けますが、do-while文のほうがすっきり書けるからです。

- **文を少なくとも1回実行しないと、条件式の評価に意味がでない場合**
- **文を少なくとも1回実行することを保証したい場合**

具体例を示します。**リスト13.43**は引数で与えた数値を右から1文字ずつ表示する処理です。入力が123の時、3、2、1の順に出力します。do-whileではなくwhile文で同じ条件式を使うと、入力が0の時に出力が空になりますが、リスト13.43は0を出力できます。

リスト13.43　do-while文を使う例

```
void printNumberFromRight(int n) {
    do {
        System.out.println(n % 10);
        n /= 10;
    } while (n > 0);
}
```

13-5-3 for文

for文はwhile文と別構文の繰り返し構文です。2種類のfor文が存在します。区別するために片方を「拡張for構文」、もう片方を普通にfor文と書きます。拡張for構文の説明は「**8-9-2 拡張for構文**」を参照してください。

for文は次の構文です。

```
// for文の文法
for (初期化式; 条件式; 更新式)
  文
```

他の制御文と同様に、文にはブロック文の記述を推奨します。

初期化式と更新式には任意の式を書けます。条件式には評価値の型がbooleanもしくはBooleanになる式を書く必要があります。3つの式のどれもが省略可能です。

for文を実行すると、最初に1回、初期化式を評価します。初期化式の記述は省略可能です。その場合、単にfor文の最初に評価する式が存在しなくなります。

初期化式には、慣習として i = 0 のような変数初期化の式を書きます。初期化式で初期化する変数をループ変数と呼びます。後ほどイディオムとして示しますが、for文の典型的なコードは、初期化式でループ変数を初期化し、更新式でループ変数を更新し、条件式でループ変数をチェックします。

初期化式でループ変数を宣言すると、そのループ変数のスコープはfor文に閉じます。**リスト13.44**に等価な2つのコードを載せます。前者のコードのほうが好ましいコードです。ループ変数のスコープが小さいからです。

リスト13.44 ループ変数のスコープ

```
// ループ変数の宣言を初期化式で行う例
// 変数iの型をvarで省略可能です。「4章　変数とオブジェクト」の方針から本書はvarを使いません
for (int i = 0; 省略; 省略) {
  省略
}
ここで変数iを参照できない(スコープ外)

// ループ変数の宣言を初期化式で行わない例
int i;
for (i = 0; 省略; 省略) {
  省略
}
ここで変数iを参照できる(スコープ内)
```

条件式の役割はwhile文やdo-while文の条件式と同じです。真を返すとループを継続し、偽を返すとループから抜けます。条件式を評価するタイミングはwhile文と同じです。つまり、for文の最初の実行時およびループがまわるたびです。

while文と異なる点は、2度目以降の条件式の評価の前に更新式の評価をする点です。またwhile文やdo-while文と異なり、for文の条件式は省略可能です。条件式を省略した場合、常に真と評価される式があると見なします。

更新式には任意の式を書けます。後述するcontinue文をforループ内に書いた場合であっても更新式を評価します。更新式の記述も省略可能です。省略した場合、単に更新式が存在しないだけになります。

■for文のイディオム

for文の主な用途は、ある値の範囲を最初から最後まで進める処理です。典型的な具体例を示します（**リスト13.45**）。

リスト13.45　for文の有名イディオム

```
for (int i = 0; i < 10; i++) {
    System.out.println(i);
}
```

リスト13.45はあまりにも有名なfor文のイディオム（決まりきったコード）です。実行すると、0から9までの10個の数字を出力します。

10の部分を任意の正の整数nにすると、n回まわるループになります。同じ動作をするコードをwhile文でも書けますが、for文の読み方に慣れると、for文のほうが可読性が高くなります。

経験ある開発者はイディオムとして見慣れているため、見ただけでループが10回まわるとわかります。しかし、見慣れていない開発者は、0から始まり10より小さいループを直感的と感じないかもしれません。一般的な数の数え方に慣れていると、1から始まり10まで続くループのほうを最初に頭に浮かべそうです。これをfor文で書くと**リスト13.46**のようになります。

リスト13.46　10回まわるループ。理由がない限りリスト13.45のイディオムを使ってください

```
for (int i = 1; i <= 10; i++) {
    System.out.println(i);
}
```

変数iの取る値が1から10であることに意味のある場合はリスト13.46のコードで問題ありません。しかし、ループ回数だけに意味がある場合、リスト13.45のイディオムのコードを勧めます。

■ストリーム処理を使うn回まわる繰り返し処理

n回まわる繰り返しにはストリーム処理を使う別のイディオムがあります（**リスト13.47**）。

リスト13.47 ストリーム処理を使うn回まわる繰り返し処理

```
// for文のイディオム相当。0から9までの数字列のストリームになる
jshell> IntStream.iterate(0, i -> i < 10, i -> i + 1).
        forEach(System.out::println)

// for文のイディオム相当。rangeの引数に0と10を渡すと、0から9までの数字列のストリームになる
jshell> IntStream.range(0, 10).forEach(System.out::println)

// rangeClosedの引数に0と10を渡すと、0から10までの数字列のストリームになる
jshell> IntStream.rangeClosed(0, 10).forEach(System.out::println)
```

■無限ループとループの抜け方

while文で無限ループを書くコードを紹介しました。for文でも無限ループを書けます（**リスト13.48**）。このコードもそれなりに有名なイディオムです。どちらを使うかは好みの問題です。while文同様、通常は無限ループを抜ける処理が必要です。ループの抜け方はwhileループと同じです。

リスト13.48 無限ループのイディオム

```
for (;;) {
    省略
}
```

■複数のループ変数

初期化式と更新式では次のように複数の式をカンマで区切って並べて書けます。

```
// 複数のループ変数の例
for (int i = 0, j = 0; i < 10 && j < 10; i++, j++) {
    省略
}
```

型の異なる変数の宣言と初期化を並べるとコンパイルエラーになります。

```
// コンパイルエラー
for (int i = 0, byte b = 0; i < 10 && b < 10; i++, b++) {
    省略
}
```

このエラーは次のように変数宣言をfor文の外に出すと回避できます。

```
// 複数のループ変数の例
int i;
```

```
byte b;
for (i = 0, b = 0; i < 10 && b < 10; i++, b++) {
    省略
}
```

■for文の利用用途

n回繰り返す処理のよくある例はn件のデータの処理です。このような場合、拡張for構文またはストリーム処理を推奨します。for文はJavaの中でも突出して複雑な構文なので、イディオムを除くと多用は禁物だからです。

数少ないfor文の利用に適したケースとして通信のリトライ処理などがあります(注13)。最大リトライ回数を定数定義して、その回数分まわるfor文にします。通信が成功した場合、ループを抜けます。

13-6 ジャンプ

13-6-1 ループ処理からの脱出

while文やfor文を途中で抜けたい場合、ループ内でループの条件式を偽にする変更をすれば実現できます(**リスト13.49**)。しかし、ループ変数をループ内で書き換えるのはバグの元です。絶対にやらないでください。

リスト13.49　ループ変数をループ内で書き換えるコード。絶対にやってはいけないコーディング

```
for (int i = 0; i < 10; i++) {
    省略
    if (ループを抜けたい条件) {
        i = 10; // ループ変数の書き換え
    }
}
```

■break文

ループを途中で抜けるためにbreak文を使えます。break文はグループ形式switch文を抜けるために使いました。ループ(whileループ、forループ、do-whileループ)から抜ける場合にも使えます(**リスト13.50**)。

リスト13.50　break文でループを抜ける

```
// break文でwhile文を抜けるコード
while (true) {
    省略
```

(注13)　構文的な利点は特にありません。N回の試行の素直なコード表現がfor文と言う程度の理由です。

```
    if (ループを抜ける条件) {
        break;
    }
}

// breakでfor文を抜けるコード
for (int i = 0; i < 10; i++) {
    省略
    if (ループを抜ける条件) {
        break;
    }
}
```

繰り返し処理の複雑な条件式はバグの温床です。複雑な条件式を書く代わりに、無限ループとbreakの組み合わせにする場合があります。特に複数の条件式がOR条件で並ぶ場合、コードの行数は増えますがループの先頭で個別条件でbreakするコードを並べるほうが見通しが良くなります。

厳密に言うとbreak文を使って書き換えたコードは元のコードと等価ではありません。break文の実行後、条件式およびfor文の更新式の評価をしないからです。

■continue文

ループ(whileループ、forループ、do-whileループ)の中にcontinue文を書くと、それ以降のループ内の文をスキップしてループの条件式(forループであれば更新式と条件式)の評価に戻ります。直感的な説明をすると、continue文はループの先頭へのジャンプです。

continue文の活用例を紹介します。**リスト13.51**はループ変数が偶数の時だけ処理をするfor文です。

リスト13.51　ループ変数が偶数の時だけ処理をするfor文

```
for (int i = 0; i < 10; i++) {
    if (i % 2 == 0) {
        処理
    }
}
```

このコードは、ループの先頭で奇数の条件判定をしてcontinueするように書き換え可能です(**リスト13.52**)。こうするとインデントを1段節約できます。多くの場合、インデントの節約は可読性の向上につながります。

リスト13.52　ループ変数が偶数の時だけ処理をするfor文(continue書き換え版)

```
for (int i = 0; i < 10; i++) {
    if (i % 2 != 0) {
```

```
        continue;
    }
    処理
}
```

ループの先頭で特殊条件をチェックしてcontinueするコードはよく使う実装技法です。

13-6-2 ラベルを使ったジャンプ

入れ子になったループからbreak文でループを抜けると、抜けるのは内部のループだけです(**リスト13.53**)。

リスト13.53 入れ子のループ内にbreak文があるコード。抜けるのは内部ループのみ

```
while (条件式) {
    while (条件式) {
        if (ループを抜ける条件) {
            break;
        }
    }
    // break文で抜けた後に実行されるコード
}
```

入れ子のループを同時に抜けるにはどうすれば良いのでしょうか。理屈上はフラグ変数を使って書けます(**リスト13.54**)。

リスト13.54 フラグを使って入れ子のループを同時に抜けるコード(非推奨)

```
boolean flagLoop = true;
while (flagLoop) {
    while (条件式) {
        if (ループを抜ける条件) {
            flagLoop = false;
            break;
        }
    }
}
```

リスト13.54は微妙なバランスで動くコードです。内側のwhile文を抜けた後、後続の処理を1回は実行してしまうからです。変更に弱いため推奨しません。代わりに、入れ子のループを同時に抜けるためにラベルとbreakを使えます。ラベルは次の構文規則を持ちます。

1章 2章 3章 4章 5章 6章 7章 8章 9章 10章 11章 12章 13章 14章 15章 16章 17章 18章 19章 20章 21章 22章 23章

```
// ラベルの文法
// ラベル文字列には任意の識別子(文字列)を書けます。
ラベル文字列: 文
```


ラベルとbreakを使って入れ子のループを同時に抜けるコードは**リスト13.55**のようになります。

リスト13.55　ラベルとbreakで入れ子のループを同時に抜けるコード

```
outer_loop:
while (true) {
    while (true) {
        if (ループを抜ける条件) {
            break outer_loop;
        }
    }
}
```


リスト13.55のコードの読み方は次のようになります。外側のwhile文にouter_loopというラベルをつけます。while文が内部のブロック文を含めて1つの文であることを思い出してください。break outer_loop文は、outer_loopラベルのついたwhile文を抜ける意味になります。これで入れ子のループから一気に抜けられます。

continue文にもラベルを使えます。ラベルのついたループ文の条件式の評価(for文の場合は更新式と条件式)にジャンプします。

Part 3

Java言語発展

Javaプログラムの発展的な内容の説明をします。現場のプログラミングでいつか必要となる知識を紹介します。

14章 例外処理

実開発ではエラー処理が必須です。エラー処理に使う例外の概念、使い方、注意点を説明します。正しく例外を理解して、使うべき例外と使うべきでない例外を理解してください。本章の最後に例外設計の指針を説明します。

14-1 エラーと例外

14-1-1 エラーとは

ソフトウェアのエラーは様々な要因で発生します(注1)。しかしエラーの一般化した定義は簡単ではありません。異常動作をエラーと定義しても異常の定義が不明瞭です。定義のためにおそらく同義反復が必要になります。このため本書はある部分では「開発者の解釈でエラーが決まる」と割り切ります。

14-1-2 返り値を使うエラー処理

エラー値を定義してメソッドの返り値として返す手法があります。古典的な手法ですが今でも現役です。たとえば検証処理(バリデーション処理)と呼ばれる処理があります。利用者や別システムなど外部から受け取った値の妥当性を調べる処理です。実装方法は自由ですが、メソッドの返り値でエラー値を返す実装は一般的です。

エラー値の使用には、正常な返り値とエラー値の混在に問題が生じる時があります。nullをエラー値に使うのはよくある実装ですが、この場合、nullを正常値の1つとして使えなくなります。

この問題の解決のため、下記2つの型を返り値に使う実装技法があります。

- **多値の型**
- **シール型**

多値は主に正常出力とエラー出力の2つを同時にメソッドから返す技法です。Javaでは多値を表現する独自の型(クラスやレコードクラス)を作るのが通例です。

メソッドの返り値の型をシール型にすると、事前定義した型のいずれか1つを返せます。型判定switch構文でエラー処理する技法と組み合わせると、エラー処理時の判定漏れを防止できる

(注1)　コンパイルエラーは本章のエラーの扱いから除外します。検出が容易だからです。

利点があります。

14-1-3　例外によるエラー処理

Javaの例外の考え方はエラーハンドラ手法の延長線上にあります（コラム参照）。エラーハンドラはプログラミングの技法の1つなのに対し、Javaの例外は言語機能です。詳細は後述しますが、try文の中に例外が起きうる処理を書き、エラーハンドラ相当のエラー対応処理をcatch節の中に書きます。

例外の概念を**図14.1**に示します。呼ばれる側のメソッドは、処理の内部で異常を検出すると例外を投げます(注2)。メソッドを呼んだ側は、例外を捕捉して異常事態に対応します。呼ばれる側は、異常時に例外を投げる取り決めを守ります。呼ぶ側は、投げられた例外を捕捉して必要な対処を行う取り決めを守ります。この取り決めを言語機能として提供するのが例外です。

図14.1　例外の概念

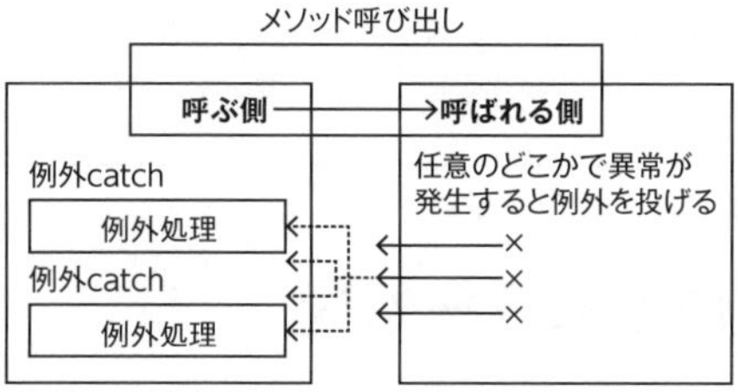

■例外の特徴

異常の発生を「例外」で扱う特徴を列挙します。詳細は後ほど個別に説明します。

● エラー返り値に対する利点

- エラー返り値は無視できるが、例外は無視できないようにできる
- メソッドの呼び出しスタックを一気に抜けたエラー処理をできる
- エラー返り値を使う場合に比べ、異常時の対応コードを分離できる

● 構文サポートがある利点

- 例外を宣言的に記述できる
- 例外をメソッドの契約として宣言できる

(注2)　例外を投げる表現に違和感を感じる人がいるかもしれません。Javaの設計者は、例外事象をオブジェクトに詰めて投げる（throw）抽象化をしました。投げられた例外は捕捉（catch）されます。例外を投げることを「例外送出」と呼びます。

■例外クラスの特徴

Javaの例外はクラスとして定義された例外型になっています。

例外をクラスにする利点は、必要に応じて派生型で異常事態を細分化可能な点です。最初は起こりうる異常全般のように大きな形で基底クラスを定義します。現実に起こりうる異常のすべてを事前に想像するのは不可能だからです。起こりうる異常の詳細がわかるにつれ例外を派生クラスで細分化します。この細分化作業をクラスの拡張継承で実施します。この時のコード修正を局所化できるのが利点です。具体例は本章を通じて説明します。

14-1-4 検査例外の具体例

Javaプログラミングで最初に遭遇する例外の1つは**リスト14.1**のようなコンパイルエラーでしょう。

リスト14.1 Javaを始めた人が最初に遭遇する例外

```
import java.io.*;
public class Main {
    public static void main(String... args) {
        int c;
```

COLUMN

エラーハンドラを使うエラー処理

事前にエラーハンドラを登録しておき、メソッド内でエラーが発生するとエラーハンドラを呼ぶ実装技法です。エラーハンドラに構文的なサポートはありません。実装例を下記に示します。

```
void method(boolean arg, Runnable onError) {
    if (arg) { // 正常処理を模倣
        System.out.println("success case");
    } else { // エラー発生を模倣
        onError.run(); // エラーハンドラ呼び出し
    }
}
```

methodの呼び出しコード例を示します。第2引数の実引数にエラーハンドラ処理を渡します。

```
// エラー発生を模倣
jshell> method(false, () -> {
   ...>     System.out.println("failure case");
   ...> })
failure case
```

エラーハンドラを分離したことで、エラー処理を正常なメソッド呼び出しの外部にくくり出せます。

```
        while ((c = System.in.read()) != -1) {
            System.out.write(c);
        }
    }
}
```

```
// 上記コードのコンパイルエラー
$ javac Main.java
Main.java:5: error: unreported exception IOException; must be caught or declared to be thrown
        while ((c = System.in.read()) != -1) {
                                  ^
1 error
```

リスト14.1のコンパイルエラーを消す回避方法の例は**リスト14.2**です。

リスト14.2　リスト14.1のコンパイルエラーの安易な回避策

```
public class Main {
    public static void main(String... args) {
        try { // 例外が起こりうる処理をtryで囲む
            int c;
            while ((c = System.in.read()) != -1) {
                System.out.write(c);
            }
        } catch (IOException e) { // 例外を捕捉して対応処理を書く
            e.printStackTrace();  // 例外を無視する場合の定石コード
        }
    }
}
```

■検査例外の暫定理解

リスト14.1で使っているreadはInputStreamクラスのreadメソッドです。

```
// InputStreamクラスのreadメソッドの定義
public abstract int read() throws IOException;
```

例外に関連する構文はthrows IOExceptionの部分です。メソッドのthrows節と呼びます。readメソッドがIOException例外を投げうる宣言と理解してください。throws節での明示が必須の例外を検査例外(checked exception)と言います。検査例外を投げると宣言しているメソッドを呼び出す場合、呼び出し側コードにcatchを記載するなどのなんらかの例外対応が必要です。

前節の説明に当てはめると、メソッド側と呼び出し側の間で、検査例外という形で異常事態への取り決めをしていることに相当します。readメソッド内部で異常事態が発生すると、メソッドは実行を中断して例外オブジェクトを投げます。例外オブジェクトがcatch節のパラメータ変数に代入可能な場合、catch節の中に実行が飛び、異常事態への対応をします。

14-1-5　実行時例外の具体例

Javaプログラミングで遭遇しやすい別の例外に**リスト14.3**のような例外もあります。

リスト14.3　実行時例外の例

```
public class Main {
    public static void main(String... args) {
        String s = "012";
        System.out.println("start"); // 出力される
        System.out.println(s.charAt(3)); // 文字列長を超えたアクセス
        System.out.println("end");   // 出力されない
    }
}
```

リスト14.3のコードを実行すると例外が発生します。

```
// コンパイルエラーは発生しない
$ javac Main.java
// 実行時に例外発生
$ java Main
start
Exception in thread "main" java.lang.StringIndexOutOfBoundsException: Index 3 out of bounds for length 3
        at java.base/jdk.internal.util.Preconditions$1.apply(Preconditions.java:55)
        [途中の出力を省略します]
        at java.base/java.lang.String.charAt(String.java:1555)
        at Main.main(Main.java:5)
```

この例外はIOExceptionとは挙動が異なります。コンパイルエラーは起きません。実行時にendの文字列出力がないので、mainメソッドの途中で実行を中断しているのは想像できます。

Stringクラスのcharatメソッドの実装は次のようになっています。

```
// StringクラスのcharAtメソッドの実装
public char charAt(int index) {
    本体は省略
}
```

charAtメソッドにthrows節はありません。throws不要で投げられる例外を非検査例外(unchecked exception)または実行時例外(run-time exception)と呼びます。本書は実行時例外の用語で統一します。

実行時例外はcatch節で無理矢理に抑制できます(**リスト14.4**)。しかし抑制ではなくs.charAt(3)のコード自体を修正してください。

リスト14.4　間違った例外の抑制方法

```
public class Main {
    public static void main(String... args) {
        String s = "012";
        System.out.println("start"); // 出力される
        try {
            System.out.println(s.charAt(3));
        } catch (StringIndexOutOfBoundsException e) { } // catchして無視。例外を握りつぶすと表現します
        System.out.println("end");   // 出力される
    }
}
```

■実行時例外の暫定理解

実行時例外はいわばJava実行環境と開発者の間の取り決めです(**図14.2**)。実行環境が動作継続を保証できない場合、意図して動作を中断するために使うのが実行時例外という見方もできます。

図14.2　実行時例外

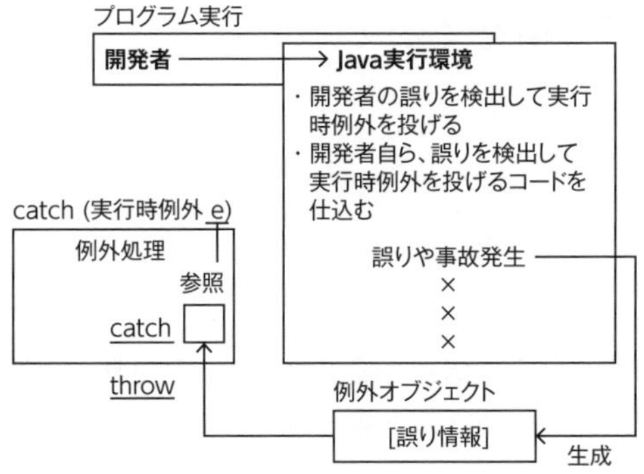

14-2 例外の捕捉

14-2-1　例外の対応コード

例外が発生しうる処理を呼ぶ場合のコードの書き方を説明します。例外発生の可能性があるメソッドを呼ぶ場合、呼ぶ側に必要な対応は次のいずれかです。

- try文またはtry-with-resources文のcatch節で例外を捕捉
- 例外をそのまま伝播。メソッドの呼び出し元または外側のtry文へ伝播

例外を捕捉しないと、例外はメソッド呼び出しスタックの上位（メソッド呼び出し元）に伝播していきます。最後まで捕捉されない例外は実行スレッドを終了させます。スレッド停止は多くの場合、望む結果ではありません。このため、どこかで例外を捕捉するか、コードを修正して例外の発生を抑制するかのいずれかの対応が必要になります。

14-2-2 try文

例外を捕捉する構文が2つあります。try文とtry-with-resources文です。try-with-resources文は次節で説明します。

try文は次の構文です。

```
try {
    文(正常系の処理)
} catch ([final] 例外型 | 例外型 変数) {
    文(例外発生時の処理)
} catch ([final] 例外型 | 例外型 変数) {
    文(例外発生時の処理)
} finally {
    文(後始末処理)
}
```

try、catch、finallyは予約語です。例外を捕捉するコードで覚える予約語はこの3つのみです。

try文には、try節、catch節、finally節を書きます。try節は1つのみ書け、かつ必須です。catch節は0個以上任意の数を書けます。finally節は0個もしくは1つです。catch節とfinally節のいずれかは必要です。

try節の中には通常のコードを書きます。例外の起こりうるコードを書くのが言語的な意味です。例外が発生しないコードを書いても無害です。

catch節の括弧内に、捕捉する例外型と変数を指定します。この変数をcatch節のパラメータ変数と呼びます。|（縦棒）でつなげて複数の例外型を列挙可能です。

実行時、try節の中（try節内のコードから他のメソッドを呼び出した場合も含みます）のコードで例外が発生するとtry節内の実行を中断します。例外発生時には例外オブジェクトが生成されます。そして例外オブジェクトの型に応じて適切なcatch節に実行を移します。複数のcatch節があっても実行が移るcatch節はただ1つ、あるいはどのcatch節にも移らない、という動作になります。

finally節はtry文全体の最後に実行します。finally節は例外発生の有無に関わらず必ず実行します。finally節については後ほど改めて説明します。

■catch節

try節内で例外が起きると、生成された例外オブジェクトの型に応じてジャンプするcatch節が決まります。try文で上から書かれた順に代入可能な型のパラメータ変数を持つcatch節を探し、最初に見つかったcatch節にジャンプします。この時、catch節のパラメータ変数が例外オブジェクトを参照します。

パラメータ変数はcatch節の中だけで有効なスコープを持ちます。それぞれのcatch節は独立しているので、同じ変数名を使いまわしても問題ありません。Exceptionを示すeやexの変数名をよく使います。例外発生時の実行フローを示す疑似コードを**リスト14.5**に示します。

リスト14.5　例外発生時の実行フローの疑似コード

```
try {
    正常処理
    if (エラー発生条件) {
        throw new IOException(); // ①例外発生  =>  ②try節の処理を中断
    }
    ①の例外発生時は実行されない処理
} catch (ClassNotFoundException | ArithmeticException e) { <== ③チェック(不一致)
    ①の例外発生時は実行されない例外処理
} catch (IOException e) {  <== ④チェック ⑤代入可能な型を発見
    例外処理                    // ⑥ここへジャンプ
}
```

リスト14.5では、例外発生を模倣するためにIOException例外オブジェクトをthrow文で送出しています。throw文の意味は後ほど「14-4 例外の送出」で説明します。いったんは例外発生命令と読み替えてもらって問題ありません。

最初のcatch節のClassNotFoundException型もしくはArithmeticException型の変数に、IOExceptionオブジェクトを代入可能ではありません。このため、このcatch節には入りません。次のcatch節の引数には代入可能です。このcatch節に実行を移します。catch節の引数eがIOExceptionオブジェクトを参照します。

■catch節の引数型

ClassNotFoundExceptionやIOExceptionは例外クラスです。例外クラスは継承関係を持ちます(詳しくは後述します)。「**4-5 変数と型**」で説明したように、基底クラス型の変数に派生型オブジェクトの参照を代入できます。IOExceptionクラスの基底クラスはExceptionクラスなので、リスト14.5のIOExceptionをExceptionに書き換えても同じ動作をします(**リスト14.6**)。

リスト14.6　リスト14.5のIOExceptionをExceptionに書き換え

```
try {
    正常処理
```

```
    if (エラー発生条件) {
        throw new IOException(); // ①例外発生  =>  ②try節の処理を中断
    }
    ①の例外発生時は実行されない処理
} catch (ClassNotFoundException | ArithmeticException e) { <== ③チェック(不一致)
    ①の例外発生時は実行されない例外処理
} catch (Exception e) {    <== ④チェック ⑤代入可能な型を発見
    例外処理                    // ⑥ここへジャンプ
}
```

リスト14.6で発生する例外が、IOExceptionではなくClassNotFoundExceptionだとします。この場合、理屈上、両方のcatch節の引数に例外オブジェクトを代入可能です。しかし、実際にジャンプするcatch節は最初のほうのみです。catch節の記述順で決まるからです。

リスト14.6の2つのcatch節の順序を入れ替えるとコンパイルエラーになります。2番目のcatch節に入りうる例外型は必ず1番目のcatch節にひっかかり、2番目のcatch節が絶対に使われないからです。絶対に使われないコードの記述はプログラミングの誤りなので、Javaはコンパイルエラーにします。

同様の理屈で、catch節の引数に複数の例外型を記述する場合、これらの型の間に継承関係があるとコンパイルエラーになります(**リスト14.7**)。

リスト14.7　縦棒で列挙する例外型の間に継承関係があるとコンパイルエラーになる

```
try {
    正常処理
} catch (ClassNotFoundException | Exception e) { // ExceptionはClassNotFoundExceptionの継承元
    例外処理
}
```

■finally節

finally節はtry文を抜ける時に必ず実行されます。try節を正常に終了しようと、例外が発生してtry節の実行を中断しようと、finally節を実行します。catch節にジャンプした場合はcatch節の実行後にfinally節を実行します。

メソッド呼び出しの先で例外が発生すると、途中のメソッド実行を中断してcatch節まで飛んできます。このとき、メソッド呼び出しスタック上のfinally節だけは戻ってくる途中で必ず実行します(**図14.3**)。

図14.3　finally節の動作

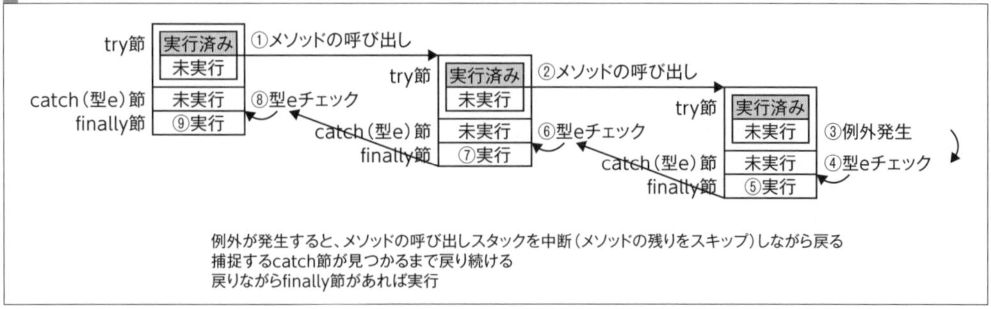

finally節を実行せずにtry文を抜ける手段はありません。**リスト14.8**のようにcontinue文でtry文を抜けた場合であっても、finally節を実行します。break文やreturn文でtry文を抜けた場合も同様です。

リスト14.8　finally節は必ず実行される

```
public class Main {
    public static void main(String... args) {
        for (int i = 0; i < 2; i++) {
            try {
                continue;
            } finally {
                System.out.println("finally");
            }
        }
    }
}
```

```
// 実行結果
$ java Main.java
finally
finally
```

■try文のネスト

try文はネスト可能です。**リスト14.9**では内側のtry文に例外を捕捉できるcatch節がないため、外側のtry文のcatch節に入ります。finally節は両方のtry文で実行します。リスト14.9の実行順序はコメントの番号を参照してください。

リスト14.9　try文のネストの例

```
import java.io.*;
public class Main {
    public static void main(String... args) {
        try {       // 外側のtry文
```

```
            try {  // 内側のtry文
                throw new IOException(); //①例外発生
            } catch (NullPointerException e) {
                System.out.println("NullPointerException catched");
            } finally {
                System.out.println("finally1"); //②
            }
        } catch (IOException e) {
            System.out.println("IOException catched"); //③
        } finally {
            System.out.println("finally2"); //④
        }
    }
}
```

```
// 実行結果
$ java Main.java
finally1
IOException catched
finally2
```

一方、**リスト14.10**はコンパイルエラーになります。内側のtry文のcatch節で捕捉した例外が外側のtry文に伝播しないため、外側のcatch節を決して実行しないためです。

リスト14.10　外側のtry文に例外が伝播しないのでコンパイルエラーになる

```
import java.io.*;
public class Main {
    public static void main(String... args) {
        try {       // 外側のtry文
            try {   // 内側のtry文
                throw new IOException(); //①例外発生
            } catch (IOException e) {
                System.out.println("IOException catched");
//                throw e;  // この行を有効にするとコンパイルが通る
            } finally {
                System.out.println("finally1");
            }
        } catch (IOException e) { // このcatch節が決して使われないのでコンパイルエラー
            System.out.println("IOException catched");
        } finally {
            System.out.println("finally2");
        }
    }
}
```

リスト14.10のthrow eの行を有効にするとコンパイルがとおります。内側のcatch節から例外オブジェクトを投げるので、外側のtry文に例外が伝播するからです。内側のfinally節から例外を投げても動作しますが、多くの場合、finally節での例外送出はバグの元です。

■return文とfinally節

try文をreturn文で抜ける場合に1つ注意があります。finally節の中に別のreturn文があると、finally節のreturn文がメソッドの返り値として有効になります。finally節の中にreturn文がなければ、try節の中のreturn文の返り値が有効です。同じように、catch節の中からreturn文で値を返す場合も、finally節にreturn文があると上書きされます。

finally節内のreturn文は見つけにくいバグになります。このため、原則、finally節の中のreturn文は禁止するほうが無難です。

14-3 try-with-resources文

次の構文をtry-with-resources文と呼びます。

```
try (リソース; リソース; ...) {
    文(正常系の処理)
} catch ([final] 例外型 | 例外型 変数) {
    文(例外発生時の処理)
} catch ([final] 例外型 | 例外型 変数) {
    文(例外発生時の処理)
} finally {
    文(後始末処理)
}
```

try-with-resources文の基本的な動作はtry文と同じです。try節内で例外が発生すると実行を中断してcatch節に実行が移ります。finally節がある場合、try-with-resources文全体の最後に必ず実行します。

try文とtry-with-resources文には構文の違いが2つあります。1つ目の違いはtry節の括弧内にリソースを書ける点です。リソースには変数または変数宣言を記述します。構文の2つ目の違いはcatch節とfinally節の両方を省略可能な点です。

try-with-resources文を使うとリソースリークと呼ばれる典型的な問題を防止できます。

14-3-1 リソースオブジェクトとリソースリーク

オブジェクトのライフサイクルを簡略化すると、生成、使用、破棄の3ステップに分解できます。通常、破棄はガベージコレクションの仕組みで自動的に行われます。しかし、破棄の前に明示的な終了処理を必要とするオブジェクトも存在します。主にプログラムの外部の資源(リソース)を抽象化したオブジェクトが該当します。具体的にはファイルやネットワークやデータベースなどです。

伝統的に、明示的な終了処理をクローズ処理と呼びます。対応する開始処理はオープン処理です。オブジェクトの利用開始時にopenメソッド、利用終了時にcloseメソッドを呼びます。openメソッドがなくオブジェクト生成が開始処理を兼ねる場合もあります。

明示的なクローズ処理を必要とするオブジェクトをリソースオブジェクトと呼びます。リソースオブジェクトへの参照を持つ変数をリソース変数と記述します(注3)。

リソースオブジェクトのクローズ処理の呼び忘れをリソースリークと呼びます。リソースオブジェクトを扱うプログラムの典型的なバグです。リソースリークが続くと、新規リソースの生成ができなくなったりメモリ不足でプログラム実行の継続ができなくなります。

■AutoCloseableインタフェース

リソースオブジェクトはAutoCloseableインタフェースを継承します(**リスト14.11**)。

リスト14.11　AutoCloseable.javaから抜粋

```
public interface AutoCloseable {
    void close() throws Exception;
}
```

AutoCloseableインタフェースはcloseメソッドを持ちます。try-with-resources文のtry節の括弧内にリソース変数を書くと、try節を抜ける時に参照先リソースオブジェクトのcloseメソッドを自動で呼びます。closeメソッド呼び出しは、catch節やfinally節の実行前です。この自動実行によりリソースリークを防止できます。

14-3-2　try-with-resources文の使い方

try-with-resources文の使い方を**リスト14.12**に示します。try直後の括弧内でリソース変数の宣言と初期化をします。リソース変数を複数記述する場合は;(セミコロン)文字で区切ります。リソース変数のスコープはtry節内に限定されます。catch節とfinally節からリソース変数は使えません。

リソース変数への再代入は禁止です(実質的final変数)。再代入のコードがあるとコンパイルエラーになります。

(注3)　「リソース変数」は本書独自の用語です。

リスト14.12　try-with-resources文の典型的な構造

```
// AutoCloseableインタフェースを継承するリソースクラス
class MyResource implements AutoCloseable {
    MyResource() {
        リソース開始処理（オープン処理）
    }

    // 他のメソッドは省略

    @Override
    public void close() {
        リソース解放処理（クローズ処理）
    }
}

public class Main {
    public static void main(String... args) {
        try (var myRes1 = new MyResource();
             var myRes2 = new MyResource()) {
            リソース利用処理
        } catch (Exception e) {
            エラー処理（スコープ外なのでリソース変数myRes1とmyRes2を使えない）
        } finally {
            全体の終了処理（スコープ外なのでリソース変数myRes1とmyRes2を使えない）
        }
    }
}
```

try-with-resources文の外側でリソースオブジェクトを構築するコードも可能です（**リスト14.13**）。リソース変数のスコープが広がります。リソース変数をtry節内でのみ使う場合、リスト14.12の書き方を推奨します。

リスト14.13　リソースオブジェクト構築を外側で行うtry-with-resources文

```
public class Main {
    public static void main(String... args) {
        var myRes = new MyResource();
        try (myRes) {
            リソース利用処理
        } catch (Exception e) {
            エラー処理
            リソース変数myResを使える。close呼び出し後である点に注意
        } finally {
            全体の終了処理
            リソース変数myResを使える。close呼び出し後である点に注意
        }
        リソース変数myResを使える。close呼び出し後である点に注意
```

```
    }
}
```

■try-with-resources文の挙動

try-with-resources文の細かな挙動を補足します。

- catch節やfinally節の実行前にリソースオブジェクトのcloseメソッドを呼ぶ
- リソース変数を複数指定した場合、宣言と逆順にcloseを呼ぶ
- try-with-resources文がネストしている場合、内側の文からcloseを呼ぶ
- リソース構築(オブジェクトのコンストラクタ呼び出し)で例外が発生した場合、それ以前の構築済みリソースのcloseを呼ぶ
- 構築に失敗したオブジェクトのcloseは呼ばない
- close時の例外は最後にまとめて捕捉される(後述する「**14-8-4 抑制例外**」参照)

標準的なファイルやネットワークやデータベース系のクラスのほとんどはAutoCloseableインタフェースを実装しています。このため、特別な配慮なしでtry-with-resources文にリソース解放処理を任せられます。

■自作クラスの終了処理

自作のクラスに明示的な終了処理が必要であれば、AutoCloseableを使ってください。独自の終了メソッド名にせずcloseメソッドという命名に従うのが重要です。そうすれば利用者がtry-with-resources文の恩恵を受けられます。

COLUMN

リソース解放処理の旧イディオム

try-with-resources文以前は次のようなfinally節でのリソース解放処理がイディオムでした。

```
MyResource myRes = null;
try {
    myRes = new MyResource();
} finally {
    if (myRes != null) {
        myRes.close(); // close内で発生する例外の捕捉処理も本来は必要(try-with-resources文で
あれば抑制例外として処理できる)
    }
}
```

14-4 例外の送出

14-4-1 例外送出

例外送出の方法を説明します。例外送出のパターンは次の4つです。

- throw文による明示的な例外送出
- 演算による例外送出(ゼロ除算など)
- assert文による例外送出。後ほど「契約によるデザイン」で説明
- JVMによる例外送出(主にエラー例外。メモリ不足のOutOfMemoryError例外など)

JVMによる例外送出は本書では扱いません。

14-4-2 throw文

例外オブジェクトを送出するにはthrow文を使います。throw文の構文は下記のとおりです。

```
throw 式;
```

式の評価結果は例外オブジェクトへの参照にする必要があります。例外オブジェクトとは例外クラスのインスタンスのことです。例外クラスは次節で説明します。

他のオブジェクト同様、次のように例外オブジェクトをnew式で生成できます。Javaの例外には検査例外と実行時例外の区別がありますが、例外オブジェクトの生成や送出に関して違いはありません。

```
// 例外オブジェクトの生成と送出の例(注4)
throw new NullPointerException();
```

次のように異常を検出して例外オブジェクトを送出するコードが典型例です。

```
// 例外送出コードの典型例
if (異常の条件判定) {
    throw new 例外クラス(コンストラクタの実引数);
}
```

(注4) 実開発でNullPointerException例外の生成を必要とする場面は原則ありません。NullPointerException例外ですら生成できる例として使っています。

14-4-3　演算による例外送出

演算によって発生する例外があります。演算が内部で例外オブジェクトを生成して送出します。演算によって生成される例外は実行時例外のみです。具体例を示します（**リスト14.14**）。

リスト14.14　演算による実行時例外の例

```
// 0による整数除算
int i = 1 / 0;   //=> ArithmeticException送出

// 配列の範囲を越えたアクセス
int[] arr = new int[0];
arr[0] = 0;      //=> ArrayIndexOutOfBoundsException送出

// 配列の要素型の違反
Object[] arr = new String[1];
arr[0] = 0;      //=> ArrayStoreException送出

// 不正な型キャスト
Object obj = "";
Integer i = (Integer)obj;  //=> ClassCastException送出

// nullにドット文字を続けたアクセス
Object obj = null;
String s = obj.toString(); //=> NullPointerException送出
```

これらの発生はバグなので修正が必要です。例外を捕捉してバグをなかったことにしてはいけません。

■例外送出とメソッド実行中断

途中で処理を中断する点で、throw文の動作はreturn文に似ています。例外送出でメソッドを抜けた場合、メソッドは返り値を持ちません（**リスト14.15**）。

リスト14.15　例外送出によるメソッド中断

```
String method(boolean arg) {
    if (arg) {
        System.out.println("arg is true");
    } else {
        System.out.println("arg is false");
        throw new RuntimeException();
    }
    System.out.println("メソッドの最後");
    return "done";
}
```

```
// 使用例
// 正常処理を模倣（methodはreturn文を実行）
jshell> String ret1 = method(true)
arg is true
メソッドの最後
ret1 ==> "done"

// 例外発生（methodはthrow文を実行）
jshell> String ret2 = method(false)
arg is false
|  Exception java.lang.RuntimeException
        ［省略］

jshell> System.out.print(ret2)
null
```

リスト14.16はコンパイルエラーになります。決して実行しない行をコンパイル時に検出可能だからです。

リスト14.16　例外送出の後に無効コードがあるのでコンパイルエラー

```
void method() {
    System.out.println("start");
    throw new RuntimeException();
    System.out.println("end"); // 決して実行されない行
}
```

14-5 例外クラス

14-5-1　例外クラスの階層

例外オブジェクトは例外クラスのオブジェクトです。例外クラスのクラス階層を**図14.4**に、役割を**表14.1**にまとめます。

Throwableクラスを基底型とするクラスが例外クラスです。すべてのクラスの基底クラスがObjectクラスであるように、すべての例外クラスの基底クラスはThrowableクラスです。なおThrowableクラスの親クラスはObjectクラスなので、Objectクラスがすべてのクラスの基底クラスである事実は変わりません。

表14.1　例外クラスの役割

例外クラス	役割
Throwable	すべての例外の基底クラス
Exception	検査例外の基底クラス
RuntimeException	実行時例外の基底クラス
Error	エラー例外の基底クラス

図14.4　例外クラスのクラス階層

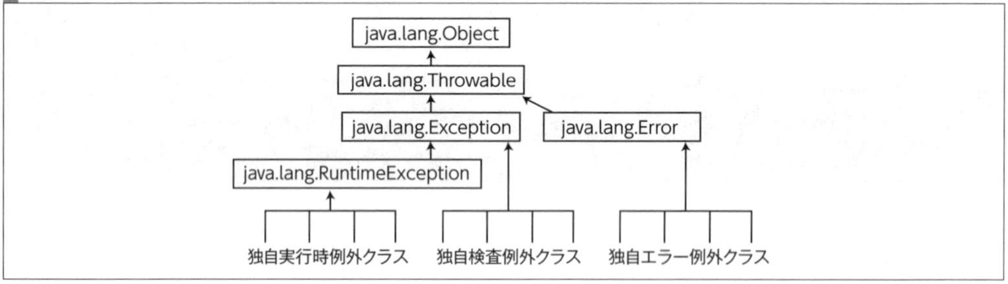

検査例外と実行時例外の違いを**表14.2**にまとめます。

表14.2　検査例外と実行時例外の違い

例外の種類	特徴	目的
検査例外	throws節での記述が必須。 catch節での捕捉が必須	メソッド内で起きる異常の抽象化
実行時例外	throws節での記述は自由。 catch節での捕捉は必須ではない	実行環境依存で起きる異常の抽象化。 または誤ったメソッド呼び出しの検出

表14.2の例外クラスを拡張継承して独自の例外クラスを定義できます。

14-5-2　検査例外

検査例外はExceptionを基底とする例外クラスです。

検査例外は、メソッド宣言またはコンストラクタ宣言のthrows節に記述して使います。原則は同じなので、以後、説明をメソッドに限定します。メソッドが検査例外を送出する場合、throws節への例外型の記述が必要です。記述がないとコンパイルエラーになります。

throws節の役割は「メソッド」と「メソッド呼び出し側」との間で異常事態の取り決めです。メソッド呼び出し側は、例外を捕捉して処理するか同じ例外をthrows節に記述して例外を伝播するか、どちらかをする必要があります。どちらもしない場合、コンパイルエラーになります。これにより処理の必須を強制します。

14-5-3 実行時例外

実行時例外はRuntimeExceptionを基底とする例外クラスです。

実行時例外に検査例外のような制約はありません。throws節に明示する義務はありません。明示してもかまいません。

実行時例外の捕捉は必須ではありません。捕捉しない例外は上位のメソッドに自動で伝播します。

14-5-4 エラー例外

Errorクラスから派生する例外をエラー例外と呼びます。throws節に明示する義務はありません。明示してもかまいません。

エラー例外はシステムエラー用に予約された例外と考えてください。アプリケーションによる独自のエラー例外定義は推奨しません。

エラー例外を捕捉するか否か、また捕捉した場合のエラー処理の方針は開発全体のシステム設計で決めてください。

14-5-5 自作の例外クラス

例外クラスの宣言とnew式を使うオブジェクト生成は、通常のクラスとまったく違いはありません。自作の例外クラスにメソッドやフィールドも定義可能です。例外クラスと普通のクラスの違いは、例外の送出と捕捉に関わる部分のみです。

自作の例外クラスのコード例を示します。**リスト14.17**は検査例外の例です。実行時例外クラスを自作する場合は継承元をRuntimeExceptionクラスにしてください。

リスト14.17 自作の検査例外クラスのコンストラクタの定石コード

```
class MyException extends Exception {
    public MyException() {                      // 引数なしのコンストラクタ
        super();
    }
    public MyException(String message) {        // 原因文字列を受け取るコンストラクタ
        super(message);
    }
    public MyException(Throwable cause) {       // 原因例外オブジェクトを受け取るコンストラクタ
        super(cause);                           // 後述する「原因例外」を参照
    }
    public MyException(String message, Throwable cause) {
        super(message, cause);
    }
}
```

例外クラスには定石のコンストラクタの実装パターンがあります。文字列を受け取るコンストラクタは、例外状況を説明する原因文字列を受け取ります。Throwableオブジェクトを受け取るコンストラクタは、異常をもたらした原因例外オブジェクトを引数で受け取ります。原因例外については後ほど例外翻訳と合わせて説明します。

例外クラスに独自のメソッドやフィールドを追加した例を示します(**リスト14.18**)。多くの自作例外クラスはコンストラクタだけを持ち、独自のフィールドやメソッドは持ちません。特別なメソッドやフィールドを持たなくても、例外オブジェクトの目的を果たせるからです。

リスト14.18　自作の検査例外クラスにフィールドとメソッドを追加した例

```
class MyException extends Exception {
    (定石コンストラクタは省略)

    private final int errorCode;
    MyException(int errorCode) {
        this.errorCode = errorCode;
    }
    void showErrorCode() {
        System.out.println(this.errorCode);
    }
}
```

■スタックトレース

例外オブジェクトは発生した時点のスタックトレースを保持します。スタックトレースの意味や取り出し方は「**13-1 Javaプログラムの実行**」を参照してください。

14-6 throws節

14-6-1　throws節とは

メソッドおよびコンストラクタの宣言にthrows節を書けます。throws節には、メソッドまたはコンストラクタ内で送出する例外クラスあるいはその基底クラスを指定します(**リスト14.19**)。なお、throws節に記述した例外は、送出する可能性がある、という宣言であって、送出が必須ではありません。

リスト14.19　throws節の例

```
void method() throws MyException {
    他のコードは省略
    throw new MyException();
}
```

```
void method() throws Exception { // 送出する例外の基底型でも可
    他のコードは省略
    throw new MyException();
}
```

throws節には複数の例外クラスを記述できます。カンマで区切って並べます(**リスト14.20**)。

リスト14.20 複数の例外型をthrows節に記述。実行時例外も記述可能です

```
void method() throws MyException, MyRuntimeException {
    省略
}
```

14-6-2 例外伝播のためのthrows節

検査例外を捕捉しない場合、同じ検査例外をthrows節に記述して例外をそのまま(メソッドの呼び出し元に)伝播できます(**リスト14.21**)。

リスト14.21 例外の伝播の例

```
void method() throws MyException {
    他のコードは省略
    throw new MyException();
}

// 例外を捕捉せずに伝播する
void callMethod() throws MyException {
    他のコードは省略
    method(); // MyException例外を送出
}
```

実行時例外の場合、例外の伝播がデフォルト動作です。throws節の記述は不要です。throws節を記述しても問題ありません。

14-6-3 throws節とメソッドのオーバーライド

継承(インタフェース継承または拡張継承)してメソッドをオーバーライドするとき、メソッドのthrows節に制約が生じます。基底クラスのメソッドのthrows節の例外型を「継承元例外」と表記して規則を示します(注5)。

(注5) 「継承元例外」は本書独自の用語です。

1章 2章 3章 4章 5章 6章 7章 8章 9章 10章 11章 12章 13章 14章 15章 16章 17章 18章 19章 20章 21章 22章 23章

- 継承元例外と同じ例外型をオーバーライドしたメソッドのthrows節に加えるのは自由
- 継承元例外の派生例外型をオーバーライドしたメソッドのthrows節に加えるのは自由
- オーバーライドしたメソッドのthrows節から例外を除去するのは自由
- 任意の実行時例外の例外型をオーバーライドしたメソッドのthrows節に加えるのは自由
- 継承元例外の基底例外型をオーバーライドしたメソッドのthrows節に加えるのは不可
- 継承元例外と派生関係にない検査例外型をオーバーライドしたメソッドのthrows節の記述に加えるのは不可

インタフェース継承の具体例を示します(**リスト14.22**)。

リスト14.22　オーバーライドしたメソッドのthrows節に書ける例外

```
// 階層化された例外クラス
class ParentException extends Exception { 省略 }                 // 継承元例外
class ChildException extends ParentException { 省略 }            // 継承元例外の派生型
class OtherException extends Exception { 省略 }                  // 無関係な検査例外
class OtherRuntimeException extends RuntimeException { 省略 }  // 無関係な実行時例外

// 継承元インタフェース
interface MyInterface {
    void method() throws ParentException;
}

// methodをオーバーライドする実装クラス
class My implements MyInterface {
    public void method() throws ParentException { 省略 }     // 継承元例外はOK
    // public void method() throws ChildException { 省略 }  // 継承元例外の派生型はOK
    // public void method() {}    // throws節自身あるいはthrows節からの例外削除はOK
    // public void method() throws OtherRuntimeException { 省略 }     // 実行時例外の追加はOK
    // public void method() throws Exception { 省略 }     // 継承元例外の基底型はNG
    // public void method() throws OtherException { 省略 }  // 継承元例外と継承関係のない検査例外はNG
}
```

複雑でかつコンパイルエラーで検出できるので規則を覚える必要はありません。次の原則を理解しておけば十分です。

- 基底型を使うコードは派生クラス追加の影響を受けてはいけない

この原則を満たすために前述の規則が必要になります。具体例で説明します。MyInterface型の変数を使うコードを見てください(**リスト14.23**)。

リスト14.23　リスト14.22のmethodをインタフェース型の変数経由で呼ぶ例

```
void method(MyInterface my) {
    try {
        my.method();
    } catch (ParentException e) {
```

```
        省略
    }
}
```

MyInterfaceオブジェクトのmethodを呼び出すコードにはParentExceptionの対応(捕捉または伝播)が必要です。MyInterfaceのmethod宣言にthrows節があるからです。

リスト14.23の変数myの参照先がMyオブジェクトだと仮定します。Myクラスのmethodが ParentExceptionの派生型例外(リスト14.22の例ではChildException)を送出しても、リスト14.23のcatch節は破綻しません。なぜならその例外をParentExceptionのcatch節で捕捉可能だからです。しかしmethodがParentExceptionと無関係な検査例外を送出するとリスト14.23のcatch節で捕捉できません。このためmethod呼び出しコードに修正が必要になります。これは原則に反します。

14-6-4 ラムダ式と例外

ラムダ式の中で例外が発生する場合の説明をします。

ラムダ式内の例外発生時の動作は、通常のメソッドの実行時と変わりません。つまり例外発生時に実行を中断して、発生行以降の処理を実行しません。ラムダ式内で捕捉されない例外はラムダ式の外側に伝播します。

検査例外を送出するラムダ式は、対応する関数型インタフェースのメソッドにthrows節が必要です。throws節に存在していない検査例外をラムダ式の内部から送出するとコンパイルエラーになります。

実行時例外の送出に制約はありません。ラムダ式の内部で発生した実行時例外は内部で捕捉しなければそのままラムダ式の外側に伝播します。

標準の関数型インタフェースのメソッドにthrows節はありません。このため、現実的には大半のラムダ式の内部から検査例外の送出をできません。結果、ラムダ式内部のコードで検査例外が発生する場合、ラムダ式の中で検査例外を捕捉する必要があります。ラムダ式の外側に例外を伝播させたい場合、捕捉した検査例外から実行時例外へ例外翻訳(後述)します。

ラムダ式内で発生した検査例外を実行時例外に例外翻訳する実例を**リスト14.24**に示します。なおThread.sleepはInterruptedException検査例外を投げうるだけの理由で使っています。呼び出しそのものに意味はありません。

リスト14.24 ラムダ式内の検査例外を実行時例外に例外翻訳

```
Consumer<String> meth = s -> {
    try {
        Thread.sleep(1000);
        System.out.println(s);
    } catch (InterruptedException ex) {
```

```
        // InterruptedException検査例外をRuntimeException実行時例外に例外翻訳
        throw new RuntimeException(ex);
    }
}
```

```
// 使用例
jshell> meth.accept("abc")  // 1秒の待機後に文字列表示
abc
```

例外処理のためラムダ式の行数が増えるのは不可避です。行数が増えた場合、メソッドにしてメソッド参照にするほうが可読性に優れます。

■ラムダ式から例外捕捉コードをなくす方法

ラムダ式内の検査例外の捕捉の必要性は、関数型インタフェースのメソッドの型が要因です。単にコンパイルを通すだけであればthrows節を持つ独自の関数型インタフェースで回避可能です(**リスト14.25**)。

リスト14.25　throws節を持つ独自の関数型インタフェース

```
@FunctionalInterface
interface MyConsumer<T> {
    void accept(T t) throws InterruptedException;
}
```

```
// 使用例
// ラムダ式内の検査例外の捕捉は不要
jshell> MyConsumer<String> meth = s -> { Thread.sleep(1000); System.out.println(s); }
jshell> meth.accept("abc")  // 1秒の待機後に文字列表示
abc
```

この回避手段は、場合によってはコードの変更箇所を減らす効果があります。しかしこのラムダ式を呼び出す側では例外の捕捉が必要になります(**リスト14.26**)。次に説明するメソッド参照の話も含めて考えると、ラムダ式内で発生した検査例外は、捕捉して実行時例外に例外翻訳するコードに統一するほうが合理的です。

リスト14.26　リスト14.25のラムダ式を使うコード

```
<T> void method(MyConsumer<T> meth, T arg) {
    try {
        meth.accept(arg);
    } catch (InterruptedException ex) {
        throw new RuntimeException(ex);
    }
```

```
}
```

```
// 使用例
jshell> method(meth, "abc")
abc
```

14-6-5 メソッド参照と例外

リスト14.27のmethodには検査例外のthrows節があります。このメソッド参照を標準の関数型インタフェースを受け取るメソッドの引数には渡せません。メソッドの型が異なるからです(注6)。

リスト14.27 メソッド参照と検査例外

```
class My {
    // throws節のあるメソッド
    public static void method(String s) throws InterruptedException {
        Thread.sleep(1000);
        System.out.println(s);
    }

    // 内部で検査例外を捕捉してthrows節をなくしたメソッド
    public static void method2(String s) {
        try {
            Thread.sleep(1000);
            System.out.println(s);
        } catch (InterruptedException e) {
            throw new RuntimeException(e);
        }
    }
}
```

```
// 使用例
// throws節のあるメソッドのメソッド参照をストリーム処理に使えない
jshell> Stream.of("abc").forEach(My::method)
|  Error:
|  incompatible thrown types java.lang.InterruptedException in functional expression

// throws節のないメソッドのメソッド参照はストリーム処理に使える
jshell> Stream.of("abc").forEach(My::method2)
abc
```

(注6) メソッドのオーバーライド時のthrows節の規則を確認してください(本文参照)。

14-7 契約によるデザイン（assert）

14-7-1 assert文

次の構文のassert文が存在します。

```
assert 真偽値の式;
assert 真偽値の式 : 詳細式;
```

真偽値の式には、式の評価値がbooleanもしくはBooleanになる式を書きます。真偽値の式の評価値が偽の時、assert文はAssertionError例外を送出します。

詳細式を書いた場合、その評価値がAssertionError例外のコンストラクタに渡ります。評価値が例外クラスであれば原因例外になります。それ以外の評価値の場合、文字列として原因文字列になります。

14-7-2 assert文の意義

assert文は絶対に成立すべき式に使います。assert文の式が偽になるのは、コードのバグであることの強い意志表示になります。

現実のプログラミングは理想どおりにはなりません。コードの中に暗黙の仮定や前提が生まれます。このような暗黙の了承を読み手に伝える手段としてコメントが存在します。しかしコメントは開発者の良心に依存する弱い制約です。より厳密に、そしてより強く明記するのにassert文を使えます。

■assert文の利用と注意

AssertionError例外は捕捉しないでください。throws節にも書きません。発生したらそのまま伝播させてプログラムを終了させてください。

assert文を有効にするには、javaコマンド実行時に特別なコマンドライン引数(-ea)が必要です。assert文の有効無効は任意です。

■メソッドの引数チェックのイディオム

assert文を使う典型例の1つがメソッドに渡ってくる実引数の妥当性チェックです。たとえば**リスト14.28**のように使います。

リスト14.28 assert文を使う実引数チェック

```
void method(int age) {
    assert age >= 0 : "ageは0以上";
    ageを使う処理
}
```

年齢のゼロ以上チェックは自明かもしれません。しかしソフトウェアが扱う領域によっては、部外者に自明ではない規則や前提がありえます。妥当性チェックの明示化が役立つ場合があります。

勘違いしないように補足します。assert文は当然成立する条件の記載のために使います。リスト14.28であれば、変数ageのゼロ以上を保証する検証コードは当然どこかに存在します。将来、万が一のミスで検証が漏れた場合に備えるために書くのがassert文です。assert文は、処理の延長と言うよりコメントの延長と考えるほうが妥当です。assert文であれば自然言語ではなくJavaの構文で記述できます。

assert文を使うメソッドの引数チェックは内部メソッドに限定してください。assert文は開発中にバグを発見するために使う機能です。外部公開メソッドの不正呼び出しのような普通に起こりうる異常の検出には使わないでください。外部公開メソッドの実引数が不正な場合、適切な実行時例外を投げてください。通常はIllegalArgumentException例外を使います。引数のnullチェックについてはObjects.requireNonNullメソッドを使うのが定石です。具体例は標準ライブラリのソースコードに多数あるので確認してください。

14-8 例外の設計

14-8-1 例外の指針

例外の設計指針を紹介します。

- Throwableクラスを直接扱わない（直接newしない。直接throws節に記述しない。直接catch節に記述しない）
- ExceptionクラスおよびRuntimeExceptionクラスをなるべく直接扱わない（直接newしない。直接throws節に記述しない）(注7)
- ExceptionクラスまたはRuntimeExceptionクラスを拡張継承して独自の例外を定義する（アプリケーション例外）
- 標準ライブラリの実行時例外をなるべく再利用する。同じ意味なら独自に定義しない
- RuntimeExceptionクラスを拡張継承して広域脱出目的の独自例外を定義する（フレームワーク例外）
- Errorクラス（エラー例外）の派生クラスを独自に作らない

(注7) 本書のサンプルコードは直接newしてthrowしています。説明の簡略化のためと理解してください。

1章 2章 3章 4章 5章 6章 7章 8章 9章 10章 11章 12章 13章 14章 15章 16章 17章 18章 19章 20章 21章 22章 23章

14-8-2　例外の自作（アプリケーション例外）

開発者が独自に定義する例外をしばしばアプリケーション例外と呼びます。アプリケーション例外は、ExceptionクラスまたはRuntimeExceptionクラスを拡張継承して定義します。

プログラミングのあらゆることについて言えますが、最初から完璧な想定はできません。最初は大雑把に不正な異常を想定します。後から徐々に例外を細分化していきます。細分化した異常ごとに継承した例外型を追加定義します。これが、異常を例外として定義する威力です。

14-8-3　例外翻訳

標準ライブラリを含め、世の中のライブラリは様々な検査例外を定義しています。検査例外を投げうるメソッドを呼ぶ側は、例外を捕捉するかそのまま伝播するかの選択を迫られます。

残念ながら例外捕捉コードを書くのは面倒です。かと言って、例外伝播を選択するとthrows節に検査例外を延々と並べるコードになります。これも面倒です。扱うべき検査例外の種別が増えると、書くべきcatch節の数が増えるかthrows節に書くべき例外クラスの数が増えます。

このような場合、ライブラリが投げる検査例外を捕捉して別の例外に変換する技法をよく使います。これを「例外翻訳」と呼びます（**リスト14.29**）。

リスト14.29　例外翻訳の例

```
// アプリケーション例外の定義
public class AppException extends Exception {
    public AppException(Throwable cause) {
        super(cause);  // 原因例外（後述）をセットするため、この行が必須
    }
}

// AppException例外に例外翻訳するコード
void method() throws AppException {  // throws節にはアプリケーション例外だけを書く
    try {
        int c = System.in.read();  // 検査例外が発生するライブラリ呼び出し処理
    } catch (IOException e) {
        // ライブラリが投げた検査例外をアプリケーション例外に翻訳して再送
        throw new AppException(e);
    }
}
```

例外翻訳により、低レイヤの細かい例外への対応コードを減らし、高レイヤの例外への対応コードだけに集中できます（**図14.5**）。

図14.5　例外翻訳

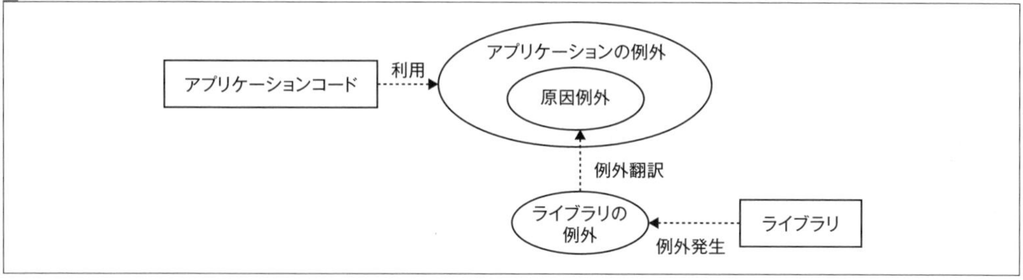

■原因例外

例外翻訳を行う場合、原因となった例外をアプリケーション例外の中にセットします。リスト14.17のように原因例外オブジェクトを引数で受け取るコンストラクタを実装するのが定石です。

例外オブジェクトのgetCauseメソッドを呼ぶと原因例外オブジェクトを取得できます(**リスト14.30**)(注8)。

リスト14.30　原因例外を知る

```
public class AppException extends Exception {
    public AppException(Throwable cause) {
        super(cause);
    }
}
```

```
// 使用例
jshell> var appException = new AppException(new IOException("CAUSE"))
jshell> var cause = appException.getCause()
cause ==> java.io.IOException: CAUSE
```

14-8-4　抑制例外

try-with-resources文と一緒に抑制例外(Suppressed Exception)の仕組みが導入されました。抑制例外は原因例外と似ていますが利用目的は異なります。

抑制例外は、主にAutoCloseableのcloseメソッド内で発生する例外に使います。try-with-resources文で例外が発生した場合、その例外を主例外と呼びます。try-with-resources文を抜ける時のclose処理中に別の例外が発生した場合、その例外が主例外オブジェクトの抑制例外としてセットされます(注9)。この仕組みにより、close中の発生例外をなかったことにしないようにできます(**リスト14.31**)。

なお抑制例外を明示的にセットするにはaddSuppressedメソッドを使えます。原因例外と異

(注8)　原因例外のセットはinitCauseメソッドでも可能です。例外のコンストラクタに任せるのが通例です。

(注9)　コラム「リソース解放処理の旧イディオム」の場合、finally節のclose処理中に発生した例外が主例外を上書きしてしまいます。この回避のためにもtry-with-resources文は有効です。

なり、抑制例外は複数セット可能です。

リスト14.31　抑制例外の例

```
import java.io.IOException;
public class Main {
    public static void main(String... args) {
        try (var myRes = new MyResource()) {
            throw new Exception("main exception"); // 主例外
        } catch (Exception e) {
            e.printStackTrace();
        }
    }
}

class MyResource implements AutoCloseable {
    @Override
    public void close() throws IOException {
        // closeメソッド内で発生する例外の模倣
        // try-with-resources文を使うと抑制例外として扱われる
        throw new IOException("close exception");
    }
}
```

```
// 実行結果
java.lang.Exception: main exception  // 主例外
        at Main.main(Main.java:5)
        [省略]
        Suppressed: java.io.IOException: close exception  // 抑制例外
                at MyResource.close(Main.java:15)
                at Main.main(Main.java:4)
                [省略]
```

14-8-5　イディオム化している実行時例外

汎用的に使える標準ライブラリの実行時例外を紹介します(**表14.3**)。類似の例外を作らず、再利用を勧めます。

表14.3　イディオム化している定義済み実行時例外

実行時例外	意味
IllegalArgumentException	不正な引数
IllegalStateException	オブジェクトの不正な状態
IndexOutOfBoundsException	境界を越えたインデックス値
NullPointerException	nullへのアクセス
ConcurrentModificationException	オブジェクトの不正な変更
UnsupportedOperationException	不正な操作
NoSuchElementException	要素が存在しない

1章 2章 3章 4章 5章 6章 7章 8章 9章 10章 11章 12章 13章 14章 15章 16章 17章 18章 19章 20章 21章 22章 23章

14-8-6 広域脱出を目的とした実行時例外

■検査例外の課題

メソッド内で起きる異常の抽象化に検査例外を使うのがJavaの元々の設計方針でした(注10)。しかし、検査例外は、メソッド呼び出しが複雑化するとコードの書き直しが伝播する問題をはらんでいます。たとえば、あるメソッドのthrows節に検査例外を追加すると、そのメソッドを呼び出す側のコードをすべて書き直す必要が生じます。例外翻訳は1つの回避策ですが、少々技巧的なのは否定できません。

■フレームワークなどで有効利用できる広域脱出処理

実行時例外は捕捉が必須ではありません。呼び出し側で捕捉しなければ自動的に例外が伝播します。この性質を利用した技法が広域脱出処理です。フレームワークなどで有効に利用できます。

フレームワークとアプリケーションの間で、何か異常があれば実行時例外(フレームワーク例外)を投げる取り決めをしておきます。アプリケーションコードは、何か異常があれば決められたフレームワーク例外を投げます。アプリケーション側コードは、このフレームワーク例外を一切捕捉せずすべて通過させます。

結果として、フレームワーク例外は必ず呼び出し元のフレームワークコードまで伝播します。フレームワーク側は、呼び出しの大元でこのフレームワーク例外の捕捉処理を書きます。コードの大枠の構造を**リスト14.32**に示します。

リスト14.32 フレームワーク例外の構造

```
// 大きなくくりで異常を捕捉するフレームワーク例外
public class FrameworkException extends RuntimeException {
    public FrameworkException(Throwable cause) {
        super(cause);
    }
}

// フレームワークコード側のコード
try {
    アプリケーションコードを呼び出す
} catch (FrameworkException e) {
    アプリケーションコード内で起きた異常を一括して処理
}
```

フレームワーク例外は、フレームワークとアプリケーションの間での異常時の取り決めと言えます(**図14.6**)。抽象化の枠組は検査例外と同じですが、より大きなくくりで異常を抽象化していることがわかります。

(注10) 検査例外は徐々に避けられつつあるのが現実です。

図14.6　フレームワーク例外

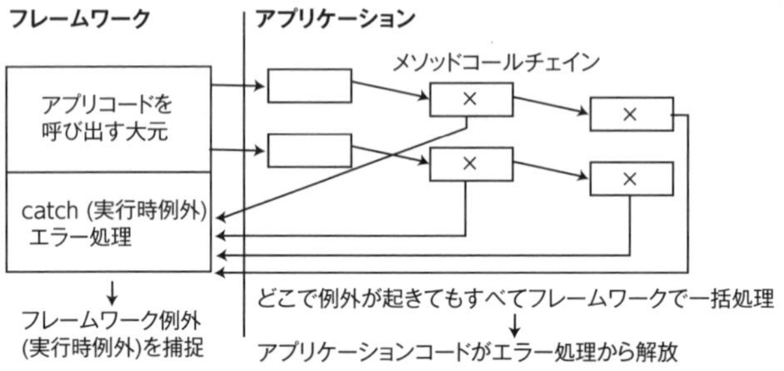

アプリケーション側のコードは、異常が起きた時にはフレームワーク例外（実行時例外）を投げる、という取り決めだけを守ればよくなります。こうするとアプリケーションはエラー処理をフレームワーク側に丸投げできます。実行時例外なのでthrows節に例外を記述する必要もありません。

フレームワーク側も、アプリケーションコードの詳細に立ち入ることなく、異常の発生だけを検出可能です。たとえば、Webアプリケーションを考えてみます。たいていのWebアプリケーションはどんな異常であれ、最終的にエラー画面のレスポンス処理が必要です。フレームワーク例外を使うとこのような異常時の処理を一括して処理できます。

大局的に見ると、アプリケーションコードの任意の場所から、フレームワーク側のコードにジャンプしているように見えます。メソッド呼び出しスタックを一気に抜けてジャンプする動作を広域脱出と呼びます。広域脱出は可読性の悪いコードをもたらすとして、伝統的に悪い手法と呼ばれてきました。しかし、実行時例外を活用して異常処理を一括処理する広域脱出は有効な技法です。適切な制約があれば評価が変わることもある、という一例です(注11)。

(注11)　広域脱出そのものの評価が良くなったわけではありません。広域脱出の濫用はコードの可読性を落とします。広域脱出の一部には有効に使えるものもある、と理解してください。

15章 文字と文字列

「3章 文字列」で文字列、「5章 整数とブーリアン」でchar型を説明しました。本章はこの2つの間をつなぐ「文字の扱い」の話をします。また外部と文字列の入出力をする時に使うバイト列を説明します。

15-1 文字

15-1-1　文字コード

文字に対して一意に数値を割り振ることを指して「文字コード」という用語を使います[注1]。Javaの世界では(と言うよりコンピュータの世界では)、文字は常に数値として扱われます。

Javaの世界の文字コードは、Unicodeのエンコーディング方式の1つであるUTF-16です。UTF-16の1文字あたりのバイト数は原則として2バイト(16ビット)固定です。つまりJavaで扱うすべての文字には、対応する16ビットの数値が存在します。この16ビットの数値の表現型がchar型です。

■文字コードの現実

Java登場初期の文字の理解はこれで十分でした。現在のJavaの文字の扱いを理解するにはもう少し追加知識が必要です。

- Stringオブジェクトは内部的にバイト列で文字列を管理[注2]
- 文字が1バイト(8ビット)の範囲におさまる場合、Stringオブジェクトは1文字を1バイトの数値で管理。この管理をコンパクトストリングと呼びます
- 文字が2バイト(16ビット)の範囲におさまる場合、Stringオブジェクトは1文字を2バイトの数値で管理。これはJava登場初期と同じ仕組みです
- 文字が2バイトの範囲におさまらない場合、Stringオブジェクトは1文字を4バイトの数値で管理。4バイトの表現方式をUTF-16のサロゲートペアと呼びます

上記理解にはUnicodeのBMP(Basic Multilingual Plane:基本多言語面)の理解が必要です。この範囲内の文字か否かで扱いが変わるからです。本章はBMP範囲内の文字に話を限定します。

(注1)　文字にまつわる用語を厳密に定義すると相当複雑になります。やや厳密さを犠牲にして説明を簡略化します。
(注2)　コンパクトストリング導入以前のStringオブジェクトの内部はchar型配列でした。

BMP範囲内の文字に話を限定すると、Javaプログラムの文字の扱いは登場初期に話を戻せます。1文字は2バイトの数値で表現され、対応する型がcharです。文字の値は常にUTF-16の2バイトの数値です。Stringオブジェクトの内部は別世界ですがそれは隠蔽された世界です。内部を意識する場面はありません。

15-1-2 文字リテラル

シングルクォート(')で1文字を囲むと文字リテラルになります(注3)。シングルクォート内にはUTF-16文字を1文字だけ書けます。文字リテラルの例を示します。

```
System.out.println('a'); // 「a」の文字リテラル
System.out.println('あ'); // 「あ」の文字リテラル
```

ダブルクォートで囲んだ文字列リテラルはStringオブジェクトを生成します。一方、文字リテラルはchar型の数値です。何かの生成ではなく数値をそのまま書く数値リテラルと等価です。数値であることの意味は次節で改めて補足します。

文字リテラルには**表15.1**に示すエスケープ文字を使えます。これらのエスケープ文字は文字列リテラルと共通です。なお、シングルクォートのエスケープは文字列リテラルには不要で、逆にダブルクォートのエスケープは文字リテラルには不要です。不要ですが使っても無害です。

表15.1 エスケープシーケンス

シーケンス	意味
¥n	改行(LF)
¥t	タブ
¥s	スペース文字
¥b	バックスペース
¥r	改行(CR)
¥f	フィード
¥¥	バックスラッシュ
¥'	シングルクォート
¥"	ダブルクォート
¥ddd	8進数(dは0から7の数値)
¥uxxxx	UTF-16コード値(xは0から9の数値もしくはaからfのアルファベット)

15-1-3 文字の演算

Javaの文字は内部的には数値です。数値なので文字と数値の演算も可能です(**リスト15.1**)。

(注3) 言語仕様的には文字リテラルは数値リテラルの一種です。

リスト15.1 文字と数値の演算（可能だが非推奨）

```
jshell> int aValue = 'a' - 0
aValue ==> 97    // 16進数表記で0x61

jshell> int delta = 'a' - 'A'
delta ==> 32     // 16進数表記で0x20
```

リスト15.1の文字リテラル'a'の型はchar型、値は10進数表記で97、16進数表記で0x61です。文字'a'と文字'A'の差分は16進数表記で0x20です。この差分の加減算で大文字小文字変換を理論上は可能です。しかし、国際化や可読性の観点からこの演算は望ましいものではありません。説明のためのソースコードと理解してください(注4)。たとえば英語アルファベットの小文字を大文字に変換したければ、Character.toUpperCaseメソッドを使ってください。

15-1-4 文字と数値の相互変換

文字'0'は16進数表記で0x30の数値です。文字'0'と数値0x30は等値です。2つの間の相互変換は不要です。なぜなら単に同じ値だからです（**リスト15.2**）。必要になるとしたらchar型以外への型変換です。

リスト15.2 文字と数値（単に同一）

```
jshell> boolean result = '0' == 0x30
result ==> true
```

'0'や'1'という文字から数値の0や1に変換したい場合があります。これはただの型変換ではなく数値自体の変換です。この変換にはCharacter.digitメソッドを使います。第2引数に基数を指定します。基数に指定できる数値は2以上36以下の整数です。具体例を**リスト15.3**に示します。

リスト15.3 文字から数値への変換例（'0'から0へ、などの変換）

```
// 10進数として'1'を扱い、変換値は1になる
jshell> int n1 = Character.digit('1', 10)
n1 ==> 1

// 16進数として'f'を扱い、変換値は15になる
jshell> int n2 = Character.digit('f', 16)
n2 ==> 15

// 16進数として'F'を扱い、変換値は15になる
// 大文字と小文字、どちらの文字リテラルも変換可能
jshell> int n3 = Character.digit('F', 16)
```

（注4） 本書の他の章は全般的にソースコードをコードと記載しています。本章は文字のコード値と区別するためソースコードと記載します。

```
n3 ==> 15

// 変換できない値の場合、変換値は-1になる
jshell> int n4 = Character.digit('f', 10)
n4 ==> -1

// 36進数として扱う場合、'0'から'9'および'a'から'z'までを変換可能
jshell> int n5 = Character.digit('z', 36)
n5 ==> 35

// 範囲外の基数指定は-1になる
jshell> int n6 = Character.digit('1', 37)
n6 ==> -1
```

逆に数値から文字に変換するにはCharacter.forDigitメソッドを使います(**リスト15.4**)。第2引数に基数を指定します。意図した変換をできる基数は2以上36以下の整数です。

リスト15.4　数値から文字への変換例(0から'0'へ、などの変換)

```
// 変換値は'0'。値は0x30
jshell> char c1 = Character.forDigit(0, 10)
c1 ==> '0'

// 変換値は'1'。値は0x31
jshell> char c2 = Character.forDigit(1, 10)
c2 ==> '1'

// 変換値は'a'。値は0x61
jshell> char c3 = Character.forDigit(10, 16)
c3 ==> 'a'

// 変換できない場合、変換値は0x0(整数のゼロ)
jshell> char c4 = Character.forDigit(10, 10)
c4 ==> '¥000'

// 36進数変換
jshell> char c5 = Character.forDigit(35, 36)
c5 ==> 'z'

// 範囲外の基数指定の場合、変換値は0x0(整数のゼロ)
jshell> char c6 = Character.forDigit(10, 37)
c6 ==> '¥000'
```

15-1-5　文字と文字列の相互変換

文字列から文字を取り出したり、逆に文字の集合から文字列を作り出したい場合があります。それらの方法を説明します。

■Stringオブジェクトから文字の取り出し

Stringオブジェクトから文字を1文字単位で取り出すにはcharAtメソッドを使います(**リスト15.5**)。

リスト15.5 Stringオブジェクトから文字の取り出し

```
jshell> var s = "abc"
jshell> char c = s.charAt(0)  // 引数はインデックス値
c ==> 'a'

// 日本語の文字も同じ扱いです
jshell> char c = "あい".charAt(0)
c ==> 'あ'
```

■Stringオブジェクトから文字配列への変換

Stringオブジェクトから文字の配列に変換するにはtoCharArrayメソッドを使います。toCharArrayメソッドは文字列をコピーします。このため変換後の配列の内容を変更しても元のStringオブジェクトに変更は波及しません。変換の実例を**リスト15.6**に示します。

リスト15.6 Stringからcharの配列に変換(toCharArrayメソッド版)

```
jshell> char[] arr = "abcあい".toCharArray()
arr ==> char[5] { 'a', 'b', 'c', 'あ', 'い' }
```

StringオブジェクトのgetCharsメソッドでもStringオブジェクトから文字配列に変換できます。getCharsメソッドを使うには、あらかじめ必要な長さの配列を確保してから引数で渡します(**リスト15.7**)。toCharArrayメソッドとの相違点として、getCharsメソッドは部分文字列のコピーが可能です。

リスト15.7 Stringからcharの配列に変換(getCharsメソッド版)

```
jshell> var s = "abc"

// 必要な長さを確保した配列
jshell> char arr[] = new char[s.length()]

// 引数の意味はAPIドキュメントを参照してください
jshell> s.getChars(0, arr.length, arr, 0)
jshell> arr
arr ==> char[3] { 'a', 'b', 'c' }
```

■Stringオブジェクトからint配列への変換(ストリーム版)

StringオブジェクトのcharsメソッドはIntStreamオブジェクトを返します。IntStreamの

toArrayメソッドを組み合わせてStringオブジェクトからint配列に変換できます(**リスト15.8**)(注5)。

リスト15.8　Stringからint配列に変換(ストリーム版)

```
jshell> int[] arr = "abc".chars().toArray()
arr ==> int[3] { 97, 98, 99 }

// BMP以外の文字を扱うにはコードポイントを使います
jshell> int[] arr = "abc".codePoints().toArray()
arr ==> int[3] { 97, 98, 99 }
```

BMPの範囲に限るとintはcharよりメモリ効率が低下します。しかしデメリットはそれだけです。文字に対して常にint型を使うのは1つの判断です。BMP範囲内か否かで型を使い分ける手間をなくせるからです。

■StringBuilderオブジェクトから文字配列への変換

StringBuilderクラスにはtoCharArrayメソッドはありません。toStringメソッドでStringオブジェクトに変換してから前節の方法を使うのが1つの方法です。もう1つの方法はStringBuilderオブジェクトのgetCharsメソッド使用です(**リスト15.9**)。

リスト15.9　StringBuilderオブジェクトのgetCharsメソッドでcharの配列に変換

```
jshell> var sb = new StringBuilder("abc")

// 必要な長さを確保した配列を事前準備
jshell> char arr[] = new char[sb.length()]

// getCharsメソッド呼び出し
jshell> sb.getChars(0, arr.length, arr, 0)
jshell> arr
arr ==> char[3] { 'a', 'b', 'c' }
```

■文字配列からStringオブジェクト生成

文字配列からStringオブジェクトを生成するには、文字配列を引数に渡してStringオブジェクトを生成します(**リスト15.10**)。元の配列を変更しても生成したStringオブジェクトには影響しません。配列の中身をコピーするからです。

リスト15.10　char配列からStringオブジェクトを生成

```
jshell> char[] arr = { 'a', 'b', 'c' }
jshell> var s = new String(arr)
```

(注5)　ストリーム処理でStringオブジェクトからchar型配列に変換するには、Characterオブジェクトへの変換が必要です。ソースコード例は省略します。

```
s ==> "abc"

// 上記2行を1行で書く例
jshell> var s = new String(new char[] {'a', 'b', 'c'})
s ==> "abc"

// 文字の配列の部分文字列の指定も可能
// 第2引数がoffset、第3引数が文字数
jshell> var s = new String(arr, 1, 2)
s ==> "bc"
```

String.valueOfメソッドまたはString.copyValueOfメソッドを使って、文字配列からStringオブジェクトを生成できます。内部でnew Stringしています。可読性の観点でこれらのクラスメソッドを使う場合もあります。

■int配列からStringオブジェクト生成

int型要素の配列からStringオブジェクトを生成するには、3引数のコンストラクタを使います(**リスト15.11**)。int値をコードポイント値として解釈してStringオブジェクトを生成します。BMPにおさまる範囲ではコードポイント値はchar値と同値です。

リスト15.11　int配列からStringオブジェクトを生成

```
jshell> int[] arr = { 'a', 'b', 'c' }

// 第2引数がoffset、第3引数が文字数
jshell> var s = new String(arr, 0, 3)
s ==> "abc"
```

■文字配列からStringBuilderオブジェクト生成

文字の配列からStringBuilderオブジェクトを生成するにはappendメソッドで文字の配列を渡します(**リスト15.12**)。appendメソッドは内部で文字をコピーします。

リスト15.12　charの配列からStringBuilderオブジェクトを生成

```
jshell> char[] arr = { 'a', 'b', 'c' }
jshell> var sb = new StringBuilder()
jshell> sb.append(arr)
jshell> sb
sb ==> abc
```

1章 2章 3章 4章 5章 6章 7章 8章 9章 10章 11章 12章 13章 14章 15章 16章 17章 18章 19章 20章 21章 22章 23章

15-2 文字とバイト

15-2-1 バイトとは

バイト(byte)とはコンピュータがデータを扱う時の基本的な単位のことです。現代では1バイトは8ビットと考えて差し支えありません(注6)。

歴史的に、コンピュータの文字処理で1文字を表現するデータ単位がバイトでした。このためバイトと文字を同一視する考えがあります。それは今でも続いています。英数字だけを使う限り、8ビット長の範囲で文字を表現できるからです。しかし、国際化の観点からバイトと文字を同一視する考えは否定されつつあります。

Javaの言語仕様はバイトと文字を区別します。バイトは8ビット長のbyteという型、文字は16ビット長(2バイト長)のchar型です。

■バイト列の使用

Javaプログラムが外部(ファイルや通信)とデータをやりとりする時の単位は、原則としてバイト単位です。文字列の入出力の場合であってもバイト単位の入出力にするのが通例です。この時、バイト列と文字列の相互変換が必要になります。

■可変長バイト列

Javaでバイト列を扱うもっとも簡易な手段はbyte型要素の配列です。

配列は1度作ると最大長を変更できません。この不便さがあるため配列よりコレクションのListオブジェクトのほうが便利な場面が多々あります。ただ基本型であるbyteを要素とするListオブジェクトは存在しません。代わりに動的に長さを変えたい可変長バイト列としてjava.io.ByteArrayOutputStreamオブジェクトを使えます。長さを事前指定せずバイト列に書き足す処理をしたい時に便利です(**リスト15.13**)。

リスト15.13 可変長バイト列の例

```
// 書き足すバイト列
jshell> byte[] b1 = { 'a', 'b', 'c' }
jshell> byte[] b2 = { 'd', 'e', 'f' }

// 可変長バイト列作成
jshell> var bos = new ByteArrayOutputStream()

// 可変長バイト列に追記
jshell> bos.write(b1, 0, b1.length)
```

(注6) 1バイトが8ビットではない処理系を配慮して、現代でも、8ビット長を1オクテットと呼んでバイトと区別する場合があります。現実的には、1バイトと1オクテットと8ビットをすべて等価と考えて困ることはほとんどありません。

```
jshell> bos.write(b2, 0, b2.length)

// 可変長バイト列をbyte型配列に変換
jshell> byte[] buf = bos.toByteArray()
buf ==> byte[6] { 97, 98, 99, 100, 101, 102 }

// 可変長バイト列を文字列に変換(UTF-8の文字列。本文参照)
jshell> String s = bos.toString()
s ==> "abcdef"
```

可変長の文字列を扱えるCharArrayOutputStreamクラスも存在します。文字列に関しては、通常StringBuilderで用が足りるのであまり使う機会はありません。

15-2-2　バイト列とStringオブジェクトの相互変換

外部に文字列を送るには文字列からバイト列への変換が必要です。外部から文字列を受け取る時はバイト列から文字列への変換が必要です。

バイト列と文字列を相互変換するには文字コード(エンコーディング方式)の指定が必要です。文字コードを指定しない場合はデフォルトでUTF-8を使います。本章は説明をUTF-8に限定します。

■バイト列からStringオブジェクト生成

バイト列から文字列に変換するにはbyte配列を引数に渡してStringオブジェクトを生成します(**リスト15.14**)。内部でバイト列をコピーするので配列を変更してもStringオブジェクトに影響しません。

リスト15.14　byte配列からStringオブジェクト生成

```
// 英数字のバイト列
jshell> byte[] bytes = new byte[]{ 0x61, 0x62, 0x63 }

// 文字コード指定なしの場合、デフォルトでUTF-8
jshell> var s = new String(bytes)
s ==> "abc"

// ひらがなのバイト列(このバイト列の求め方はリスト15.15を参照)
jshell> byte[] bytes = new byte[]{ (byte)0xe3, (byte)0x81, (byte)0x82, (byte)0xe3, (byte)0x81,
(byte)0x84 }
jshell> var s = new String(bytes)
s ==> "あい"

// UTF-8の明示的指定(デフォルトなので指定不要)
jshell> import java.nio.charset.StandardCharsets
jshell> var s = new String(bytes, StandardCharsets.UTF_8)
s ==> "abc"
```

Stringオブジェクトから文字の配列を取り出す方法を既に説明したので、Stringオブジェクトを経由してbyte配列からchar配列への変換も行えます。

■Stringオブジェクトからバイト列生成

Stringオブジェクトからバイト列に変換するにはgetBytesメソッドを使います(**リスト15.15**)。内部でバイト列をコピーするので配列を変更してもStringオブジェクトに影響しません。

リスト15.15 Stringオブジェクトからbyte配列に変換

```
// UTF-8のバイト列に変換
jshell> byte[] bytes = "あい".getBytes()
bytes ==> byte[6] { -29, -127, -126, -29, -127, -124 }

// JShellはbyte値を符号ありで表示します
// 下記で8ビット符号なしかつ16進数の表示ができます
jshell> for (byte b : bytes) {
   ...>     System.out.printf("%02x, ", b);
   ...> }
e3, 81, 82, e3, 81, 84,

// UTF-8の明示的指定(デフォルトなので指定不要)
// 古いJavaでは引数なしgetBytesがOSの言語設定依存だったの必要でした
jshell> byte[] bytes = "あい".getBytes("UTF-8")
```

16章 数値

実数を表現する浮動小数点数、整数も含めた型変換、数値をオブジェクトとして扱う数値クラス、ビット演算の順で紹介します。最後に、基本型のみでは扱いが難しい用途に使えるBigIntegerとBigDecimalを説明します。

16-1 浮動小数点数

16-1-1 浮動小数点数とは

実数を表す基本型としてfloat型とdouble型があります（**表16.1**）。この2つの型の内部表現を浮動小数点（floating point）と呼びます。

表16.1　浮動小数点数型とビット長

浮動小数点数型	ビット長
float	32
double	64

double型の使用例を**リスト16.1**に示します。

リスト16.1　double型の使用例

```
// double型変数numに値1.23を代入
// ローカル変数であればvarも使用可能。本書は変数の型を明示します
jshell> double num = 1.23
num ==> 1.23

// 変数numの値を2倍にして変数num2に代入
jshell> double num2 = num * 2
num2 ==> 4.92
```

2つの型が取り扱える値の最大値と最小値を**リスト16.2**に示します。

リスト16.2　浮動小数点数の最大値と最小値

```
// floatの取り扱える値の最大値と最小値（Float.javaから抜粋）
public static final float MAX_VALUE = 0x1.fffffeP+127f; // 3.4028235e+38f
public static final float MIN_VALUE = 0x0.000002P-126f; // 1.4e-45f
```

```
// doubleの取り扱える値の最大値と最小値(Double.javaから抜粋)
public static final double MAX_VALUE = 0x1.fffffffffffffP+1023; // 1.7976931348623157e+308
public static final double MIN_VALUE = 0x0.0000000000001P-1022; // 4.9e-324
```

浮動小数点数型は、同じビット長のint(32ビット)やlong(64ビット)よりも広い範囲の数値を表現可能です。整数に限定しても、浮動小数点数型のほうが絶対値の大きな数を表現できます。これは一見不思議に思えます。同じビット長であれば、結局、そのビットの並びの取りうる組み合わせの数は同じはずだからです。

浮動小数点数型のほうが大きな数を表現できる理由は、絶対値の大きい数を整数視点で飛び飛びの値で表現するからです(**図16.1**)。一方でこれは、絶対値の大きい整数値を浮動小数点数型に変換した時、変換先がないので正しい値になる保証がないことを意味します。

図16.1　同じ32ビット長でもintよりfloatのほうが大きい整数値を扱える理由

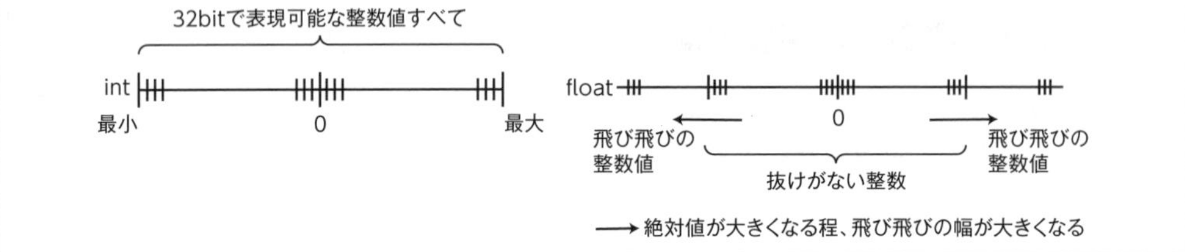

■どちらの浮動小数点数型を使うべきか

「**5章 整数とブーリアン**」で整数型の使い分けの指針を説明しました。浮動小数点数の使い分けはどうでしょうか。メモリの制約が特別に厳しくない限り、double型を使うのが通例です。わざわざ狭い範囲しか扱えないfloat型を使う意味があまりないからです。

16-1-2　リテラル表記

整数値同様、浮動小数点数にもリテラル表記があります。次のように小数点つきで数値をコード上に書くと浮動小数点数のリテラル値として扱われます。

```
double dn = 0.1;
```

浮動小数点数のリテラル値の型に関する規則を示します。

- fまたはFで終わる浮動小数点数リテラルの型はfloat
- dまたはDで終わる浮動小数点数リテラルの型はdouble
- その他の浮動小数点数リテラルの型はdouble

浮動小数点数のリテラルの具体例を示します。

```
3.14  // double型の浮動小数点数
1.0   // .0がなければint型整数になるので、.0をつけて浮動小数点数として扱う
3.14f // float型の浮動小数点数
```

指数部を指定するリテラル表記もあります。10進数表記では次のようにeもしくはEの後に指数を表記します。

```
1.8e1    // 1.8 x 10の1乗 = 18
1.8e-1   // 1.8 x 10の-1乗 = 0.18
```

16進数表記では次のようにpもしくはPの後に指数を表記します。

```
0x1.1p0  // (1 + 1 x (1/16)) x 2の0乗 = 1.0625
0x1.1p4  // (1 + 1 x (1/16)) x 2の4乗 = 17.0
```

整数リテラル同様、区切り文字として _(アンダースコア) 文字を使えます。ただし小数点やeやpの前後には使えません。

16-1-3 浮動小数点数の演算

整数同様、浮動小数点数の四則演算および剰余演算を行えます。単項演算として符号反転とインクリメント、デクリメント演算も可能です。次に説明する内部表現の事情があるため演算結果が期待と合致するとは限りません。

16-1-4 浮動小数点数の内部表現

浮動小数点数は大きな数が飛び飛びの値になると説明しました。その意味の理解には内部表現の説明が必要です。内部的には2進数で小数を表現しますが、わかりやすいように10進数との対比で説明します。**図16.2**のように異なる桁の数を、仮数(かすう)と基数と指数で表現します。仮数を1以上2未満に正規化して、仮数、基数、指数を一意に決めます。

図16.2 浮動小数点の基本(10進数)

$1024 \Longrightarrow 1.024 * 10^3$　　$0.1024 \Longrightarrow 1.024 * 10^{(-1)}$

1.024	: 仮数	1.024	: 仮数
10	: 基数	10	: 基数
3	: 指数	-1	: 指数

実際のJavaの浮動小数点数の内部形式は、IEEE754と呼ばれる標準規格に則ります。10進数ではなく基数が2です。小数点以下に関しても**図16.3**のように基数2で考えます。

図16.3　浮動小数点の基本（2進数）

```
1.024

10進数では　(1 x 1) + (0 x 1/10) + (2 x 1/100) + (4 x 1/1000)
            n x 1/(10^m) の積和。nの値の範囲は0から9

2進数では　(b x 1) + (b x 1/2)　+ (b x 1/4)　+ (b x 1/8) + (b x 1/16) + ...
            bの値の範囲は 0 もしくは 1

1.024の2進表現を計算してみると、

1. (b x 1)のbは1          ==> 残りは 0.024
2. (b x 1/2)のbは0        ==> 残りは 0.024
3. ...しばらくbは0
4. (b x 1/64)のbは1       ==> 残りは 0.008375　(= 0.024 - (1/64))
5. (b x 1/128)のbは1      ==> 残りは 0.0005625 (= 0.008375 - (1/128))
6. ...しばらくbは0
7. (b x 1/2048)のbは1     ==> 残りは 0.00007421875 (= 0.0005625 - (1/2048))
...
```

32ビット長（float）の場合の内部的なビット表現を**図16.4**に示します。IEEE754は64ビット長（double）の形式も決めています。double型であれば各部のビット幅が異なります。考え方は同じなので短いビット長のfloat型で説明します。

図16.4　IEEE754

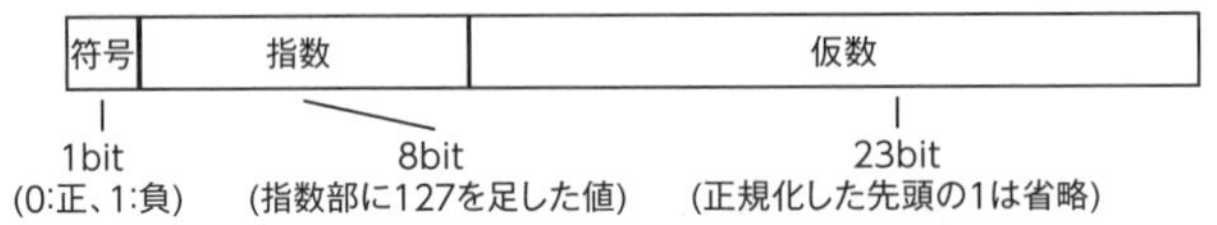

■floatの内部表現の具体例

floatの内部表現（ビット表現）の求め方とその内部表現の具体例を説明します（**図16.5～図16.7**）。

図16.5　0.5のfloatの内部表現

```
Integer.toBinaryString(Float.floatToRawIntBits(0.5f))
//=> 00111111000000000000000000000000
```

上記出力をIEEE754の形式に分割すると

```
0 01111101 00000000000000000000000
```

[解説]
(上記の値が0.5と対応する説明)

2進表現　2^0 x 0 + 2^{-1} x 1　=> 0.1 x 2^0
正規化(仮数の1桁目を1以上2未満) => 1.0 x 2^{-1}
仮数の1桁目はコード化しない(無駄なので) => 0
指数は127足す => -1 + 127 => 126 => 01111101(2進数)

図16.6 16のfloatの内部表現

```
Integer.toBinaryString(Float.floatToRawIntBits(16f))
//=> 01000001100000000000000000000000
```

出力をIEEE754の形式に分割すると

0 10000011 00000000000000000000000

[解説]
(上記の値が16と対応する説明)

2進表現　$2^4 \times 1 + 2^3 \times 0 + 2^2 \times 0 + 2^1 \times 0 + 2^0 \times 0$ => 10000×2^0
正規化(仮数の1桁目を1以上2未満) => 1.0000×2^4
仮数の1桁目はコード化しない => 0
指数は127足す => 4 + 127 => 131 => 10000011

図16.7 1.024のfloatの内部表現

```
Integer.toBinaryString(Float.floatToRawIntBits(1.024f))
//=> 00111111100000110001001001101111
```

出力をIEEE754の形式に分割すると

0 01111111 00000110001001001101111

[解説]
仮数部が、図11.3の (b x 1/2)以降の b と対応していることを確認してください。

16-1-5 浮動小数点数と誤差

浮動小数点数の内部表現から、2分の1、4分の1、8分の1といった分母が2のべき乗の分数や、それらの和に限り、小数点以下の数値を正確に表現できます。逆にこれら以外の数値、たとえば0.1や0.2は近似値になります。有限桁数の2進数で表現できないためです。これは次のような簡単な加算で確認できます。

```
jshell> double num = 0.1d + 0.2d
num ==> 0.30000000000000004
```

このように、浮動小数点数は意外に簡単に数値の正確性を失います。正確な数値とのずれを誤差と呼びます。小数点以下1桁のレベルですら正確性を保証できません。

常に誤差のない浮動小数点数の演算は相当困難です。浮動小数点数は近似値になるうる前提で扱ってください。

16-1-6 浮動小数点数の同値判定

浮動小数点数は基本型なので、文法的には等値演算子(==)で同値判定できます。同値になるのは内部のビットパターンが完全に一致した場合です。これはコードの見た目と必ずしも同じではありません。注意してください(**リスト16.3**)。

リスト16.3 浮動小数点数の同値判定

```
jshell> double num1 = 0.1
jshell> float num2 = 0.1f

// 見た目はどちらも0.1だが等値ではない
jshell> boolean result = num1 == num2
result ==> false
```

前項で説明したように浮動小数点数の計算に誤差はつきものです。同値判定を使わず数値が範囲内にあるかの判定のほうが現実的です。

16-1-7 浮動小数点数の特別値

浮動小数点数には、整数型の演算にない注意点があります。0による除算や特別値の存在です。浮動小数点数の場合、0による除算で例外が発生しません。**表16.2**の特別な3値が定義済みで、これらが**表16.3**の演算の結果として現れます。無限大の意味は「絶対値が大きすぎて意味を持たない数値」です。NaNはNot a Numberの略です。数値として無意味なことを示す特別値です。

表16.2 浮動小数点数の特別値

識別子	意味
POSITIVE_INFINITY	正の無限大
NEGATIVE_INFINITY	負の無限大
NaN	Not a Number

表16.3 浮動小数点数の特別値をもたらす演算

x	y	x/y	x%y
通常値	0.0	無限大	NaN
通常値	無限大	0.0	x
0.0	0.0	NaN	NaN
無限大	通常値	無限大	NaN
無限大	無限大	NaN	NaN

表16.2の値はDouble.javaの中で**リスト16.4**のように定義されています。コードの中でDouble.POSITIVE_INFINITYのように使います。Float.javaにも同様の定義が存在します。

リスト16.4　Double.javaから抜粋（特別値の定義）

```
public static final double POSITIVE_INFINITY = 1.0 / 0.0;
public static final double NEGATIVE_INFINITY = -1.0 / 0.0;
public static final double NaN = 0.0d / 0.0;
```

■境界値や特別値の演算

整数型の演算の場合、境界値での桁あふれが注意点でした（「**5-1-3 桁あふれ**」参照）。桁あふれの要因はビットパターンを連続的に解釈している点にあります。

浮動小数点数の境界値に当たるのは、MAX_VALUEとMIN_VALUEです。演算結果の絶対値がこれらの境界値を超えて意味をなさなくなった時、演算結果が無限大（POSITIVE_INFINITYとNEGATIVE_INFINITY）になります（**リスト16.5**）。この挙動は整数型のようにビットパターン起因の動作ではなく単なる仕様です。MAX_VALUEに1を加算したビットパターンがPOSITIVE_INFINITYになっているわけではないからです。

リスト16.5　最大値と無限大

```
// MAX_VALUEに数値を加算しても普通はMAX_VALUEのまま
jshell> double n = Double.MAX_VALUE + 9999999
jshell> boolean result = n == Double.MAX_VALUE
result ==> true

// MAX_VALUEを超えてそれ以上の演算の意味を失う場合、POSITIVE_INFINITYになる
jshell> double n = Double.MAX_VALUE + 1e292
jshell> boolean result = n == Double.POSITIVE_INFINITY
result ==> true
```

無限大およびNaNの特別値の内部表現は特定のビットパターンです。他の値との連続性はありません。このため特別値に対する演算の結果がたまたま元の数値に戻ることはありません。特別値にはJavaが決めた（正確にはIEEE754規格が決めた）演算規則があるだけです。無限大の演算の具体例を**リスト16.6**に紹介します。無限大の演算結果は、無限大またはNaNになるかのいずれかです。

リスト16.6　無限大の演算例

```
// ゼロ除算の結果は無限大。除数の0を0.0と記載しても同じ結果（以後も同様）
jshell> double infi = 1.0 / 0
infi ==> Infinity

// 無限大に0以外の数値で四則演算しても結果は無限大。下記MAX_VALUEの代わりに任意の非ゼロの数値でも同じ結果
jshell> double infi2 = infi * Double.MAX_VALUE
infi2 ==> Infinity

// 無限大と0の乗算の結果はNaN
```

```
jshell> double infi3 = infi * 0
infi3 ==> NaN

// 無限大同士の等値演算は真
jshell> boolean result = infi == infi2
result ==> true

// 無限大同士の加算の結果は無限大（乗算も同様）
jshell> double infi4 = infi + infi
infi4 ==> Infinity

// 無限大同士の減算の結果はNaN（除算も同様）
jshell> double nan1 = infi - infi
nan1 ==> NaN
```

NaNの演算例を**リスト16.7**に示します。ある意味、NaNの演算規則は簡単です。NaNを使う演算結果は常にNaNだからです。開発者の視点では、変数の値が1度NaNになってしまうと2度とNaN以外には戻らない、と解釈できます。

リスト16.7　NaNの演算例

```
jshell> double nan1 = 0.0 / 0
nan1 ==> NaN

// NaNの演算結果は常にNaN。下記MAX_VALUEを任意の数値に変えても同じ結果
jshell> double nan2 = nan1 * Double.MAX_VALUE
nan2 ==> NaN

// NaNと無限大の演算結果も常にNaN
jshell> double nan3 = nan1 * Double.POSITIVE_INFINITY
nan4 ==> NaN

// NaNと0の演算結果も常にNaN
jshell> double nan4 = nan1 * 0
nan6 ==> NaN

// NaNとNaNの演算結果も常にNaN
jshell> double nan5 = nan1 - nan1
nan9 ==> NaN
```

■NaNの等値判定

NaN同士の等値演算は常に偽です。非等値演算は真です。これはJavaの等値演算の唯一の例外動作です。NaNの「どんな数値とも等しくない仕様」を優先した動作です。NaN判定にはDouble.isNaNメソッドまたはFloat.isNaNメソッドを使ってください（**リスト16.8**）。

リスト16.8　NaNの等値判定

```
jshell> double nan = Double.NaN

// NaN同士の等値演算は偽
jshell> boolean result = nan == nan
result ==> false

// NaN同士の非等値演算は真
jshell> boolean result = nan != nan
result ==> true

// Double.isNaNメソッドでNaN判定可能
jshell> boolean result = Double.isNaN(nan)
result ==> true
```

■特別値の指針

浮動小数点数の特別値の現実的な指針例を紹介します。

- **演算結果が無限大（POSITIVE_INFINITYとNEGATIVE_INFINITY）になる場合は仕様自体を見直す**
- **演算結果が特別値になる場合、特別値が外部に拡散しないようにする**

演算結果が無限大になる場合、扱う数値の単位の変更を検討してみてください。長さの単位がミリメートルの時、メートルやキロメートルにするような変更です。これが無理な場合、double型より大きな範囲の数値を扱える数値演算ライブラリ利用への切り替えを検討してください。Double.isInfiniteメソッドで無限大の判定コードを記述したとしても対応できることが限られるからです。

NaNは参照型におけるnullに似た存在です。様々な要因で発生しえます。NaNの演算はいくら続けても無意味なので、結果がNaNになる演算の多くは実質的にエラーです。

無限大やNaNをファイルやデータベースに記録したり外部システムに送信しないようにしてください。余計な作業を先送りする羽目になります。

16-2 型変換

16-2-1　拡大変換と縮小変換

「**5章 数値とブーリアン**」で整数型の型変換を説明しました。ここで浮動小数点数型も含めた型変換をまとめます。

拡大変換は19種類、縮小変換は23種類存在します。拡大変換はキャストなしで変換できます。縮小変換にはキャストが必要です。

Part 1
Part 2
Part 3
Part 4

● **拡大変換（合計19種類）**
- byteからshort、int、long、float、doubleへの変換
- shortからint、long、float、doubleへの変換
- charからint、long、float、doubleへの変換
- intからlong、float、doubleへの変換
- longからfloat、doubleへの変換
- floatからdoubleへの変換

● **縮小変換（合計23種類）（キャストが必要）**
- byteからcharへの変換
- shortからbyte、charへの変換
- charからbyte、shortへの変換
- intからbyte、short、charへの変換
- longからbyte、short、char、intへの変換
- floatからbyte、short、char、int、longへの変換
- doubleからbyte、short、char、int、long、floatへの変換

● **拡大変換後に縮小変換（キャストが必要）**
- byteからcharへの変換（byteからintに拡大変換。intからcharに縮小変換）

16-2-2 数値とboolean値の型変換

数値とboolean値との間の型変換は存在しません。たとえば整数値の0をfalseに、0以外をtrueに変換したい場合は自分で次のような条件分岐コードを書いてください。

```
// int i を仮定
boolean b = (i != 0) ? true : false;
```

16-2-3 整数と浮動小数点数の間の型変換

浮動小数点数から整数に変換すると、小数点以下の情報が抜け落ちます。四捨五入ではなく切り捨てです（**リスト16.9**）。

リスト16.9 浮動小数点数から整数への変換（切り捨て）

```
jshell> double num = 3.99
jshell> int i = (int)num
i ==> 3
```

浮動小数点数型は整数型より絶対値の大きい整数値を扱えます。このため浮動小数点数型から整数型への型変換時、値を保持できる保証はありません（**リスト16.10**）。縮小変換には常にこの

ように値が変わりうる危険があります。縮小変換時に値を保持可能な数値かどうかを確認するのは開発者の責任です。

リスト16.10 浮動小数点数から整数への変換(数値が変わる)

```
jshell> double di = Integer.MAX_VALUE * 2d
di ==> 4.294967294E9

// 数値が変わる。符号は維持
jshell> int i = (int)di
i ==> 2147483647
```

整数から浮動小数点数への拡大変換でも情報が落ちることがあります。精度の損失と言います。コード例を示します(**リスト16.11**)。整数値は16777217ですがfloat型に拡大変換すると16777216になります(注1)。

リスト16.11 精度の損失の例(整数から浮動小数点数への変換)

```
// 16777217 = 2の24乗 + 1
jshell> int i = 16777217
jshell> float num = i
num ==> 1.6777216E7
```

16-2-4 数値昇格

「**5-3-4 演算時の型変換(昇格)**」で昇格と呼ぶ型変換を説明しました。昇格とは、異なる型のオペランドで算術演算する時、狭い型のオペランド値を広い型に自動で拡大変換してから演算する仕組みです。

浮動小数点数も含めて数値昇格の規則をまとめます。上にある規則から先に適用されます。

● **数値昇格(オペランドの型が一致するまで上から適用)**
- オペランドの1つがdouble型の場合、もう1つのオペランドの型をdouble型に拡大変換
- オペランドの1つがfloat型の場合、もう1つのオペランドの型をfloat型に拡大変換
- オペランドの1つがlong型の場合、もう1つのオペランドの型をlong型に拡大変換
- 両方のオペランドの型をint型に拡大変換

数値昇格起因のバグはあまりありません。異なる数値型の演算のために裏で自動で動いてくれる仕組みだからです。一方、数値昇格を期待したコードで数値昇格をしないバグはあります。

具体例を**リスト16.12**に示します。リスト16.12の最初の乗算の意図は、int型の数値範囲を超

(注1) 2の24乗を狙い撃ちしているのはIEEEの内部表現でfloat型の仮数部が23ビットだからです。仮数部のビット数を越える整数値は、飛び飛びの整数値しか表現できなくなるため精度の損失が起きます。

える数値をlong型変数を使って回避するコードです。しかしこの乗算は意図どおりに動作しません。数値リテラルの2がint型なのでint型のまま乗算をするからです。数値リテラルを2Lにしてlong型にすると数値昇格によりlong型同士の乗算になります。

リスト16.12　数値昇格しない例

```
jshell> int i = Integer.MAX_VALUE

// int同士の演算扱い(数値昇格していない)
jshell> long li = i * 2
li ==> -2

// 片方のオペランドをlong型にすると数値昇格する
jshell> long li2 = i * 2L
li2 ==> 4294967294
```

16-3　数値クラス(数値ラッパークラス)

数値基本型に対応する数値クラスがあります(**表16.4**)。数値ラッパークラスとも呼びます(注2)。数値クラスのオブジェクトを数値オブジェクトと記載します。

表16.4　数値ラッパークラス一覧

数値クラス	基本型
java.lang.Boolean	boolean
java.lang.Character	char
java.lang.Byte	byte
java.lang.Short	short
java.lang.Integer	int
java.lang.Long	long
java.lang.Float	float
java.lang.Double	double

数値クラスを使う場面は主に次の場合です。

- クラスメソッドの利用
- 数値をオブジェクトとして扱いたい場合
- 特に、コレクションの要素に数値を使う場合(典型的な用途)

クラスメソッドの利用は「**5章 整数とブーリアン**」などで実例を紹介済みです。本章は数値オブジェクトの扱いを説明します。実開発で数値オブジェクトを扱いたい理由の大半はジェネリッ

(注2)　Booleanクラスを数値クラスに分類するのはやや乱暴ですが、性質が似ているので一緒に説明します。また数値クラスではありませんがjava.lang.Voidクラスも存在します。

ク型と関連します。ジェネリック型の型変数が基本型を表現できないためです。

16-3-1 数値オブジェクトの生成

数値オブジェクトはnew式で生成をしないでください。代わりにボクシング変換（後述）またはvalueOfクラスメソッドを使ってください（**リスト16.13**）。

リスト16.13 数値オブジェクトの生成

```
Integer i = 7; // ボクシング変換。通常はこれを使う
Integer i = Integer.valueOf(7); // 問題のないオブジェクト生成方法
Integer i = new Integer(7);      // 推奨しないオブジェクト生成方法（動作に支障はありません）
```

絶対値の小さい数の場合、valueOfメソッドは同一の数値オブジェクトを返します。ボクシング変換も同様です。これがvalueOfメソッドおよびボクシング変換の使用を勧める理由です。同一オブジェクト再利用の価値は、次に説明するオブジェクトの不変性と関連します。

■数値オブジェクトの不変性

数値クラスは不変クラスです。数値1の値を持つオブジェクトに数値2の値を持つオブジェクトを加算すると、結果は数値3の値を持つ別のオブジェクトになります。

不変クラスの場合、同じ数値に対して常に同一オブジェクトを使うほうが効率的です。かつオブジェクト再利用に起因するバグもありません。可変オブジェクトの再利用の場合、意図しない変更の影響を受ける危険がありますが、不変オブジェクトにはこの危険がないからです。

■数値オブジェクトの演算

数値オブジェクトに対して数値演算できるように見えます（**リスト16.14**）。次に説明するボクシング変換とアンボクシング変換によるものです。このため数値演算の挙動は基本型の整数と同じです。

リスト16.14 数値オブジェクトの演算

```
jshell> Integer i0 = 100
jshell> Integer i1 = 210
jshell> Integer sum = i0 + i1
sum ==> 310

// 小数点以下は切り捨て
jshell> Integer div = i1 / i0
div ==> 2

jshell> Integer div2 = i0 / i1
div2 ==> 0
```

```
// 数値0 (ゼロ) による除算はArithmeticException実行時例外
jshell> Integer zero = 0
jshell> Integer div3 = i0 / zero
|  Exception java.lang.ArithmeticException: / by zero

// オペランドがnullの場合、NullPointerException実行時例外
jshell> Integer iNull = null
jshell> Integer sum = i0 + iNull
|  Exception java.lang.NullPointerException: Cannot invoke "java.lang.Integer.intValue()"
```

16-3-2　ボクシング変換とアンボクシング変換

ボクシング変換は、基本型数値を数値オブジェクトに自動的に変換する仕組みです。次の例を見てください。

```
Integer i = 10;
```

上記代入式の右辺は内部的にInteger.valueOf(10)と同じ動作になりIntegerオブジェクトを生成します。

ボクシング変換により、基本型の数値をあたかもオブジェクトのように扱えます。典型的な使用シーンは数値コレクションの要素です(**リスト16.15**)。

リスト16.15　ボクシング変換の使用

```
// Integer型要素のArrayList
jshell> var list = new ArrayList<Integer>()

// コード上、基本型の数値をそのままArrayListに追加できる
// ArrayListの内部ではボクシング変換で数値オブジェクトを使用
jshell> list.add(1)
jshell> list.add(2)
jshell> list
list ==> [1, 2]
```

逆に数値オブジェクトから基本型数値への変換をアンボクシング変換と言います。リスト16.15のコレクションの要素を次のように取り出せます。

```
int i = list.get(0); // アンボクシング変換
```

代入先の変数の型をvarにするとアンボクシング変換は起きません(**リスト16.16**)。アンボクシング変換は代入先の変数の型が基本型の時に発生します。

リスト16.16 数値オブジェクトのまま要素取り出し

```
jshell> var list = new ArrayList<Integer>()
jshell> list.add(1)  // ボクシング変換

// 代入先の変数の型をvar指定(アンボクシング未発生)
jshell> var i = list.get(0)

// 変数iの型はInteger
jshell> var clazz = i.getClass()
clazz ==> class java.lang.Integer
```

■暗黙の変換処理

ボクシング変換により、コードの見た目上は数値オブジェクトに対する数値演算が可能です。便利ですが裏側でオブジェクト生成が起きることを忘れないでください。見た目に反した非効率なコードになりえます。

またアンボクシング変換により、従来は発生しなかったNullPointerException実行時例外が起きうる点も注意しなければいけません。

■Booleanクラスの3状態

Booleanオブジェクトにもボクシング変換およびアンボクシング変換があります。アンボクシング変換によりBooleanオブジェクトをif文やwhile文などの条件式に記述可能です。しかし基本型のboolean型にはない注意点があります。Boolean型変数はnullになる可能性があり、事実上、3状態の値だからです。たとえば**リスト16.18**はNullPointerException実行時例外が発生します。

リスト16.18 Boolean型変数でNullPointerException実行時例外が発生

```
void method(Boolean b) {
    if (b) {
        System.out.println("true");
    } else {
        System.out.println("false");
    }
}

// 呼び出し側
Boolean b = null;
method(b);
```

3状態を確実に検出するには**リスト16.19**のように条件分岐する必要があります。

リスト16.19 Booleanオブジェクトの3状態の条件分岐

```
if (b == null) {
    System.out.println("null");
```

```
} else if (b) {
    System.out.println("true");
} else {
    System.out.println("false");
}
```

通常、このようなコードを書かないほうが無難です。Booleanオブジェクトには次の2つの定数のいずれかが確実に代入されるように保証するほうが簡単だからです。

- Boolean.TRUE
- Boolean.FALSE

16-3-3 数値オブジェクトの同値性

多くの場合、数値オブジェクトの同値判定は同一性ではなく同値性の判定をしたいはずです。つまり参照先オブジェクトの一致を判定したいのではなく値の同値性を判定したいはずです。

数値オブジェクトの同値判定のためにはequalsメソッドを使ってください。

数値オブジェクトを==演算子で判定すると同値判定と結果が同じになる場合があります。絶対値が小さい数値の場合、同じ数値に同一の数値オブジェクトを使いまわすキャッシュが存在するためです。たとえば**リスト16.20**のコードは期待どおりの動作をします。

リスト16.20　たまたま==演算で数値オブジェクトを同値判定できる例

```
jshell> Integer i0 = 1
jshell> Integer i1 = 1

// 結果は常に真だが使用は危険 (i0.equals(i1) のほうが良い)
jshell> boolean result = i0 == i1
result ==> true
```

リスト16.20の動作に依存するコードはバグと思ってください。絶対値の大きい数値にはキャッシュがなく、==演算子の結果が偽になるからです(**リスト16.21**)。

リスト16.21　==演算で数値オブジェクトを同値判定できない例

```
jshell> Integer i0 = 1000
jshell> Integer i1 = 1000

jshell> boolean result = i0 == i1
result ==> false
```

■数値オブジェクトと基本型数値の同値比較

数値オブジェクトと基本型の数値は==演算で同値判定可能です。数値オブジェクトをアンボクシング変換して基本型数値として同値判定するからです(**リスト16.22**)。しかし次節に説明する微妙な危険があるので、基本型数値と数値オブジェクトの同値判定もequalsメソッドを使うほうが防衛的です。この場合、equalsの実引数の基本型数値に対してボクシング変換が発生します。

リスト16.22　数値オブジェクトと基本型数値の同値比較

```
jshell> Integer i0 = 1000
jshell> int i1 = 1000

// 基本的には問題のない判定
jshell> boolean resuls = i0 == i1
resuls ==> true

// equalsメソッドのほうが防衛的
jshell> boolean resuls = i0.equals(i1)
resuls ==> true
```

■ボクシング変換と同値判定

ボクシング変換と同値判定が絡むとやっかいなバグが発生します。**リスト16.23**はint型の同値性判定のために==演算子を使っています。このコードには何の問題もありません。

リスト16.23　変更前のコード(問題なし)

```
// レコードクラスではなくクラスでも同様です
jshell> record MyRecord(int val) {}

jshell> var my1 = new MyRecord(1234)
jshell> var my2 = new MyRecord(1234)

jshell> boolean result = my1.val() == my2.val()
result ==> true
```

リスト16.23を**リスト16.24**のように変更したとします。コードはコンパイルエラーになりません。しかしコードの挙動が変わります。変更前に真だった同値判定が偽になります。なお数値の絶対値が小さい場合はキャッシュがあるためコード変更前と動作が変わりません。

リスト16.24　リスト16.23を変更後のコード(コンパイルエラーにならない)

```
// レコードコンポーネントの型をintからIntegerに変更
jshell> record MyRecord(Integer val) {}

jshell> var my1 = new MyRecord(1234)
jshell> var my2 = new MyRecord(1234)

// 意図せずに結果が変わってしまう
// equalsメソッドを使うように書き換えなければいけない
jshell> boolean result = my1.val() == my2.val()
```

```
result ==> false
```

この結果の変化は非常に見つけにくいので、発見は静的解析ツールに頼るほうが賢明です。

16-3-4 数値オブジェクトの大小比較

数値オブジェクトの大小比較はcompareToメソッドまたは大小比較の関係演算子を使います(**リスト16.25**)。数値オブジェクトと基本型数値の大小比較もそのままのコードを使えます。アンボクシング変換をするからです。

同値判定にあったような、絶対値の大きさで動作が変わるような問題はありません。

リスト16.25 数値オブジェクトの大小比較

```
jshell> Integer i0 = 100
jshell> Integer i1 = 99

jshell> boolean result = i0 > i1
result ==> true

// 返り値の意味は「3-4-2 文字列の大小比較とソート処理」参照
jshell> int result = i0.compareTo(i1)
result ==> 1
```

16-4 ビット演算

Javaでビット演算をするには主に2つの手段があります。1つは基本型整数のビット演算の使用です。もう1つはjava.util.BitSetクラスの使用です。

基本型整数を使うビット演算はビット長が限られます。最大でもlong型の64ビットです。可読性も高くありません。しかしメモリ効率と実行速度が長所です。ビット演算を使う目的はメモリ効率と実行速度であることが多いので、基本型整数を使うビット演算に意味があります。

基本型整数のビット演算の演算子の一覧は「**12-7 論理演算**」を参照してください。Javaの演算子とビット演算の真理値表の対応表を示します(**表16.5**)。

表16.5 ビット演算の真理値表とJavaの演算子

<table>
<tr><th>x</th><th>y</th><th>0</th><th>~(x|y)</th><th>-</th><th>~x</th><th>-</th><th>~y</th><th>x^y</th><th>~(x&y)</th><th>x&y</th><th>~(x^y)</th><th>y</th><th>-</th><th>x</th><th>-</th><th>x|y</th><th>~0</th></tr>
<tr><td>0</td><td>0</td><td>0</td><td>1</td><td>0</td><td>1</td><td>0</td><td>1</td><td>0</td><td>1</td><td>0</td><td>1</td><td>0</td><td>1</td><td>0</td><td>1</td><td>0</td><td>1</td></tr>
<tr><td>0</td><td>1</td><td>0</td><td>0</td><td>1</td><td>1</td><td>0</td><td>0</td><td>1</td><td>1</td><td>0</td><td>0</td><td>1</td><td>1</td><td>0</td><td>0</td><td>1</td><td>1</td></tr>
<tr><td>1</td><td>0</td><td>0</td><td>0</td><td>0</td><td>0</td><td>1</td><td>1</td><td>1</td><td>1</td><td>0</td><td>0</td><td>0</td><td>0</td><td>1</td><td>1</td><td>1</td><td>1</td></tr>
<tr><td>1</td><td>1</td><td>0</td><td>0</td><td>0</td><td>0</td><td>0</td><td>0</td><td>0</td><td>0</td><td>1</td><td>1</td><td>1</td><td>1</td><td>1</td><td>1</td><td>1</td><td>1</td></tr>
</table>

表16.5に従いビットごとに値を計算すれば、ビット演算の結果を得られます。次の演算を考

えてみます。

```
0b010 & 0b111  // 2進数表記
2 & 7          // 上記と同じ値を10進数表記
```

ビット演算に桁上がりはないので桁ごとに考えます。上位桁から見ると、0と1の&は0、1と1の&は1、0と1の&は0です(真理値表を参照)。演算結果は0b010(10進数で2)になります。

16-4-1 ビットフラグ

ビットフラグとはビットの0と1で状態を表現する実装技法です。0を1に変更する演算をフラグを立てる(または上げる)、1を0に変更する演算をフラグを降ろす(または下げる)と表現します。省メモリで多数の状態管理をしたい場合に使います。

基本型整数でビットフラグを実装するにはビット演算を使用します。別解もありますが次の4つが基本操作です。

- ビットを立てる操作: 立てたいビット値のみ1にしたビット列とOR演算
- ビットを降ろす操作: 降ろしたいビット値のみ0にしたビット列とAND演算
- ビットを反転する操作: 反転したいビット値のみ1にしたビット列とXOR演算
- ビット判定操作: 判定したいビット値のみ1にしたビット列とAND演算した値を判定。結果が0であればビットが降りている

具体例を**リスト16.26**に示します。慣れていれば読めますが、慣れていない人向けにはコメントが必要なコードになります。

リスト16.26 ビット演算を使うビットフラグ

```
// すべてのフラグが落ちた初期値
jshell> int bitFlag = 0

// 3ビット目(右から3番目のビット。0始まり。以後同様)のフラグを立てる
// 下記の(1 << 3)は0b1000のリテラル表記でも記述可能(以後も同様)
jshell> bitFlag |= (1 << 3)

// 3ビット目のフラグチェック(立っている)
jshell> boolean result = (bitFlag & (1 << 3)) != 0
result ==> true

// 2ビット目のフラグを立てる
jshell> bitFlag |= (1 << 2)

// 2ビット目のフラグチェック(立っている)
jshell> boolean result = (bitFlag & (1 << 2)) != 0
result ==> true
```

```
// 2ビット目のフラグを降ろす
// 2ビット目のみ0の数値は、2ビット目のみ1にした数値の~演算で作成
jshell> bitFlag &= ~(1 << 2)

// 2ビット目のフラグチェック(降りている)
jshell> boolean result = (bitFlag & (1 << 2)) != 0
result ==> false

// 3ビット目のフラグ値の反転
jshell> bitFlag ^= (1 << 3)

// 3ビット目のフラグチェック(降りている)
jshell> boolean result = (bitFlag & (1 << 3)) != 0
result ==> false
```

■BitSetクラス

BitSet使用の長所は任意長のビット列を操作できる点です。なおBitSetは不変クラスでない点に注意してください。

リスト16.26と等価なコードをBitSetオブジェクトを書いたコードが**リスト16.27**です。ビットの上げ下ろし処理に限定すればBitSetのほうが可読性の高いコードにできます。

リスト16.27　BitSetオブジェクトを使うビットフラグ

```
// 4ビットのビットフラグとしてBitSetオブジェクトを生成
jshell> var bitFlag = new BitSet(4)

// 3ビット目のフラグを立てる
jshell> bitFlag.set(3)

// 3ビット目のフラグチェック(立っている)
jshell> boolean result = bitFlag.get(3)
result ==> true

// 2ビット目のフラグを立てる
jshell> bitFlag.set(2)

// 2ビット目のフラグチェック(立っている)
jshell> boolean result = bitFlag.get(2)
result ==> true

// 2ビット目のフラグを降ろす
jshell> bitFlag.clear(2)

// 2ビット目のフラグチェック(降りている)
jshell> boolean result = bitFlag.get(2)
```

```
result ==> false

// 3ビット目のフラグ値の反転
jshell> bitFlag.flip(3)

// 3ビット目のフラグチェック(降りている)
jshell> boolean result = bitFlag.get(3)
result ==> false
```

16-4-2 ビット長を拡張する変換

intからlongへ型変換する時、**リスト16.28**のようなコードを書く場合があります。

リスト16.28 ビット長を拡張する変換

```
final static long LONG_MASK = 0xffffffffL;

// 変数xの型はint
// intからlongへの型変換
long lx = x & LONG_MASK;
```

普通に型キャストを使わない理由は、拡大変換時の符号維持の動作が意図に反する場合があるためです。

説明のためにintを4ビット長、longを8ビット長だと仮定して具体的に説明します。intの1111(4ビット長)をlong(8ビット長)に拡大変換すると、結果は11111111になります。通常は意図した動作です。10進数で考えるとどちらも-1だからです。

数値の維持ではなくビットの並びを維持したままビット長を拡大したい場合があります。上記例で言えば1111から00001111が欲しいような場合です。この場合にリスト16.28のような演算を使います。intの32ビット部分を変化させないままビット長をlong長の64ビットに拡張できます。

16-5 BigIntegerとBigDecimal

16-5-1 BigInteger

java.math.BigIntegerクラスを使うとlong型より広い範囲の整数を扱えます。

Integerなどの数値クラスと違い、BigIntegerにはボクシング変換がありません。このため明示的なオブジェクト生成が必要です。

数値クラス同様、オブジェクト生成はnew式使用ではなくBigInteger.valueOfメソッド使用を推奨します。valueOfメソッドを使うと効率性のために同じオブジェクトを使いまわせる場合があるからです。BigIntegerは数値クラスと同じく不変クラスです。オブジェクト再利用に起因するバグは発生しません。

■BigIntegerの演算

ボクシング変換がないので、BigIntegerオブジェクト同士の直接の算術演算コード記述はできません。BigIntegerの値で演算するには算術演算用のメソッドを使います。BigIntegerの加算のコードは**リスト16.29**のようになります。

リスト16.29 BigIntegerオブジェクトの演算

```
jshell> var num1 = BigInteger.valueOf(7)
jshell> var num2 = BigInteger.valueOf(10)
// 加算
jshell> BigInteger result = num1.add(num2)
result ==> 17
```

基本型整数の演算同様、除算の結果は切り捨てです。除算の結果と剰余（余り）の両方を得るメソッドも存在します。ゼロ除算はArithmeticException実行時例外が発生します。次に説明する同値比較で除数の事前ゼロ判定をしてください。除算の具体例を**リスト16.30**に示します。

リスト16.30 BigIntegerオブジェクトの除算

```
// 10を3で割った結果は3
jshell> BigInteger result = BigInteger.valueOf(10).divide(BigInteger.valueOf(3))
result ==> 3

// results[0]の値は3。results[1]の値は1
jshell> BigInteger[] results = BigInteger.valueOf(10).divideAndRemainder(BigInteger.valueOf(3))
results ==> BigInteger[2] { 3, 1 }

// ゼロ除算はArithmeticException実行時例外
jshell> BigInteger result = BigInteger.valueOf(10).divide(BigInteger.valueOf(0))
|  Exception java.lang.ArithmeticException: BigInteger divide by zero
```

■BigIntegerの同値判定と大小比較

BigIntegerオブジェクトの同値判定にはequalsメソッドを使ってください。数値クラス同様、==演算の等値比較でたまたま同値比較できる場合があります。しかしこの動作に依存するのはバグのもとです。

大小比較にはcompareToメソッドを使います。

BigIntegerを使うプログラムは特殊な領域になります。詳細な使い方はAPIドキュメントを参照してください。

16-5-2 BigDecimal

整数型ではなく浮動小数点数型を使う理由の多くは、小数を扱うためです。すでに説明したように浮動小数点数の多くの値は近似値です。このため、たとえば金額計算に浮動小数点数演算は向いていません。

金額計算などの用途に使えるjava.math.BigDecimalクラスがあります。BigDecimalは内部的に浮動小数点形式ではなく有限桁数の小数で値を保持します。事前に決めた桁数の範囲で、誤差のない加減算の演算結果を保証します。乗算と除算に関してはいろいろな丸め操作を提供します。丸め操作とは四捨五入のような計算のことです。詳細は後述します。

■BigDecimalオブジェクトの生成

BigDecimalオブジェクトは不変オブジェクトです。数値クラスやBigInteger同様、BigDecimal.valueOfメソッドがあります。整数もしくは浮動小数点数をvalueOfメソッドの引数に渡してBigDecimalオブジェクトを生成できます。しかし数値クラスやBigIntegerと異なり、BigDecimal.valueOfメソッドの使用は推奨しません。コードの見た目と内部値の動作が一致しない場合があるからです(**リスト16.31**)(注3)。

リスト16.31 BigDecimalオブジェクト生成

```
// 内部的に小数点以下2桁
jshell> var num1 = new BigDecimal("1.00")
num1 ==> 1.00

// 内部的に小数点以下1桁
jshell> var num2 = BigDecimal.valueOf(1.00)
num2 ==> 1.0

// num1とnum2のequals判定は偽(詳しくは「BigDecimalの比較」参照)
jshell> boolean result = num1.equals(num2)
result ==> false
```

この注意があるのでBigDecimalオブジェクトは文字列表現からnew式で生成するスタイルを勧めます。以後、BigDecimalオブジェクトを文字列からnew式で生成します。

■BigDecimalの演算

BigInteger同様、BigDecimalも算術演算のためにメソッドを呼ぶ必要があります(**リスト16.32**)。

(注3) BigDecimalが内部で小数点以下の桁数を持つのが理由です。

リスト16.32　BigDecimalの演算（加算）

```
jshell> var num1 = new BigDecimal("1.024")
jshell> var num2 = new BigDecimal("10.24")
jshell> BigDecimal result = num1.add(num2)
result ==> 11.264
```

除算には注意点があるので後ほど説明します。

■BigDecimalの内部動作

BigDecimalオブジェクトは内部的に有効数値の桁数（精度）と小数点以下の桁数（スケール）を持ちます(注4)。このため内部的には1.0と1.00を別物として扱います。この違いに関する注意点は次項の値比較で説明します。

BigDecimalの加減算時は小数点以下の桁数を、桁数が大きい方のオペランドに合わせてから演算します。この動作により加減算で誤差は生じません。乗算時も精度とスケールが自動で増えるので普通は気にせず演算できます(注5)。減算と乗算の例を**リスト16.33**に示します。

リスト16.33　BigDecimalの減算と乗算

```
// 内部的には精度1、スケール0
jshell> var num1 = new BigDecimal("1")
// 内部的には精度1、スケール8
jshell> var num2 = new BigDecimal("0.00000001")

// 減算
jshell> BigDecimal result = num1.subtract(num2)
result ==> 0.99999999

// resultは内部的に精度8、スケール8
jshell> int precision = result.precision()
precision ==> 8
jshell> int scale = result.scale()
scale ==> 8

// 乗算
jshell> BigDecimal result2 = result.multiply(result)
result2 ==> 0.9999999800000001

// result2は内部的に精度16、スケール16
jshell> int precision = result2.precision()
precision ==> 16
jshell> int precision = result2.scale()
```

（注4）　スケールを負数にすると小数点以下の桁数ではなく10の累乗の乗算になります。たとえば数値1とスケールマイナス2の組み合わせは10の2乗の100になります。スケール2が内部的に10のマイナス2乗の0.01になる動作と対称になっています。スケール負数時の説明は省略します。

（注5）　精度やスケールの値自体が最大値（Integer.MAX_VALUE）を超えると演算不能でArithmeticException実行時例外が発生します。

```
precisi7on ==> 16
```

16-5-3 BigDecimalの比較

BigDecimalのequalsメソッドは、値と小数点以下の桁数の両方が一致した場合にのみ真になります。つまり1.0と1.00のBigDecimalを比較すると偽になります。1.0と1.00を同値と判定したい場合はcompareToメソッドの返り値のゼロ判定をしてください(**リスト16.34**)。compareToメソッドは大小比較にも使えます。

リスト16.34 BigDecimalオブジェクトの比較

```
jshell> var num1 = new BigDecimal("1.0")
jshell> var num2 = new BigDecimal("1.00")

// 1.0と1.00は桁が異なるのでequalsは偽
jshell> boolean result = num1.equals(num2)
result ==> false

// 数値の同値判定比較のみであればcompareToを使う
jshell> int result = num1.compareTo(num2)
result ==> 0
```

16-5-4 BigDecimalの丸め操作

BigDecimalの値の小数点以下を、ある桁数の範囲におさめたい場合があります。いわゆる四捨五入、切り捨て、切り上げなどで知られる操作です。これらを丸め操作と呼びます。

丸め操作のモード指定に使うのがRoundingMode定数です(**表16.6**)。RoundingMode定数と小数点以下の桁数を指定します。BigDecimalオブジェクトのsetScaleメソッドで直接変換指定するか、もしくは演算時に指定します。演算時の指定は後ほど除算を使った例で説明します。ここでは直接変換指定する例を紹介します(**リスト16.35**から**リスト16.37**)。

表16.6 丸め操作のモード

定数	説明
RoundingMode.UP	ゼロから離れる方向に切り上げ。マイナス1.1はマイナス2になる
RoundingMode.DOWN	ゼロから近づく方向に切り捨て。マイナス1.1はマイナス1になる
RoundingMode.CEILING	切り上げ。マイナス1.1はマイナス1になる
RoundingMode.FLOOR	切り捨て。マイナス1.1はマイナス2になる
RoundingMode.HALF_UP	四捨五入(「リスト16.35」参照)
RoundingMode.HALF_DOWN	五捨四入相当(「リスト16.36」参照)
RoundingMode.HALF_EVEN	偶数丸め相当(「リスト16.37」参照)
RoundingMode.UNNECESSARY	丸め操作の禁止。丸め操作をするとArithmeticException実行時例外が発生

リスト16.35 BigDecimalの丸め操作(四捨五入)

```
jshell> var num = new BigDecimal("12.3456")

// 四捨五入して小数点以下1桁まで求める。小数点以下2桁目の数値4を四捨五入
jshell> var result = num.setScale(1, RoundingMode.HALF_UP)
result ==> 12.3

// 四捨五入して小数点以下2桁まで求める。小数点以下3桁目の数値5を四捨五入
jshell> var result = num.setScale(2, RoundingMode.HALF_UP)
result ==> 12.35

// 負数の四捨五入
jshell> var minusNum = new BigDecimal("-12.3456")
jshell> var result = minusNum.setScale(1, RoundingMode.HALF_UP)
result ==> -12.3
jshell> var result = minusNum.setScale(2, RoundingMode.HALF_UP)
result ==> -12.35
```

リスト16.36 BigDecimalの丸め操作(五捨四入相当)

```
// 一般的な「小数点以下3桁目の五捨四入」と同じ結果
jshell> var result = (new BigDecimal("12.345")).setScale(2, RoundingMode.HALF_DOWN)
result ==> 12.34

// 一般的な「小数点以下3桁目の五捨四入」と同じ結果
jshell> var result = (new BigDecimal("12.346")).setScale(2, RoundingMode.HALF_DOWN)
result ==> 12.35

// 一般的な五捨四入とは異なる結果。内部的に小数点以下3桁目より後ろを含めた判定をするため
// 下記例の場合: 12.3451は12.34より12.35に近いので12.35に丸める
jshell> var result = (new BigDecimal("12.3451")).setScale(2, RoundingMode.HALF_DOWN)
result ==> 12.35
```

リスト16.37 BigDecimalの丸め操作(偶数丸め相当)

```
// 小数点以下3桁目の5の判定動作: 12.33と12.34から等距離。小数点以下2桁目が偶数の12.34に丸める
jshell> var result = (new BigDecimal("12.335")).setScale(2, RoundingMode.HALF_EVEN)
result ==> 12.34

// 小数点以下3桁目の5の判定動作: 12.33と12.34から等距離。小数点以下2桁目が偶数の12.34に丸める
jshell> var result = (new BigDecimal("12.345")).setScale(2, RoundingMode.HALF_EVEN)
result ==> 12.34

// HALF_DOWN同様、判定は小数点以下3桁目より後ろを含めた判定
// 下記例の場合: 12.3451は12.34より12.35に近いので12.35に丸める
jshell> var result = (new BigDecimal("12.3451")).setScale(2, RoundingMode.HALF_EVEN)
result ==> 12.35
```

MathContextオブジェクトを使うと有効桁数(小数点と無関係な全体の桁数)を指定した丸め

操作になります。直接変換をするにはBigDecimalオブジェクトのroundメソッドを使います（**リスト16.38**）。

リスト16.38　有効桁数を指定した四捨五入

```
jshell> var num = new BigDecimal("12.3456")

// 四捨五入して有効桁数3桁にする。小数点以下2桁目の数値4を四捨五入
jshell> var result = num.round(new MathContext(3, RoundingMode.HALF_EVEN))
result ==> 12.3

// 四捨五入して有効桁数4桁にする。小数点以下3桁目の数値5を四捨五入
jshell> var result = num.round(new MathContext(4, RoundingMode.HALF_EVEN))
result ==> 12.35
```

16-5-5　BigDecimalの除算

BigDecimalのゼロ除算はArithmeticException実行時例外が発生します。compareToメソッドで除数の事前ゼロチェックをしてください。

10割る3のように計算結果が無限小数になる場合、ArithmeticException実行時例外が起きます（**リスト16.39**）。

リスト16.39　除算結果が無限小数（ArithmeticException例外）

```
jshell> var num1 = new BigDecimal("10")
jshell> var num2 = new BigDecimal("3")

jshell> BigDecimal result = num1.divide(num2)
|  Exception java.lang.ArithmeticException: Non-terminating decimal expansion; no exact
representable decimal result.
```

この例外の回避には計算の打ち切り規則の指定が必要です。RoundingMode定数またはMathContextオブジェクトで指定します（**リスト16.40**）。

リスト16.40　除算結果の打ち切り指定

```
// 四捨五入して小数点以下3桁まで求める。小数点以下4桁目の数値3を四捨五入
jshell> var num1 = new BigDecimal("10")
jshell> var num2 = new BigDecimal("3")

jshell> BigDecimal result = num1.divide(num2, 3, RoundingMode.HALF_EVEN)
result ==> 3.333

// 四捨五入して有効桁数3桁にする。小数点以下3桁目の数値3を四捨五入
jshell> BigDecimal result = num1.divide(num2, new MathContext(3, RoundingMode.HALF_EVEN))
result ==> 3.33
```

17章 クラスの拡張継承

拡張継承を使うとクラスを階層的に管理できます。最初にインタフェース継承との使い分けの指針を示します。拡張継承を使う既存コードの読み方、拡張継承に関連する構文的な注意点などを説明します。

17-1 拡張継承

17-1-1 拡張継承とインタフェース継承

「**11章 インタフェース**」でインタフェース継承を説明しました。本章で説明する拡張継承と同じ用語を使う言語機能です。何かを引き継ぐ点で共通性があります。

インタフェースは型(提供する操作)の引き継ぎのみ、拡張継承は型と実装(操作の具体的なコード)の引き継ぎ、と説明可能です。しかしこの説明だけで2つの継承の使い分けは困難です。本章で後ほど説明する抽象基底クラスは更に混乱を招きます。抽象基底クラスでインタフェース継承をほとんど模倣可能だからです。

本書の使い分けの指針を紹介します。拡張継承を実装の共有目的に使います。そして型の継承の目的を抑制します。ただし、この指針の強制はしません。指針を厳守しようとすると、後述する「抽象基底クラス、具象クラス、インタフェースの3つ組」を作る必要があります。コードがやや冗長かつ複雑化します。ただ理念としては、なるべく変数の型に基底クラスを使わないことで、

COLUMN

拡張継承の用語

歴史的に継承元のクラスに多数の呼び名があります。代表的な呼び名だけでも基底クラス(base class)、上位クラス(super class)、親クラス(parent class)です。この中でJavaの言語仕様と比較的相性が良い用語は上位クラスです。言語機能としてsuper参照などがあるからです。

しかし本書は基底クラスの用語を使います。上位や親という語感が主従関係を想起して継承元クラスのほうが主だという誤解を生むのを避けるためです。

継承先のクラスの用語は派生クラス(英語ではderived classまたはinherited class)を使います。

継承関係は相対的です。あるクラスが基底クラスであると同時に派生クラスにもなります。相手あっての呼び名だからです。

拡張継承による型の継承の目的を抑制します。

17-1-2　複数クラスにまたがる共通コード

プログラミングの基本技法の1つが重複コードの回避です。重複コードには次のような問題があるからです。それらのコードに変更が必要な時、すべての箇所のコードを変更する必要があります。しかしこのような暗黙の規則はいつか必ず誰かが忘れます。同じ処理を1ヵ所にまとめると変更忘れを防止できます(注1)。

クラスをいくつも書いていくと、複数クラスにまたがって同じもしくは似たコードを見る場合があります。このような共通部をまとめる手法として主に3つの方法があります。

- **処理(メソッド)として共通コードを分離**
- **共通コードを別クラスに分離。別クラスのオブジェクトに処理を受け渡す(委譲)**
- **共通コードを基底クラスとして分離。クラスを階層管理する(拡張継承)**

1つ目のメソッド化は伝統的手法です。これは今でも有効な技法です。

2つ目の共通コードをクラスとしてくくりだすのは、Javaで良く知られた技法です(注2)。複数のクラスに同じような処理が書かれていれば、それらを1つの役割として新しいクラスに分離します。元コードを、分離先クラスのオブジェクトのメソッド呼び出しに書き換えます。この呼び出しのために分離先オブジェクトの参照をフィールドとして持ちます。このような処理分割を示す「処理の委譲(英語でdelegation。動詞ではdelegate)」という用語を実開発でよく使います。

3つ目の共通コードを基底クラスとしてくくりだす技法が本章で説明する「拡張継承」です。

なお、これらの3つの技法は、どれが良いとかどれが新しいという話ではありません。1つの技法が他を無用にする関係ではありません。適材適所です。1つ言えるのは、より簡易な実装で要求を満たせるなら簡易なほうが良いという指針です。上記に挙げた3つの手法は基本的には簡易な順に記載しています。

17-1-3　拡張継承と委譲

基底クラスとして共通コードをくくりだす概念図を示します(**図17.1**)。対照として委譲による概念も示します。

(注1)　「本質的に同じ処理」と「同じように見えて違う処理」の見極めの難しさはあります。誤った共通化は、共通化しないことより被害が大きくなりがちです。

(注2)　既存コードにその痕跡を見る機会も多いと思います。分離指針や命名の背景を知るために「リファクタリング」の知識が役立ちます。未読であればインターネットなどで検索してみてください。

図17.1　拡張継承の単純な見方（右下は対照としての委譲）

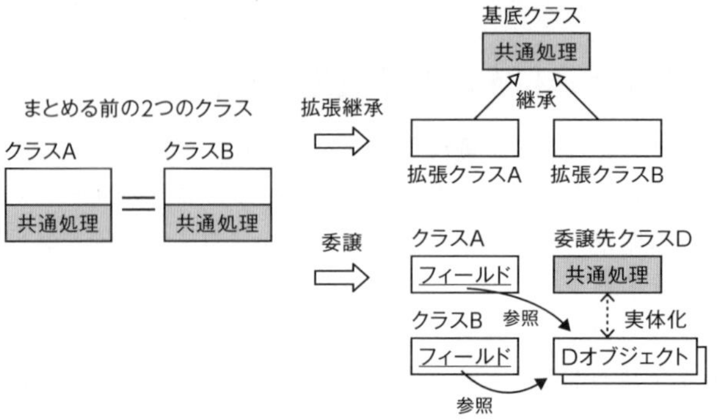

図17.1の単純な見立てを見ると拡張継承と委譲の違いは記述の差に見えます。極論すると、共通コードを上に追い出したか横に追い出したかの違いだけです。

ここまで拡張継承を、単なる共通コードの分離の文脈で説明してきました。しかし正しくは、継承は単なる共通処理の分離ではなく、型の汎化関係としてとらえる必要があります。汎化関係とは、派生型を基底型の特殊な一種という関係にすることです。「**14章 例外処理**」の例外クラスは汎化関係の実例です。基底クラスのExceptionは異常一般を表現します。派生クラス、たとえばIOExceptionはI/O処理に限定した異常を表現します。派生型ほど特殊になっています。

もう少しコード寄りの話をすると、拡張継承とは重複コードを階層構造で管理する実装技法となります。

■拡張継承と委譲の使い分け

単に共通処理を別クラスに分離するだけが目的であれば委譲を使ってください。階層構造のコード整理が必要な場合のみ拡張継承を使ってください。拡張継承の依存は委譲関係の依存よりも強固です。多くの場合、拡張継承の濫用はコードの柔軟性を落とします。

COLUMN

継承の図示

拡張継承を図示する場合、図17.1のように基底クラスを上に書き、下に書いた派生クラスから基底クラスに向けて矢印を記述します。この図示方法はインタフェース継承の図示も同様です。インタフェース名を上に書き、派生クラスからインタフェースに向けて矢印を書きます。

矢印の向きが派生の向きと反対なので混乱するかもしれません。この矢印の向きは依存の方向を示していると考えてください。相手を知っているかどうかの方向という解釈でもかまいません。派生クラスは基底クラスを知っていますが、基底クラスは派生クラスを知らないという関係です。

■コードの再利用と拡張継承

標準クラスなど既存クラスに少し機能を足して利用したい場合があります。この時、拡張継承で再利用する誘惑を自制してください。

拡張継承の利用は、該当クラスが拡張継承される意図で作られたクラスに限ってください。多くの場合、そのようなクラスは(後述する)抽象クラスであり、オーバーライドすべきメソッドが明確になっています。

拡張継承される意図が明確でないクラスの拡張継承は事故のもとです。委譲でそのクラスの機能を再利用してください。

17-2 拡張継承の構文

拡張継承はクラス宣言時に予約語extendsを使って指定します。

```
// 拡張継承したクラス宣言の文法
[修飾子] class クラス名 extends 基底クラス名 {
    クラス本体
}
```

extends節に書ける基底クラス名は1つです。複数継承可能なインタフェース継承の構文と異なります。

拡張継承は連鎖的に動作します。あるクラスAがクラスBを拡張継承、クラスBがクラスCを拡張継承している場合、クラスAはクラスCも拡張継承しています。

extends節のないクラス宣言は、暗黙的にjava.lang.Object(以後Objectクラス)の拡張継承を意味します。拡張継承の連鎖的な動作と合わせて考えると、Javaのすべてのクラスは必ずObjectクラスを直接的にせよ間接的にせよ拡張継承します。Objectクラスについては後述します。

17-2-1 拡張継承の直感的理解

拡張継承の単純な見立ては基底クラスの本体をそのまま内部に引き継ぐ理解です(**リスト17.1**)。最初の直感的な理解としては大きな問題はありません。

リスト17.1 派生クラスの単純概念

```
class Base {
    // 下記フィールド変数をprivateにしても動作します
    final String field = "Baseクラスのフィールド";
    void method() {
```

1章 2章 3章 4章 5章 6章 7章 8章 9章 10章 11章 12章 13章 14章 15章 16章 17章 18章 19章 20章 21章 22章 23章

```
        System.out.println("Baseクラスのメソッド, " + this.field);
    }
}

class My extends Base {
    // ここにBaseクラスの本体のコードがあるイメージ
}
```

```
// 使用例
jshell> var my = new My()
jshell> my.method()
Baseクラスのメソッド, Baseクラスのフィールド
```

インタフェース継承と同じように、派生クラスのオブジェクトを参照する参照型変数の型を基底クラスにできます(**リスト17.2**)。本章の冒頭で拡張継承の基底クラスを変数の型になるべく使わない指針を書きましたが、動作の説明に必要な場合に限りサンプルコードの変数の型を基底クラスにします。

リスト17.2 変数の型に基底クラスを使用可能

```
// varで変数の型を省略。暗黙的に変数の型はクラスMy型
jshell> var my = new My()
jshell> my.method()
Baseクラスのメソッド, Baseクラスのフィールド

// 変数の型を基底クラスにできる
jshell> Base my = new My()
jshell> my.method()
Baseクラスのメソッド, Baseクラスのフィールド
```

17-2-2 派生クラス

もし派生クラスが基底クラスのフィールドとメソッドを暗黙的に引き継ぐだけであれば、extendsは単なる省略記法と違いがありません。拡張継承はそれだけではありません。拡張継承の特徴は継承したメソッドを上書き(オーバーライド)して書き換えられる点にあります。

オーバーライドの説明の前に、他のクラスの構成要素もあわせて、派生クラスでどの構成要素を変更可能かをまとめます(**表17.1**)。

表17.1 拡張継承によるクラスの構成要素の変更可否

名称	追加	削除	変更
フィールド	可能	不可	隠蔽
クラスフィールド	可能	不可	隠蔽
メソッド	可能	不可	オーバーライド
クラスメソッド	可能	不可	不可
staticなネストしたクラス	可能	不可	隠蔽
staticなネストしたインタフェース	可能	不可	隠蔽
非staticなネストしたクラス	可能	不可	隠蔽
コンストラクタ	可能	不可	不可
初期化ブロック	可能	不可	不可
static初期化ブロック	可能	不可	不可

追加は常に可能で、削除は常に不可能です(コラム参照)。変更については、隠蔽、オーバーライド、不可の3パターン存在します。隠蔽について先に説明して、その後、メソッドのオーバーライドを説明します。

17-2-3 フィールド変数の隠蔽

派生クラスで基底クラスと同名のフィールド変数を宣言すると、継承元のフィールド変数を隠蔽します。**リスト17.3**で、変数の型の違いで、アクセス先のフィールドが変わる部分に着目してください。次に説明するメソッドのオーバーライドと異なる動作です。

リスト17.3 拡張継承時のフィールド変数の隠蔽

```
// 基底クラス
class Base {
    // 下記をprivateにすると使用例のbase.fieldとmy2.fieldがコンパイルエラーになる
    final String field = "Baseクラスのフィールド";
}

// 派生クラス
class My extends Base {
    // フィールド変数の隠蔽
```

COLUMN

拡張継承時の削除相当動作

UnsupportedOperationException実行時例外を投げる実装でオーバーライドすると、実質的にメソッドを無効化できます。しかしこれは削除ではなく変更の一種と見なします。

基底クラスのprivate修飾子をつけた構成要素は派生クラスからは見えません。削除に等しい動作ですがこれも削除動作ではないので削除に含めません。

```
    final String field = "Myクラスのフィールド";
}
```

```
// 使用例
// この変数の型はBase。明示的に指定しても結果は同じ
jshell> var base = new Base()
jshell> System.out.print(base.field)
Baseクラスのフィールド

// この変数の型はMy。明示的に指定しても結果は同じ
jshell> var my = new My()
jshell> System.out.print(my.field)
Myクラスのフィールド

// 変数の型でフィールドが決定
jshell> Base my2 = new My()
jshell> System.out.print(my2.field)
Baseクラスのフィールド
```

同じ名前のフィールド変数は継承元のフィールド変数を隠蔽します。継承元と継承先でフィールド変数の型が異なっていても隠蔽します。変数の隠蔽はコードの可読性を落とします。思わぬバグの原因にもなります。変数の隠蔽は避けるのが無難です。

17-2-4 メソッドのオーバーライド

派生クラスで基底クラスと同じシグネチャのメソッドを定義すると、メソッドのオーバーライド(上書き)になります(**リスト17.4**)。

リスト17.4 メソッドのオーバーライド

```
// 基底クラス
class Base {
    // privateから別のアクセス制御に変更しても結果は同じ
    private final String field = "Baseクラスのフィールド";

    void method() {
        // 下記の this.field の this は省略可能。省略しても結果は同じ
        System.out.println("Baseクラスのメソッド, " + this.field);
    }
}

// 派生クラス
class My extends Base {
    // privateから別のアクセス制御に変更しても結果は同じ
    private final String field = "Myクラスのフィールド";
```

```
    // メソッドのオーバーライド
    @Override  // 「11-3-3　メソッドのオーバーライド」参照
    void method() {
        // 下記の this.field の this は省略可能。省略しても結果は同じ
        System.out.println("Myクラスのメソッド, " + this.field);
    }
}
```

```
// 使用例
// この変数の型はBase。明示的に指定しても結果は同じ
jshell> var base = new Base()
jshell> base.method()
Baseクラスのメソッド, Baseクラスのフィールド

// この変数の型はMy。明示的に指定しても結果は同じ
jshell> var my = new My()
jshell> my.method()
Myクラスのメソッド, Myクラスのフィールド

// 変数の型をBaseにしてもMyクラスのメソッドを呼ぶ（オーバーライド）
jshell> Base my2 = new My()
jshell> my2.method()
Myクラスのメソッド, Myクラスのフィールド
```

呼ばれるメソッドの実体は、変数の型ではなくオブジェクトの型で決まります。これが隠蔽とオーバーライドの違いです。オーバーライドしたメソッドの中からフィールド変数にアクセスすると、変数の型ではなくオブジェクトの型に応じたフィールドにアクセスしている点にも注目してください。

メソッドのオーバーライドの動作原理は、インタフェース継承のオーバーライドと同じです。どんなメソッドを呼べるかの可否は変数の型で決まり、呼ばれるメソッドの実体はオブジェクトの型で決まります。リスト17.4で説明すると、Baseクラス型の変数baseに対してmethodを呼べます。呼べるかどうかは変数の型で決まるからです。実際に呼ばれるメソッドの実体は new Base() で生成したBaseオブジェクトであればBaseクラスのmethod、new My() で生成したMyオブジェクトであればMyクラスのmethodになります。

基底クラスと派生クラスのどちらのメソッドが呼ばれるかで頭を悩ませたくない場合、基底クラスのオーバーライド対象メソッドを常に抽象メソッド（後述）にする対策があります。この対策をするかどうかは基底クラスの開発者次第です。

■オーバーライドの条件

基底クラスと同じシグネチャ（メソッド名と引数の型）のメソッドを派生クラスが持てば、メソッドをオーバーライドします。シグネチャ以外に、返り値の型と投げる例外の型に条件があります。メソッドをオーバーライドする条件をまとめます。原則はインタフェースのメソッドのオー

バーライドと同じ条件です(「**11-3-3 メソッドのオーバーライド**」参照)。

- 同じメソッド名
- 引数の数と型がすべて一致。パラメータ変数の名前の一致は不要です。わざわざ変える利点はないので一致させるのが普通です
- 返り値の型が一致。もしくは返り値の型が派生型。たとえば、CharSequenceを返すメソッドをStringを返すメソッドでオーバーライド可能
- アクセス制御が一致。もしくはより緩いアクセス制御。たとえば、protectedのメソッドをpublicでオーバーライド可能
- throws節の例外型が一致。もしくはthrows節の例外型が派生型。たとえば、throws Exceptionのメソッドをthrows IOExceptionでオーバーライド可能

インタフェース継承以上に拡張継承ではオーバーライドしているつもりでできていないコードを書きがちです。@Overrideアノテーションを書く習慣を勧めます。以後のコード例ではオーバーライド時に@Overrideアノテーションを記載します。

■オーバーライドしたメソッドの返り値

オーバーライドしたメソッドの返り値の型を、元メソッドの返り値の型の派生型にできます。ここでの「派生型」とは、拡張継承もインタフェース継承もどちらも含んでいます(**リスト17.5**)。

リスト17.5　派生クラスでメソッドの返り値の型を派生型にする

```
// 基底クラス
class Base {
    Object method() {
        return new Object();
    }
}

// 派生クラス
class My extends Base {
    // 返り値の型のStringはObjectの派生型。オーバーライド可能
    @Override
    String method() {
        return "abc";
    }
}
```

考え方は「**14-6-3 throws節とメソッドのオーバーライド**」で説明した原則と同じです。該当メソッドの返り値を使うコードに影響を与えないことが原則です。この原則をリスト17.5を使って説明します。my.method()の返り値をObject型変数に代入するコードがあると仮定しま

す(注3)。変数myの参照先がMyオブジェクトだとするとmy.method()はStringオブジェクトを返します。この返却は問題ありません。StringオブジェクトをObject型変数に代入できるため、メソッド呼び出しコードの変更が不要だからです。

■クラスメソッドとオーバーライド

クラスメソッドにはオーバーライドという概念が存在しません。クラスメソッドは基本的にクラス名にドット文字を続けて呼び出します。その場合、クラスに応じたクラスメソッドを呼びます。変数を通じてクラスメソッドを呼ぶ場合でも、オブジェクトの型ではなく変数の型でクラスメソッドが決まります。

■super参照

オーバーライドしたメソッド内から、オーバーライドされた元メソッドをsuper参照を通じて呼び出せます。同様に、隠蔽されたフィールド変数もsuper参照を通じてアクセスできます(**リスト17.6**)。private修飾子がついたメソッドおよびフィールドはsuper参照でアクセスできません。

リスト17.6 super参照

```
// 基底クラス
class Base {
    // 下記をprivateにするとMyクラス側のsuper.fieldがコンパイルエラーになる
    final String field = "Baseクラスのフィールド";
    void method() {
        System.out.println("Baseクラスのメソッド, " + this.field);
    }
}

// 派生クラス
class My extends Base {
    private final String field = "Myクラスのフィールド";

    @Override
    void method() {
        // Baseクラスのmethod呼び出し(メソッド内のどこにでも記述可能)
        super.method();
        System.out.println("Myクラスのメソッド, %s, %s".formatted(this.field, super.field));
    }
}
```

```
// 使用例
jshell> var my = new My()
jshell> my.method()
Baseクラスのメソッド, Baseクラスのフィールド
```

(注3) 普通はObject型の変数をあまり使いません。説明のための例と理解してください。

```
Myクラスのメソッド, Myクラスのフィールド, Baseクラスのフィールド
```

17-2-5　拡張継承時のオブジェクト初期化処理の順序

コンストラクタ、初期化ブロック、static初期化ブロックにはオーバーライドという概念が存在しません。

派生クラスのオブジェクト初期化時の処理順序をまとめます(**図17.2**)。

1. **継承分も含めたすべてのフィールド変数にデフォルト値代入**
2. **継承階層の最基底型(Objectクラス)から次のAとBを順に実行**
   - A　**フィールド変数宣言時の初期化および初期化ブロックをコードで上から書かれた順に実行**
   - B　**コンストラクタ呼び出し**

図17.2　継承したオブジェクト初期化の順序

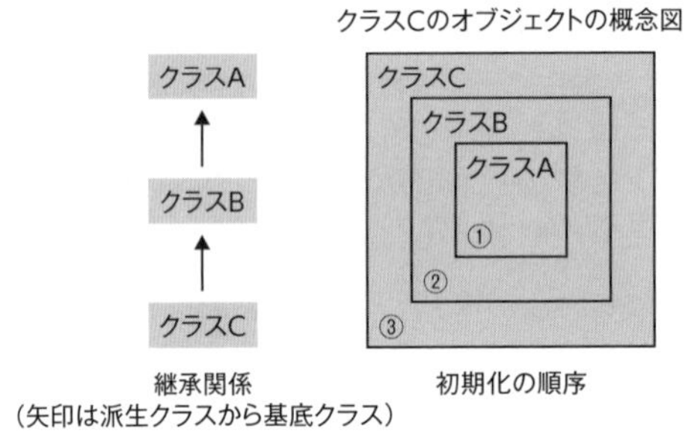

■super呼び出し

派生クラスのコンストラクタから基底クラスの指定したコンストラクタを呼ぶために、super呼び出しという文法があります(**リスト17.7**)。super呼び出しで呼ばれる基底クラスのコンストラクタは、super呼び出しに渡す引数の数と型で決まります。

リスト17.7　super呼び出し

```
class Base {
    Base() {
        System.out.println("Baseクラスのコンストラクタ");
    }
}

class My extends Base {
    My() {
        super();
```

```
        System.out.println("Myクラスのコンストラクタ");
    }
}
```

```
// 使用例
jshell> var my = new My()
Baseクラスのコンストラクタ
Myクラスのコンストラクタ
```

super呼び出しがない場合、コンストラクタは暗黙的に基底クラスの引数なしコンストラクタを呼び出します。この呼び出しは継承の階層が続く限りObjectクラスのコンストラクタ呼び出しまで続きます。

暗黙の呼び出しを含め、呼び出されたコンストラクタが基底クラス側に存在しないとコンパイルエラーになります。引数なしコンストラクタをデフォルトコンストラクタに頼っていた場合の注意は「**6-6-4 デフォルトコンストラクタ**」を参照してください。

17-2-6 Objectクラス

Javaのすべてのクラスは Objectクラスを直接的にせよ間接的にせよ拡張継承します。Objectクラスの代表的なメソッドを**表17.2**にまとめます。Javaのすべてのオブジェクトに対して表17.2のメソッド呼び出しが可能です。getClassメソッド以外は必要に応じてメソッドをオーバーライドする前提のメソッドです。

表17.2 Objectクラスの代表的なメソッド

メソッド	説明
Class<?> getClass()	オブジェクトのクラスを取得。オーバーライド不可
int hashCode()	オブジェクトのハッシュ値を取得（「**8-4-1 HashMap**」参照）
boolean equals(Object obj)	オブジェクトの同値性を判定（「**12-6-1 同一性と同値性**」参照）
Object clone() throws CloneNotSupportedException	オブジェクトの複製を取得。本書は説明を割愛
String toString()	オブジェクトから文字列を生成（「**3-5-1 toStringメソッド**」参照）

■toStringメソッドの独自実装

toStringメソッドは各クラスが適切にオーバーライドする前提のメソッドです。多くの標準クラスは適切なtoStringメソッドを実装済みです。

自作のクラスを考えます。toStringメソッドを独自に持たない場合、Objectクラスのデフォルト実装を引き継ぎます。人間が読む前提で見るとデフォルト実装はあまり有用ではありません。

toStringメソッドを独自に実装すると、より役に立つ表示を得られます（**リスト17.9**）。これはデバッグ時やログに有用です。toStringメソッドの適切な上書き実装はJavaプログラミングの有効な技法の1つです。

1章 2章 3章 4章 5章 6章 7章 8章 9章 10章 11章 12章 13章 14章 15章 16章 17章 18章 19章 20章 21章 22章 23章

リスト17.9　toStringメソッドを独自に実装した例

```
class My {
    private final String field1 = "FIELD1";
    private final String field2 = "FIELD2";
    public String toString() {
        return "field1:%s, field2:%s".formatted(this.field1, this.field2);
    }
}
```

```
// 使用例
jshell> var my = new My()
jshell> System.out.print(my)
field1:FIELD1, field2:FIELD2
```

17-2-7　拡張継承とインタフェース継承の同時指定

拡張継承とインタフェース継承を同時に指定可能です。この場合、extends節より後にimplements節を書きます。このクラスのオブジェクトの参照は、基底クラス型の変数、基底インタフェース型の変数どちらにでも代入可能です（**リスト17.10**）。

```
[修飾子] class クラス名 extends 基底クラス名 implements 基底インタフェース名（複数列挙可能） {
    クラス本体
}
```

リスト17.10　拡張継承とインタフェース継承の同時指定

```
// 基底クラス。クラスの本文は省略
class Base { /* 本体省略 */ }

// 基底インタフェース。インタフェースの本文は省略
interface MyInterface { /* 本体省略 */ }

// 派生クラス
class My extends Base implements MyInterface { /* 本体省略 */ }
```

```
// 使用例
jshell> Base base = new My()
jshell> MyInterface my = new My()
```

派生クラスは基底クラスのインタフェース継承を引き継ぎます。**リスト17.11**のMyクラスの宣言にimplements節はありません。しかしMyクラスはMyInterfaceをインタフェース継承します。基底クラスのBaseがMyInterfaceをインタフェース継承しているからです。

リスト17.11 拡張継承とインタフェース継承の間接的な同時指定

```
interface MyInterface { /* 本体省略 */ }
class Base implements MyInterface { /* 本体省略 */ }

// Myクラスは間接的にMyInterfaceをインタフェース継承
class My extends Base { /* 本体省略 */ }
```

```
// 使用例
jshell> MyInterface my = new My()
```

17-3 インタフェース自体の拡張継承

インタフェース継承をimplements、クラスの拡張継承をextendsとして覚えていると紛らわしいですが、インタフェース自身を別のインタフェースからextendsで拡張継承可能です。インタフェースのextendsは基底インタフェース宣言の本文の引き継ぎを意味します（**リスト17.12**）。

リスト17.12 インタフェース自体の拡張継承

```
interface BaseInterface {
    void method();
}

interface MyInterface extends BaseInterface {
    // 概念的には void method()がここにある
}

class My implements MyInterface {
    @Override
    public void method() {
        /* 省略 */
    }
}
```

```
// 使用例
// 下記のどちらもOK
jshell> BaseInterface my = new My()
jshell> MyInterface my = new My()
```

17-3-1　多重継承

クラスのextendsは1つの親クラスしか指定できません。一方、インタフェースのextendsは複数の基底インタフェースを指定可能です(**リスト17.13**)。

リスト17.13　複数のインタフェースを拡張継承

```
interface BaseInterface1 {
    void method1();
}

interface BaseInterface2 {
    void method2();
}

interface MyInterface extends BaseInterface1, BaseInterface2 {
   // 概念的には void method1()とvoid method2() がここにある
}
```

複数の基底型を同時に指定する継承関係を多重継承と呼びます。Javaは、クラスの拡張継承時の多重継承を禁止しています。複数の基底クラスが同名のメソッドやフィールドを持つ時、どの基底クラスのメソッドやフィールドを使うかを決める規則が必要になるからです。規則を決めて仕様を複雑にするのではなく一律禁止になっています。

インタフェースの場合、インスタンスフィールドがなく非defaultメソッドに実装がないので「どの基底型のメソッドやフィールドを使うべきか」の問題がありません。このためインタフェース自体の拡張継承時の多重継承が可能になっています。

■インタフェースのdefaultメソッドの多重継承

複数のインタフェースが同一シグネチャのdefaultメソッドを持つ場合を考えます。これらのインタフェースを多重継承したクラスはコンパイルエラーになります。メソッドが1つに決まらないためです(「**11-5 多重継承**」参照)。ただしインタフェースの拡張継承でメソッドの優先順位が決まる場合に限りdefaultメソッドの多重継承が可能です。

リスト17.14に具体例を示します。Myクラスは、MyInterface1とMyInterface2の両方から同名のdefaultメソッドを継承しているように見えます。このコードはコンパイルエラーになりません。MyクラスはMyInterface2のdefaultメソッドを継承します。Myクラス視点でMyInterface2インタフェースのほうが継承関係が近いという理屈です。

リスト17.14　インタフェースのdefaultメソッドの多重継承

```
interface BaseInterface {
    default void method() {
        System.out.println("BaseInterfaceのメソッド");
    }
```

```
}

interface MyInterface1 extends BaseInterface { /* 本体省略 */ }

interface MyInterface2 extends BaseInterface {
    default void method() {
        System.out.println("MyInterface2のメソッド");
    }
}

class My implements MyInterface1, MyInterface2 { /* 本体省略 */ }
```

```
// 使用例
jshell> var my = new My()
jshell> my.method()
MyInterface2のメソッド
```

継承関係が複雑な多重継承は、想定外のメソッドを使うバグになる可能性があります。意図しないメソッド呼び出しは深刻なバグです。注意してください。

17-4 拡張継承の制御

17-4-1 抽象クラス

抽象クラス(abstract class)とはインスタンス化できないクラスのことです。abstract修飾子をつけてクラスを宣言すると抽象クラスになります。反意語としてインスタンス化できるクラスを具象クラス(concrete class)と呼びます。

抽象クラスMyに対してnew My()と書くとコンパイルエラーになります(**リスト17.15**)。

リスト17.15 抽象クラスに対するnew式はコンパイルエラー

```
abstract class My {
    private final String field = "abc";
    void method() {
        // メソッドの中身は省略
    }
}
```

```
// 使用例
jshell> var my = new My()
|  Error:
|  My is abstract; cannot be instantiated
```

1章 2章 3章 4章 5章 6章 7章 8章 9章 10章 11章 12章 13章 14章 15章 16章 17章 18章 19章 20章 21章 22章 23章

抽象クラスの定義はこれで終わりです。しかしここから次のような疑問が起きます。

- **インスタンス化できないクラスをどう使うのか**
- **インスタンス化できないクラスに何の存在意義があるのか**

抽象クラスは必ずなんらかの具象クラスの基底クラスになります。抽象クラスの直接のインスタンス化はできませんが雛型としての役割の一端を必ず担います。これが雛型の役割を持たないインタフェースと異なる点です。

17-4-2 抽象メソッド

メソッドにabstract修飾子をつけると抽象メソッドになります(**リスト17.16**)。抽象メソッドは本体のないメソッドです。メソッドの本体を記述するとコンパイルエラーになります。

リスト17.16 抽象メソッド

```
abstract class My {
    abstract void method();
}
```

抽象メソッドを持つクラスは必ず抽象クラスです。抽象メソッドのあるクラス宣言にabstract修飾子をつけないとコンパイルエラーになります。なお抽象メソッドを1つも持たない抽象クラスは問題ありません。

上記の場合を含めて、必然的に抽象クラスになる条件を次にまとめます。

- **抽象メソッドを持つクラス**
- **抽象クラスを拡張継承したクラス。かつ基底クラスのすべての抽象メソッドをオーバーライドしていないクラス**
- **インタフェース継承したクラス。かつインタフェースのすべての抽象メソッド(非defaultメソッド)をオーバーライドしていないクラス**

■抽象基底クラス

抽象基底クラス(abstract base class)という用語があります。抽象クラスかつ基底クラスの意味です。抽象クラスは100%基底クラスになります。より正確に言い直すと抽象クラスは基底クラスでしか使い道がありません。このため抽象基底クラスは、用語的にはやや冗長な表現です。ただ抽象クラスの位置づけを明確にする用語なので紹介します。

■拡張継承の指針

拡張継承は使いどころが難しい技法です。このため下記の方針を推奨します。

- **拡張継承の基底クラスを必ず抽象クラスにする**
- **オーバーライドすべきメソッドを必ず抽象メソッドにする**

Javaの言語仕様上、抽象クラスではない基底クラスを書けます。コードの言葉を使うと、具象クラス名をextends節の後ろに記載しても何の問題もありません。標準ライブラリにも存在するコードです。しかし本書はこのような具象基底クラスを推奨しません。具象基底クラスで機能拡張をしていくと継承の階層が深くなる可能性があるからです。深い階層の継承は多くの場合、コードの可読性を落とします。

この指針に言語仕様の強制はありません。読者が目にする既存コードと異なる可能性を言及しておきます。

17-4-3 finalクラス

final修飾子のあるクラスをfinalクラスと呼びます。finalクラスからの拡張継承はできません。finalクラスを継承元にしたextends節はコンパイルエラーになります。不変クラスやユーティリティクラスなど、拡張継承禁止の強い意思表明をしたい場合にfinalを指定します。

前項の「具象クラスからの拡張継承をしない」原則を強制したい場合、すべての具象クラスにfinal修飾子を指定する必要があります。本書はそこまで厳格にしなくても具象クラスの拡張継承禁止を守れると考え、通常はfinal修飾子を指定していません。

■finalメソッド

final修飾子のあるメソッドをfinalメソッドと呼びます。派生クラスでの該当メソッドのオーバーライドを禁止します。オーバーライド動作の視点でメソッドは**表17.3**の3種類に分類できます。

表17.3　メソッドのオーバーライドの動作

メソッドの修飾子	オーバーライドの動作
final	派生クラスによるメソッドのオーバーライド禁止
abstract	派生クラスによるメソッドのオーバーライド必須
finalもabstractもなし	派生クラスはメソッドをオーバーライドしてもしなくても良い

表17.3の分類を見てわかるように、finalもabstractもないメソッドのオーバーライドは派生クラスの開発者の自由です。厳格にコードを書くなら、基底クラス開発者はオーバーライドしてほしくないメソッドにfinal修飾子を付与すべきです。現実的には、オーバーライドしてほしいメソッドを抽象メソッドにして、残りのメソッドは暗黙的にオーバーライド禁止を意図した実装が多いようです。

17-4-4 シールクラス

sealed修飾子でシールクラスを宣言できます。シールクラスは派生可能なクラスを限定したクラスです。permits節の後ろに記述したクラスのみがそのシールクラスを拡張継承できます。なお同一ソースファイルに派生クラスを記述している場合に限りpermits節を省略できます。

シールクラスの派生クラスには、final修飾子またはnon-sealed修飾子またはsealed修飾子が必要です。どれかの修飾子がないとコンパイルエラーになります。finalの意味は既に説明したとおり拡張継承の禁止です。non-sealedを付与したクラスは拡張継承が可能です。

シールクラスの具体例を**リスト17.17**に示します。文法上、シールクラスを抽象クラスにしなくても問題ありませんが、前節の方針から抽象基底クラスにしています。リスト17.17のBaseクラスがシールクラスです。このシールクラスを拡張継承可能なクラスはMy1とMy2とMy3のみです。この3つ以外のクラスがBaseクラスを拡張継承するコードはコンパイルエラーになります。

リスト17.17　シールクラスの例

```
abstract sealed class Base permits My1, My2, My3 { /* 本体省略 */ }

// My1とMy2とMy3はBaseクラスを継承可能
final class My1 extends Base { /* 本体省略 */ }
non-sealed class My2 extends Base { /* 本体省略 */ }
sealed class My3 extends Base permits My4 { /* 本体省略 */ }

// permits節にないOtherクラスはBaseクラスを継承不可（コンパイルエラー）
final class Other extends Base { /* 本体省略 */ }
|  Error:

// non-sealed修飾子のMy2クラスの拡張継承は可能
final class My5 extends My2 { /* 本体省略 */ }

// sealed修飾子のMy3クラスの拡張継承はpermitsで許可したMy4クラスのみ可能
final class My4 extends My3 { /* 本体省略 */ }
```

シールクラスの構文的な規則や言語的な意味はシールインタフェースと同じです。詳細は「**11-2-6 シールインタフェース**」を参照してください。

17-4-5　インタフェースと抽象クラス

ここまで読んだ方の中には、インタフェースの果たす役割は抽象基底クラスでも担えるのではないか、と疑問を持つ人がいるかもしれません。ある意味では正しい指摘です。どちらもインスタンス化できない型定義の観点で同じだからです。

インタフェースは型定義に特化した言語機能です。一方、抽象クラスは雛型としての役割も担います。抽象クラスそのものは直接のインスタンス化を許しませんが、具象クラスの基底クラスとしてインスタンス化に間接的に寄与します。インタフェースは提供する操作の規定の役割、抽象基底クラスは実装の拡張の役割と分業しています。

Java言語設計者は、提供する操作の規定を抽象基底クラスに担わせる決定もできました。しかしそうはしませんでした。この決定の背景には、拡張による継承関係がクラスの間に強い依存関係をもたらす事実があります。クラス間の拡張による依存関係が強まるほど、コードは柔軟性を失い、堅牢でなくなります。

もちろん、開発者が慎重に拡張関係を設計すればこの問題は回避できます。しかし、Java言語設計者は言語機能による回避を模索しました。その結論が、オブジェクトに可能な操作の規定に役割を限定したインタフェースです。インタフェースという機能を言語に導入したことで、次のように2つの継承を使い分けられます。

- **拡張継承は実装の継承のために用いる**
- **インタフェース継承は型（提供する操作）の継承のために用いる**

この使い分けを徹底した場合の典型実装が、抽象基底クラス、具象クラス、インタフェースの3つ組です（**リスト17.18**）。抽象基底クラスは、後ほどテンプレートメソッドパターンで紹介するような骨格実装を持ちます。具象クラスはこの抽象基底クラスを拡張継承しつつ、別途定義したインタフェースを継承します。変数の型は原則としてこのインタフェース型にします。変数の型を抽象基底クラスにしようと思えばできますが、敢えてそうしません。やや理念先行の実装ですが既存コードで見る機会があるので紹介します。

リスト17.18 抽象基底クラス、具象クラス、インタフェースの3つ組

```
interface MyInterface {
    // 公開メソッドの定義
}

abstract class Base {
    // 骨格実装など
}

class My extends Base implements MyInterface {
    // メソッド本体
}
```

```
// 使用例
jshell> MyInterface my = new My()
```

■インタフェースのdefaultメソッドとの比較

インタフェースのdefaultメソッドと抽象基底クラス内の具象メソッドの違いはわかりづらい点です。抽象基底クラス内の具象メソッドはフィールドを使えるので、技術的にはこの部分で違いがあります。ただ、この違いで使い分けを考えるのは適切ではありません。

インタフェースと抽象クラスの使い分けを最初に考えてください。インタフェース継承が適切と判断した場合に典型的なデフォルト実装があるならdefaultメソッドを使ってください。

17-4-6 テンプレートメソッドパターン

図17.1は、共通部をまとめる見立てで、拡張継承の基底クラスを説明しました。この視点はいわば型階層を派生型(下位型)から基底型(上位型)に向けて見るボトムアップ的な視点です。

基底型から派生型に拡張していく方向に見立てるトップダウン的な視点も可能です。型階層をトップダウン的に見る典型的な技法がテンプレートメソッドパターンと呼ばれる技法です(**図17.3**)。既存コードで見る機会が多いので紹介します(**リスト17.19**)。

図17.3 テンプレートメソッドパターン

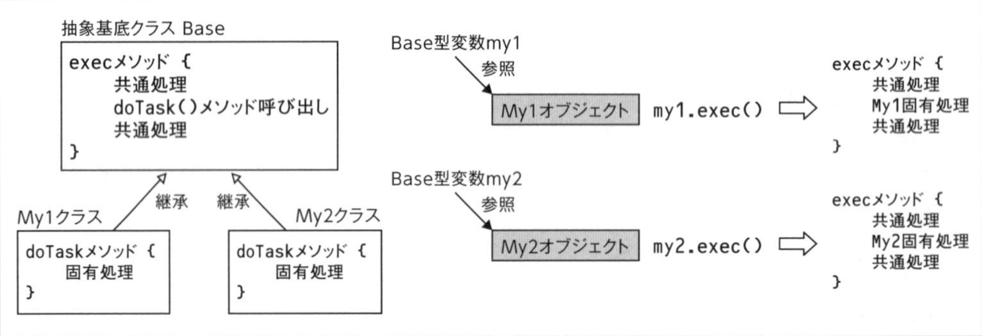

リスト17.19 テンプレートメソッドパターン

```
// 抽象基底クラス
abstract class Base {
    // 派生クラスがオーバーライドすべき抽象メソッド
    // protectedメソッドにするのが定石。
    protected abstract void doTask();

    // 骨格実装
    public void method() {
        System.out.println("共通前処理");
        doTask(); // 派生クラス固有の処理を呼ぶ
        System.out.println("共通後処理");
    }
}

class My1 extends Base {
    @Override
    protected void doTask() {
        System.out.println("My1のメソッド");
    }
}

class My2 extends Base {
```

```
    @Override
    protected void doTask() {
        System.out.println("My2のメソッド");
    }
}
```

```
// 使用例
jshell> var my1 = new My1()
jshell> my1.method()
共通前処理
My1のメソッド
共通後処理

jshell> var my2 = new My2()
jshell> my2.method()
共通前処理
My2のメソッド
共通後処理
```

抽象基底クラスの視点でテンプレートメソッドパターンを見てみます。抽象基底クラスは、拡張ポイントを持つ骨格実装を持ちます。リスト17.19の場合、doTaskメソッドが拡張ポイントです。このメソッドを抽象メソッドとして宣言するのが要点です。抽象基底クラス視点では、この骨格実装に空白があり、派生クラスに空白を埋めてもらう必要があります。

派生クラスは、拡張ポイントへの実装提供を義務づけられます。抽象メソッドのオーバーライドが必須だからです。こうして派生クラスが骨格実装を穴埋めします。派生クラスの視点では、拡張ポイントに個別処理を提供する関係になります。

コードの構造は「**11-6-1 コールバックパターン**」と等価です。呼ぶ側が抽象基底クラス、呼ばれる側が派生クラスです。テンプレートメソッドパターンにも、変わらない部分と変わりやすい部分を分離するプログラミングの基本的な発想があります。抽象基底クラスに変わらない実装(骨格実装)を書き、変わりやすい実装を派生クラスに追い出す構造です。

18章 パッケージ

Javaの名前空間の仕組みの1つにパッケージがあります。大規模開発では必須の概念です。他チームの作ったコードの再利用という観点でも、パッケージを正しく活用する必要があります。

18-1 パッケージの役割

パッケージとは複数のクラスやインタフェースをまとめる仕組みです(**図18.1**)。

図18.1　プログラム-パッケージ-型の関係

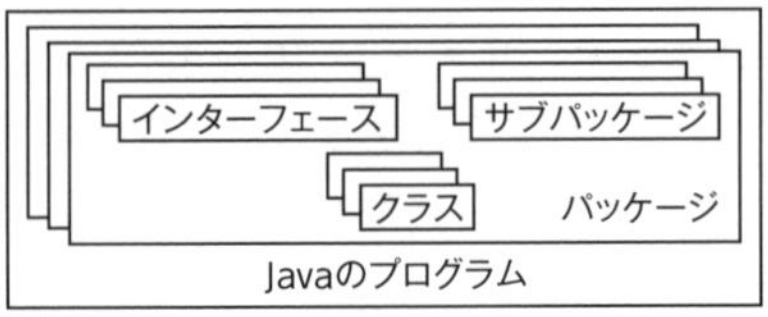

パッケージで実現できることをまとめます。

18-1-1 名前空間

Stringクラスの完全な名前はjava.lang.Stringです。java.lang.Stringのjavaはトップレベルのパッケージ名、langはサブパッケージ名です。パッケージ名を除いたStringの部分を「単純名」、パッケージ名と単純名を含めたjava.lang.Stringを「完全修飾名(fully qualified name)」と呼びます。

同じ単純名のクラスやインタフェースでも、完全修飾名が異なれば同一のプログラム内に共存できます。つまり、myという自作パッケージの中に独自のStringクラスを作れば、java.lang.Stringと共存できます。完全修飾名my.Stringはjava.lang.Stringクラスと区別できるからです。

パッケージを分割すればその範囲ごとに名前を独立して定義できます。このような名前空間の仕組みがなければ、公開を前提としたコードでは、事実上、クラス名の命名権が早い者勝ちになってしまいます。パッケージはこの問題を解消できます。

1章
2章
3章
4章
5章
6章
7章
8章
9章
10章
11章
12章
13章
14章
15章
16章
17章
18章
19章
20章
21章
22章
23章

18-1-2　意味的なまとまりの管理

Javaのプログラムは、多くのクラスやインタフェースなどで構成されます。いくつかのクラスの間には強い依存関係があります。逆にほとんど関係しないクラス同士もあります。

関係の強いクラス群に似た名前をつけるのはよくあります。たとえば、管理機能にまつわるクラスにAdminMainやAdminLogと言った名前をつけます。パッケージはこういった命名規約の補助を言語機能で提供します。adminというパッケージを作り、その下にMainクラスやLogクラスを定義できるからです。

適切なクラスの設計、つまり適切な分割が難しいのと同様に、適切なパッケージの分割も難しいものです。クラスの設計同様、パッケージの設計も、結局はどう適切に分割するかの決断だからです。

18-1-3　アクセス制御

public修飾子をつけて宣言したクラスやクラスの構成要素はパッケージを越えて使えます。標準ライブラリのStringクラスやListインタフェースを使えるのは、これらにpublic修飾子がついているからです。修飾子なしのクラスやクラスの構成要素は同一パッケージ内でのみ使えます。

18-2　パッケージ名

18-2-1　パッケージ名の管理

パッケージに分割すると別パッケージ内のクラスやインタフェースとの名前の衝突を防げます。それでは、パッケージ名自体の衝突はどうなのでしょうか。誰か別の人がmyパッケージを作るのは自由です。その中にStringクラスを作るのも自由です。完全修飾名が一致するので、この場合、自分の作ったmy.Stringクラスと同時に使えません。

Javaでは、技術的にパッケージ名の衝突を防ぐ仕組みを提供していません。インターネットドメイン名（DNSドメイン名）の逆順の名付けを推奨という、開発者の良心に依存した規約で解決しています。規約による解決は不完全に見えますが、現実には、パッケージ名の衝突を起こして困るのはパッケージの命名者自身です。これでうまく機能しています。

インターネットドメイン名の逆順をパッケージ名に使う例を示します。Apache Software FoundationのCommonsと呼ばれるクラスライブラリのパッケージ名は次のようになっています。

```
org.apache.commons
```

Apache Software FoundationのWebサイトのURLは http://www.apache.org です。インターネットドメイン名はapache.orgです。このドメイン名の逆順でorg.apacheをパッケージ名に使っています。

18-2-2 パッケージ名の実際

使うドメイン名が「example.com」であれば、パッケージ名のベースに「com.example」を使ってください。会社の場合、通常はサブパッケージ名として製品名やプロジェクト名をつけます。製品名がprodであれば、com.example.prodというパッケージ名にします。製品やプロジェクトが大きくなると、1つの製品内に複数のサブパッケージができます。たとえばサブパッケージとしてutilというパッケージを作り、その下にLogクラスがあると、このクラスの完全修飾名はcom.example.prod.util.Logになります。長い名前になりますが、名前の衝突を防ぐための代償です。

他のコードと混ぜる予定がないコードの場合、パッケージ名は自由です。myなどの短いトップレベルパッケージ名を使っても問題ありません。本章のサンプルコードも短いトップレベルパッケージ名を使います。なおトップレベルのjavaパッケージは仕様として予約済みです。javax、com.oracle、com.sunの3つパッケージ名も実質的に予約済みです。これらのパッケージ名を使わないでください。

パッケージを指定しないクラスは、名前なしパッケージのクラスとみなされます。使い捨てコードであれば、あえてパッケージを指定しないことで、パッケージのあるコードとの名前の衝突を防げます。名前なしパッケージもパッケージの一種だからです。

パッケージ名と型名(クラス名やインタフェース名)は同じ名前空間に属します。つまり、パッケージmyの中に既にMyクラスがあると、Myというサブパッケージを作成できません。慣習として、型名は大文字で始まる名前、パッケージ名はすべて小文字にします。この慣習に従っていれば、パッケージと型の名前の衝突を気にする必要はありません。名前の比較は大文字と小文字を区別するからです。

18-3 パッケージ宣言

パッケージ分割の設計は難しい作業ですが、パッケージの使用は難しくありません。覚える文法規則はpackage宣言文とimport宣言文の2つだけです。クラスやインタフェースの宣言側のコードの冒頭にpackage宣言を書き、それらのクラスやインタフェースを使う側のコードの冒頭にimport宣言を書きます。

具体例を見てみます。あるクラスの完全修飾名がmy.Mainだとすると、ファイルの先頭に**リスト18.1**のようなパッケージ宣言を書きます。

リスト18.1 パッケージ宣言文の例

```
package my; // パッケージ宣言文

// このクラスの完全修飾名がmy.Mainになる
class Main {
    省略
```

```
}
```

packageで始まる行はパッケージ宣言文です。パッケージ宣言文はファイルの先頭に書く必要があります[注1]。後述するimport文より前に書きます。1つのファイルに書けるパッケージ宣言文はただ1つです。パッケージ宣言文がない場合、名前なしパッケージと見なされます。

ファイルの先頭にパッケージ宣言があると、そのファイルの中のクラス宣言はパッケージ名のつく完全修飾名として宣言されたと見なされます。

package宣言文に書くパッケージ名はトップレベルから記述します。ファイルシステムの相対パスのような省略表記はありません。たとえばパッケージ名がcom.example.my.utilsの時、必ずpackage com.example.my.utilsと書きます。

18-3-1　ファイルシステムとパッケージの関係

javacの慣習に従うと、トップレベルクラスMyを宣言するソースファイルのファイル名はMy.javaとします。クラス名がファイル名に制約をつけるように、パッケージ名はディレクトリ名に制約をつけます。必須の規則ではありませんが、守ることを推奨します。

my.utilというパッケージ内にMyクラスがある場合、**図18.2**のようなディレクトリ構造にします。この場合、次のようにコンパイルと実行を行えます。

```
$ ls -F  # myのあるディレクトリで実行
my/
$ javac my/util/My.java
$ java my.util.My
```

図18.2　パッケージとファイルシステム

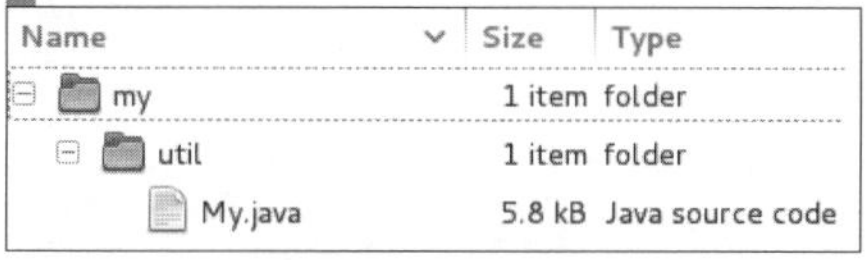

パッケージ名が長くなるとディレクトリ階層が深くなります。たとえばcom.example.my.utilsパッケージにMy.javaがある場合、ディレクトリ階層が5階層になります。ファイルシステムとしての扱いは面倒になります。

（注1）　コメントは無関係です。パッケージ宣言文の前にも記載可能です。

18-3-2　パッケージの階層構造の注意

パッケージの完全修飾名は、ディレクトリとの対応も含め階層構造に見えます。しかし階層構造としての機能は持っていません。これはパッケージ可視のアクセス制御で勘違いしやすい点です。

たとえばmy.subパッケージの非publicな型名は、myパッケージからアクセスできません。逆も同様です。親子関係のようなアクセス制御の機能を持たないからです。これらの間でアクセス可能にするにはpublic修飾子を使いグローバル可視にする必要があります。

18-4 インポート宣言

public修飾子のついた型名(クラスやインタフェース)は別パッケージにあっても使えます。使い方は下記の2つです。

- **完全修飾名を使う**
- **インポート宣言して単純名で使う**

前者の例を示します。

```
java.util.List<java.lang.String> list = new java.util.ArrayList<>();
```

このコードに問題はありません。しかし実際に目にする機会は多くありません。java.langパッケージの型名はインポートなしで単純名で使える(後述)、java.utilパッケージはよく使うのでインポートすることが多い、という理由のためです。

完全修飾名は見た目が長くなります。可読性も悪くなりがちです。import宣言文を使うと、他パッケージ内の型名を単純名で記述できます(**リスト18.2**)。

リスト18.2　インポート宣言の例

```
import java.util.List;
import java.util.ArrayList;

// ソースファイルのどこかに下記行
List<String> list = new ArrayList<>();
```

リスト18.2のListとArrayListは、java.utilパッケージ内の型名です。import文によりコードに書いたListとArrayListがそれぞれjava.util.Listとjava.util.ArrayListとして解釈されます。

import文に相対指定の仕組みはありません。常に完全修飾名で記述してください。

18-4-1 import文の内部動作

import java.util.ArrayListの記載でjava.util.ArrayListクラスの実体を取り込むわけではありません。ArrayListのように単純名で書いたコードをjava.util.ArrayListとして名前解決させるだけです。import文があろうとなかろうと、生成されるクラスファイルに違いはありません。

名前解決に対象クラスファイルを必要とします。対象クラスファイルが見つからないとコンパイルエラーになります。インポートで対象クラスの実体を取り込むわけではないので、実行時にも対象クラスファイルが必要です。

18-4-2 オンデマンドインポートと単一型インポート

リスト18.2は次のようにも書けます。

```
import java.util.*;

// ソースファイルのどこかに下記行
List<String> list = new ArrayList<>();
```

アスタリスク文字(*)を使ったインポートを「オンデマンドインポート」と呼びます。リスト18.2のように個別に型名を指定したインポートを「単一型インポート」と呼びます。

オンデマンドインポートは、該当パッケージのすべての型名指定の働きをします。つまり、「import java.util.*」と書いた場合、java.utilパッケージのすべての型名を単一型インポートしたことに相当します。繰り返しになりますが何かを取り込むわけではないので、オンデマンドインポートでコンパイル結果のサイズが増えることはありません。

サブパッケージに対するオンデマンドインポートの仕組みはありません。「import java.*」と書いても、javaパッケージ配下のすべてのサブパッケージのインポートにはなりません。また「import java.*.*;」の記述はコンパイルエラーになります。

厳密には、オンデマンドインポートと単一型インポートには名前解決の優先順位に違いがあります。優先順位の違いは後述します。

18-4-3 暗黙のインポート

標準クラスのStringの完全修飾名はjava.lang.Stringです。本来「import java.lang.String」もしくは「import java.lang.*」が必要なはずです。しかし、これらのインポート文がなくても動作します。理由は、java.langパッケージを特別扱いしているからです。言語仕様上、java.langパッケージを暗黙的にインポートします。

同様に、自身と同じパッケージは暗黙的にインポートします。myパッケージの中にMyクラスとOtherクラスがある時、それぞれのクラスで相手のクラス名を単純名でアクセスできます。

参照するためのインポート文は不要です。その代わり、どちらのファイルにも先頭に package my; のパッケージ宣言文が必要です。

18-4-4 インポートと名前の衝突

インポートで単純名を書ける便利さは名前の衝突問題を再発させます。**リスト18.3**のように標準ライブラリのインポートでも簡単にコンパイルエラーが発生します。

リスト18.3 インポートで単純名の名前が衝突（3例）

```
// ①
// 同じ単純名を単一型インポートするとコンパイルエラー
import java.util.List;
import java.awt.List;

// ②
// オンデマンドインポートで同じ単純名になる型名を使うとコンパイルエラー
// (オンデマンドインポートだけではエラーになりません)
import java.util.*;
import java.awt.*;
List list; // 変数宣言などで、型名を参照

// ③
// 単一型インポートした単純名のクラスと同名クラスを宣言するとコンパイルエラー
import java.util.List;
class List {
    省略
}
```

単純名の名前の衝突を回避するには、名前解決の順序を知る必要があります。

18-4-5 単純名の名前解決

コード中に単純名を書いた時の名前解決の順序は次のようになります。

①そのファイル内で宣言した型名
②単一型インポートした型名
③同じパッケージ内の型名
④オンデマンドインポートした型名

単純名の衝突は利便性と厳密性のバランスの問題です。単純名の衝突を防ぐ指針を示します。

- **標準ライブラリの型名と同名を避ける。特によく使う型名との同名は避ける**
- **オンデマンドインポートをなるべく避ける**

単一型インポートとオンデマンドインポートをうまく使い分けると、名前解決を工夫できると思うかもしれません。回避策として必要な場面もありますがあまり推奨しません。曖昧さが発生する場合、面倒でも完全修飾名の記載を勧めます。

18-4-6 典型的なJavaソースコード

実開発でパッケージ宣言のないJavaコードを書くのは稀です。パッケージ宣言文はコードの先頭に記述、インポート宣言文は他の宣言文(クラス宣言文など)より前に記述という2つの制約があります。このため実開発の典型的なJavaソースコードは**リスト18.4**の構成になります。

リスト18.4 実開発の典型的なJavaソースコード(コメントを除く)

```
// 先頭にパッケージ宣言文
package com.example.bar.prod;

// インポート宣言文が続く
import java.util.List;
import java.util.ArrayList;

// 自作クラスなどの宣言文が続く
public class Main {
    // 省略
}
```

インポート文の重複はコンパイルエラーになりません(**リスト18.5**)。

リスト18.5 インポート文の重複は問題なし

```
import java.util.*;
import java.util.List;
import java.util.*;
```

インポート文の記載順序はコンパイル結果に影響を与えません。しかしチーム開発ではインポート文の記載順序を揃えないと困る場合があります。コード改修時に無意味なソースファイルの差分を作る原因になるからです。無難な回避方法は、同一基準でインポート文を整形するツールの使用です。常に同じ規則で整形することでインポート文の記載順序の一貫性を担保できます。

18-5 staticインポート

通常のインポートが別パッケージの型名をインポートするのに対し、staticインポートは別パッケージ内のクラスやインタフェースのクラスメンバ名、つまりクラスフィールド名やクラスメソッド名をインポートします(注2)。インポート対象はpublicである必要があります。

たとえばjava.util.Localeクラスのクラスフィールド定数JAPANESEを使う場合を考えます(**リスト18.6**)。staticインポートを使うとコードを簡略化できます。

リスト18.6 クラスフィールドの参照方法(5例)

```
// ①
// 完全修飾名
String s = java.util.Locale.JAPANESE.getDisplayLanguage();

// ②
// 型を単一型インポート
import java.util.Locale;
String s = Locale.JAPANESE.getDisplayLanguage();

// ③
// 型をオンデマンドインポート
import java.util.*;
String s = Locale.JAPANESE.getDisplayLanguage();

// ④
// クラスフィールドをstatic単一型インポート
import static java.util.Locale.JAPANESE;
String s = JAPANESE.getDisplayLanguage();

// ⑤
// クラスフィールドをstaticオンデマンドインポート
import static java.util.Locale.*;
String s = JAPANESE.getDisplayLanguage();
```

staticインポートを使うと、他のクラスのフィールドやメソッドをあたかも自分のクラス内のメンバのように使えます。書く時に便利な半面、読み手にとっては、突然現れた名前がどこから来たのかわかりづらくなる可能性があります。

18-6 package-info.javaファイル

package-info.javaファイルを作るとパッケージ自体のJavaDocコメントを記載できます。具体例は標準ライブラリのソースファイルを参照してください。

(注2) staticなネストした型名もインポートできます。ただ型名に関しては通常のimport文でもインポートできるので、コードの一貫性から通常のimport文の使用を勧めます。

19章 ジェネリック型

多態の一種であるジェネリック型の説明をします。Javaの中では比較的難しい概念ですが、コレクションを使う上ではジェネリック型の使用は必須です。内部をブラックボックス化せず正しく動作を理解してください。ジェネリック型の使用方法の説明の後、ジェネリック型の設計方針を説明します。

19-1 ジェネリック型

19-1-1 ジェネリック型の具体例

本書ですでにジェネリック型を使うコードを何度か使っています。次のように型名の後に<>で囲う型名が続くコードです。

```
// ジェネリック型の使用例
List<String> list;
```

「型名<型名>」が普通の型名と同じ働きなのを想像できると思います。

<>の中に異なる型を指定すると異なる動作をします(**リスト19.1**)。内部的な動作はさておき、型名<型名>と表記して新しい型を創出できると考えてかまいません。

リスト19.1 <>内の型を変更した時の動作

```
List<String> slist = new ArrayList<>();
slist.add("abc");  // OK
slist.add(0);      // コンパイルエラー

List<Integer> ilist = new ArrayList<>();
ilist.add(0);      // OK
ilist.add("abc");  // コンパイルエラー
```

■ジェネリック型の形式

ジェネリック型は型名A<型名B>の形式です。型名Aと型名B、それぞれに書ける型に決まりがあります。

型名Aにはジェネリック型として宣言されたクラスやインタフェースのみを書けます。型名Bは、型名Aに書いたジェネリック型の定義に応じて制約を受けます。型名Bが受ける制約を「境界」

と呼びます。境界については改めて説明します。当面は、型名Bに任意の参照型を書けると考えても差し支えありません。

19-1-2 ジェネリック型の背景

ジェネリック型という仕組みがなく、String要素のListとInteger要素のListを作りたいと仮定します。List<String>相当の型とList<Integer>相当の型のために、2つのクラスを作成するのが1案です。この方法は要素型の種類が増えるごとにクラスを増やす必要があります。

別案は要素型をObjectクラスにするアプローチです(**リスト19.2**)。

リスト19.2 要素型がObjectのリスト実装例

```
class ListObjectClass {
    private final Object[] array = new Object[32];
    private int size = 0;

    boolean add(Object o) {
        array[size++] = o; // サイズチェック省略
        return true;
    }

    Object get(int index) {
        return array[index];
    }
    // 他は省略
}
```

特定の型の要素たとえばStringオブジェクトのみをaddおよびgetしている限り問題は発生しません(**リスト19.3**)。add時の動作はStringオブジェクトをObject型のパラメータ変数に代入する動作に相当します。この時に特段の配慮は不要です。ObjectクラスはStringクラスの基底クラスだからです。

リスト19.3 ListObjectClass(リスト19.2)の使用

```
jshell> var olist = new ListObjectClass()

// 要素追加時にはキャスト不要
jshell> olist.add("abc")

// 要素取得時にダウンキャストが必要
jshell> String s = (String)olist.get(0)
s ==> "abc"
```

get時の動作はObject型オブジェクトのString型変数への代入に相当します。Object型オブジェクトをString型の変数に代入するにはキャストが必要です。キャストがないとコンパイルエラーが発生します(注1)。

Stringオブジェクト以外をaddして、get時にString型にキャストするとClassCastException実行時例外が発生します(**リスト19.4**)。

リスト19.4 ListObjectClass(リスト19.2)でClassCastException実行時例外発生

```
// どんな型の要素も追加可能
jshell> olist.add(Integer.valueOf(123))

// Integer値をString型で取り出そうとするとClassCastException実行時例外が発生
jshell> String s = (String)olist.get(1)
|  Exception java.lang.ClassCastException: class java.lang.Integer cannot be cast to class java.lang.String
```

ClassCastException実行時例外を回避するには、get結果をObject型の変数で受け、型判定してキャストする必要があります。

ジェネリック型を使用すると下記の問題を回避できます。

- ClassCastException例外を引き起こす可能性をほぼゼロにできる
- キャストを不要にできる
- コードの可読性を上げられる(型を見れば要素型がわかるため)

19-2 ジェネリック型宣言

19-2-1 ジェネリック型宣言の文法

ジェネリック型クラスの宣言方法を説明します。

ジェネリック型のOwnerクラスの宣言例を**リスト19.5**に示します。Ownerクラスは、たとえばOwner<String>のように使います。なお説明のためのクラスなので、Ownerクラスに実用性はありません。

リスト19.5 ジェネリック型の宣言の例

```
// Ownerがジェネリック型クラス
class Owner<E> {
    private E element;
    E get() {
```

(注1) この説明には少しずるい点があります。varでローカル変数の型記述を省略するとキャストを不要にできるからです。Stringに限定すると、型を曖昧にしたままでもあまり問題になりません。String型への暗黙の型変換が存在するからです。暗黙の型変換に頼れない型の場合、varでキャスト不要にしてもどこかで問題が生じます。

```
        return element;
    }
    void put(E element) {
        this.element = element;
    }
}

// ジェネリック型クラスの使用例
jshell> Owner<String> os = new Owner<>()
または
jshell> var os = new Owner<String>()

jshell> os.put("abc")
jshell> String s = os.get()
s ==> "abc"
```


ジェネリック型インタフェースとジェネリック型レコードクラスも作成可能です。ジェネリック型インタフェースの例としてMapインタフェースを抜粋します(**リスト19.6**)。ジェネリック型レコードの例を**リスト19.7**に示します。ジェネリック型enum型は作成できません

リスト19.6　ジェネリック型インタフェース宣言の例

```
public interface Map<K, V> {
    V get(Object key);
    V put(K key, V value);
    // getとput以外は省略
}
```

リスト19.7　ジェネリック型レコードクラス宣言の例

```
record MyRecord<K, V>(K key, V value) {}
```

```
// 使用例
jshell> var myRecord = new MyRecord<String, String>("key1", "val1")
jshell> var k = myRecord.key()
k ==> "key1"
jshell> var v = myRecord.value()
v ==> "val1"
```

以後、クラス、インタフェース、レコードクラスのすべてを含めてジェネリック型と記述します。本章はクラスを使ってジェネリック型を説明します。

19-2-2　型変数

リスト19.5の最初の行の<E>の部分が通常のクラス宣言と異なる部分です。このEを型変数

と呼びます。複数の型変数をカンマで区切って並べられます。型変数には慣習的に英語大文字1文字を使います(**表19.1**)。

表19.1 型変数名の慣例

型変数名	由来
E	element
T	type
K	key
V	value
R	result

ジェネリック型の文法を下記にまとめます。継承の文法は通常のクラスやインタフェースと同じです。継承は説明を省略します。

```
[修飾子] class クラス名<型パラメータ列> {
    クラス本体
}

[修飾子] interface インタフェース名<型パラメータ列> {
    インタフェース本体
}

[修飾子] record レコードクラス名<型パラメータ列>(レコードコンポーネント列) {
    レコードクラス本体
}
```

型変数の並びを型パラメータ列として記載しました。正確な定義は表19.2を参照してください。型パラメータという用語は、メソッドやコンストラクタの引数との類似性から来ています。メソッド宣言の引数に書かれるパラメータ変数(仮引数)は、メソッド定義上は値が確定していません。実行時にメソッドを呼ぶと呼び出し側が与える実引数の値がパラメータ変数にコピーされて値が確定します。

同じように、Ownerクラスの型パラメータに記述した型変数Eは、Ownerクラスの定義時点では(原理上)型が確定していません。開発者がソースコードにOwner<String>と書いてコンパイルした時に、型変数Eの型がStringに確定して新しい型ができます。厳密に言うとこの説明は誤っていますが、このように考えても大局的には問題ありません。内部的に正確な動作は後ほど説明します。

Owner<String>のStringに当たる部分を型引数と呼びます[注2]。Owner<String>のような実型を、パラメータ化された型と呼びます。ここまでの用語を**表19.2**にまとめます。

表19.2　用語の定義

名前	意味
型変数（type variable）	型パラメータ内に並ぶ変数。ジェネリック型の宣言内で型として使用される
型引数（type argument）	ジェネリック型を使う時 <> に渡す具体的な型。Owner<String>のStringの部分
パラメータ化された型（parameterized type）	型引数を渡して実際に使えるようになった型。Owner<String>など
型パラメータ（type parameter）	型変数と後述する境界指定。E extends CharSequenceなど

Owner<String>を使って型変数Eの部分がStringに確定すると、概念的には**リスト19.8**のクラスが自動創出されたことに相当します。このクラスはOwner<E>のクラス内のEの部分を単にStringで文字列置換しただけのクラスです。

リスト19.8　概念上、Owner<String>で創出されるクラス

```
class Owner {
    private String element;
    String get() {
        return element;
    }
    void put(String element) {
        this.element = element;
    }
}
```

リスト19.8は概念上の話です。実際に創出されるクラスは少し異なります。次節で説明します。

■型変数の使える場所

ジェネリック型のクラス宣言の中で型変数を使える場所と使えない場所があります。下記にまとめます。

- **ジェネリック型の宣言内で型変数を使える場所**
  - インスタンスフィールド変数の型（変数の型がジェネリック型の場合、その型引数も含む。以後も同様）
  - インスタンスメソッドの返り値の型
  - インスタンスメソッド内のローカル変数の型
  - インスタンスメソッド内のパラメータ変数の型
  - ネストした型の型名

（注2）　メソッドの用語との対応を続けるのであれば「型実引数」のほうが適した訳語かもしれません。

- **ジェネリック型の宣言内で型変数を使えない場所**
  - クラスフィールド変数の型
  - クラスメソッドの返り値の型
  - クラスメソッド内のローカル変数の型
  - クラスメソッド内のパラメータ変数の型
  - new式のオペランド

これらを暗記する必要はありません。原理は単純だからです。

■ジェネリック型の原理

ここまでの説明で、ジェネリック型に型引数（実型）を与えると新しい型を創出するとしてきました。厳密にはジェネリック型は、型引数ごとに新しい型を創出しません。

内部的には、コード中の型変数をObjectに置き換えた相当のクラスが1つ生成されるだけです(注3)。Owner<String>もOwner<Integer>も、内部的にはOwner<Object>相当のクラスを使いまわします。

クラスの存在が1つしかないことから、型変数をクラスフィールドやクラスメソッドに使えないことが導出されます。なぜならOwner<String>とOwner<Integer>は同じクラスなので、そのクラスフィールドやクラスメソッドの中で型変数を使っても区別しようがないからです。

型変数を使うnew式はコンパイルエラーになります（**リスト19.9**）。new E()の解釈をnew Object()相当以外にできず、実型のオブジェクトを生成できないからです。同様にnew E[n]のような配列の生成もできません。

リスト19.9　ジェネリック型クラス内で型変数Eを使いnewするのは禁止

```
class Owner<E> {
    E createObject() {
        return new E(); // コンパイルエラー
    }
}
```

19-2-3　境界のある型変数

前節で型変数がObject型に置き換わると説明しました。デフォルト動作はそうですが、Object型以外にもできます。このために使うのが境界のある型変数です。

境界のある型変数の例を**リスト19.10**に示します。この場合、内部的に型変数がCharSequence型に置き換わります。OwnerBound<E extends CharSequence>の部分をOwnerBound<E>に書

(注3)　実型ごとに型を創出しない仕様を「イレイジャ」と呼びます。なお、後述する境界のある型パラメータの場合、Objectではなく境界型、つまりOwner<境界型>相当のクラスになると考えてください。

き換えると、Objectクラスにlengthメソッドがないためコンパイルエラーになります。

リスト19.10　境界のある型変数

```
class OwnerBound<E extends CharSequence> { // 境界型がCharSequence
    private E element;
    (省略)

    // 下記は有効(lengthメソッドはCharSequenceインタフェースのメソッドだから)
    int getLength() {
        return element.length();
    }
}
```

リスト19.10のジェネリック型に渡す型引数には、CharSequenceインタフェースを継承した型しか書けません(**リスト19.11**)。具体的にはインタフェース継承したクラスもしくはインタフェースを拡張継承したインタフェースです。

リスト19.11　リスト19.10のジェネリック型をパラメータ化

```
OwnerBound<String> owner;  // 有効(StringクラスはCharSequenceをインタフェース継承しているので)
OwnerBound<Integer> owner; // コンパイルエラー(IntegerクラスはCharSequenceをインタフェース継承していないので)
```

境界を明示的に指定しない場合の型変数は <E extends Object> と等価です。前節の正しい説明は、型変数がObject型に置き換わるではなく、型変数が境界型に置き換わる、です。

型変数の境界にはクラスもしくはインタフェースを指定できます。境界型がインタフェースでも、境界のある型変数の記述にextendsを使うので注意してください。

型変数の境界に指定できるクラスは1つのみですが、インタフェースは複数指定できます。&(アンパサンド)でつなげて記述します。境界にクラスとインタフェースの両方を記述する場合、クラスを先に書いて、インタフェースを後から書きます。適格な例とコンパイルエラーになる例を示します(**リスト19.12**)。

リスト19.12　型変数の境界の指定方法

```
class Owner<E extends クラス名>            // OK
class Owner<E extends インタフェース名>    // OK
class Owner<E extends クラス名 & インタフェース名>      // OK
class Owner<E extends クラス名 & インタフェース名 & インタフェース名>    // OK
class Owner<E extends クラス名 & クラス名>               // コンパイルエラー
class Owner<E extends インタフェース名 & クラス名>      // コンパイルエラー
```

19-2-4 ジェネリックメソッドとジェネリックコンストラクタ

ジェネリック型と同様の仕組みとして、ジェネリックメソッドとジェネリックコンストラクタがあります。理屈は同じなので説明をジェネリックメソッドに限定します。ジェネリックメソッドの例を示します（**リスト19.13**）。

リスト19.13 ジェネリックメソッドの例

```
<T> List<T> arrayToList(T[] array) {
    List<T> list = new ArrayList<>();
    for (T elem : array) {
        list.add(elem);
    }
    return list;
}
```

ジェネリックメソッドの文法は下記のとおりです。Owner<E>の<E>に相当する記述をメソッド宣言の前に記述します。

```
[修飾子] <型パラメータ列> 返り値型 メソッド名([引数列]) [throws節] {
    メソッド本体
}
```

原則はジェネリック型と同じです。型変数（リスト19.13のT）が、メソッド呼び出し時に実型に置き換わると思って読んでください。なお正確には、ジェネリック型同様、境界の型に置き換わります。

型変数はジェネリックメソッド内でのみ使え、かつ下記の場所にのみ使えます。

- **返り値の型**
- **パラメータ変数の型**
- **ローカル変数の型**

ジェネリックメソッドの呼び出し方法は「ジェネリック型の使用」で説明します。

■ジェネリック型とジェネリックメソッドの混在

ジェネリック型とジェネリックメソッドは独立しています。非ジェネリッククラス内でもジェネリックメソッドを使えます。たとえばjava.util.Collectionsクラスは非ジェネリッククラスですが、多くのジェネリックメソッドを持っています。

ジェネリッククラスの型変数とそのクラス内のジェネリックメソッドの型変数は独立しています。たとえ同じ変数名であっても別の型引数です（**リスト19.14**）。

リスト19.14　3ヶ所の型変数Tはすべて別物

```
class My<T> {            // このTと
    T method1(T t) {    // このTは同じ
        return t;
    }

    <T> T method2(T t) {  // このTは上記Tと別物
        return t;
    }

    static <T> T method3(T t) { // このTは上記2つのどちらのTとも別物
        return t;
    }
}
```

19-3　ジェネリック型の使用

19-3-1　パラメータ化された型

リスト19.5のOwnerジェネリック型クラスを具体的な型として使うには、<>内に型引数を指定してパラメータ化された型にします。書き方は複数あります（**リスト19.15**）。

リスト19.15　リスト19.5のジェネリック型の使用

```
// 変数の型を明示するとnew式の型引数を省略可能
// ダイヤモンドに見えることから<>をダイヤモンド形式と呼ぶ
jshell> Owner<String> os = new Owner<>()

// 変数の型をvarにするとnew式の型引数を省略できない
jshell> var os = new Owner<String>()

// 変数の型の型引数を?で省略可能（後述の「19-3-3 型引数のワイルドカード」参照）
jshell> Owner<?> os = new Owner<String>()

// 何も省略しない記述。冗長なので非推奨
jshell> Owner<String> os = new Owner<String>()
```

他の章ではnew式の評価値を代入する変数の型をvarにしています（「**4章 変数とオブジェクト**」の方針）。しかし本章は変数の型を明示します。理由は型変数に継承関係がある場合、変数の型が必ずしも自明ではないからです。この詳細は後ほど「**19-3-3 型引数のワイルドカード**」で説明します。

<>内に指定可能な型の条件は境界のある型変数で説明したとおりです。intなどの基本型は指定できません。数値パラメータのジェネリック型を欲しい場合は、数値クラスを使ってください。

ジェネリック型内であれば、型変数も型引数に指定可能です（**リスト19.16**）。ジェネリックメソッドとジェネリックコンストラクタ内でも同様です。

リスト19.16　型変数を型引数に指定

```
class My<T> {
    List<T> method(T t) {
        List<T> list = new ArrayList<>(); // 型変数Tを型引数に指定
        // 上記は var list = new ArrayList<T>(); にも書き換え可能
        list.add(t);
        return list;
    }
}
```

19-3-2　ジェネリックメソッドの呼び出し

ジェネリックメソッド呼び出しの例を示します（**リスト19.17**）。ジェネリックメソッドの型引数は、メソッドの実引数のオブジェクト型から推論されます。推論できない場合に限り、明示的な型引数の指定が必要です。メソッド名の前に<String>のように型引数を記述します。

リスト19.17　ジェネリックメソッド呼び出しの例（型推論依存）

```
class My {
    static <T> T method(T t) {
        return t;
    }
}
```

```
// 使用例
// 実引数の型でジェネリックメソッドの型引数が決まる
jshell> String s = My.method("abc")
s ==> "abc"
jshell> Integer n = My.method(123)
n ==> 123

// コンパイルエラー
jshell> String s = My.method(123)
|  Error:
|  incompatible types: inference variable T has incompatible bounds

// 型推論を使わない明示的な指定も可能。多くの場合は不要
jshell> String s = My.<String>method(null)
s ==> null
```

■複雑なパラメータ化された型の回避

型引数にパラメータ化された型を指定すると、次のように見た目が複雑になる場合があります。

1章 2章 3章 4章 5章 6章 7章 8章 9章 10章 11章 12章 13章 14章 15章 16章 17章 18章 19章 20章 21章 22章 23章

```
HashMap<String, List<String>> multiValueMap = new HashMap<>();
```

可読性が悪い場合、新しい型にする実装技法があります(**リスト19.18**)。クラスの拡張継承を別名(エイリアス)として使う技法です。

リスト19.18 複雑なパラメータ化された型の回避

```
// 要素型を決め打ちして、新しい型にする例
jshell> class MultiValueMap extends HashMap<String, List<String>> {}
jshell> var mmap = new MultiValueMap()

// ジェネリック型のまま新しい型にする例
jshell> class MultiValueMap<K, V> extends HashMap<K, List<V>> {}
jshell> MultiValueMap<String, String> mmap = new MultiValueMap<>()
```

19-3-3 型引数のワイルドカード

コレクション型に継承関係がある時、基底型の変数に派生型オブジェクトを代入可能です。

```
List<String> list = new ArrayList<String>(); // ListはArrayListの基底型
```

上記コードは意図して変数の型を省略なしで記述しています。以後も同じスタイルで記述します。

要素型に継承関係があっても、基底型の変数への派生型オブジェクトの代入はコンパイルエラーになります。

```
// コンパイルエラー(CharSequenceインタフェースはStringクラスの基底型)
List<CharSequence> list = new ArrayList<String>();
```

このコンパイルエラーは、型引数にワイルドカードを指定して回避できます。ワイルドカード指定は?とextendsを使います。

```
// 下記はコンパイルがとおる
List<? extends CharSequence> list = new ArrayList<String>();
```

型引数にワイルドカードを使うと、List<String>もしくはList<StringBuilder>のどちらでも引数で受け取れるメソッドを記述できます(**リスト19.19**)。StringとStringBuilderは両方ともCharSequenceの派生型です。

リスト19.19 異なる要素型のListを受け入れ可能なメソッド例

```
void method(List<? extends CharSequence> list) {
    // 下記のようにCharSequence型の要素取得は可能
    CharSequence cs = list.get(0);
    System.out.println("リストの中身: %s".formatted(cs));
```

```
    // 下記4行はすべてコンパイルエラーになる(String型やStringBuilder型での要素の入出力は不可)
    /*
    list.add(0, "abc");
    list.add(0, new StringBuilder("abc"));
    String s = list.get(0);
    StringBuilder sb = list.get(0);
    */
}
```

```
// 使用例
jshell> method(new ArrayList<String>(List.of("abc")));
リストの中身: abc
jshell> method(new ArrayList<StringBuilder>(List.of(new StringBuilder("abc"))))
リストの中身: abc
```

List<? extends CharSequence>の型としての意味は、List<? extends String>やList<? extends StringBuilder>の基底型になります。そしてList<? extends String>はList<String>の基底型です。少々難しいですが、この型階層の理屈でリスト19.19の呼び出し側コードが機能します。

ワイルドカードを使うジェネリック型の最基底型はList<? extends Object>です。通常、これはList<?>と表記します。

■ワイルドカードの動作

リスト19.19のコメントにあるように、List<? extends CharSequence>型で受けたオブジェクトに対して、StringもしくはStringBuilderで要素を入出力するとエラーになります。これ自体は適切なエラーです。異なる型の要素を入出力できると本章冒頭のリスト19.4の問題が再燃するからです。List<? extends CharSequence>型オブジェクトにできる操作は、CharSequence型で要素を取り出すことのみです。要素の追加はできません。

理屈上はList<CharSequence>型のオブジェクトを渡して、StringやStringBuilderの要素を追加できるメソッドを記述できても良さそうです。呼び出し側は要素をCharSequence型だけで取り出すので安全さを損なわないはずだからです。このようなメソッドの引数の型にはList<? super CharSequence>というワイルドカードを使います(**リスト19.20**)。

リスト19.20 異なる型の要素を追加可能なメソッド

```
void method(List<? super CharSequence> list) {
    list.add("abc");
    list.add(new StringBuilder("def"));
}
```

```
// 使用例
jshell> List<CharSequence> list = new ArrayList<>()
jshell> method(list)
```

1章 2章 3章 4章 5章 6章 7章 8章 9章 10章 11章 12章 13章 14章 15章 16章 17章 18章 19章 20章 21章 22章 23章

```
jshell> CharSequence cs = list.get(0);
cs ==> "abc"
jshell> CharSequence cs = list.get(1);
cs ==> def
```

List<? super CharSequence>の型の引数に対して、メソッド内でCharSequenceインタフェースの派生型のオブジェクトを要素として追加できます。

19-4 ジェネリック型の設計

19-4-1 雛形としてのジェネリック型

List<E>のように定義したジェネリック型は、List<String>やList<Integer>などの新しい型(パラメータ化された型)を作るための雛型としての役割を担います。この関係は、クラスとオブジェクトの関係に似たところがあります。クラスが雛型としての役割を担い、その雛型を元にインスタンス化(実体化)してオブジェクトを生成するからです。言わば、ジェネリック型は「雛型の雛型」です。

19-4-2 ジェネリック型と多態性

ジェネリック型を形式的に見ると、型変数に渡す実型に応じたコードの切り替えです。型に応じた動作の切り替えはインタフェースを使う多態コードに似ています。

多態性の定義は、1つのコードで複数の型を扱えることです。この定義に照らすとジェネリック型は多態性の1つです。継承をベースにした多態性が型に応じた動作の切り替えを実行時に行うのに対し、ジェネリック型による多態性は、コンパイル時に(概念的に)新しい型を創出し、型に応じたコードの切り替えを行います。

多態性は特殊な技法に見えます。しかし見かけほど特殊ではありません。たとえば加算という算術演算を考えてみます。1 + 1は整数に対する加算に + の記号を使っています。仮に、実数は整数と異なるので、実数の加算に異なる記号を使うべきだとしたらどうでしょうか。更にベクトルや行列などを考え出すと、加算記号を使いまわして、対象(オペランド)に応じて適切な振る舞いをさせる利点がわかります。記号の流用と多態性は必ずしも同じ概念ではありませんが、同一コード流用の観点では同じ価値を持っています。多態性は人間の思考を助ける有用な技法です。

19-4-3 ジェネリック型への道

ゼロベースでジェネリック型を使う条件を考えてみます。既存のジェネリック型に対応したコレクションや既存インタフェースが存在しないと仮定して話を進めます。

ジェネリック型がないと仮定した上で、引数で与えた配列の要素の中で最大値の要素を返すメソッドを考えます。どんな要素型でも受けいれる想定をすると、最初に思いつくメソッド定義は次のようになるでしょう。

```
// maxメソッドの最初の案
Object max(Object[] arr)
```

maxメソッドの中では要素同士の比較が必要です。インタフェースに対してプログラミングする技法に通じていれば、**リスト19.21**のようなインタフェース定義とmaxメソッドを考えるでしょう。compareToメソッドの返り値の意味は既存のComparableインタフェースのcompareToメソッドと同じと仮定します。

リスト19.21　比較用インタフェースを使うmaxメソッド

```
// 比較用インタフェース
interface MyComparable {
    int compareTo(Object o);
}

Object max(MyComparable[] arr) {
    MyComparable ret = null;
    for (MyComparable e : arr) {
        if (ret == null) {
            ret = e;
            continue;
        }
        if (e.compareTo(ret) > 0) {
            ret = e;
        }
    }
    return ret;
}
```

maxメソッドの返り値の型をMyComparableにしても良いのですがObject型にしています。比較可能である性質を返り値に期待する理由がないからです。

MyComparableインタフェースの実装クラスを定義します。数値クラスと文字列クラスのために独自に比較用クラスを実装します(**リスト19.22**と**リスト19.23**)。文字列の比較に既存の(ジェネリック型に依存した)compareToメソッドを使うと話が混乱するので、ここでは文字列長で比較することにします。

リスト19.22　MyComparableインタフェースの実装クラス(数値比較用)

```
class MyInteger implements MyComparable {
    private final int i;
```

```
    MyInteger(int i) {
        this.i = i;
    }
    @Override
    public int compareTo(Object o) {
        if (o instanceof MyInteger mi) {
            return this.i - mi.i;
        } else {
            throw new IllegalArgumentException();
        }
    }
}
```

リスト19.23　MyComparableインタフェースの実装クラス（文字列長比較用）

```
class MyString implements MyComparable {
    private final String s;
    MyString(String s) {
        this.s = s;
    }
    @Override
    public int compareTo(Object o) {
        if (o instanceof MyString ms) {
            return this.s.length() - ms.s.length();
        } else {
            throw new IllegalArgumentException();
        }
    }
}
```

compareToメソッドは、比較対象オブジェクトが同じクラスでなければ実行時例外を投げることにします。

準備が整ったのでmaxメソッドを使ってみます。次のコードはObject型からMyString型へのダウンキャストがあることを無視すれば、動作に問題はありません。

```
// maxメソッドを使う例。動作に問題なし
MyString[] sarr = { new MyString("a"), new MyString("aaaa"), new MyString("aa") };
MyString m = (MyString)max(sarr);
```

次の例はどうでしょうか。

```
// maxメソッドを使う例。コンパイルはとおるが、実行時例外が発生
MyComparable[] oarr = { new MyString("a"), new MyInteger(0) };
Object o = max(oarr);
```

内部的にMyStringオブジェクトとMyIntegerオブジェクトを比較しようとするので実行時例外が起きます。短いコードなので当然と思うかもしれません。しかし、困ったことにこのコード

はコンパイルが普通にとおります。インタフェースだけに依存させた、表面上はきれいなコードにできたように見えて、実行時に致命的なエラーが起きてしまいます。

■ジェネリック型を使う条件

インタフェースに対してプログラミングする技法だけでは何かを満たせていないことがわかりました。何を満たせていないのでしょうか。

maxメソッドに必要なのは、インタフェースに依存した実装ではなく、型ごとに独立したコードの実体です。つまり、MyStringクラスにはMyStringオブジェクト群から最大値を得るmaxメソッドがあるべきで、MyIntegerクラスにはMyIntegerオブジェクト群から最大値を得るmaxメソッドがあるべきです。同じことは比較メソッドにも言えます。

この結果から、同じコード（アルゴリズム）で型ごとに独立したコードの実体が欲しい場合にジェネリック型を使う、と言う結論を得られそうです。この結論はやや抽象的すぎるので、もう少し話を掘り下げます。

■入力と出力の関係

maxメソッドの入力と出力の関係を考えてみます。記述を簡略化するため型をTと表記します。maxメソッドの入力はTの配列です。出力はTオブジェクトです。**図19.1**を参照してください。

図19.1　maxメソッドの入力と出力

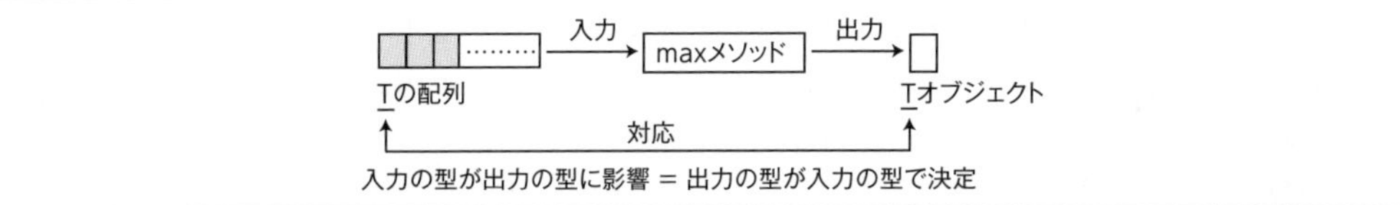

入力と出力を型という側面で見てみます。maxメソッドの出力の型が入力の型から決まります。このパターンのメソッドがジェネリック型を使う候補となります。

ここでの入力と出力は引数と返り値だけではなく、もっと広い意味で使っています。たとえばCollections.sortメソッドは、引数で与えたコレクションの要素をソートしますが、返り値は特にありません。**図19.2**のように入力をソート前のコレクション、出力をソート後のコレクションと考えてください。

図19.2　sortメソッドの入力と出力

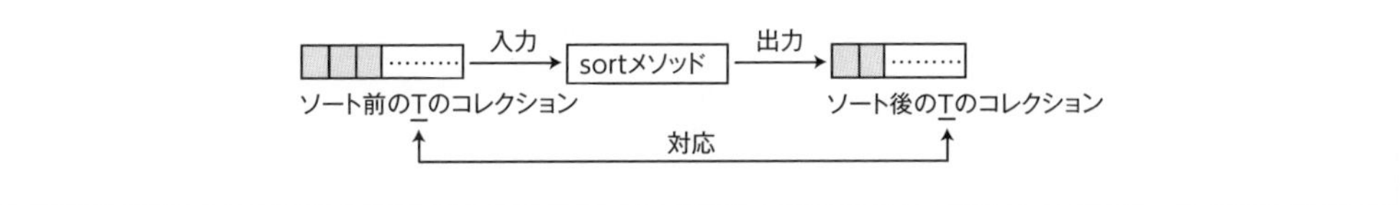

入力と出力は引数にすら現れないこともあります。コレクションに要素を追加するaddメソッドを考えてみます(**図19.3**)。要素追加前のコレクションと追加したい要素を入力と見ています。要素追加後のコレクションが出力です。

図19.3 addメソッドの入力と出力

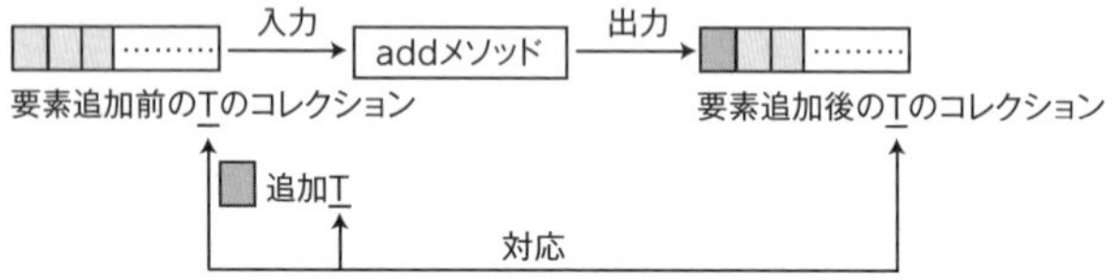

ここまでのすべての例で、入力のT情報がそのまま出力に引き継がれています。このようなパターンのメソッドがジェネリックメソッドの候補であり、このようなメソッドを持つクラスやインタフェースがジェネリック型の候補です。

形式的な定義をすると、ジェネリック型とは、フィールド、メソッドの引数、返り値の間の型の関係性、どの型とどの型が同じあるいは異なる、を定義可能な言語機能と説明できます。

■ジェネリック型とパラメータ化

トップダウン的な視点でジェネリック型を使える条件を見てきました。ボトムアップ的にも考えてみます。現実的にはボトムアップ的にジェネリック型やジェネリックメソッドを作る場合のほうが多いはずです。

int型数値のリストから最大値を探すmax_iメソッドがあるとします。次に、double型数値のリストから最大値を探すmax_dメソッドを作ったとします。その後、short型数値のリストから最大値を探すmax_sメソッドを作ったとします。

これらのメソッドは型を除けば、それ以外は同じコードだと気づくのがジェネリック型への第一歩です。共通部分と異なる部分を分けて、異なる部分をパラメータ化して外部に追い出す技法は、プログラミングの大原則です。今回の場合、共通する部分がコードで、異なる部分が型情報です。

こうして型情報をパラメータ化して外部化したものがジェネリック型です。ジェネリック型は特殊な技法に見えますが、発想そのものは、可変部をパラメータ化して共通部の外に追い出すという、プログラミングの大原則に乗った正攻法な技法です。

Part 4

Javaの実践

Javaの実践例として、スレッド関連とWeb技術を簡単に説明します。最後にJava 22で正式機能になったFFM APIを紹介します。

20章 スレッド

並行処理の技法の1つであるマルチスレッドプログラミングの説明をします。Javaのスレッドはプラットフォームスレッドと仮想スレッドの2種類あります。それぞれの使用方法と特徴を説明します。

20-1 マルチスレッド

20-1-1 並行処理とマルチスレッド

1つの実行プロセスで複数処理を同時実行することを並行処理と呼びます。並行処理の典型例は複数クライアントと通信するサーバプロセスです。動作上は複数クライアントと同時に通信しているように見えます。

普通にJavaコードを書くとプログラムを実行したプロセスは1つのプロセッサ(物理CPU内の論理プロセッサ)を専有して動くように見えます。このようなJavaプログラムで開発者に見えるスレッド数は1つです(注1)。このスレッドを便宜上メインスレッドと呼びます。メインスレッドはmainメソッドから実行が始まります。

メインスレッドのみのJavaプログラムをシングルスレッドプログラムと呼びます。シングルスレッドで並行処理をするには意図的にプロセッサを専有しないコード記述が必要です。通信待ちなど待機が必要な時に、待機しないコードにして他の処理を行うようにします。このようなコードをノンブロッキング処理と呼びます(注2)。ノンブロッキング処理の実例は「**22章 Web技術**」で紹介します。

ノンブロッキング処理の反対をブロッキング処理と呼びます。ブロッキング処理は、スリープ処理や通信待ちなどの待機処理があるとそのまま待機するコードを書きます。OSレベルではプロセッサを手放しますがJavaのコードレベルではプロセッサ専有状態のままです。シングルスレッドの場合、メインスレッドが待機状態になります。通常、このままでは並行処理をできません。

マルチスレッドを使うとブロッキング処理のまま並行処理をできます。並行処理をできる秘密は、あるスレッドの待機中、別のスレッドにプロセッサを割り当てられるからです。このプロセッサ割り当てをOSレベルで実施するかJVMレベルで実施するかで区別があります。前者をプラットフォームスレッド、後者を仮想スレッドと呼びます。

(注1) 実際にはバックグラウンドで動くスレッドが存在します。バックグラウンドで走るスレッドの説明は割愛します。
(注2) 同期処理と非同期処理の呼び方もあります。本書はブロッキング処理とノンブロッキング処理で用語を統一します。

20-1-2　スレッド動作の概要

プログラムの中で新しいスレッドを作成すると、概念上はそれぞれのスレッドが専有プロセッサで動くように見えます。スレッドはそれぞれに独自のメソッド呼び出しスタックを持ちます(**図20.1**)。

図20.1　スレッドとメソッド呼び出しスタック

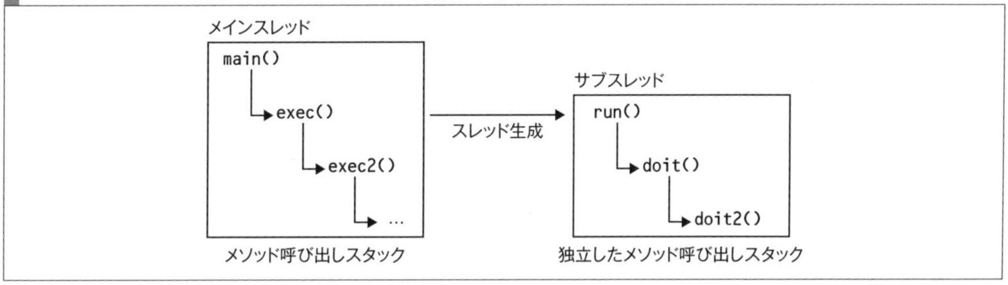

各スレッドは概念上、同時かつ並行で動きます。プロセッサが複数あれば物理的にも並行動作します。スレッド数がプロセッサ数以上の場合、スレッドはタイムスライスと呼ばれる動作をします。タイムスライスとは、あるスレッドを一定時間実行した後、別のスレッドに実行を譲る動作です。非常に短い時間間隔でスレッド実行を切り替えるため並行動作するように見えます。OSレベルで複数のプロセス(プログラムの実行)が同時に走るように見えるのと同じ話です。

スレッド実行の切り替わりは強制的に起きます。実行中のスレッドは、突然、予測不能なタイミングでプロセッサを奪われます(注3)。そしてまた突然、予測不能なタイミング、かつ予測不能な順序で実行が再開します。

実行中のスレッドの視点で見ると、実行中に突然割り込まれて実行が停止します。このような停止を「横取り(プリエンプション)」と呼びます。実行中のプロセッサを横取りされるイメージです。しかし停止中にメソッド呼び出しスタックは変化しないので、スレッド実行再開後はコードの停止箇所から実行を再開します。

20-1-3　仮想スレッド

仮想スレッドは軽量でスケーラブルな並行実行を実現できるスレッドです。入出力処理などの待機処理が多いアプリケーションで特に高い実行性能を発揮します。Webサーバなど大量の同時リクエストを処理するアプリケーションで活用できます。

プラットフォームスレッドはOSによって直接管理されるスレッドです。これに対して仮想スレッドは、JVMが管理し実際のOSスレッド上で実行されるスレッドです(**図20.2**)。

(注3)　予測不能と言う表現は魔術的で良い表現ではないかもしれません。カーネル(スレッドの実行切り替えのスケジューリングを行うOSの機能)レベルで見れば、決定論的なアルゴリズムでスレッド実行の切り替えが起きます。しかし、その詳細はJava開発者には見えない世界で、事実上は予測不能としか言えません。

図20.2　プラットフォームスレッドと仮想スレッドの構成図

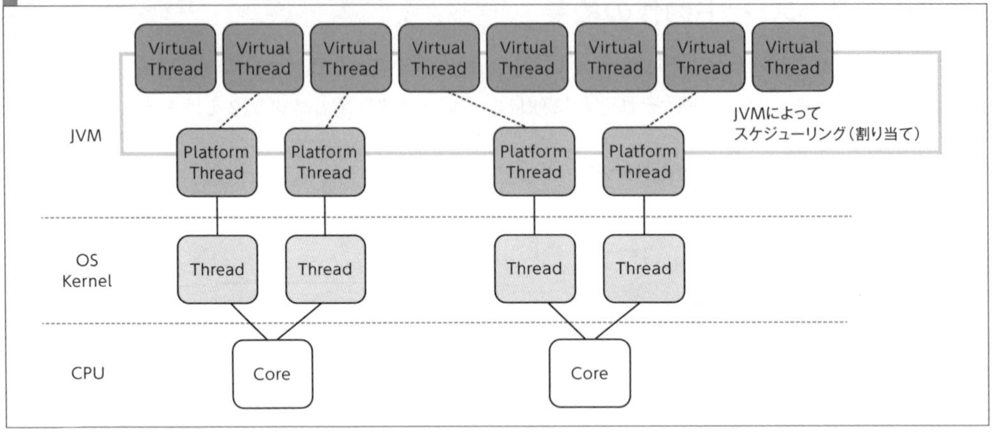

スレッドをJVMが管理することで下記の利点を得られます。

- **省メモリ**
- **詳細なスレッド管理**
- **ガベージコレクションとの親和性**
- **ロックや同期の最適化**
- **OSのスレッド制限（スレッド数の上限など）に制約されない**

具体的なパフォーマンス比較は本章の最後に紹介します。

20-1-4　マルチスレッドプログラミングの現実

■スレッド間で共有されないデータ

複数のスレッドの間でどんなデータが共有され、どんなデータが共有されないかを知るのは重要です。共有可変データには次章で説明する不整合問題の危険があるからです。

下記は個々のスレッドが独立して保持します。つまりスレッド間で共有されません。

- **メソッドのローカル変数の値**
- **メソッドのパラメータ変数の値**
- **スレッドローカル変数の値**（注4）

ローカル変数とパラメータ変数がスレッド間で独立しているのは、メソッドの呼び出しに関わる状態（広義のメソッド呼び出しスタック）をそれぞれのスレッドが独自に持つからです。個々

（注4）　java.lang.ThreadLocal型のフィールド変数は、個々のスレッドごとに自動的にコピーされ、スレッド間で共有されないフィールド変数になります。ThreadLocal型フィールド変数からのみ参照されるフィールドオブジェクトはスレッド間で共有されません。本書はThreadLocalの説明を省略します。

のスレッドは、他のスレッドがどんなメソッド呼び出しスタックかを知ることはありません。調べようと思えば可能ですがデバッグ目的以外にはしません。他のスレッドのローカル変数やパラメータ変数の値を知ることもありません。

パラメータ変数とローカル変数に関して「変数の値」と書いたことに注意してください。変数が参照型変数の場合、変数が参照するオブジェクトはスレッド間で共有される可能性があります。つまり、ローカル変数やパラメータ変数が同じオブジェクトを参照している場合、参照先オブジェクトは共有されます。

■マルチスレッドプログラムの実装

実開発で、スレッド生成コードを書く場面は多くありません。スレッド生成処理を隠蔽したフレームワークを使う場合が多いからです。現場のプログラミングで求められる技術は、スレッドをいかに生成するかではなく、複数のスレッドつまりマルチスレッドから呼ばれて問題のないコードを書く技術です。

マルチスレッドで問題を起こさないための主な実装技法を紹介します。

- **スレッド間でデータを共有しない（Webアプリのリクエストスコープなど）**
- **状態更新をなくす**
- **適切な整合性処理を行う**
- **適切な順序制御を行う**

マルチスレッドプログラムでは可能な限り最初の2つの活用を推奨します。1番目のようにスレッド間に一切の共有状態がない状況をシェアードナッシングと呼びます。この場合、完全に整合性制御を頭から追い出せます。2番目のように共有データがあっても読み込み専用であれば整合性制御は不要です。

後者2つは複数スレッドの協調動作が必要になります。具体的には共有可変データの不整合防止やスレッドの実行順序制御などです。

20-2 スレッド生成

20-2-1 プラットフォームスレッドの生成

新規スレッドを生成する方法を説明します。スレッドの生成方法自体の重要性は高くありません。軽く背景を知っておけば十分です。

Javaでスレッドを生成するためのクラスはjava.lang.Threadクラスです。Threadクラスのオブジェクトを生成して、startメソッドを呼ぶと新しいスレッドの実行が始まります（**リスト20.1**）。

1章 2章 3章 4章 5章 6章 7章 8章 9章 10章 11章 12章 13章 14章 15章 16章 17章 18章 19章 20章 21章 22章 23章

リスト20.1　プラットフォームスレッドを生成。スレッドが何もしないので無意味なコード

```
jshell> var thread = new Thread()
jshell> thread.start()
```


リスト20.1は生成したスレッドが何もせずに終了します。生成したスレッドで意味のある処理をするにはRunnableインタフェースの実装クラスを使います(注5)。RunnableオブジェクトをThreadオブジェクト生成のnew式の引数に渡します。**リスト20.2**はRunnableオブジェクトをラムダ式で記述した例です。新規スレッドがラムダ式を実行します。Runnableオブジェクトのrunメソッドを「スレッドのエントリポイント」と呼びます。

リスト20.2　プラットフォームスレッドがラムダ式（実体はRunnableオブジェクトのrunメソッド）を実行

```
jshell> var thread = new Thread(() -> System.out.println("新規スレッドから呼ばれる処理"))
jshell> thread.start()
新規スレッドから呼ばれる処理
```


20-2-2　仮想スレッドの生成

仮想スレッドを生成する場合、プラットフォームスレッド同様Threadクラスを使います。Thread.ofVirtualメソッドで仮想スレッド用のファクトリオブジェクトを取得できます。**リスト20.3**はRunnableオブジェクトをラムダ式で記述し仮想スレッドで実行した例です。

リスト20.3　仮想スレッドの生成と開始

```
jshell> Thread vThread = Thread.ofVirtual().
jshell>     unstarted(() -> System.out.println("仮想スレッドから呼ばれる処理"))
jshell> vThread.start()
仮想スレッドから呼ばれる処理

// 生成と開始を下記1行で表記可能
jshell> Thread vThread = Thread.ofVirtual().
jshell>     start(() -> System.out.println("仮想スレッドから呼ばれる処理"))
仮想スレッドから呼ばれる処理
```


プラットフォームスレッドも同じスタイルで生成可能です（**リスト20.4**）。

リスト20.4　仮想スレッドのスタイルに合わせたプラットフォームスレッド生成と開始

```
jshell> Thread pThread = Thread.ofPlatform().
jshell>     start(() -> System.out.println("プラットフォームスレッドから呼ばれる処理"))
プラットフォームスレッドから呼ばれる処理
```

（注5）　Threadクラスを拡張継承したクラスを自作する方法もあります。本書は説明を省略します。なお本書の旧版には説明があります。

20-2-3 ThreadFactory

ThreadFactoryオブジェクトを使うと複数のスレッドを効率的に生成できます。**リスト20.5**は仮想スレッドの例です。ofVirtualをofPlatformに変更するとプラットフォームスレッド生成になります。

リスト20.5　3つの仮想スレッドを生成し実行させる例

```
jshell> ThreadFactory factory = Thread.ofVirtual().factory()
jshell> for (int i = 0; i < 3; i++) {
jshell>     Thread vThread = factory.newThread(() -> System.out.println("仮想スレッドから呼び出される処理"));
jshell>     vThread.start();
jshell> }
仮想スレッドから呼ばれる処理
仮想スレッドから呼ばれる処理
仮想スレッドから呼ばれる処理
```

■複数スレッドの実例

ここまでの例は単なるメソッド呼び出しとほとんど区別がつきません。もう少し動作をわかりやすくした例を示します(**リスト20.6**)。メインスレッドと2つのサブスレッドがそれぞれ画面に文字列を出力します。実行するとこれらの文字列が混じって表示されるはずです。3つのスレッドを同時実行するからです。

リスト20.6　複数スレッドの生成

```
import static java.util.stream.IntStream.range;
import java.time.Duration;
import java.util.concurrent.ThreadFactory;

public class Main {
    // インデント省略のためにmainメソッドにthrows節を記述
    public static void main(String... args) throws InterruptedException {
        // プラットフォームスレッドと仮想スレッドのいずれかを有効化
        // プラットフォームスレッド
        ThreadFactory thFactory = Thread.ofPlatform().name("worker", 0).factory();
        // 仮想スレッド
        //ThreadFactory thFactory = Thread.ofVirtual().name("worker", 0).factory();

        var thread0 = thFactory.newThread(() -> {
            range(0, 1000).forEach(n -> {
                System.out.printf("%s, %d¥n", Thread.currentThread().getName(), n);
            });
        });

        var thread1 = thFactory.newThread(() -> {
            range(0, 1000).forEach(n -> {
```

```
                System.out.printf("%s, %d¥n", Thread.currentThread().getName(), n);
            });
        });

        // サブスレッドの開始
        thread0.start();
        thread1.start();

        range(0, 1000).forEach(n -> {
            System.out.printf("メインスレッド, %d¥n", n);
        });

        // サブスレッド終了を待機(引数でタイムアウト値を指定(10秒間))
        thread0.join(Duration.ofSeconds(10));
        thread1.join(Duration.ofSeconds(10));
    }
}
```

プラットフォームスレッドと仮想スレッドの切り替えはThreadFactoryオブジェクトの生成時の違いのみです。リスト20.6のコメントアウトを切り替えると、2種のスレッドを切り替えできます。

■Threadオブジェクトの表示名

Threadオブジェクトに表示名を付与できます。表示名は人間の識別目的でつけます。システム的な意味はなく任意の名前をつけられます。リスト20.6はworkerで始まる名前にしています。表示名はThreadオブジェクトのgetNameメソッドで取得可能です。

20-2-4 スレッドの終了

エントリポイントに渡したメソッドの実行を終えると該当スレッドが終了します。mainメソッドの実行終了でメインスレッドが終わるのと同じ理屈です。特定スレッドを外部から強制的に終わらせる仕組みはないと考えてください。

リスト20.6のようにjoinメソッドで対象スレッド終了を待つコードを見る機会があります。待機スレッドがあろうとなかろうとエントリポイントの実行を終えるとスレッドは終了します。

実開発の場合、次節のスレッドプールの仕組みでスレッドを終了させずに再利用する場合があります。

20-2-5 スレッドと例外

例外の動作の原則は変わりません。捕捉されない例外はメソッドの呼び出しスタックをさかのぼり、最終的に該当スレッドの実行を止めます。発生した例外はスレッドと結びついています。あるスレッドで発生した例外は他のスレッドには影響を与えません。

スレッド関連で見る機会の多い例外を**表20.1**にします。検査例外が多いので注意してください。

表20.1 スレッド関連で見る機会の多い例外

例外	説明
InterruptedException	スレッド実行が強制的に中断された場合に発生。理論的にはスレッド実行の再開処理も可能。通常は再開せずにスレッドを終了するのが無難
ExecutionException	スレッド実行中の例外を例外翻訳した例外。原因例外がコードのバグ起因であれば要修正
TimeoutException	タイムアウト値を指定したメソッドでタイムアウト発生。対応方法は仕様次第
IllegalStateException	排他制御漏れでの不整合発生（コレクションオブジェクトの内部状態など）。要修正

20-2-6 スレッドプール

多数のプラットフォームスレッドを生成するプログラムでは、スレッドの生成時間が実行性能に影響を与える場合があります。性能を上げるため、スレッドを毎回生成せずに生成済みスレッドを使いまわす手法があります。生成したスレッドを待機させて（プールして）、必要に応じてスレッドを取り出します。処理を終えたスレッドを再利用に備えてプールに戻します。このような技法を「スレッドプール」と呼びます。

スレッドプールの独自実装は可能ですが、標準ライブラリのjava.util.concurrentパッケージのスレッドプールの仕組みを使えば十分です。ExecutorServiceがスレッドプール管理の統一的なインタフェースです。Excecutorsのクラスメソッドで ExecutorService オブジェクトを生成できます（**表20.2**）。

表20.2 ExecutorServiceオブジェクトを生成するExecutorsのクラスメソッド

クラスメソッド名	説明
newFixedThreadPool	指定した数のスレッドを常時保持するスレッドプールを作成。 タスクは空いているスレッドに割り当てられる
newCachedThreadPool	タスクを割り当てるたびに新しいスレッドを生成して、しばらくスレッドを使いまわす。 一定期間使われないスレッドは消滅する
newScheduledThreadPool	タスクを一定時間ごとに実行するスレッドを持つスレッドプールを作成
newSingleThreadExecutor	1つのスレッドを使いまわすスレッドプールを作成。タスクは順々に処理される
newWorkStealingPool	暇なスレッドが忙しいスレッドから自動的にタスクを奪うようなスレッドプールを作成
newVirtualThreadPerTaskExecutor	タスクごとに新しい仮想スレッドを開始するExecutorを作成

■仮想スレッドとスレッドプール

仮想スレッドはスレッドの生成と破棄が軽量です。プラットフォームスレッドと比べてスレッ

1章 2章 3章 4章 5章 6章 7章 8章 9章 10章 11章 12章 13章 14章 15章 16章 17章 18章 19章 20章 21章 22章 23章

ドプールの利点は大きくありません。しかし仮想スレッドもExecutorServiceオブジェクトの利用を推奨します。ExecutorServiceオブジェクトがコードの複雑さを軽減できるからです。

仮想スレッド専用クラスメソッド(Executors.newVertualThreadPerTaskExecutorメソッド)以外はデフォルトでプラットフォームスレッドを使います。仮想スレッドを使うにはクラスメソッドの引数に仮想スレッドのThreadFactoryオブジェクトを指定します(**リスト20.7**)。

リスト20.7　仮想スレッドの指定

```
ThreadFactory factory = Thread.ofVirtual().factory();
ExecutorService executor = Executors.newFixedThreadPool(8, factory);
```

■ExecutorServiceオブジェクト

ExecutorServiceオブジェクトを通じてスレッドプールを管理できます。

ExecutorServiceオブジェクトの基本メソッドはsubmitとexecuteの2つです。前者がほぼ後者を包含するのでsubmitを説明します。submitメソッドの引数にRunnableオブジェクトまたはCallableオブジェクトを渡します。これらのオブジェクトをタスクと呼びます。タスクがスレッドのエントリポイントになります。

ExecutorServiceオブジェクトを使うコード例を**リスト20.8**に示します。基本構造はリスト20.6と同じです。最初にExcecutors.newFixedThreadPoolメソッドでExecutorServiceオブジェクトを作成します。ExecutorServiceオブジェクトのsubmitメソッドにRunnableオブジェクトを渡すと、内部で自動的にスレッドを割り当ててRunnableオブジェクトのrunメソッドを実行します。Runnableオブジェクトをラムダ式で書いても問題ありません。

スレッド作成はスレッドプール内に隠蔽されます。自分でスレッドを作成するコードとほとんど変わらない手間でスレッドプールを使うコードを書けます。

リスト20.8　スレッドプールの例(基本構造はリスト20.6と同じ)

```
// 後述のコード例では紙幅の節約のためオンデマンドインポートにします
import java.util.concurrent.ThreadFactory;
import java.util.concurrent.Executors;
import java.util.concurrent.ExecutorService;
import java.util.concurrent.Future;
import java.util.concurrent.TimeUnit;
import static java.util.stream.IntStream.range;

public class Main {
    public static void main(String... args) throws InterruptedException {
        // プラットフォームスレッドと仮想スレッドのいずれかを有効化
        //ThreadFactory thFactory = Thread.ofPlatform().factory();
        ThreadFactory thFactory = Thread.ofVirtual().factory();
        // スレッド数は任意です。1でも動きます
        ExecutorService executor = Executors.newFixedThreadPool(8, thFactory);
```

```
        Future<?> ret1 = executor.submit(new Worker("スレッド1"));
        Future<?> ret2 = executor.submit(new Worker("スレッド2"));

        range(0, 1000).forEach(n -> {
            System.out.printf("メインスレッド, %d¥n", n);
        });

        executor.shutdown();
        // サブスレッド終了を待機(引数でタイムアウト値を指定(10秒間))
        executor.awaitTermination(10, TimeUnit.SECONDS);
    }
}

// スレッドのタスク
class Worker implements Runnable {
    // サブスレッド識別用の文字列
    private final String name;

    Worker(String name) {
        this.name = name;
    }

    // スレッドのエントリポイント
    @Override
    public void run() {
        range(0, 1000).forEach(n -> {
            System.out.printf("%s, %d¥n", this.name, n);
        });
    }
}
```

■Futureオブジェクト

submitメソッドの返り値はFutureオブジェクトです。Futureオブジェクトは実行状態あるいは実行済みタスクの実行結果を表現するオブジェクトです。スレッドのエントリポイントがRunnableオブジェクトの場合、実行結果はありません。次節で説明するCallableオブジェクトを使う場合、Callableオブジェクトのタスクの返り値をFutureオブジェクトから取得できます。Futureはジェネリック型のインタフェースで、型引数がタスクの返り値の型です。

Futureオブジェクト自体はsubmitメソッド呼び出しで即座に返ります。タスクの開始前にFutureオブジェクトを生成するからです。

タスク完了前のFutureのgetメソッド呼び出しはブロックします。タスク完了まで実行結果が未定だからです。長時間の停止を防止するため、getメソッドの引数にタイムアウト値を渡せます。タイムアウトに達しても実行タスクが完了しない場合、TimeoutException例外が発生します。getメソッドの使用例は次節で紹介します。

■Callableインタフェース

Runnableオブジェクトのrunメソッドは値を返せません。Runnableインタフェースの代わりにCallableインタフェースを使うとタスクから値を返せます。スレッドを使う視点で見るとスレッドの実行結果の取得と見なせます。

Callableインタフェースはジェネリック型で、callメソッドの返り値の型を型引数に指定します。Callableインタフェースを使う例を**リスト20.9**に示します。ExecutorServiceを使うと、RunnableとCallableをほとんど同じように使えます。Runnableオブジェクトの代わりにCallableオブジェクトをsubmitメソッドの引数に渡すだけの違いだからです。

リスト20.9　Callableインタフェースを使う例

```
// 紙幅の都合でオンデマンドインポートにします。以後も同様
import java.util.concurrent.*;
import static java.util.stream.IntStream.range;

public class Main {
    public static void main(String... args) throws InterruptedException, ExecutionException,
TimeoutException {
        // プラットフォームスレッドと仮想スレッドのいずれかを有効化
        //ThreadFactory thFactory = Thread.ofPlatform().factory();
        ThreadFactory thFactory = Thread.ofVirtual().factory();
        // スレッド数は任意です。1でも動きます
        ExecutorService executor = Executors.newFixedThreadPool(8, thFactory);

        Future<Integer> ret1 = executor.submit(new Worker("スレッド1"));
        Future<Integer> ret2 = executor.submit(new Worker("スレッド2"));

        // FutureオブジェクトのgetメソッドでサブスレッドのFの返り値を取得
        // サブスレッド実行中、getメソッドは待機（引数でタイムアウト値を指定（10秒間））
        System.out.println(ret1.get(10, TimeUnit.SECONDS));
        System.out.println(ret2.get(10, TimeUnit.SECONDS));

        executor.shutdown();
        // サブスレッド終了を待機（引数でタイムアウト値を指定（10秒間））
        executor.awaitTermination(10, TimeUnit.SECONDS);
    }
}

// スレッドのタスク
class Worker implements Callable<Integer> {
    // サブスレッド識別用の文字列
    private final String name;

    Worker(String name) {
        this.name = name;
    }
```

```
    // スレッドのエントリポイント
    @Override
    public Integer call() throws Exception {
        return range(0, 1000).peek(n -> {
            System.out.printf("%s, %d¥n", this.name, n);
        }).sum();
    }
}
```

Callableオブジェクトのcallメソッドがスレッドのエントリポイントになります。callメソッドの返り値がタスクの結果です。この返り値をFutureオブジェクトのgetメソッドで取得できます。

20-3 仮想スレッドとプラットフォームスレッドの比較

仮想スレッドは、個々のスレッドの待機状態が多いほど真価を発揮します。待機状態のスレッドがOSのリソースを使わないからです。

Webサーバなどでは通信処理で待機するのが普通ですが、ここではThread.sleepメソッドで待機処理を模倣します。Thread.sleepで5秒間停止するスレッドを使います(**リスト20.10**)。

リスト20.10　待機処理を持つスレッドの処理時間計測例(100万スレッド分)

```
import java.time.Duration;
import java.util.ArrayList;
import java.util.concurrent.ThreadFactory;

public class Main {
    public static void main(String... args) throws InterruptedException {
        int NUM_THREADS = 1_000_000;
        ThreadFactory pfFactory = Thread.ofPlatform().factory();
        ThreadFactory vrtFactory = Thread.ofVirtual().factory();

        // プラットフォームスレッド
        var pfThreads = new ArrayList<Thread>(NUM_THREADS);
        long pfStart = System.currentTimeMillis();

        for (int i = 0; i < NUM_THREADS; i++) {
            Thread thread = pfFactory.newThread(() -> emulateLongTask(Duration.ofSeconds(5)));
            pfThreads.add(thread);
            thread.start();
        }

        for (Thread thread : pfThreads) {
            thread.join();
        }
```

```
        System.out.println("Platform Thread: " + (System.currentTimeMillis() - pfStart) + "(ms)");

        // 仮想スレッド
        var vrtThreads = new ArrayList<Thread>(NUM_THREADS);
        long vrtStart = System.currentTimeMillis();

        for (int i = 0; i < NUM_THREADS; i++) {
            Thread thread = vrtFactory.newThread(() -> emulateLongTask(Duration.ofSeconds(5)));
            vrtThreads.add(thread);
            thread.start();
        }

        for (Thread thread : vrtThreads) {
            thread.join();
        }

        System.out.println("Virtual Thread: " + (System.currentTimeMillis() - vrtStart) + "(ms)");
    }

    // Thread.sleepで待機処理を模倣
    private static void emulateLongTask(Duration duration) {
        try {
            Thread.sleep(duration);
        } catch (InterruptedException e) { /* 無視 */ }
    }
}
```

スレッド数別にスレッド生成や実行に要した時間を**表20.3**に示します。実行環境で実行時間は異なります。相対値のみ確認してください。

表20.3　リスト20.10の実行時間

スレッド数	プラットフォームスレッド	仮想スレッド
10	5,014(ms)	5,014(ms)
100	5,014(ms)	5,024(ms)
1,000	5,073(ms)	5,019(ms)
10,000	6,569(ms)	5,054(ms)
100,000	35,055(ms)	5,843(ms)
1,000,000	323,377(ms)	13,028(ms)

スレッド数が少ない場合、プラットフォームスレッドと仮想スレッドの実行時間の差はほとんどありません。スレッド数を増やすと仮想スレッドのほうが高速に実行できていることを読み取れます。また、仮想スレッドを使った場合のほうが省メモリで動作します。

■使い分けの指針

原則は、スレッド生成を隠蔽したフレームワークの利用です。Webアプリなど典型的な目的には著名なフレームワークを利用可能です。フレームワークを使わない場合の使い分けの指針は下記になります。

- **プラットフォームスレッド**
  - **待機処理が少なくプロセッサ負荷の高い処理が多い場合（計算処理が中心）**
- **仮想スレッド**
  - **入出力処理（プロセッサ負荷の低い処理）が多い場合**

上記の使い分けをすると典型的な動作は次のようになります。

プラットフォームスレッド使用時は、比較的少ない数のスレッドがプロセッサを使い尽くす処理になります。CPU性能を最大限に引き出したい場合に有用です。

仮想スレッド使用時は、大量のスレッドが待機状態で、必要な時のみスレッドがプロセッサを使う処理になります。スケール性能（スループット性能）を向上させたい場合に有用です。

COLUMN

Thread.sleepメソッド

Thread.sleepメソッドは引数に指定した期間、スレッドの実行を止めます。次のように異なる単位の引数の同名メソッドがあります。

```
public static void sleep(long millis) throws InterruptedException
public static void sleep(long millis, int nanos) throws InterruptedException
public static void sleep(Duration duration) throws InterruptedException
```

本章および次章で時間のかかる処理の模倣にThread.sleepを使います。説明コードが簡単になるからです。

Thread.sleepメソッドはブロッキングメソッドです。指定秒数経過後、該当スレッドの実行はThread.sleepメソッドの後続の行から始まります。スリープ期間中、該当スレッドは何もできません。

21章 同時実行制御

前章で見たようにスレッドの作成自体は容易です。しかし並行処理そのものは簡単ではありません。マルチスレッドで必要になる同時実行制御の1つである整合性制御を説明します。

21-1 整合性制御

21-1-1 整合性制御の必要性

複数のスレッドが同一データを更新すると不整合が生じる場合があります。共有可変データの不整合を防ぐ仕組みを整合性制御と呼びます(注1)。

■複数スレッド間の共有可変データ

複数のスレッドが同一のフィールド変数を同時更新した場合に起きる不整合の具体例を示します(**リスト21.1**)。

リスト21.1 フィールド変数の値が不正になりうる場合

```
class MyCounter {
    private int count = 0;
    void increment() { // 複数のスレッドが同時に実行
        this.count++;
    }
}
```

2つのスレッドがincrementメソッドを1回ずつ呼べば、フィールド変数countの値は2になるはずです。しかし、最悪のタイミングでスレッドに横取りが起きると変数countの値は1になります(**図21.1**)。そして最悪のタイミングはいつか必ず起きます。

(注1) 整合性制御自体は広い概念です。常に整合した状態を保証するレベルもあれば、一時的な不整合を許容して効率を上げる手法(最終的には整合させる)や不整合を検出して更新前に戻す手法など幅広くあります。本書はJavaの言語および標準ライブラリが提供する整合性制御に限定して説明します。

図21.1 最悪のタイミングでフィールド変数countの値が1になる例

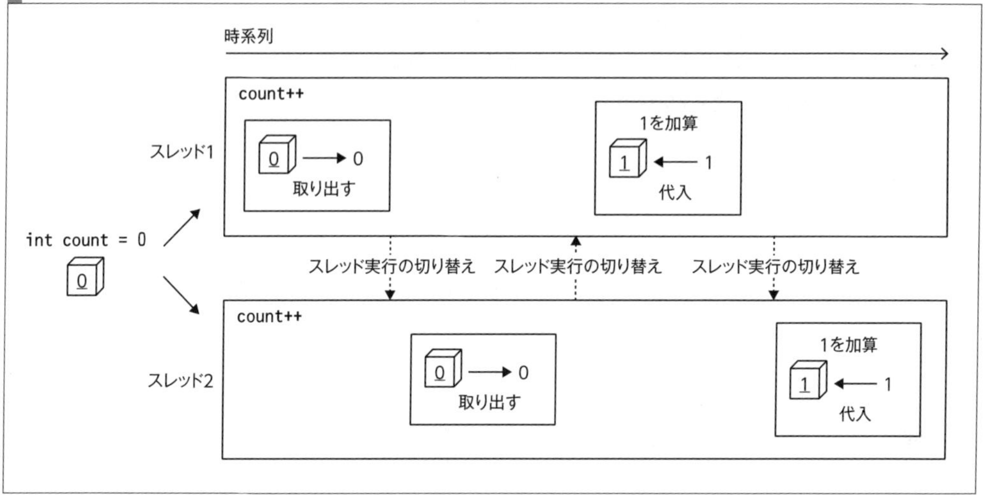

不正動作になる理由は++演算の内部動作にあります。++演算は内部的に次の3ステップを行います。

①現在の値の読み出し
②加算
③加算結果の代入(書き出し)

int型変数の読み書き自体は割り込まれません。つまり読み書き時にプロセッサの横取りが起きません。横取りが起きない保証のある操作を「アトミックな操作」と呼びます。①と③のそれぞれはアトミックです。しかし①から③までの間に割り込まれないことは意味していません。このため++演算はアトミックではありません。

21-1-2 排他制御とsynchronizedコード

排他制御は整合性制御の手法の1つで比較的シンプルな仕組みです。複数のスレッドが同一データにアクセスしようとする時、1つのスレッドのみアクセスを許可し残りのスレッドを待機させます。更新スレッドを1つに限定できるので、同時更新起因のデータ不整合が発生しません。

Javaは構文として排他制御を持ちます。本書は構文による排他制御をsynchronizedコードと呼びます(注2)。synchronizedコードはロックを使う排他制御です。

ロックは次のように動作して、横取りで発生しうる共有可変データの不整合を防ぎます(**図21.2**)

(注2) synchronizedをそのまま日本語にすると同期です。本書は「synchronizedコード」と記載します。「同期・非同期」の用語は処理呼び出しの待機の有無にも使い、紛らわしいためです。

- スレッドは共有可変データのアクセス時にロック獲得
- スレッドは共有可変データのアクセス終了時にロック解放
- あるスレッドがロック獲得中、他のスレッドはロックを獲得できない(注3)
- ロック獲得と解放はアトミックな操作

図21.2　ロックによる排他制御の動作

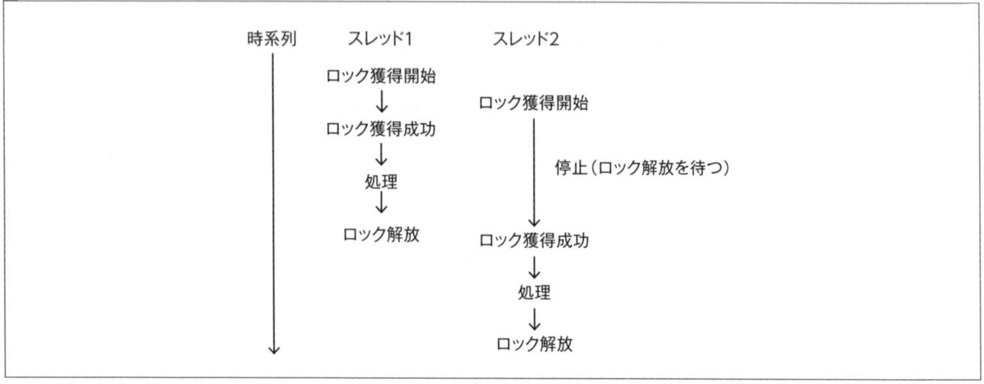

21-1-3　synchronizedコード

synchronizedコードを実装するにはsynchronizedメソッドもしくはsynchronized文を使います。構文は異なりますが原理は同じです。

synchronizedコードには次の前提があります。

- すべてのJavaのオブジェクトはそれぞれが独立したロックを持つ
- すべてのクラスには対応するClassオブジェクトがあり、Classオブジェクトもそれぞれに独立したロックを持つ(注4)

■モニタロック

すべてのJavaオブジェクトとすべてのJavaのクラス、それぞれに1対1に対応したロックを便宜上モニタロックと呼びます。synchronizedコードの内部的な意味はモニタロックの獲得です。

モニタロック獲得には次の3つのパターンがあります。

- インスタンスメソッドをsynchronizedメソッドにすると、対象オブジェクト（レシーバオブジェクト）のモニタロックを獲得
- クラスメソッドをsynchronizedメソッドにすると、対象クラスのモニタロックを獲得

（注3）　ロックを獲得できないスレッドの挙動（待機するか諦めるか）や、同時にロック獲得可能なスレッド数が1つか複数かなど、ロックの実装にはバリエーションがあります。

（注4）　ここではクラスに1対1に対応するロックの存在を理解すれば十分です。

- synchronized文は明示的に指定したモニタロックを獲得

あるスレッドがモニタロックを獲得している間、他のスレッドはそのモニタロックを獲得できません。最初のスレッドがモニタロックを解放するまで獲得を待ち続けます。

■synchronizedメソッド

synchronizedメソッドはメソッドの修飾子にsynchronizedを書きます（**リスト21.2**）。

リスト21.2　synchronizedメソッドの例

```
public synchronized void increment() {
    count++;
}

// 上記メソッドの呼び出し側
obj.increment();
```

synchronizedメソッド呼び出し時に自動的にレシーバオブジェクトのモニタロックを獲得します。リスト21.2であれば、obj変数が参照するオブジェクトがレシーバオブジェクトです。synchronizedメソッド内から別のメソッドを呼び出してもモニタロックを保持したままです。モニタロックを保持したまま再帰的に同じメソッドも呼べます。同じスレッドが同じモニタロックを繰り返し獲得しても問題ないからです。

synchronizedメソッドを抜ける時、自動的にモニタロックを解放します。メソッドを例外で抜けた場合もモニタロックを解放します。ロックの解放処理忘れを完全に防止できるのがsynchronizedコードの利点です。ロックの解放処理を忘れると、無限にロック獲得状態になり、他のスレッドがsynchronizedコードを実行できなくなります。

クラスメソッドのsynchronizedメソッドも同じ構文です（**リスト21.3**）。

リスト21.3　synchronizedクラスメソッドの例

```
public static synchronized void increment() {
    count++;
}

// 呼び出し側
MyClass.increment();
```

synchronizedクラスメソッドの場合に獲得するモニタロックはクラスのモニタロックです。メソッド呼び出し時に自動で獲得、メソッドを抜ける時に自動で解放する原則はインスタンスメソッドと同じです。

■synchronized文

synchronized文は括弧内にオブジェクト参照を書きブロック文を続けます（**リスト21.4**）。

1章 2章 3章 4章 5章 6章 7章 8章 9章 10章 11章 12章 13章 14章 15章 16章 17章 18章 19章 20章 21章 22章 23章

リスト21.4　synchronized文の例

```
public void increment() {
    synchronized(this) { // this参照の参照先オブジェクトのモニタロックを獲得
        count++;
    } // synchronized文を抜けるとモニタロックを解放
}
```

synchronizedのブロック文に入った時、括弧に指定したオブジェクトのモニタロックを獲得します。ブロック文を抜ける時にモニタロックを解放します。例外でブロック文を抜けた場合もモニタロックを解放します。

this参照はレシーバオブジェクトを参照するので、synchronized(this)で獲得するモニタロックはsynchronizedメソッド(インスタンスメソッド)で獲得するモニタロックと同じです。

synchronizedクラスメソッドと等価なコードをsynchronized文で書くにはクラスリテラルを使います(**リスト21.5**)。

リスト21.5　クラスのモニタロックを使うsynchronized文

```
public static void increment() {
    synchronized(MyClass.class) {
        count++;
    }
}
```

■synchronizedメソッドとsynchronized文の比較

synchronizedメソッドとsynchronized文の違いは、synchronized文がモニタロックの対象オブジェクトを明示できる点だけです。それ以外の動作原理は同じです。

synchronized文のほうがsynchronizedメソッドより小さな範囲で排他制御をできます。一般論として、ロックの範囲は小さいほど効率的です。synchronized文には任意のオブジェクト参照を指定できるので、synchronized文のほうが、より自由度の高い記述が可能です。ただ、短いメソッドを心がけていればsynchronizedメソッドのほうが簡潔に記載できます。短いメソッドであれば、synchronizedメソッドの使用を推奨します。

21-1-4　synchronizedコードの実例と落とし穴

更新処理をロックで守るのは簡単そうですが、意外な落とし穴もあります。具体的なコードで説明します。まずはsynchronizedコードがない例を紹介します(**リスト21.6**)。

リスト21.6　synchronizedコードがないため不整合が発生するコード

```
// 紙幅の都合でオンデマンドインポートにします。以後も同様
import java.util.concurrent.*;
```

```
import static java.util.stream.IntStream.range;

public class Main {
    public static void main(String... args) throws InterruptedException, ExecutionException {
        // プラットフォームスレッドと仮想スレッドのいずれかを有効化
        //ThreadFactory thFactory = Thread.ofPlatform().factory();
        ThreadFactory thFactory = Thread.ofVirtual().factory();
        ExecutorService executor = Executors.newFixedThreadPool(8, thFactory);
        var counter = new MyCounter(); // 同じカウンターを共有

        Future<?> ret1 = executor.submit(new MyWorker(counter));
        Future<?> ret2 = executor.submit(new MyWorker(counter));

        // FutureのgetメソッドでサブスレッドI終了を待機
        ret1.get();
        ret2.get();
        executor.shutdown();

        // 2つのスレッドがNUM_LOOP回のincrementを呼ぶので、結果は20_000_000になるはず...
        System.out.println(counter.get());
    }
}

// スレッドのエントリポイント
class MyWorker implements Runnable {
    private static final int NUM_LOOP = 10_000_000; // 増やしすぎによるint値のオーバーフローに注意
    private final MyCounter counter;
    MyWorker(MyCounter counter) {
        this.counter = counter;
    }

    @Override
    public void run() {
        range(0, MyWorker.NUM_LOOP).forEach(n -> {
            counter.increment();
        });
    }
}

// 共有データ
class MyCounter {
    private int count = 0;
    public void increment() { // 2つのサブスレッドが同時実行
        this.count++;
    }
    public int get() {
        return this.count;
    }
}
```

1章 2章 3章 4章 5章 6章 7章 8章 9章 10章 11章 12章 13章 14章 15章 16章 17章 18章 19章 20章 21章 22章 23章

2つのスレッドが1つのMyCounterオブジェクトを共有しています。2つのスレッドが同時にincrementメソッドを呼ぶと、countフィールド変数に対して同時に++演算子を呼びます。

ハードウェアの性能などに依存して発生確率は変わりますが、リスト21.6は不正な結果になることがあります。不正な結果を再現しにくい場合は、ループ回数NUM_LOOPを増やしてみてください。

■synchronizedコードによる修正

リスト21.6に適切なsynchronizedコードを追加する方法は様々あります。もっとも素直な方法はincrementメソッドをsynchronizedメソッドにする方法です。**リスト21.7**の修正で不整合を防止できます。

リスト21.7　リスト21.6に対するもっとも素直な修正（ループ内のsynchronizedコードの書き換え例）

```
// MyCounterのincrementメソッドをsynchronizedメソッドにする
public synchronized void increment() {
    count++;
}
```

■モニタロックの変更

synchronizedコードのモニタロックは他にも選択可能です。**リスト21.8**のようにモニタロック専用のオブジェクトを使う方法も可能です。この場合も不整合を防止できます。モニタロック専用のオブジェクトのクラスは何でもかまいません。通常はObjectクラスを使います。

リスト21.8　モニタロック専用オブジェクトを使うsynchronized文

```
// モニタロック専用オブジェクト(注5)
private final Object lock = new Object();

// 実行速度はsynchronizedメソッドと変わらない
public void increment() {
    synchronized(lock) {
        count++;
    }
}
```

クラスのモニタロックを使ってもsynchronizedコードを記述可能です（**リスト21.9**）。これも不整合を防止できます。

(注5)　ロック専用オブジェクトの変数名にはlockやmutexをよく使います。mutexはmutual exclusionの略で日本語にすると相互排他です。

リスト21.9 クラスのモニタロックを使うsynchronized文(この場合は適切な選択ではない)

```
public void increment() {
    synchronized(MyCounter.class) {
        count++;
    }
}
```

オブジェクトのモニタロックで十分な場合、クラスのモニタロックの利用は推奨しません。クラスのモニタロックはオブジェクトのモニタロックよりも共有の範囲が広いためです。原則として、共有範囲の狭いモニタロックの使用ほど、よりよい選択です。

モニタロックを共有するsynchronizedコードが多ければ多いほど、モニタロック獲得待ちの待機時間が長くなる可能性があります。モニタロック獲得待ち時間はプログラムの実行速度に影響します。

■synchronizedの範囲と実行速度

synchronizedコードをループの中に置くか外に置くかで実行速度に有意な差が生じます。MyWorker側にsynchronized文を書くと、synchronizedコードをループの外に置けます(**リスト21.10**)。

リスト21.10 リスト21.6をループ外のsynchronized文に書き換え

```
// MyWorkerのrunメソッドにsynchronized文を追加
public void run() {
    synchronized(counter) {
        range(0, MyWorker.NUM_LOOP).forEach(n -> {
            counter.increment();
        });
    }
}
```

今回の場合、synchronozedコードをループ外に置いたほうが圧倒的に速く終わります。実行速度の差は後述する表21.1を見てください。ただ、これを見てsynchronizedコードの範囲を広くすると速くなると勘違いしないでください。多くの場合、synchronizeコードの範囲(ロックの粒度とも言います)を小さくするほうが効率的です。ロックしている時間が短ければ、それだけロックを待つ他スレッドの待機時間が短くなるからです。しかし、ロックの粒度を小さくするとロック処理(獲得と解放)の回数が増えます。ロック処理の回数が増えると相対的に実行速度が遅くなります。

リスト21.6に限るとループ外のsynchronizedコードのほうが高速です。ループ内が軽い処理でかつスレッド数が2つのみだからです。しかし、仮にループ内の処理が重かったりスレッド数が増えると、ループ外のsynchronized文はプログラム全体の並行性を落とす可能性があります。ロックの粒度に関するこのバランスは難しい問題で明確な解はありません。

■誤ったモニタロックの例

リスト21.10を**リスト21.11**のように考えた人がいるかもしれません。

リスト21.11　リスト21.10をsynchronizedメソッドに変更（致命的なバグ）

```
// MyWorkerのrunメソッドをsynchronizedメソッドに変更
public synchronized void run() {
    range(0, MyWorker.NUM_LOOP).forEach(n -> {
        counter.increment();
    });
}
```

コメントにあるようにリスト21.11のコードにはバグがあります。synchronizedメソッドが獲得するモニタロックが適切ではないからです。リスト21.11のrunメソッドはMyWorkerオブジェクトのモニタロックを使います。MyWorkerオブジェクトはスレッドごとに存在するオブジェクトです。2つのスレッドで同期を取るつもりが、お互いが異なるモニタロックを使います。このため何も守れていません。

synchronizedコードを使う時はどのモニタロックを使っているかに気を払ってください。誤ったモニタロックを使うと形式的にsynchronizedコードになるだけで何も守れません。

■不変クラスとモニタロック

仮にMyCounterクラスのcountフィールドの型がIntegerだとします。このオブジェクトのモニタロックを使った**リスト21.12**は期待どおりに動きません(注6)。

リスト21.12　リスト21.6のcountをInteger型に変更（致命的なバグ）

```
// バグ（Integerが不変クラスであることに注意）
class MyCounter {
    private Integer count = 0;
    public void increment() { // 複数スレッドが同時実行
        synchronized(this.count) {
            this.count++; // 新しいIntegerオブジェクトを生成
        }
    }
    public int get() {
        return this.count;
    }
}
```

Integerクラスは不変クラスです。count++はIntegerオブジェクト自体の持つ値の変更ではな

(注6)　コンパイル時に警告（warning: [synchronization] attempt to synchronize on an instance of a value-based class）が出ますがコンパイルはとおります。

1章
2章
3章
4章
5章
6章
7章
8章
9章
10章
11章
12章
13章
14章
15章
16章
17章
18章
19章
20章
21章
22章
23章

く、新しいIntegerオブジェクトを生成します。このため、リスト21.12のsynchronized文は毎回異なるモニタロックを使います。

21-1-5 明示的なロック

synchronizedコードはJavaの言語仕様の構文で決まった排他制御です。簡易な記法で排他制御をサポートした利点の半面、自由度の点で失った部分があります。

- **synchronizedコードの弱点**
  - **メソッドやクラスをまたがるロックをできない**
  - **ロック可能かの事前チェックできない。結果としてロック待ちのタイムアウト処理をできない**

これを補完するためにjava.util.concurrent.locksパッケージが明示的なロック機能を提供します。

Lockはロック用のインタフェースです。実装クラスにReentrantLockがあります。Lockオブジェクトはlockメソッドでロックを獲得して、unlockメソッドでロックを解放します。あるスレッドがロックを獲得中、同じロックを獲得しようとする他スレッドは待機します。unlock漏れはバグにつながります。確実にunlockできるように**リスト21.13**のようにfinally節に書いてください。

リスト21.13 Lockオブジェクト

```
import java.util.concurrent.locks.Lock;

// Lock lock を想定
lock.lock();
try {
    排他制御を必要な処理
} finally {
    lock.unlock();
}
```

tryLockメソッドを使うとロック可能かを事前チェックできます。引数でタイムアウト値を指定可能です。これを使うと不必要なロック待ちを回避できます。

■ReadWriteLock

ReadWriteLockは2つのモードを持つロック用インタフェースです。writeLockメソッドとreadLockメソッドの2種類のロックメソッドを持ちます。前者は書き込みロック、後者は読み込みロックです。

あるスレッドがwriteLock中は、他スレッドの読み書きを禁止します。具体的にはwriteLockとreadLockの両方とも獲得が待たされます。この動作自体は、synchronizedコードやReentrantLockのlockと同じ動作です。一方、readLock中、他スレッドの書き込み処理は禁止しますが読み込み処理は許可します。具体的には、他スレッドのwriteLock獲得は待機、

readLock獲得は成功します。ReadWriteLockを使うと、読み込み処理が多い場合にスレッドの待機が減り実行性能を向上できます。

21-1-6　アトミック処理

java.util.concurrent.atomicパッケージ(以後atomicパッケージ)はロックを使わない整合性制御を提供します。この機能をアトミック処理と呼びます。

アトミック処理の基本はCAS(Compare And Swap：キャス)と呼ぶ操作です。CASは変数の値の比較と代入をアトミックに行います(注7)。atomicパッケージは内部的にアトミックなCASを使うAtomicInteger、AtomicLong、AtomicReferenceなどのクラスを提供します。リスト21.6をatomicパッケージを使って書き換えた例を**リスト21.14**に示します。

リスト21.14　リスト21.6をatomicパッケージで書き換え

```
import java.util.concurrent.atomic.*;

// (MyWorkerとMainはリスト21.6と同じ)
class MyCounter {
    private final AtomicInteger count = new AtomicInteger();
    public void increment() { // 複数スレッドが同時実行しても不正値にならない
        count.getAndIncrement();
    }
    public int get() {
        return count.get();
    }
}
```

■アトミック処理と実行速度

atomicパッケージの優位性は実行速度です。参考までに簡単な実測値を**表21.1**に載せます。値の絶対値には意味がありません。相対値のみを参考として見てください。ハードウェア環境、JITの影響、スレッド数など様々な要因が影響するからです。

表21.1　排他制御と実行速度。絶対値ではなく相対値を見てください

排他制御	実行速度
ループ内synchronized(リスト21.7)	約1150ミリ秒
ループ外synchronized(リスト21.10)	約60ミリ秒
AtomicInteger	約800ミリ秒
LongAdder(注8)	約300ミリ秒
同期なし(結果が不正になるので使えないコード)	約60ミリ秒

(注7)　CPUのハードウェア命令レベルでアトミックにCASを実行します。CPUがCAS命令をサポートしていない場合、ソフトウェア的にロックを使ってエミュレートします。

(注8)　java.util.concurrent.atomic.LongAdder。リスト21.6の単調増加の用途に限定すると最速実装です。

以後、synchronizedコードと明示的ロックとアトミック処理を合わせて排他制御と記述します。

21-1-7 Javaのメモリモデル

Javaは、スレッドがオブジェクトを参照する時、オブジェクトのフィールド値を個々のスレッドが独自に保持(キャッシュ)することを認めています。勘違いしやすいのですが、スレッドごとにメソッド呼び出しスタックがあり、ローカル変数やパラメータ変数を独立して持つ話とは異なる話です。ローカル変数とパラメータ変数はそもそもスレッドごとに独立しています。一方、オブジェクトのフィールド値を独立して保持できるのは単なる効率のためです(注9)。

効率のために個々のスレッドがフィールド値をキャッシュすると次のような問題が起きます。あるスレッドがオブジェクトのフィールド値を変更したとします。他のスレッドがそのフィールド値を読み出した時、古い値を読み出す可能性があります。本物のフィールド値とキャッシュ値がずれている限り、この危険はいつでも存在します。

危険を回避するためには、個々のスレッドのキャッシュの変更を本物のフィールド値に書き戻すタイミングと、本物のフィールド値をキャッシュに読み込むタイミングを制御する必要があります。この制御は2つの方法で行えます。

■排他制御

1つ目の方法は排他制御の利用です。つまり既に説明したsynchronizedコードまたは明示的なロックまたはアトミック処理の利用です。

synchronizedコード内でフィールド値を読むと、本物の値をキャッシュに読み込む保証があります。そしてsynchronizedコード内で書き換えたフィールド値は、synchronizedコードを抜けた時にキャッシュから本物の値へ書き戻す保証があります。明示的なロックもロック獲得で本物の値をキャッシュに読み込み、ロック解放時にキャッシュから本物の値へ書き戻す保証があります。

排他制御とキャッシュの動作は巧妙です。共有可変オブジェクトのフィールドの読み書きには排他制御がだいたい必須です。排他制御を使うと、排他制御のついでにキャッシュの誤動作の回避も行えます。一見悩ましく見えるフィールド値のキャッシュ問題は、ほとんどの場合、排他制御で自動的に解決します。

■volatile修飾子

2つ目はvolatile修飾子を使う方法です。フィールド変数の修飾子にvolatileを使います(**リスト21.15**)(注10)。

(注9) スレッドがフィールド値をキャッシュするのは許可されているだけで、常にキャッシュする必要性は意味しません。このため同じコードで問題の出る環境と出ない環境が生じます。ある意味、やっかいなバグになります。

(注10) volatile修飾子とfinal修飾子は同時に指定できません。再代入のないfinal変数にはそもそもキャッシュにまつわる対策が不要だからです。この意味でもフィールド変数をなるべくfinalにする価値があります。

リスト21.15　volatile修飾子の例

```
private volatile int value;
private static volatile boolean flag;
```

volatile修飾子をつけたフィールド変数の値を読むと、本物の値を読む保証があります。書き込んだ値は本物の値に書き戻される保証があります。変数の値の読み書きだけの処理（代入1行など）であれば、排他制御の代わりにvolatile修飾子を使うと効率的にキャッシュの問題を解消できます。

volatile修飾子のもう1つの効用に、long型とdouble型の変数の読み書きをアトミックにする作用があります。Javaの言語仕様は、longとdouble以外の型の変数の代入操作のアトミック性を保証しています。つまりint型変数や参照型変数への代入操作はアトミックです（コラム）。long型とdouble型の変数にこの保証はありません。このため可変フィールド変数にvolatile修飾子をつけておくほうが安心です。

■volatile修飾子と排他制御

volatile修飾子が排他制御の代用になると誤解しないでください。

リスト21.6に話を戻します。count変数にvolatile修飾子をつけても排他制御はできません。volatile修飾子により、片方のスレッドによるcount変数の変更を別スレッドが読む保証はできます。しかし、++演算子の読み出しと書き出しの間に別スレッドが割り込む問題は解消しないからです(注11)。

21-1-8　コレクションの排他制御

通常のコレクションオブジェクトは内部に排他制御を持ちません(注12)。このため複数スレッドで同時にコレクションオブジェクトを変更する場合、排他制御が必要です。排他制御がなく内部状態が不正になると、ConcurrentModificationException実行時例外が発生します。更新処理と読み取り処理が同時に走る可能性があれば、読み取り処理（イテレータによる読み取りも含む）にも排他制御が必要です（**リスト21.16**）。

リスト21.16　コレクションのsynchronizedコードの例

```
// 対象オブジェクトをモニタロックに使う書き方
// List<String> list を複数スレッドで変更する場合
synchronized(list) {
    list.add("foo");
```

（注11）volatile修飾子をつけるとcount変数が不正な値になる確率が下がる環境もあります。発生確率が下がるだけで信用できないコードである事実は変わりません。

（注12）古いコレクションオブジェクト（Hashtableなど）は内部に排他制御を持ちます。しかし利用は非推奨です。個別メソッドで常に排他制御する費用対効果が低いからです。

```
}

// 更新処理が同時に走る可能性があれば、読み取りにもsynchronizedコードが必要
synchronized(list) {
    String s = list.get(0);
}
```

Collectionsクラスのメソッドでコレクションオブジェクトを排他制御対応オブジェクトに変換できます。排他制御対応コレクションオブジェクトは内部に排他制御を持ちます。これらのオブジェクトの単一のメソッド呼び出しであれば排他制御が不要です。

```
// List<String> listを排他制御対応オブジェクトに変換
List<String> slist = Collections.synchronizedList(list);
```

排他制御対応オブジェクトを使えば、利用側から排他制御を完全になくせると考えるのは間違いです。たとえばリスト21.17を見てください。排他制御対応コレクションオブジェクトのcontainsメソッドとaddメソッドは、単体で見ると実行中に別スレッドに割り込まれません。しかし、containsとaddの呼び出しの間に割り込まれる可能性はあります。このため、containsとaddを合わせた全体をsynchronizedコードなどで排他制御する必要があります。

リスト21.17　排他制御対応コレクションオブジェクトでも外部に排他制御が必要な例

```
// List<String> list、String s を想定
if (!list.contains(s)) { // リストに要素がなければ
    list.add(s);          // リストに要素を追加
}
```

COLUMN

代入のアトミック性

代入がアトミックであるとは次のような意味です。たとえばint型変数であれば代入で右辺から左辺に32ビット分の値のコピーが発生します。アトミックな代入であれば、この32ビットの値のコピー中に他のスレッドに割り込まれることはありません。

一方、long型とdouble型の代入操作のアトミック性は保証されていません。これら64ビットの値をコピーする間に他のスレッドに割り込まれ、前半32ビットと後半32ビットのコピーのタイミングがずれる可能性があります。この64ビットデータは不正値になりえます。排他制御も1つの回避策ですが、代入1つを守るにはおおげさ過ぎます。volatile修飾子をつけるとアトミックな代入になる保証を得られます。

なお64ビットCPUでは通常longとdoubleの代入はアトミックになります。アトミック性の保証がないのはJavaの言語仕様上の話です。

■並行コレクション

java.util.concurrentパッケージに並行コレクションクラスがあります(**表21.2**)。特別な理由がなければ排他制御対応コレクションではなく並行コレクションを使ってください。多くの場合、排他制御対応コレクションより並行実行の性能が高いからです。

表21.2 主な並行コレクションクラス

クラス名	インタフェース
ConcurrentHashMap	Map
ConcurrentSkipListMap	NavigableMap
ConcurrentSkipListSet	NavigableSet
CopyOnWriteArrayList	List
CopyOnWriteArraySet	Set
LinkedBlockingDeque	Deque

並行コレクションを使ったとしても、リスト21.17同様、複数メソッドの呼び出しがあれば途中で別スレッドに割り込まれる可能性があります。このため呼び出し側に排他制御が必要です。

並行コレクションの単体メソッド呼び出しには排他制御が不要です。たとえばMapインタフェースにputIfAbsentメソッドがあります。putIfAbsentは要素がない場合に限り要素を追加するメソッドです。要素有無チェックと要素追加を割り込みなしで実行できます。並行コレクション使用時は、このようなメソッドの活用で排他制御を減らせないかを考えてください。

21-1-9 デッドロックと検出

2つのスレッドがお互いにロックを待ち合う現象を「デッドロック」と呼びます。デッドロックするコード例を**リスト21.18**に示します。

リスト21.18 デッドロックの例

```
import java.util.*;
import java.util.concurrent.*;

public class MyDeadLock {
    private static final int NUM_LOOP = 100_000; // デッドロックが起きない場合は数値を大きくしてください

    public static void main(String... args) throws InterruptedException, ExecutionException {
        // 共有データ(ソートのためにArrays.asList利用)
        List<String> list1 = Arrays.asList("one", "two", "three");
        List<String> list2 = Arrays.asList("ONE", "TWO", "THREE");

        // プラットフォームスレッドと仮想スレッドのいずれかを有効化
        //ThreadFactory thFactory = Thread.ofPlatform().factory();
        ThreadFactory thFactory = Thread.ofVirtual().factory();
        ExecutorService executor = Executors.newFixedThreadPool(8, thFactory);
```

```
        Future<?> t1 = executor.submit(() -> { // list1、list2の順序でモニタロックを獲得
            for (int i = 0; i < NUM_LOOP; i++) {
                synchronized(list1) {
                    Collections.sort(list1);
                    synchronized(list2) {
                        Collections.sort(list2);
                    }
                }
            }
        });

        Future<?> t2 = executor.submit(() -> { // list2、list1の順序でモニタロックを獲得
            for (int i = 0; i < NUM_LOOP; i++) {
                synchronized(list2) {
                    Collections.sort(list2);
                    synchronized(list1) {
                        Collections.sort(list1);
                    }
                }
            }
        });

        t1.get();
        t2.get();
        executor.shutdown();

        System.out.println("finished");
    }
}
```

2つのスレッドが2つのListオブジェクト(list1とlist2)を独立にソートします。スレッドt1は、list1に対するsynchronizedコードの中で、list2に対するsynchronizedコードを呼びます。スレッドt2は、list2に対するsynchronizedコードの中で、list1に対するsynchronizedコードを呼びます。このようにお互いのロックの順序が逆転しているとデッドロックの起きる可能性があります。

■デッドロックの仕組み

デッドロックは次のように起きます。

スレッドt1がlist1のモニタロックを獲得した後、list2のモニタロックを獲得する前にスレッドt2に切り替わったとします。スレッドt2はlist2のモニタロックを獲得した後、list1のモニタロックを獲得しようとします。

スレッドt1がlist1のモニタロックを獲得中なので、スレッドt2はスレッドt1によるモニタロック解放を待ちます。一方、スレッドt1はlist2のモニタロックを獲得するためにスレッドt2の解放を待ちます。お互いが相手のモニタロック解放を待ちます。解放待ちは永遠に解決しないので、2つのスレッドは永遠に停止します。

スレッド切り替えのタイミングに依存するので、デッドロックの発生は確率的です。しかし潜在バグなのでいつかどこかで必ず起きます。デッドロック防止にはロックの入れ子の回避を検討してください。

■デッドロックの監視

デッドロックの発生を告げる標準的な仕組みはありません。スレッドごとに見ると、待ち状態のロックがデッドロックで永遠に待つロックなのか、待てばいつか解放されるロックなのか区別がつかないからです。

外部からはデッドロック状態を確認できます。標準ツールを使う方法でもっとも容易な方法はjstackコマンドの利用です。リスト21.18を実行すると次のように検出できます。

```
$ jps
JavaプロセスのプロセスIDを取得
$ jstack プロセスID
[出力の一部を抜粋]
Found one Java-level deadlock:
=============================
"pool-1-thread-1":
  waiting to lock monitor 0x00007f0624001650 (object 0x0000000090112458, a java.util.
Arrays$ArrayList),
  which is held by "pool-1-thread-2"

"pool-1-thread-2":
  waiting to lock monitor 0x00007f0628000e70 (object 0x0000000090112390, a java.util.
Arrays$ArrayList),
  which is held by "pool-1-thread-1"
```

22章 Web技術

現代のWeb技術では、Web APIを通じたデータ通信が広く普及しています。Web APIは、異なるシステムまたはコンピュータ間における情報の交換手段となり、HTTP（Hypertext Transfer Protocol）を使ってサーバとクライアント間の通信を実現しています。サーバとクライアント間における、リアルタイムのデータ交換、外部サービス連携、データ処理の基本的な操作を学んでください。

22-1 HTTPクライアント処理

HTTPを使った通信は、サーバとクライアント間で、リクエストとレスポンスと呼ばれるデータを相互に送信します。これらに"HTTP"を接頭辞として付け、HTTPサーバ、HTTPクライアント、HTTPリクエスト、HTTPレスポンスと呼びます。

HTTPサーバは、HTTPリクエストの受信とHTTPレスポンスの送信の機能を持ちます。HTTPクライアントは、HTTPリクエストの送信とHTTPレスポンスの受信の機能を持ちます。

HTTPクライアント処理は、java.net.httpパッケージで実装します。基本的に使用するクラスは、**表22.1**になります。

表22.1　HTTPクライアント処理に使う主なクラス

パッケージ	クラス	意味
java.net.http	HttpRequest	HTTPリクエスト情報を表す
java.net.http	HttpResponse	HTTPレスポンス情報を表す
java.net.http	HttpClient	HTTPリクエストの送信やレスポンスの受け取りを行う
java.net	URI	Web上のアドレスの識別子であり、アクセスするWebページやファイルの場所を指定する

これら役割の構成イメージを示します（**図22.1**）。

図22.1　HTTPクライアント処理に関するクラスの関係図

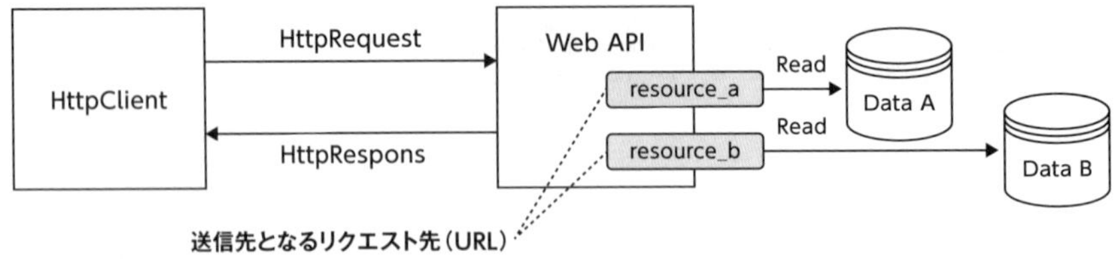

22-1-1　java.net.http.HttpRequestクラス

HttpRequestクラスは、HTTPリクエスト情報となるクラスです。HttpRequest.BuilderはHttpRequestオブジェクトを作成できるファクトリクラスです。HTTPリクエスト情報には、アクセス先やHTTPメソッドを指定する必要があります（**表22.2**）。

Web APIを利用する際には、主にGETやPOSTといったHTTPメソッドを使用します。GETメソッドはデータの取得に、POSTメソッドはデータの送信に使用します。

これらのメソッドを適切に使い分け、効率的かつ安全なデータ通信を実現します。

表22.2　代表的なHTTPメソッド

メソッド名	説明
GET	サーバから情報を取得するために使用する。主にデータの読み取りに使われる。
POST	サーバに情報を送信するために使用する。データの作成や更新に使われることが多い。
PUT	サーバ上の既存データを更新するために使用する。データ全体の置き換えに使われる。
DELETE	サーバ上のデータを削除するために使用する。
PATCH	サーバ上のデータの一部を更新するために使用する。PUTよりも細かい更新に使われる。

HttpRequest.Builderオブジェクトのメソッドを使い、アクセス先やHTTPメソッドを指定し、HTTPリクエストを生成します（**リスト22.1**）。

COLUMN

Web API

Web API（Web Application Programming Interface）は、インターネットを介して異なるソフトウェアが通信するためのインタフェースです。主にHTTPを使用してデータを交換し、サーバー側で管理されているデータの取得や更新、さらには異なるアプリケーション間でのデータ共有などを可能にします。

WebブラウザからWebページを閲覧する際の通信と、Web APIとの通信の原理は同じです。異なるのはデータ形式です。WebページはHTMLやCSSなどの形式、Web APIはJSONやXMLなどの形式が使われています。

フォルトで指定されるHTTPメソッドはGETです。<username>は、自身のGitHubアカウントのユーザ名に置き換えてください。

リスト22.1 GitHubから特定ユーザの情報を取得するHTTPリクエストの作成例(throws節は省略)

```
// HttpRequest.Builderオブジェクトを作成
HttpRequest.Builder builder = HttpRequest.newBuilder()
        .uri(URI.create("https://api.github.com/users/<username>"))  // アクセス先の指定
        .GET(); // HTTPメソッドをGETに指定

// HttpRequestオブジェクトを作成
HttpRequest request = builder.build();
```

アクセス先は、java.net.URIクラスを使ってURIの文法チェックも行います。Webページにアクセスする際に使用するURLもURIに該当します。リスト21.1では、GitHubのAPIサーバ(api.github.com)宛にユーザ名(<username>)が一致するユーザ情報の提供を依頼するHTTPリクエストを作成しています。

22-1-2 java.net.http.HttpClientクラス

HttpClientクラスは、HTTPクライアント処理となるクラスです。HttpClientクラスの主なメソッドを**表22.3**にまとめます。

表22.3 HttpClientクラスの主なメソッド

メソッド名	説明
newHttpClient	デフォルトの設定でHttpClientオブジェクトを生成するファクトリメソッド
builder	HttpClientオブジェクト生成のためのビルダ。メソッドチェーンでタイムアウト、プロキシ設定、SSLパラメータなどを設定できる
send	ブロッキング処理でHTTPリクエストを送信し、HTTPレスポンスを受信する
sendAsync	ノンブロッキング処理でHTTPリクエストを送信し、将来のHTTPレスポンスを受信するためのCompletableFutureを返す
newBuilder	HttpClientオブジェクトを作成するためのファクトリを生成する
version	使用するHTTPのバージョンを指定する
followRedirects	リダイレクトポリシーを指定する

HttpClientオブジェクトは、HTTPリクエストの送信やHTTPレスポンスの受信を行います。HttpClientオブジェクトを使った操作例を示します(**リスト22.2**)。

リスト22.2 HTTPリクエストの送信とHTTPレスポンスの受信例(throws節は省略)

```
// デフォルト設定のHttpClientオブジェクトを作成
HttpClient client = HttpClient.newHttpClient();

// リクエストを送信し、レスポンスを受け取る
HttpResponse<String> response = client.send(request, HttpResponse.BodyHandlers.ofString());
```

1章 2章 3章 4章 5章 6章 7章 8章 9章 10章 11章 12章 13章 14章 15章 16章 17章 18章 19章 20章 21章 22章 23章

sendメソッドにより、HTTPリクエストを送信します。

HTTPリクエストの情報となるHttpRequestオブジェクトを第1引数に指定します。第2引数には、BodyHandlerオブジェクトを指定します。HTTPレスポンスの本文をどのように処理(または解釈)するかをHttpClientオブジェクトに指示できます。リスト22.2では、レスポンス本文を文字列として読み取り処理するように指定しています。

また、HTTPレスポンスの情報となるHttpResponseオブジェクトを返り値とします。

22-1-3　java.net.http.HttpResponseクラス

HttpResponseクラスは、HTTPレスポンス情報となるクラスです。

リスト22.2より、HttpClientオブジェクトは、アクセス先が提供するHTTPレスポンス情報をHttpResponseオブジェクトとして返します。HttpResponseオブジェクトを使って、HTTPレスポンス情報の詳細を取得できます(**リスト22.3**)。

リスト22.3　HTTPレスポンス情報の取得例

```
// responseは、HttpResponseオブジェクト
response.statusCode(); // HTTPレスポンスのステータスコードを取得
response.body();       // HTTPレスポンスの本文を取得
```

HTTPレスポンスのステータスコードで、正常に情報を取得や更新、作成、削除できたか確認できます。アクセス先となるサーバの設定によりますが、基本的には200番台が正常。それ以外が何らかの異常を示します。

取得したメインとなる情報は、本文と呼ばれる部分で保持します。WebページのHTML情報やWeb APIから取得したデータは、本文として取得可能です。

22-1-4　HTTP通信の実装例

■GETメソッドによるHTTP通信

GETメソッドでのHTTP通信は、シンプルで1番使用頻度の多いパターンです。Web APIによるデータ取得やWebページの取得に有効な処理です。

GitHubが公開しているWeb APIからユーザ名の一致するユーザ情報を取得する例を示します(**リスト22.4**)。

リスト22.4　GETメソッドによるHTTP通信例

```
import java.io.IOException;
import java.net.URI;
import java.net.http.HttpClient;
import java.net.http.HttpRequest;
import java.net.http.HttpResponse;
```

```
public class HttpGetSample {
    public static void main(String[] args) {
        // HTTPリクエスト情報を作成
        HttpRequest request = HttpRequest.newBuilder()
                .uri(URI.create("https://api.github.com/users/<username>")) // ここにリクエストしたいURLを指定
                .GET() // HTTPメソッドをGETに指定(省略可)
                .build();

        try (HttpClient client = HttpClient.newHttpClient()) {
            // HTTPリクエストを送信し、HTTPレスポンスを文字列として受け取る
            HttpResponse<String> response = client.send(request, HttpResponse.BodyHandlers.ofString());

            // レスポンスのステータスコードとボディを出力
            System.out.println("Response status code: " + response.statusCode());
            System.out.println("Response body: " + response.body());
        } catch (IOException | InterruptedException e) {
            e.printStackTrace();
        }
    }
}
```

HTTP通信の結果(ステータスコード)と取得したユーザ情報が標準出力に出力されます。GitHubアカウントをお持ちの方は、ユーザ名に自身のユーザアカウントを指定し、実行してみてください。アカウントの情報が表示されます。

■POSTメソッドによるHTTP通信

POSTメソッドでのHTTP通信は、GETメソッドにつぎ使用頻度の多いパターンです。Web APIにデータを送信し、対象データの作成、更新に有効な処理です。

POSTリクエストを受け付けているWeb APIにユーザ情報の更新情報(JSON形式の文字列)を送信する例を示します(**リスト22.5**)。説明の便宜上、下記の情報を取り扱います。

- アクセス先コンピュータ(Web API):api.hoge.com ※説明の便宜上のアドレスのため存在しません
- エンドポイント:/users/<username>
- 操作:データの更新(<username>データの"key"フィールドの値を"value"に設定)

リスト22.5 POSTメソッドによるHTTP通信例

```
import java.io.IOException;
import java.net.URI;
import java.net.http.HttpClient;
import java.net.http.HttpRequest;
import java.net.http.HttpResponse;
```

```
public class HttpPostSample {
    public static void main(String[] args) {
        // POSTリクエストに含める本文を定義(ここではJSON形式の例)
        String json = "{¥"name¥":¥"John Doe¥", ¥"age¥":30}";

        // HTTPリクエストを作成
        HttpRequest request = HttpRequest.newBuilder()
                .uri(URI.create("https://api.hoge.com/users/<username>")) // ここにリクエストしたいURLを指定
                .header("Content-Type", "application/json") // データフォーマットを指定
                .POST(HttpRequest.BodyPublishers.ofString(json)) // HTTPメソッドをPOSTに指定し、本文をセット
                .build();

        try (HttpClient client = HttpClient.newHttpClient()) { // HTTPクライアントを作成
            // HTTPリクエストを送信し、HTTPレスポンスを文字列として受け取る
            HttpResponse<String> response = client.send(request, HttpResponse.BodyHandlers.ofString());

            // レスポンスの本文を出力
            System.out.println("Response status code: " + response.statusCode());
            System.out.println("Response body: " + response.body());
        } catch (IOException | InterruptedException e) {
            e.printStackTrace();
        }
    }
}
```

GETメソッドと比較して、POSTメソッドではHTTPリクエストのヘッダにContent-Typeを明示的に設定する点が異なります。Content-Typeヘッダは、送信データの形式や文字コードを指定し、受信側が適切にデータを解釈できるようにします。多くの場合、Web APIは'application/json'や'application/xml'など、多様なデータ形式をサポートしています。この例では、送信データをJSON形式で定義しているため、Content-Typeとして'application/json'を指定します。

HttpRequest.BuilderのPOSTメソッドには、BodyPublisherを用いてリクエストボディを設定します。BodyPublisherは、JavaオブジェクトをHTTPリクエストのボディに適した形式に変換する役割を持ちます。ここでは、JSON形式の文字列データをBodyPublisher.ofStringメソッドを使用して、リクエストボディに設定しています(注1)。

■認証を使ったHTTP通信

アクセス先次第では、認証が必要となります。
認証を通して、アクセス先に適切な権限が付与されているか確認し、その権限に基づいて結果を返します。

(注1)　文字列データはデフォルトで'UTF-8'エンコーディングとして扱われます。異なる文字コードを使用する場合は、適切なエンコーディングを指定する必要があります。

Webページにアクセスし、"401 Unauthorized"や"403 Forbidden"が表示された経験のある人は多いと思います。これらの原因のほとんどが、アクセス権限がないことを指しています。

Web APIでも同様に、アクセス権限があるかを認証するアクセス先があります。広く使われる認証方法として、期限付きの認証トークン（パスワード相当の文字列）を使います。

認証を通過するためには、認証トークンをHTTPリクエストに含めます。認証トークンは通常、HTTPリクエストヘッダのAuthorization項目に指定します。認証トークンを用いた認証方法はWeb APIによって異なります。**リスト22.6**ではBearerトークン認証を使う例を示します。<認証トークン>の部分に認証トークンを記載します。実践では、使用するWeb APIの最新ドキュメントを参照し、適切な認証方法を選択してください。

リスト22.6　認証を使ったHTTP通信例

```
import java.io.IOException;
import java.net.URI;
import java.net.http.HttpClient;
import java.net.http.HttpRequest;
import java.net.http.HttpResponse;

public class HttpAuthSample {
    public static void main(String[] args) {
        HttpRequest request = HttpRequest.newBuilder()
                .uri(URI.create("https://api.github.com/user/repos"))
                .header("Content-Type", "application/json")
                .header("Authorization", "Bearer <認証トークン>") // 認証トークンの設定
                .build();

        try (HttpClient client = HttpClient.newHttpClient()) {
            HttpResponse<String> response = client.send(request, HttpResponse.BodyHandlers.ofString());
            System.out.println(response.body());
            System.out.println(response.statusCode());
        } catch (IOException | InterruptedException e) {
            e.printStackTrace();
        }
    }
}
```

GitHubアカウントをお持ちの方は、認証トークンを発行し、上記コードを置き換えて実行してみてください。

認証トークンを適切に設定した場合は、アカウントのレポジトリ情報を出力します。認証トークンを適切に設定していない場合は、認証失敗の情報を出力します。

Part 1
Part 2
Part 3
Part 4

22-1-5　ブロッキング呼び出しとノンブロッキング呼び出し

Web APIの呼び出しには、ブロッキング呼び出しとノンブロッキング呼び出しの2つの方法があります。ブロッキング呼び出しは、レスポンスが返ってくるまで処理が停止する方式です。一方、ノンブロッキング呼び出しは、レスポンスを待たずに次の処理を進められます。これにより、アプリケーションのパフォーマンスやユーザ体験を向上できます。

ここまで説明した処理は、すべてブロッキング呼び出しに該当します。ノンブロッキング呼び出しは、HttpClientオブジェクトのsendAsyncメソッドを使います（**リスト22.7**）。

リスト22.7　ノンブロッキング呼び出し例

```
import java.io.IOException;
import java.net.URI;
import java.net.http.HttpClient;
import java.net.http.HttpRequest;
import java.net.http.HttpResponse;
import java.net.URISyntaxException;
import java.util.concurrent.CompletableFuture;

public class HttpGetNonBlockingSample {
    public static void main(String[] args) {
        // HTTPリクエストを作成
        HttpRequest request = HttpRequest.newBuilder()
                .uri(URI.create("https://api.github.com/users/<username>")) // ここにリクエストしたいURLを指定
                .GET() // HTTPメソッドをGETに指定(省略可)
                .build();

        try (HttpClient client = HttpClient.newHttpClient()) { // HTTPクライアントを作成
            // リクエストを送信し、レスポンスを文字列として受け取る
            CompletableFuture<HttpResponse<String>> responseFuture = client.sendAsync(request,
HttpResponse.BodyHandlers.ofString());

            // レスポンスを受け取るまで何らかの処理を実行

            // レスポンスの本文を出力
            responseFuture.thenApply(HttpResponse::body)
                          .thenAccept(System.out::println)
                          .join();
        }
    }
}
```

sendAsyncメソッド実行後、即座に呼び出し元に制御が戻ります。返り値がCompletableFutureオブジェクトであるのは、HTTPレスポンスの受信状態を確認するためです。本オブジェクトを使って、HTTPレスポンス受信後の操作を実装できます。

ブロッキング処理と比較して複雑な処理になりますが、レスポンスを待つ間に他の処理を進められるため、より効率的なプログラムを作成できます。

22-1-6 Spring Bootを使ったサーバ処理

HTTPリクエストを処理するサーバ側アプリケーションの作成方法について説明します。ここで使用する技術はSpring Bootです(注2)。Spring Bootは、Springフレームワークを基にしており、簡単にアプリケーションを構築できるように設計されています。

特に、設定作業を最小限に抑えることができるため、初心者にも扱いやすいフレームワークです。サーバ側アプリケーションでは、クライアントからのHTTPリクエストを受け取り、適切なレスポンスを返す処理を実装します。Spring Bootを使用すると、HTTPリクエストのルーティングやレスポンスの生成を簡単に設定できます。より実践的な扱いは、公式ドキュメントやSpring Bootに関する書籍を参照してください。

本書で採用するSpring Bootのバージョンを示します(**表22.4**)。

表22.4 本書で採用するライブラリのバージョン

ライブラリ	バージョン
Spring Boot	3.2.5

GET/POSTメソッドのHTTPリクエストを受信し、処理するサーバアプリケーションを想定します(**リスト22.8**、**リスト22.9**)。

リスト22.8 サーバ起動処理例

```
import org.springframework.boot.SpringApplication;
import org.springframework.boot.autoconfigure.SpringBootApplication;

@SpringBootApplication
public class Server {
    public static void main(String[] args) {
        SpringApplication.run(Server.class, args);
    }
}
```

リスト22.8では、サーバアプリケーションを起動する処理を実装します。アプリケーションの起動は、SpringApplicationクラスのrunメソッドを実行します。デフォルトでは、ポート8080をオープンにし、HTTPリクエストを受け付けます。

(注2) Spring Bootは、サードパーティ製ライブラリです。Java標準ライブラリと違い、ライブラリ(jarファイル)を取得し、適用する必要があります。

リスト22.9　GETメソッドとPOSTメソッドのリクエスト処理例

```
import org.springframework.web.bind.annotation.GetMapping;
import org.springframework.web.bind.annotation.PostMapping;
import org.springframework.web.bind.annotation.RequestParam;
import org.springframework.web.bind.annotation.RestController;
import org.springframework.web.bind.annotation.RequestBody;

@RestController
public class Controller {

    @GetMapping("/")
    public String handleGet(@RequestParam(name = "name", defaultValue = "World") String name) {
        return String.format("Hello, %s!", name);
    }

    @PostMapping("/")
    public String handlePost(@RequestBody String name) {
        return String.format("Hello, %s!", name);
    }
}
```

サーバアプリケーション処理の実態は、コントローラを使います。Spring Bootでは、受信したHTTPリクエストを処理するメソッドを持つクラスをコントローラと呼びます。コントローラは、専用のアノテーションを指定します。リスト22.9では、@RestControllerアノテーションを指定しています。このアノテーションは、メソッドの返り値をHTTPレスポンスのボディとして設定します。

GETメソッドのリクエストを処理するメソッドには、@GetMappingアノテーションを付与します。アノテーションの引数は、リクエストの宛先を指定できます。リクエストの宛先は、URLにおける<ドメイン名>:<ポート番号>以降の文字列で表現されます(URLがhttp://localhost:8080/sample/testの場合は、"/sample/test"が該当します)。リスト22.9では、"/"宛に送信されたGETメソッドのHTTPリクエストは、handleGetメソッドで処理します。

Controller.handleGetメソッドは、"Hello ○○!"文字列を返します。○○はデフォルトでは"World"が設定されます。リクエスト時にnameパラメータに指定がある場合は、指定された値を使用します。パラメータの指定時は、URLの末尾に「?key=value」を付与し、パラメータ情報を指定します。2つ目以降のパラメータを指定する場合は、さらに「&key=value」を末尾に追加します。下記のアクセス先の場合は、特定の文字列を返します。

- http://localhost:8080/ -> "Hello World!"
- http://localhost:8080/?name=Duke --> "Hello Duke!"

POSTメソッドのリクエストを処理するメソッドには、@PostMappingアノテーションを付与します。アノテーションの引数は、リクエストの宛先を指定できます。リスト22.9では、"/"宛に送信されたPOSTメソッドのHTTPリクエストは、handlePostメソッドで処理します。

Controller.handlePostメソッドは、"Hello ○○!"文字列を返します。Webブラウザなどから POSTメソッドのHTTPリクエスト送信は、少し手間がかかります。curlコマンドを使って、簡単にPOSTメソッドのHTTPリクエストを送信できます。

```
$ curl -X POST -H "Content-Type: text/plain" -d "Duke" http://localhost:8080/
Hello Duke!
```

22-2 データ処理(JSON、XML、CSV、zip)

Web APIを通じたデータ交換において、様々なデータ形式が存在します。広く使われるデータ形式は、JSON、XML、CSVなどが挙げられます。本節では、これら主要なデータ形式を扱う操作の実装方法を説明していきます。

Javaオブジェクトをデータ形式に変換する操作をマーシャリングと呼びます。逆の操作をアンマーシャリングと言います。これらの操作を使って、送受信データの加工をプログラム上で実現します。

22-2-1 Jackson

Web APIを通じたデータ交換の標準的な形式はJSONです。JSONは、軽量で読みやすく、多くのプログラミング言語でサポートされています。また、キーと値のペアでデータを表現し、直感的に理解しやすいです。

Jackson (com.fasterxml.jackson) は、JavaでJSON形式のデータを扱うためのサードパーティ製ライブラリです。簡単にJSONデータを読み込み(パース)や書き出し(生成)できます。オブジェクトとJSONデータの相互変換をサポートしており、開発者がJSONデータの処理を効率的に行えるように設計されています。マーシャリングやアンマーシャリングの操作を実現するクラスが提供されています(**表22.5**)。

表22.5 Jacksonの主なクラス

クラス名	説明
ObjectMapper	JSON文字列とJavaオブジェクト間の変換を行う
JsonFactory	JSONパーサとジェネレータのファクトリ
JsonParser	JSONトークンの読み取りを行う
JsonGenerator	JSONコンテンツの生成を行う
JsonNode	JSONデータの不変ノードを表す
ObjectReader	読み取り専用のObjectMapper
ObjectWriter	書き込み専用のObjectMapper

HTTPレスポンスとして受け取るユーザ情報は、JSON文字列と仮定します(**リスト22.10**)。

リスト22.10　レスポンスとして受け取るJSON文字列

```
{
    "name":"duke",
    "age":21
}
```

Web APIから取得するデータはユーザ情報(名前、年齢)であり、Personレコード(注3)に対応すると仮定します(**リスト22.11**)。

リスト22.11　Personレコード

```
record Person(String name, int age) {}
```

ObjectMapperオブジェクトのreadValueメソッドにより、JSON文字列をPersonレコードに変換できます(**リスト22.12**)。

リスト22.12　JSON文字列からJavaオブジェクトへの変換例(throws句を省略)

```
// responseは、JSON形式の文字列
ObjectMapper mapper = new ObjectMapper();
Person person = mapper.readValue(response, Person.class);
```

逆の操作である、JavaオブジェクトをJSON文字列への変換も可能です。ObjectMapperオブジェクトのwriteValueAsStringメソッドにより、指定されたオブジェクトからJSON文字列を生成します(**リスト22.13**)。

リスト22.13　JavaオブジェクトからJSON文字列への変換例(throws句を省略)

```
ObjectMapper mapper = new ObjectMapper();
String json = mapper.writeValueAsString(person); //=> {"name":"duke","age":21}
```

22-2-2　JAXB(Jakarta XML Binding)

JAXB(Jakarta XML Binding)(注4)は、XML文書とJavaオブジェクトを相互に変換するためのJavaのフレームワークです。

JAXB自体は仕様であり、仕様を実装したライブラリを使って、コードを実装します。

(注3)　レコードクラスだけでなく、クラスも対応可能です。
(注4)　Jakarta XML Bindingは、Java Architecture for XML Bindingの後継フレームワークです。

必要に応じてクラスパスに、JAXBを実装したライブラリ(注5)を通してください。

この技術により、開発者はXMLの解析や生成を直接コーディングせずとも、Javaオブジェクトとして XMLデータを扱えます。JAXBは、XMLスキーマからJavaオブジェクトを生成する機能を提供し、その逆も可能です。これにより、XMLベースのデータ交換が容易になり、Webサービスやアプリケーションの開発が効率化されます。

マーシャリングやアンマーシャリングの操作を実現するクラスが提供されています(**表22.6**)。

表22.6 JAXBの主なクラス

クラス名	説明
JAXBContext	JAXBの設定情報を管理する
Unmarshaller	XMLドキュメントをJavaオブジェクトに変換する
Marshaller	JavaオブジェクトをXMLドキュメントに変換する
Validator	JavaオブジェクトがXMLスキーマに適合しているか検証する

HTTPレスポンスとして受け取るユーザ情報は、XMLドキュメントと仮定します(**リスト22.14**)。

リスト22.14 レスポンスとして受け取るXMLドキュメント

```
<person>
    <name>duke</name>
    <age>21</age>
</person>
```

XMLドキュメントは、Personクラスに対応します。クラスやフィールドがXMLドキュメントのどの部分に対応するかをアノテーションで指定します(**リスト22.15**)。

COLUMN

JAXBではレコードクラスを使えない

本節では、Personレコードではなく、Personクラスを使用してJavaオブジェクトを生成しました。JAXBはJava Beansの仕様に従って動作します。

Java Beansは、引数なしコンストラクタによりオブジェクトを生成し、セッタにてフィールド値を設定します。しかし、レコードクラスではセッタを提供しません。Personレコードのようにフィールド値を保持する場合は、引数なしコンストラクタも提供しません。これらより、JAXBではXML文字列からレコードへの変換に失敗します。今後のバージョンアップで、レコードに対応する可能性があります。

(注5) 本書では、GlassFishプロジェクトによって提供されるJAXB (org.glassfish.jaxb) を使用しています。

1章 2章 3章 4章 5章 6章 7章 8章 9章 10章 11章 12章 13章 14章 15章 16章 17章 18章 19章 20章 21章 22章 23章

リスト22.15　Personクラス

```
@XmlRootElement
class Person {
    private String name;
    private int age;

    // コンストラクタ、セッタ、ゲッタ
}
```

Unmarshallerオブジェクトのunmarshalメソッドにより、XMLドキュメントをPersonオブジェクトに変換できます(**リスト22.16**)。JAXBContextクラスのcreateUnmarshallerメソッドにより、Unmarshallerオブジェクトを生成します。

リスト22.16　XMLドキュメントからJavaオブジェクトへの変換例（throws句は省略）

```
// responseは、XML形式の文字列
JAXBContext ctx = JAXBContext.newInstance(Person.class);
Unmarshaller unmarshaller = ctx.createUnmarshaller();
Person person = (Person) unmarshaller.unmarshal(new StringReader(response));
```

逆の操作である、PersonオブジェクトをXMLドキュメントへの変換は、Marshallerオブジェクトのmarshalメソッドを使います(**リスト22.17**)。JAXBContextクラスのcreateMarshallerメソッドにより、Marshallerオブジェクトを生成します。

リスト22.17　JavaオブジェクトからXMLドキュメントへの変換例（throws句は省略）

```
JAXBContext ctx = JAXBContext.newInstance(Person.class);
Marshaller marshaller = ctx.createMarshaller();
marshaller.marshal(person, System.out); //=> <XML宣言><person><age>21</age><name>duke</name></person>
```

MarshallerオブジェクトのmarshalメソッドはWriterやOutputStream、Fileなどを引数に指定でき、変換したXMLドキュメントを様々な出力先に直接書き込めます。

22-2-3　Apache Commons CSV

Apache Commons CSV (org.apache.commons) は、JavaでCSV形式のデータを扱うためのサードパーティ製ライブラリです。CSV (Comma-Separated Values) データの読み書きが容易になります。Apache Commons CSVは、多様なCSVフォーマットに対応しており、カスタムフォーマットの定義も可能です。

マーシャリングやアンマーシャリングの操作を実現するクラスが提供されています(**表22.7**)。

表22.7 Apache Commons CSVの主なクラス

クラス名	説明
CSVFormat	指定したフォーマットでCSVを読み込み、書き出すためのフォーマット定義
CSVFormat.Builder	CSVFormatオブジェクトを生成するためのビルダ
CSVParser	指定したフォーマットに従ってCSVファイルを読み込む
CSVPrinter	CSVフォーマットで値を出力する
CSVRecord	CSVファイルから読み込んだCSV行

Web APIからHTTPレスポンスとして受け取るデータは、CSVフォーマットのユーザ情報(名前、年齢)であり、Personレコード(注6)に対応すると仮定します(**リスト22.18**、**リスト22.19**)。

リスト22.18 レスポンスとして受け取るCSV行

```
name,age
duke,21
```

リスト22.19 Personレコード

```
record Person(String name, int age) {}
```

CSVParserクラスを使って、CSV行からJavaオブジェクトを生成できます(**リスト22.20**)。CSVParserオブジェクトは、CSVRecordオブジェクトの集まりです。CSVRecordオブジェクトのgetメソッドにより、CSV行の値を取得します。取得した値をコンストラクタに指定し、Personオブジェクトを生成します。

リスト22.20 CSV行からJavaオブジェクトへの変換例(throws句は省略)

```
// responseは、CSV形式の文字列
Builder builder = CSVFormat.Builder.create();
CSVFormat format = builder.setHeader().setSkipHeaderRecord(true).build();
CSVParser parser = CSVParser.parse(response, format);

for (CSVRecord record : parser) {
    String name = record.get("name");
    int age = Integer.parseInt(record.get("age"));

    Person person = new Person(name, age);
}
```

CSVPrinterクラスを使って、JavaオブジェクトをCSV行に変換できます(**リスト22.21**)。CSVPrinterクラスは、出力先のWriterやCSVファイルのフォーマットを指定できます。CSVPrinterオブジェクトのprintRecordメソッドを使用して、具体的なCSV行の内容を出力できます。

(注6) レコードクラスだけでなく、クラスも対応可能です。

フォーマットは、CSVFormatオブジェクトを使用します。CSVFormat.Builderオブジェクトのset Headerメソッドにて、項目名を設定します。

リスト22.21 JavaオブジェクトからCSV行への変換例 (throws句は省略)

```
Builder builder = CSVFormat.Builder.create();
CSVFormat format = builder.setHeader("name", "age").build();

StringWriter writer = new StringWriter();
CSVPrinter printer = new CSVPrinter(writer, format);
printer.printRecord(person.name(), person.age());
writer.toString(); //=> name,age<改行>duke,21
```

22-2-4 java.util.zip

Web APIを通して、主にJSON、XML、CSV形式でのデータ交換が行われます。しかし、大量のデータや複雑なデータ構造を扱う場合、ZIP形式でのデータ交換を選択することもあります。データの圧縮形式としてZIPを用いると、効率的なデータ転送とストレージの節約が可能です。ZIP形式のデータは通常、FileStreamを使用してファイルとして保存します。

java.util.zipライブラリは、Javaの標準ライブラリの一部として提供されており、ZIP形式のファイルを扱うための様々な機能を提供します。ZIP形式のファイルの圧縮や解凍、さらには作成や読み込みをプログラムから操作できます。1つのZIPファイルに複数のファイルやディレクトリを圧縮することで、ファイル転送効率の向上や、ストレージの使用量削減を期待できます。

ZIPファイルの操作に必要なクラスやインタフェースを提供しています(**表22.8**)。

表22.8 java.util.zipライブラリの主なクラス

クラス名	説明
ZipEntry	ZIPファイル内のエントリ(ファイルやディレクトリ)の情報を表す
ZipInputStream	ZIPファイル形式の入力ストリームを読み込む
ZipOutputStream	ZIPファイル形式の出力ストリームを書き込む

ZipInputStreamクラスを使って、ZIPファイルを解凍できます(**リスト22.22**)。ZipInputStreamオブジェクトのgetNextEntryメソッドにより、指定したZIPファイルのエントリ情報(ファイルやディレクトリなど)を取得できます。

ZIPファイルの解凍処理は、下記の手順をエントリの数だけ処理し実現しています。

① ZIPファイル内のエントリ情報を取得
② エントリがディレクトリの場合は、出力先にディレクトリを作成
③ エントリがファイルの場合は、出力先にファイルをコピー

ZipEntryクラスは、ZIPファイル内のエントリ情報の役割を持ちます。手順③のファイルのコピーは、ZipInputStreamオブジェクトのreadメソッドを使ってファイル内容の読み込み、FileOutputStreamクラスを使ってファイル内容を書き出します。

リスト22.22 ZipInputStreamクラスを使ったZIPファイルの解凍例（throws句は省略）

```
Path zip = Path.of("ZIPファイルパス");
String outDir = "解凍先パス";

InputStream is = Files.newInputStream(zip);
ZipInputStream zis = new ZipInputStream(is);

// ZIPファイルの解凍処理
ZipEntry entry;
while ((entry = zis.getNextEntry()) != null) {
    String path = outDir + File.separator + entry.getName();

    if (entry.isDirectory()) {
        // ディレクトリの作成
        new File(path).mkdirs();
    } else {
        // ファイル内容の取得
        byte[] contents = zis.readAllBytes();
        zis.closeEntry();

        // ファイルへの書き込み
        FileOutputStream fos = new FileOutputStream(path);
        fos.write(contents);
        fos.close();
    }
}

// Streamを閉じる
zis.close();
is.close();
```

ZipOutputStreamクラスを使って、ZIPファイル圧縮できます（**リスト22.23**）。ZipOutputStreamオブジェクトのputNextEntryメソッドにより、指定したZIPファイルのエントリ情報（ファイルやディレクトリなど）を追加できます。

ZIPファイルへの圧縮処理は、圧縮対象となるフォルダに対して、下記の手順を再帰的に処理し実現しています。

① エントリ情報を生成
② エントリ情報を出力ストリームに追加
③ エントリがファイルの場合は、出力ストリームにファイル内容を書き込み

ZipEntryクラスは、ZIPファイル内のエントリ情報の役割を持ちます。手順③のファイルのコピーは、FileInputStreamオブジェクトのreadメソッドを使ってファイル内容の読み込み、ZipOutputStreamオブジェクトのwriteメソッドを使ってファイル内容を書き出します。

リスト22.23 ZipOutputStreamクラスを使ったZIPファイル圧縮例（throws句は省略）

```
// ZIPファイル書き込み用Streamの作成
OutputStream os = Files.newOutputStream(zip);
ZipOutputStream zos = new ZipOutputStream(os);

// 圧縮対象となるファイルを再帰的に取得し、ZIPエントリとして設定
// --ここから-- ファイル数だけループ処理
// ZIPエントリの作成と書き込み
ZipEntry entry = new ZipEntry("ZIPファイル内のファイルパス");
zos.putNextEntry(entry);

// ファイルの場合は、ファイル内容を書き込み
FileInputStream fis = new FileInputStream(file);
byte[] contents = fis.readAllBytes();
zos.write(contents);

// Streamを閉じる
fis.close();
zos.closeEntry();
// --ここまで--

// Streamを閉じる
zos.close();
os.close();
```

23章 FFM API

Java 22で正式機能となったForeign Function & Memory APIの基本的な使い方について学びます。JavaプログラムからC言語やC++言語などで作成されたライブラリの呼び出しや、メモリの操作が簡単にできます。本章は説明の都合上、C言語の理解を前提とします。

23-1 FFM API（Foreign Function & Memory API）

FFM APIは、JavaプログラムがJavaランタイム外のコードやデータと連携できる機能の1つです。Javaランタイム外を、ネイティブや外部という表現を用いて区別します（**表23.1**）。

表23.1　ネイティブや外部と表記する用語例

用語	意味
ネイティブコード	C言語やC++言語などの低水準言語で書かれ、コンパイルされたバイナリの実行形式（機械語）
ネイティブライブラリ	ネイティブコードで書かれた機能の集まり
ネイティブデータ	ネイティブコードにより直接操作されるデータやその形式
外部関数	C言語やC++言語などの低水準言語で実装された関数
外部メモリ	JVMが直接管理しないメモリ領域

FFM APIは、ネイティブライブラリ呼び出しや、ネイティブデータを処理できます。条件次第では、Javaでの実行や管理と比べ、効率的な処理を実現できます。

23-2 外部メモリへのアクセス

外部関数を実行する場合、外部関数の引数や返り値を外部メモリ経由でやり取りします。外部メモリに値を設定したり、取得する方法を説明します。

java.lang.foreign.Arenaクラスは、外部メモリ管理のためのスコープを提供します（**表23.2**）。外部メモリを割り当てたり、解放します。

表23.2 Arenaクラスの代表的なメソッド

メソッド名	説明
global	global特性Arenaオブジェクトのファクトリメソッド
ofAuto	automatic特性Arenaオブジェクトのファクトリメソッド
ofConfined	confined特性Arenaオブジェクトのファクトリメソッド
ofShared	shared特性Arenaオブジェクトのファクトリメソッド
close	外部メモリの解放
allocate	指定したバイトサイズ、整列(注1)の制約でMemorySegmentオブジェクトの生成

Arenaクラスは、4つの特性が存在します(**表23.3**)。

automatic特性は、ガベージコレクタにより自動的に管理されます。明示的なクローズ処理が不要であり、外部メモリ管理を簡素化できます。複数スレッドからのアクセスが可能なため、メソッドをまたがって外部メモリを使う場合などに適しています。

confined特性は、明示的なクローズが可能なため、外部メモリの解放処理を制御できます。try-with-resources構文と合わせて使うことで、ブロック処理後に外部メモリを解放できます。

表23.3 Arenaオブジェクトの特性

種類	寿命	明示的なクローズ	複数スレッドからのアクセス
global	無限	不可	可能
automatic	有限	不可	可能
confined	有限	可能	不可
shared	有限	可能	可能

Arenaオブジェクトの生成は、特性別のファクトリメソッドを使います。

```
Arena arena = Arena.ofConfined();  // confined特性
```

メモリ領域の割り当ては、Arenaオブジェクトのallocateメソッドを使います。割り当てられたメモリ領域は、java.lang.foreign.MemorySegmentオブジェクトとして生成されます。MemorySegmentの操作については、後述します。

```
MemorySegment segment1 = arena.allocate(Integer.BYTES * 10);   // 40バイト分
MemorySegment segment2 = arena.allocate(Character.BYTES * 10); // 20バイト分
```

segment1は、4バイトの整数型が10個分となる40バイトのメモリ領域を割り当てています。segment2は、2バイトの文字型が10個分となる20バイトのメモリ領域を割り当てています。

Arenaオブジェクトを閉じると、外部メモリは解放されます。外部メモリへのアクセスは無効になり、生成したMemorySegmentオブジェクトも無効化されます。

```
arena.close();
```

(注1) メモリ内のデータが特定の境界に整列することを指します。たとえば、4バイトの整数型データを4の倍数のアドレスに配置します。CPUごとにメモリ整列の制約があります。

MemorySegmentクラスは、外部メモリへのアクセスを抽象化します(**表23.4**)。

表23.4 MemorySegmentクラスの代表的なメソッド

メソッド名	説明
ofNativeRestricted	外部メモリに対する制限付きアクセスを提供するMemorySegmentを生成
asSlice	指定されたオフセットとサイズで新しいMemorySegmentを生成
close	MemorySegmentを閉じて、関連付けられたリソースを解放
isAlive	MemorySegmentがまだ有効かどうかを確認
byteSize	MemorySegmentのバイト単位のサイズを返す
set	指定されたバイトオフセットにバイト値を設定
setAtIndex	指定されたインデックスに、指定されたレイアウトに従って値を設定
setString	指定されたオフセットに文字列をエンコードして設定
toArray	指定された型の配列にMemorySegmentの内容をコピーして返す

MemorySegmentオブジェクトを使って、割り当てた外部メモリ領域に値を設定します。値を設定するメモリ領域の位置は、オフセット値またはインデックス値で指定できます。

```
// 変数 segment は、MemorySegmentオブジェクト
segment.set(ValueLayout.JAVA_INT, Integer.BYTES * 3, 1);     // メモリのオフセット4×3=12に整数値1を設定
segment.setAtIndex(ValueLayout.JAVA_INT, 3, 1);              // メモリのインデックス3に整数値1を設定

segment.setString(0, "text"); // メモリのオフセット0に文字列textを設定
```

■使用例

外部メモリへアクセスする例を示します(**リスト23.1**)。外部メモリへ文字列"Hello World!"を設定後、外部メモリに設定された文字列を取得します。

リスト23.1 外部メモリへ値設定と取得例

```
import java.lang.foreign.Arena;
import java.lang.foreign.MemorySegment;

class Main {
    public static void main(String[] args) {
        String msg = "Hello World!";

        try (Arena arena = Arena.ofConfined()) {
            MemorySegment segment = arena.allocate(Character.BYTES * msg.length());

            // 外部メモリに文字列を設定
            segment.setString(0, msg);

            // 外部メモリに設定された文字列を取得
            String retrievedMsg = segment.getString(0);
            System.out.println(retrievedMsg); //=> Hello World!
        }
    }
}
```

23-3 外部関数呼び出し

外部関数の呼び出し機能により、Javaコードから外部関数を実行できます。逆操作となるC言語やC++言語などで作成されたコードからJavaで作成したメソッドも呼び出せます。

23-3-1 Javaコードから外部関数の呼び出し

Javaコードから外部関数を呼び出すには、外部関数とJavaのオブジェクトをリンクさせて、オブジェクト経由で外部関数を実行します。

外部関数の特定には、java.lang.foreign.SymbolLookupクラスを使います。SymbolLookupクラスは、ライブラリ内のシンボルのアドレスを取得します(**表23.5**)。シンボルとは、関数やグローバル変数のような名前付きの実体です。

表23.5 SymbolLookupクラス

メソッド名	説明
find	指定されたシンボル名に対応するアドレスを検索
libraryLookup	指定されたライブラリからシンボルを検索
loaderLookup	クラスローダーからシンボルを検索
or	複数のSymbolLookupを組み合わせて検索

SymbolLookupオブジェクトの生成は、2種類存在します。C標準ライブラリを対象とする場合は、ライブラリ内のシンボル探索を担うjava.lang.foreign.Linkerオブジェクトを使います。Linkerオブジェクトの生成は、Linker.nativeLinkerクラスメソッドを使います。SymbolLookupオブジェクトの生成は、LinkerオブジェクトのdefaultLookupメソッドを使います。

```
Linker linker = Linker.nativeLinker();
SymbolLookup stdlib = linker.defaultLookup();
```

C標準ライブラリ以外を対象とする場合は、SymbolLookup.libraryLookupクラスメソッドにライブラリ名を指定します。例として、自前のライブラリであるlibHogeライブラリを対象とします。クラスメソッドの引数には、Arenaオブジェクトを指定します。指定したArenaオブジェクトにより、対象ライブラリがメモリに読み込まれ、対象ライブラリのシンボルのアドレスを取得できます。

```
// libHogeライブラリをメモリへロードしシンボルのアドレス取得
// 変数 arena は、Arenaオブジェクト
SymbolLookup libHoge = SymbolLookup.libraryLookup("libHoge.so", arena);  // for Linux
SymbolLookup libHoge = SymbolLookup.libraryLookup("libHoge.dll", arena); // for Windows
```

外部関数の実行には、java.lang.invoke.MethodHandleクラスを使います。外部関数のアドレ

スとMethodHandleオブジェクトをリンクさせて、Javaコードからの呼び出しを実現します。例として、外部関数はstrlen関数を使います。

```
size_t strlen(const char *s)
```

外部関数をリンクさせたMethodHandleオブジェクトの生成は、LinkerオブジェクトのdowncallHandleメソッドを使います(注2)。引数には、外部関数のアドレスと外部関数の記述子が必要です。

外部関数のアドレスは、MemorySegmentオブジェクトです。SymbolLookupオブジェクトのfindメソッドに外部関数名を指定し、生成します。

外部関数の記述子は、java.lang.foreign.FunctionDescriptorオブジェクトです。外部関数の返り値と引数を表します。FunctionDescriptor.ofクラスメソッドを使って生成します。

```
MemorySegment address = stdlib.find("strlen").orElseThrow();
FunctionDescriptor function = FunctionDescriptor.of(ValueLayout.JAVA_LONG, ValueLayout.ADDRESS);
MethodHandle strlen = linker.downcallHandle(address, function);
```

外部関数の返り値と引数の型を示すjava.lang.foreign.ValueLayoutインタフェースの対応表を**表23.6**にまとめます。

表23.6 ValueLayoutの対応表

C言語での型	レイアウト	Javaでの型
bool	ValueLayout.JAVA_BOOLEAN	boolean
char, unsigned char	ValueLayout.JAVA_BYTE	byte
short, unsigned short	ValueLayout.JAVA_SHORT	short
int, unsigned int	ValueLayout.JAVA_INT	int
long, unsigned long	ValueLayout.JAVA_LONG	long
long long, unsigned long long	ValueLayout.JAVA_LONG	long
float	ValueLayout.JAVA_FLOAT	float
double	ValueLayout.JAVA_DOUBLE	double
size_t	ValueLayout.JAVA_LONG	long
ポインタ型	ValueLayout.ADDRESS	MemorySegment

外部関数の実行は、MethodHandleオブジェクトのinvokeExactメソッドを使います。外部関数の引数がある場合は、引数の値が設定されたMemorySegmentオブジェクトを引数に指定します。

```
// 変数 args は、MemorySegmentオブジェクト
strlen.invokeExact(args);
```

(注2) Javaコードからネイティブコードの呼び出しをダウンコール、ネイティブコードからJavaコードの呼び出しをアップコールと呼びます。

■使用例

外部関数に引数を設定する例を示します(**リスト23.2**)。実行対象の外部関数は、C標準ライブラリのstrlen関数です。strlen関数は、引数に文字列を受け取り、その文字列を長さを整数値で返します。外部関数の実行結果は、変数として取得します。

リスト23.2　C標準ライブラリのstrlen関数の呼び出し例

```
import java.lang.foreign.Arena;
import java.lang.foreign.FunctionDescriptor;
import java.lang.foreign.Linker;
import java.lang.foreign.MemorySegment;
import java.lang.foreign.ValueLayout;
import java.lang.invoke.MethodHandle;

class Strlen {
    public static void main(String[] args) {
        // プラットフォーム固有のLinkerを生成
        Linker linker = Linker.nativeLinker();

        // strlen関数をMethodHandleオブジェクトにリンク
        MethodHandle strlen = linker.downcallHandle(
            linker.defaultLookup().find("strlen").orElseThrow(),
            FunctionDescriptor.of(ValueLayout.JAVA_LONG, ValueLayout.ADDRESS)
        );

        try (Arena arena = Arena.ofConfined()) {
            String msg = "Hello World!";
            MemorySegment segment = arena.allocate(Character.BYTES * msg.length());
            segment.setString(0, msg);

            try {
                long result = (long) strlen.invokeExact(segment); // strlen関数を実行
                System.out.println(result); //=> 12
            } catch (Throwable e) {
                e.printStackTrace();
            }
        }
    }
}
```

23-3-2　外部関数からのJavaコードの呼び出し

外部関数は、C標準ライブラリのqsort関数を例として説明します。

```
// qsort関数の定義
void qsort(void *base, size_t nmemb, size_t size,
           int (*compare)(const void *, const void *));
```

qsort関数は、指定された配列を指定された比較関数に基づいて並び替えます。引数は左から順に、並び替える対象となる配列の先頭アドレス、配列の要素数、1要素のバイトサイズ、比較処理となる関数のアドレスを指します。

C言語には、関数ポインタという概念があります。関数ポインタとは、関数のアドレスを変数に代入したり、関数の返り値にしたりできる言語機能です。qsort関数の第4引数が関数ポインタに該当します。

比較処理となる関数をJavaのメソッドとして実装します。例として、int型の整数値を比較する処理を実装しています。引数は、比較対象の値が保持されたアドレスをMemorySegmentオブジェクトとして受け取ります。getメソッドで整数値として取得し、比較処理にInteger.compareクラスメソッドを使用しています。

```
class Qsort {
    static int qsortCompare(MemorySegment sgm1, MemorySegment sgm2) {
        return Integer.compare(
            sgm1.get(ValueLayout.JAVA_INT, 0),
            sgm2.get(ValueLayout.JAVA_INT, 0)
        );
    }
}
```

Javaのメソッドを外部関数から呼び出す場合は、外部関数の引数にメソッドの関数ポインタを指定します。すなわち、Qsort.qsortCompareクラスメソッドのアドレスを外部関数であるqsort関数の第4引数に指定します。

外部関数から呼び出すqsortCompareクラスメソッドは、MethodHandleオブジェクトにリンクさせます。

```
FunctionDescriptor compareDesc = FunctionDescriptor.of(
    ValueLayout.JAVA_INT,   // 呼び出し対象メソッドの返り値
    ValueLayout.ADDRESS.withTargetLayout(ValueLayout.JAVA_INT), // 呼び出し対象メソッドの第1引数
    ValueLayout.ADDRESS.withTargetLayout(ValueLayout.JAVA_INT)  // 呼び出し対象メソッドの第2引数
);

MethodHandle compareHandle = MethodHandles.lookup().findStatic(
    Qsort.class,
    "qsortCompare",
    compareDesc
);
```

Linkerオブジェクトのupcallstubメソッドで、qsortCompareクラスメソッドの関数ポインタを取得します。

```
Linker linker = Linker.nativeLinker();
MemorySegment compareFunc = linker.upcallStub(compareHandle, compareDesc, arena);
```

外部関数の呼び出しは、前述のとおりです。外部関数の実行時、qsortCompareクラスメソッドの関数ポインタを引数に指定します。指定したメソッドは、外部関数の内部で実行されます。

```
// 変数 qsort は、外部関数であるqsort関数がリンクされたMethodHandleオブジェクト
// 変数 data は、並び替え対象となる整数値の配列
qsort.invokeExact(array, (long) data.length, (long) Integer.BYTES, compareFunc);
```

ここまで説明したコード例をまとめます（**リスト23.3**）。外部関数であるqsort関数の比較処理は、Qsort.qsortCompareクラスメソッドとして実装します。qsort関数の内部で、qsortCompareクラスメソッドが呼び出されます。

リスト23.3　C標準ライブラリのqsort関数からJavaで実装した比較処理の呼び出し例

```
import java.lang.foreign.Arena;
import java.lang.foreign.FunctionDescriptor;
import java.lang.foreign.Linker;
import java.lang.foreign.MemorySegment;
import java.lang.foreign.ValueLayout;
import java.lang.invoke.MethodHandle;
import java.lang.invoke.MethodHandles;
import java.util.Arrays;

class Qsort {
    // qsort関数で実行される比較処理の実装
    static int qsortCompare(MemorySegment sgm1, MemorySegment sgm2) {
        return Integer.compare(
            sgm1.get(ValueLayout.JAVA_INT, 0),
            sgm2.get(ValueLayout.JAVA_INT, 0)
        );
    }

    public static void main(String[] args) {

        // C標準ライブラリからqsort関数の探索し、MethodHandleオブジェクトにリンク
        Linker linker = Linker.nativeLinker();
        MethodHandle qsort = linker.downcallHandle(
            linker.defaultLookup().find("qsort").orElseThrow(),
            FunctionDescriptor.ofVoid(
                ValueLayout.ADDRESS,
                ValueLayout.JAVA_LONG,
                ValueLayout.JAVA_LONG,
```

```
                ValueLayout.ADDRESS      // 関数ポインタ
            )
        );

        FunctionDescriptor compareDesc = FunctionDescriptor.of(
            ValueLayout.JAVA_INT,
            ValueLayout.ADDRESS.withTargetLayout(ValueLayout.JAVA_INT),
            ValueLayout.ADDRESS.withTargetLayout(ValueLayout.JAVA_INT)
        );

        MethodHandle compareHandle = null;
        try {
            compareHandle = MethodHandles.lookup().findStatic(
                Qsort.class,
                "qsortCompare",
                compareDesc.toMethodType()
            );
        } catch (NoSuchMethodException | IllegalAccessException e) {
            e.printStackTrace();
        }

        try (Arena arena = Arena.ofConfined()) {

            // 並び替え対象となるデータの設定
            int [] data = {0, 9, 3, 4, 6, 5, 1, 8, 2, 7};
            MemorySegment array = arena.allocate(Integer.BYTES * data.length);
            for (int i = 0; i < data.length; i++) {
                array.setAtIndex(ValueLayout.JAVA_INT, i, data[i]);
            }

            // qsort関数の呼び出し
            if (compareHandle != null) {
                MemorySegment compareFunc = linker.upcallStub(compareHandle, compareDesc, arena);
                try {
                    qsort.invokeExact(array, (long) data.length, (long) Integer.BYTES,
                                      compareFunc);
                } catch (Throwable e) {
                    e.printStackTrace();
                }
            }

            // 並び替え後データの取得
            int[] sorted = array.toArray(ValueLayout.JAVA_INT);
            System.out.println(Arrays.toString(sorted)); //=> [ 0, 1, 2, 3, 4, 5, 6, 7, 8, 9 ]
        }
    }
}
```

索引

数字・記号

2の補数……78
2次元配列……⇒ 多次元配列
3項演算子……⇒ 条件演算子
@FunctionalInterfaceアノテーション……320
@Overrideアノテーション……317, 484
_（アンダースコア）……335
!=演算子……47, 349
==演算子……47, 165, 349, 464

A

abstract……113, 310, 491
Apache Commons CSV……570
Arena……575
ArithmeticException……85, 422, 470, 475
ArrayDeque……203
ArrayIndexOutOfBoundsException……222, 231, 422
ArrayList……177, 183
Arrays.asListメソッド……207, 232
Arrays.compareメソッド……227
Arrays.copyOfメソッド……231
Arrays.equalsメソッド……227
Arrays（java.util.Arrays）……231
Arrays.sortメソッド……226
ArrayStoreException……422
AssertionError……432
assert文……432
AutoCloseableインタフェース……418, 435
automatic特性（Arena）……576

B

BiConsumerインタフェース……240
BiFunctionインタフェース……240
BigDecimal……471
BigInteger……469
BinaryOperatorインタフェース……240
BiPredicateインタフェース……240
BitSet……468
Boolean……460, 463
boolean……97, 458
break文……377, 401
Byte……460
byte……76, 84, 446

C

Callableインタフェース……240, 536
CAS……550
case……⇒ switch（caseラベル）
catch……⇒ try文
char……76, 84, 90, 439
Character……460
CharSequenceインタフェース……43, 305
class……112
ClassCastException……358, 422, 509
Collections……209
Collections.addAllメソッド……233
Collections.sortメソッド……210, 235
Collectors……282
Collectorインタフェース……281
collect処理（ストリーム）……279, 293
Comparableインタフェース……198, 211
Comparatorインタフェース……198, 211, 232, 240
compareToメソッド……49, 211
compareメソッド（Comparator）……211
ConcurrentModificationException……219, 265, 436, 552
confined特性（Arena）……576
Consumerインタフェース……240, 254
continue文……402

D

DAOクラス……146
default……⇒ defaultメソッド（インタフェース）／switch（defaultラベル）
defaultメソッド（インタフェース）……311, 318, 323, 490
Dequeインタフェース……203
double……449
Double……460
DoubleStreamインタフェース……288
do-while文……397
DTOクラス……146

E

else……⇒ if-else文
enum……163
EnumMap……202
EnumSet……202
Enum型……165
equalsメソッド……350, 487
equalsメソッド（BigDecimal）……473
equalsメソッド（BigInteger）……470
equalsメソッド（enum定数）……165
equalsメソッド（コレクション）……187, 198, 203
equalsメソッド（レコード）……153
equalsメソッド（数値オブジェクト）……464
equalsメソッド（文字列）……47
equalsメソッド（配列）……227
Error……424
Excecutors……533

Exception ··· 424
ExecutionException ··· 533
ExecutorServiceインタフェース ··· 533
extends ··· 479

F

false ··· 97
finally ··· ⇒ try文
finalクラス ··· 113, 493
finalメソッド ··· 118, 493
final変数 ··· 58, 70, 129, 161
final変数（メモリモデル） ··· 551
flatMap処理（ストリーム） ··· 269
float ··· 449
Float ··· 460
for ··· 214, 226
forEachメソッド（コレクション） ··· 258
forEach処理（ストリーム） ··· 287
formattedメソッド（String） ··· 36, 94
format ··· ⇒ 書式処理
for文 ··· 398
FunctionDescriptor ··· 579
Functionインタフェース ··· 240, 252
Futureインタフェース ··· 535

G・H

GC ··· ⇒ ガベージコレクション
global特性（Arena） ··· 576
groupingBy処理（ストリーム） ··· 285
hashCodeメソッド ··· 192, 487
HashMap ··· 191
HashSet ··· 200
HttpClient ··· 557, 559
HttpRequest ··· 557, 558
HttpResponse ··· 557, 560

I

if-else文 ··· 364
IllegalArgumentException ··· 433, 436
IllegalStateException ··· 263, 436, 533
immutable ··· ⇒ 不変
implements ··· 315
import ··· 500, 502
IndexOutOfBoundsException ··· 37, 188, 220, 436
instanceof ··· 354
int ··· 76, 84
Integer ··· 460
Integer.parseIntメソッド ··· 95
Integer.toStringメソッド ··· 93
Integer.valueOfメソッド ··· 461
interface ··· 309
InterruptedException ··· 533
IntStreamインタフェース ··· 288, 443
Iteratorインタフェース ··· 216

J

Jackson ··· 567
Java SE ··· 21
JAXB ··· 568
JDK ··· 21
joinメソッド（文字列） ··· 46
JShell ··· 23
JVM ··· 20, 360

L

LinkedHashMap ··· 194
LinkedHashSet ··· 200
LinkedList ··· 184
Linker ··· 578
ListIteratorインタフェース ··· 218
List.ofメソッド ··· 207
Listインタフェース ··· 179, 213
Lockインタフェース ··· 549
Long ··· 460
long ··· 76, 84
LongStreamインタフェース ··· 288

M

main メソッド ··· 24, 360
mapMulti処理（ストリーム） ··· 271
Map.ofメソッド ··· 208
Mapインタフェース ··· 189
map処理（ストリーム） ··· 268
MemorySegment ··· 576, 577
MethodHandle ··· 578

N

NaN ··· 454
native ··· 118
NavigableMapインタフェース ··· 197
NEGATIVE_INFINITY（浮動小数点数） ··· 454
new式 ··· 60, 108, 150, 221
non-sealed ··· 113, 310, 494
NoSuchElementException ··· 188, 299, 436
null ··· 63, 366, 406, 463
null（Mapのキー） ··· 199
null（Optional型との比較） ··· 294, 297
NullPointerException ··· 63, 422, 436, 463
NullPointerException（switch構文） ··· 374, 386
null（switch構文） ··· 374, 386
NumberFormatException ··· 96

O

Object ··· 50, 479, 487
Objects（java.util.Objects） ··· 64
OpenJDK ··· 21
Optional ··· 270, 294
Oracle JDK ··· 22

OutOfMemoryError 200

P

package 500
partitioningBy処理（ストリーム） 286
permits 314, 493
POSITIVE_INFINITY（浮動小数点数） 454
Predicateインタフェース 240, 254
private 143
privateフィールド 116
privateメソッド 118
privateメソッド（インタフェース） 311, 318
protected 116, 118
public 113, 150, 310, 499
publicフィールド 116
publicメソッド 118, 311

Q・R

Queueインタフェース 203
ReadWriteLockインタフェース 549
record 149
Recordクラス 152
reduce処理（ストリーム） 275, 293
return 文 123, 417
Runnableインタフェース 240, 320, 530
RuntimeException 424

S

SAM（Single Abstract Method）インタフェース 321
sealed 113, 310, 314, 493
SequencedMapインタフェース 196
Set.ofメソッド 208
Setインタフェース 200
shared特性（Arena） 576
Short 460
short 76, 84
SortedMapインタフェース 196
Spring Boot 565
StackOverflowError 127
static 116, 118, 134, 311
staticインポート 505
staticフィールド ⇒ **クラスフィールド**
staticメソッド（インタフェース） 311, 318
staticメソッド ⇒ **クラスメソッド**
staticメンバ ⇒ **クラスメンバ**
static初期化ブロック 140
Streamインタフェース 261, 267
strictfp 113, 118, 310, 311
String 32, 33, 443
StringBuilder 42, 43, 444
StringIndexOutOfBoundsException 37
String.valueOfメソッド 92
super参照 485
super呼び出し 130, 486
Supplierインタフェース 240
switch（switch文とswitch式） 170, 372
SymbolLookup 578
synchronized 118, 541
System.arraycopyメソッド 231
System（java.lang.System） 364

T

teeing処理（ストリーム） 286
this参照 105, 116, 247
this呼び出し 130
Thread 362, 529
ThreadFactory 531
Throwable 363, 423
throws 426
throw文 421
TimeoutException 533, 535
toStringメソッド 50, 348, 487
transient 116
TreeMap 194
TreeSet 200
true 97
try-with-resources文 417
try文 412

U

UnaryOperatorインタフェース 240
unmodifiable ⇒ **変更不可**
UnsupportedOperationException 204, 233, 436, 481
URI 557, 559
UTF-16 439
UTF-8 447

V

ValueLayoutインタフェース 579
var 56
void 118, 124, 342
volatile 116, 551

W・Y

WeakHashMap 199
when 387
while文 394
yield文 380

あ行

アクセサメソッド 152
アクセス制御 116, 118, 499
アップコール 579
アトミック 541, 550, 553
アノテーション 113
アプリケーション例外 434
アンボクシング変換 462
アンマーシャリング 567

イテレーション ⇒ 繰り返し処理／イテレータ
イテレータ 215, 260
イベントドリブン 329
インクリメント 86, 345
インスタンス 107
インスタンスフィールド ⇒ フィールド
インスタンスメソッド ⇒ メソッド
インスタンスメンバ ⇒ メンバ
インタフェース 302, 488, 494
インタフェース（拡張継承） 489
インデックス（リスト） 179
インデックス（文字列） 33
インデックス（配列） 221
隠蔽（継承） 481
インポート ⇒ import
右辺値 61, 342
エスケープ処理 37, 41, 440
エラー 406
エラーハンドラ 408
エラー例外 425
演算子 339
オーダー処理 268
オーバーライド（メソッド） 316, 427, 482
オーバーロード（メソッドとコンストラクタ） 125, 130, 319, 321
オブジェクト 53, 102, 107, 148
オブジェクトプーリング 110
オペランド 339
オペレータ ⇒ 演算子
親クラス ⇒ 基底クラス
オンデマンドインポート 503

か行

ガード 387
外部関数 575, 578
外部メモリ 575, 578
返り値 123, 406
拡大変換（型変換） 87, 457
拡張継承 476
仮想スレッド 527, 530, 537
型 54, 65, 76, 107
型パラメータ 510, 511
型変換 ⇒ 拡大変換／縮小変換
型変数 510, 511
型引数 511
型比較switch 382
型比較 ⇒ 型比較switch／instanceof
カノニカルコンストラクタ ⇒ 標準コンストラクタ
ガベージコレクション 19, 74
可変長コンポーネント列 153
可変長バイト列 446
可変長引数 122
仮引数 121
仮数 451
関係演算 348
関数 236
関数合成 252
関数型インタフェース 236, 240, 319, 327
完全修飾名 498
基底クラス 476
基数 82, 441, 451
基本型変数 52, 68
キャスト 88, 353, 509
キュー（データ構造） 203
境界（ジェネリック型） 513
具象クラス 491
クラス 102
クラスフィールド 135, 142
クラスメソッド 138, 142, 238
クラスメンバ 134, 141
繰り返し処理 213, 226, 230
クロージャ 249
クローズ処理（リソース） 418
原因例外 435
桁あふれ 79
結合（文字列） 44, 347
結合規則（演算子） 344
継承 ⇒ インタフェース／拡張継承
継承クラス ⇒ 実装クラス
検査例外 408, 424
後置演算子 346
コールバックパターン 325
誤差（浮動小数点数） 453
コレクション 176
コンストラクタ 127, 157, 238
コンパクトコンストラクタ 158
コンパクトストリング 439
コンポーネントフィールド 152
コンポーネント（レコード） 149

さ行

サーチ 186
再代入不可 ⇒ final
再帰 126, 213
左辺値 61, 342
参照 54
参照型変数 52, 55
算術演算 345
シール型 171, 314, 358, 493
シール型（switch構文） 388
ジェネリックメソッド 515
ジェネリックコンストラクタ 515
ジェネリック型 507
式 339, 341
式文 337
識別子 334
シグネチャ（メソッド） 125
指数 451
実引数 121

実行時例外 …… 410, 425
実装クラス …… 304
実質的finalな変数 …… 245, 418
シャドーイング …… 73
シャローコピー …… 205, 231, 233
縮小変換（型変換）…… 87, 457
修飾子（インタフェース）…… 310
修飾子（クラス）…… 113, 150
修飾子（メソッド）…… 118, 311
修飾子（変数）…… 57, 116
上位クラス …… ⇒ 基底クラス
条件演算子 …… 369
剰余 …… 85
初期化（コレクション）…… 207
初期化ブロック …… 133
初期化（変数）…… 56
初期化（配列）…… 225, 229
昇格（型変換）…… 90, 459
書式処理 …… 36
条件演算子 …… 369
真偽値 …… ⇒ ブール値
シングルトンパターン …… 110
逐次処理 …… 364
数値クラス …… 460
数値ラッパークラス …… 460
数値ストリーム …… 288
スコープ …… 72, 116, 119, 135
スコープ（ラムダ式）…… 244
スタック（データ構造）…… 203
スタックトレース …… 362
ストラテジパターン …… 329, 332
ストリーム処理 …… 260
スレッド …… 526
スレッドプール …… 533
整数型 …… 76
精度の損失（浮動小数点数）…… 459
セット …… ⇒ Setインタフェース
宣言文 …… 337
選択式（switch）…… ⇒ switch
前置演算子 …… 346
ソート …… 210, 257, 268
ソート（リスト）…… 186
ソート（文字列）…… 49
ソート（配列）…… 226
添字 …… ⇒ インデックス

た行

代入 …… 60, 69, 343, 352
ダウンキャスト …… 357
ダウンコール …… 579
多次元配列 …… 228
多重継承 …… 321, 490
多態 …… 307, 520
単一型インポート …… 503
単純名 …… 498
チェック例外 …… ⇒ 検査例外
遅延処理 …… 257
遅延評価（演算）…… 351
抽象クラス …… 491, 494
抽象メソッド …… 303, 492
データ …… 148
データソース（ストリーム処理）…… 260, 265
ディープコピー …… 205
定数 …… 160
定数インタフェース …… 161, 314
定数式（switch）…… ⇒ switch
テキストブロック …… 39
デクリメント …… 86, 345
デック（データ構造）…… 203
デッドロック …… 554
デフォルトコンストラクタ …… 131
デフォルト初期値（変数）…… 71, 115, 225
デフォルト引数 …… 130
デレゲーション …… ⇒ 委譲
テンプレートメソッドパターン …… 496
ド・モルガンの法則 …… 100
等値演算 …… 348
同一性 …… 349
同値 …… 349, 454
同値比較 …… ⇒ equalsメソッド

な行

並べ替え …… ⇒ ソート
ネイティブコード …… 575
ネイティブデータ …… 575
ノンブロッキング処理 …… 526, 564

は行

排他制御 …… 541, 551
バイト（byte）…… 446
バイナリサーチ …… 186
配列 …… 221
派生クラス …… 304, 476
パターン …… 354, 384
パッケージ …… 498
ハッシュテーブル …… 176
ハッシュ関数 …… 193
パラメータ化された型 …… 511, 516
パラメータ変数 …… 62, 73, 121
比較（文字列）…… 46
引数 …… 120
非検査例外 …… ⇒ 実行時例外
非チェック例外 …… ⇒ 実行時例外
否定演算 …… 352
ビット …… 77
ビットフラグ …… 467
ビット演算 …… 347, 466
雛型 …… 107

評価順序（式）……342
標準コンストラクタ……157
ブーリアン……96
ファクトリパターン……109
フィールド……103, 114, 311, 324
複合代入演算……353
副作用……204, 236, 346
符号反転……86
符号維持……89
浮動小数点数……449
不変（クラス、型、オブジェクト）……143, 152, 204, 461
フラグ変数……98
プラットフォームスレッド……527, 529, 537
プリエンプション……⇒ **横取り（スレッド）**
フレームワーク例外……437
ブロッキング処理……526, 564
ブロックスコープ……72
ブロック文……336
文……333, 336
並列ストリーム処理……292
並行コレクション……554
並行処理……526
変換（StringとStringBuilder）……44
変換（オブジェクトと文字列）……50
変換（ストリームと並列ストリーム）……293
変換（ストリームと数値ストリーム）……291
変換（バイト列と文字列）……447
変換（数値と数値オブジェクト）……⇒ **ボクシング**
変換（数値と文字列）……92
変換（整数と浮動小数点数）……458
変換（文字と数値）……441
変換（文字と文字列）……442
変換（配列とコレクション）……232
変数……53
変更不可……204
ベン図……100
防衛的コピー……145, 205
ボクシング変換……462
ポリモフィズム……⇒ **多態**

ま行

マーシャリング……567
マップ……⇒ **Mapインタフェース**
マルチスレッド……⇒ **スレッド**
丸め操作……473
無限ストリーム……267
無限ループ……395, 400
メソッド……104, 117, 238, 311
メソッドチェーン……65
メソッド参照……234, 238, 312, 431
メモリモデル（スレッド）……551
メンバ……112
網羅性（switch）……375, 382, 386
文字……439
文字コード……49, 439
文字列……32
文字列型変換……50, 348
モニタロック……542

や行

優先順序（演算子）……344
ユーティリティクラス……111
要素変数（配列）……224
抑制例外……435
横取り（スレッド）……527
予約語……333

ら行

ライフサイクル管理……109
ラベル（ジャンプ）……403
ラムダ式……242, 429
ランタイム例外……⇒ **実行時例外**
リスト……⇒ **Listインタフェース**
リソース……417
リテラル表記……159
リテラル表記（ブーリアン値）……97
リテラル表記（数値）……80, 91, 450
リテラル表記（文字）……440
リテラル表記（文字列）……37
リニアサーチ……186
リンクリスト……⇒ **LinkedList**
例外……363, 406, 533
例外クラス……408, 423
例外伝播……427
例外捕捉……⇒ **try文**
例外翻訳……434
列挙型……⇒ **enum**
レコードクラス……149
レコードパターン……388
レシーバオブジェクト……105, 116
ローカル変数……71, 72, 121
ロック……541
論理演算……99, 350

わ行

ワイルドカード（ジェネリック型）……518

おわりに

15年前、本書第1版を書いた時、ひそかな思いがありました。いつまでも古くならない普遍的な内容を書きたいという思いです。今回、内容の多くに手をいれました。この意味では当時の思いは夢だったかもしれません。

書き換えた箇所が多い一方、今の自分から見ると不要に思う記述でも、昔の自分の熱い語りはそのまま残す場合もありました。今の自分に見えない世界が当時の自分に見えていた可能性もあると思ったからです。執筆作業は15年前の自分との共作でした。

共作と言えば。今回、櫻庭祐一さんときしだなおきさん、日本を代表するJava賢者に監修してもらいました。両名の深い洞察力と知見で、長い間放置されていた多くの間違いを修正できました。プログラミングにおけるコードレビューの重要さと同じです。書籍のレビューでも読む人の見識の高さでこれほど効果的になるとは驚きでした。両名に深く感謝します。

櫻庭さんときしださん、共著者の景井さん、すべてJJUG（日本Javaユーザーグループ）つながりの縁です。JJUGがなければ第3版は日の目を見なかった可能性があります。JJUG関係者に感謝します。

井上 誠一郎

本書を手に取っていただき、誠にありがとうございます。

ここまで読み進めていただき、Javaの基礎から応用まで、皆さんが何かしら新しい発見や学びを得られていれば幸いです。Javaという言語は、長い歴史を持ちながらも、今なお進化し続け、幅広い分野で活躍しています。

執筆を通じて、私自身もその奥深さに改めて気付かされました。

この本を執筆していく中で、技術そのものの重要性はもちろんですが、プログラミングに対する情熱や好奇心がどれだけ学びを深めてくれるかを再確認しました。学び続けることの大切さは、技術者にとって永遠のテーマです。本書が、皆さんのJava学習の一助となり、さらなる技術の探求に役立てばと願っています。

最後に、本書の完成に至るまでサポートをしてくれた著者の井上さん、出版社の原田さん、レビュー頂いた櫻庭さん、きしださん、そして陰ながら応援くださった友人や同僚たちに心から感謝します。彼らの支えなくして、本書の出版は実現できなかったでしょう。また、日々進化する技術に対応するため、フィードバックやご意見を頂けると非常に嬉しく思います。

これからも技術の進化に追随し、共に学び続けましょう。少しでもJavaの世界に興味を持てたのなら、APIドキュメントだけでなくJEPを読み新機能やプレビュー機能を理解したり、JJUGなどのJavaコミュニティに参画し、知見を獲得したり、見聞を広めてみると良いでしょう。

景井 教天

著者略歴

井上 誠一郎（いのうえ せいいちろう）

米国でロータスノーツ開発に従事。帰国後、アリエルネットワーク株式会社を創業。アリエルネットワーク社、ワークスアプリケーションズ社を経て、現在はサイバーダインクラウドの開発責任者としてCYBERDYNE社に勤務。主な著書は「P2P教科書」「パーフェクトJava」「パーフェクトJava EE」「実践JS サーバサイドJavaScript入門」「パーフェクトJavaScript」。

景井 教天（かげい のりたか）

コンピュータ理工学に特化した会津大学の卒業後、技術開発者として日本電気株式会社（NEC）に勤務。Java向けアプリケーションサーバの開発やクラウドネイティブ商材の開発に従事。

監修者略歴

櫻庭 祐一（さくらば ゆういち）

Java 1.0からJavaを使い続けるソフトウェア開発者。2005年に日本で初めてのJava Championに選出される。また、日本Javaユーザーグループの創設に関わり、副会長などを歴任。著書に「現場で使える［最新］Java SE 7/8 速攻入門」（技術評論社）。

きしだ なおき

「九州芸術工科大学 芸術工学部 音響設計学科を8年で退学後、フリーランスでの活動を経て、2015年から大手IT企業に勤務。著書に、「プロになるJava」（共著、技術評論社）、「みんなのJava OpenJDKから始まる大変革期!」（共著、技術評論社）、「創るJava」（マイナビ）など。

イラスト● ダバカン
装丁● 安達恵美子
本文デザイン・DTP● 安達恵美子
編集● 原田崇靖

サポートページ● http://book.gihyo.jp/116

改訂3版 パーフェクトJava

2009年11月 1日 初 版 第1刷発行
2025年 3月12日 第3版 第1刷発行

著 者 井上 誠一郎／景井 教天
監修者 櫻庭 祐一／きしだ なおき
発行者 片岡 巌
発行所 株式会社技術評論社
東京都新宿区市谷左内町21-13
電話 03-3513-6150 販売促進部
03-3513-6160 書籍編集部
印刷／製本 TOPPANクロレ株式会社

定価はカバーに表示してあります。

ISBN 978-4-297-14680-1 C3055
Printed in Japan

本書の内容に関するご質問は、下記の宛先までFAXまたは書面にてお送りください。お電話によるご質問、および本書に記載されている内容以外のご質問には、一切お答えできません。あらかじめご了承ください。

〒162-0846
東京都新宿区市谷左内町21-13
株式会社技術評論社
『改訂3版 パーフェクトJava』質問係
FAX：03-3513-6167

なお、ご質問の際に記載いただいた個人情報は質問の返答以外の目的には使用いたしません。また、質問の返答後は速やかに破棄させていただきます。